U0193489

分子生物学与基因工程理论及应用研究

主　编　李海云　李　霞　邢立群
副主编　温　彤　杜　玲　李树伟

中国原子能出版社

图书在版编目(CIP)数据

分子生物学与基因工程理论及应用研究 / 李海云，李霞，邢立群主编. --北京：中国原子能出版社，2019.8

ISBN 978-7-5022-9964-4

Ⅰ. ①分… Ⅱ. ①李… ②李… ③邢… Ⅲ. ①分子生物学—研究②基因工程—研究 Ⅳ. ①Q7②Q78

中国版本图书馆 CIP 数据核字(2019)第 180475 号

内 容 简 介

本书以分子生物学为基础，基因工程的知识作为其延伸，将分子生物学知识与基因工程技术很好地融为了一体，主要内容包括：染色体与 DNA、RNA、蛋白质、基因表达调控、基因和基因组、基因工程工具酶、基因工程载体、目的基因克隆、外源目的基因表达、分子生物学与基因工程中的典型技术、分子生物学与基因工程技术的应用等。本书结构合理，条理清晰，内容丰富新颖，具有较强的阅读性和参考价值，是一本值得学习研究的著作。

分子生物学与基因工程理论及应用研究

出版发行	中国原子能出版社(北京市海淀区阜成路 43 号　100048)
责任编辑	刘东鹏
责任校对	冯莲凤
印　　刷	北京亚吉飞数码科技有限公司
经　　销	全国新华书店
开　　本	787mm×1092mm　1/16
印　　张	19.5
字　　数	474 千字
版　　次	2020 年 3 月第 1 版　2020 年 3 月第 1 次印刷
书　　号	ISBN 978-7-5022-9964-4　　定　价　92.00 元

网址：http://www.aep.com.cn　　E-mail:atomep123@126.com

发行电话:010－68452845

前 言

生命体是十分复杂和精细的，即使是组成生命的一个细胞也远比一台最庞大、最复杂、最精密的机器复杂和精细得多。因此，在整体水平和细胞水平上研究生物学存在相当大的难度，当我们超越细胞去研究组成细胞的生物大分子的功能时，就诞生了分子生物学。分子生物学是从分子水平研究生命本质的一门新兴边缘学科，该学科以核酸和蛋白质等生物大分子的结构及其在遗传信息和细胞信息传递中的作用为研究对象，是当前生命科学中发展最快并正在与其他学科广泛交叉与渗透的重要前沿领域。分子生物学的发展为人类认识生命现象带来了前所未有的机会，也为人类提高意识进化至新的层面创造了极为广阔的前景。

生物技术这门激动人心的技术不断地带来人们生活方式上的改变，促进国民经济的发展，而基因工程又是生物技术中最吸引人的、最重要的、发展最迅速的技术。生物技术犹如一顶王冠，而基因工程技术则是这顶王冠上的一颗明珠。基因工程技术以 DNA 重组技术为核心，实现了按人类意图跨物种基因交流以定向改良生物性状，不但酝酿着一场对自然界和人类社会发展产生深刻影响的产业革命，而且必将极大地促进人类对生命奥秘的探索进程。可以预期，21 世纪必将成为基因工程技术等众多新兴生物技术推动的生命科学的世纪。

本书以分子生物学为基础，基因工程的知识作为其延伸，将分子生物学知识与基因工程技术很好地融为一体。全书共 11 章：第 1 章对分子生物学与基因工程进行了简要的概述；第 2～5 章为分子生物学理论部分，分别对染色体与 DNA、RNA、蛋白质基因表达调控进行了研究；第 6～9 章为基因工程理论部分，分别对基因和基因组、基因工程工具酶、基因工程载体、目的基因克隆进行了研究；第 10 章探讨了分子生物学与基因工程中的典型技术，包括核酸的提取和纯化技术、核酸分子杂交技术、PCR 技术、DNA 测序技术、芯片技术等；第 11 章探讨了分子生物学与基因工程技术的应用，包括基因诊断、基因治疗、转基因技术的应用、在环保领域的应用等。

本书在编写过程中，参考了大量有价值的文献与资料，吸取了许多人的宝贵经验，在此向这些文献的作者表示敬意。此外，本书的编写还得到了学校领导的支持和鼓励，在此一并表示感谢。由于分子生物学与基因工程技术发展的日新月异，加之编者自身水平及时间有限，书中难免有错误和疏漏之处，敬请广大读者和专家给予批评指正。

编 者

2019 年 1 月

目　录

第1章 分子生物学与基因工程概述

1.1 分子生物学的概念及研究内容

分子生物学(molecular biology)是从分子水平研究生命本质的一门新兴边缘学科,该学科以核酸和蛋白质等生物大分子的结构及其在遗传信息和细胞信息传递中的作用为研究对象,是当前生命科学中发展最快并正在与其他学科广泛交叉与渗透的重要前沿领域。分子生物学的发展为人类认识生命现象带来了前所未有的机会,也为人类提高意识进化至新的层面创造了极为广阔的前景。

1.1.1 分子生物学的概念

分子生物学是在分子水平上研究生命的重要物质(注重于核酸、蛋白质等生物大分子)的化学与物理结构、生理功能及其结构与功能的相关性,揭示复杂生命现象本质的一门现代生物学。它是定量地阐明生物学规律(遗传进化规律、分化发育规律、生长衰老规律等),透过生命现象揭示生命本质的一门学科。

分子生物学是由生物化学、生物物理学、遗传学、微生物学、细胞学,以至信息科学等多学科相互渗透、综合融会而产生并发展起来的,从广义上讲,蛋白质及核酸等生物大分子的结构与功能的研究都属于分子生物学的范畴,也就是从分子水平阐明生命现象和生物学规律,如蛋白质的结构、功能和运动;酶的作用机理和动力学;膜蛋白的结构、功能和跨膜运输等,都属于分子生物学的内容。

分子生物学的发展对其他生物学科的发展也产生了重大影响,现在生物学的其他学科也发展到了分子水平学科之间的互相交叉和渗透越来越广泛。分子生物学从人们决定打破细胞、研究组成细胞的大分子的结构和生物学功能开始,逐步在分子水平上认识了生物的遗传、变异、进化、遗传信息的传递、基因的表达与调控、细胞内和细胞间的信号调节、细胞分化和细胞癌变、个体发育过程,直到认识高等动植物乃至人类基因组学、蛋白质组学。这样,分子生物学的发展又回到了整体生物学,而生物学的各学科则可能在分子生物学的基础上统一为整体生物学或总生物学。

但是有些题目一般不属于分子生物学内容,如代谢中的某些反应,如果这些反应由反应物和产物的浓度来调节,一般就认为是典型的生物化学反应。另外,细胞结构与各种细胞成分的组织则属于细胞生物学。

从狭义上讲,分子生物学偏重于核酸的分子生物学,主要研究基因或 DNA 的复制、转录、表达与调节控制等过程,其中也涉及与这些过程有关的蛋白质和酶的结构与功能的研究。

1.1.2 分子生物学的研究内容

分子生物学产生的初始,有两个主要研究方向:一个方向是以化学家或物理学家为主,可称为构象学派,着重研究生物重要大分子的结构,特别是蛋白质的三维结构或构想;另一个方向是以生物学家为主,研究生物信息的传递和复制,称为信息学派。后来,在 20 世纪 50 年代初期,两派汇合并与其他学科领域日益融合,形成了现代分子生物学,它的主要内容如下:

(1)基因的精细结构及其表达形式。

(2)信号传导。

(3)蛋白质的结构、相互作用与功能。

(4)遗传变异、进化的分子机制。

(5)分子生物技术及其应用。

分子生物学发展迅速,涉及的范围也很大,取得了丰硕的成果。这里简要介绍分子生物学的研究内容。

1.1.2.1 核酸的结构

核酸的一级结构是指 DNA 链中脱氧核苷酸的排列顺序(或 RNA 链中核苷酸的排列顺序),它包含了核酸的全部信息,是遗传信息的结构基础。

核酸还可以形成高级结构。自从 B-DNA 的双螺旋结构被阐明以后,其他 DNA 的结构也被揭示出来。例如,三链和四链 DNA、A-DNA 和 Z-DNA,真核生物的线粒体和叶绿体 DNA,原核生物中的质粒 DNA。随着 RNA 的发现,RNA 的结构,包括 tRNA、rRNA 和 mRNA 以及一些小分子 RNA 的结构得到了深入的研究。

基因和基因组的结构是人们非常关注的内容。真核生物具有内含子和外显子交替排列的割裂基因,真核生物的基因可能有许多拷贝,这些拷贝可能成簇排列,可能串联起来,可能位于基因组的不同染色体上。真核基因组中有许多序列并不编码蛋白质,还有一些多次重复的小片段。

现在,已经测定出很多生物的完整基因组序列,包括人类基因组的序列。人类基因组 DNA 的全序列为 3×10^9 碱基对,约含有 10 万个基因。但是要彻底了解这些基因的产物的功能,基因的表达调控机理,要理解 80% 以上非编码序列的作用等,都还要进行长期艰苦的研究。

生物大分子,包括核酸在进行各种生物功能时,空间结构会发生变化。因此,生物大分子的空间结构、空间结构的变化和生物大分子功能之间的关系也是分子生物学的研究内容之一。

1.1.2.2 核酸的功能

说到核酸的功能,只是习惯的说法,并不十分准确。例如,DNA 的作用就是携带遗传信息，并不执行其他的功能。另外，只靠DNA分子本身其实什么也做不成，所有的DNA事务都是由蛋白质处理的。所谓"有功能的"或"有活性的"基因，是说一个基因具有完整结构的、加工的和调控的信息等，可以精确地指导所要进行的生命过程。所有这些过程都包括核酸与蛋白质间的识别与相互作用，蛋白质与蛋白质之间的相互作用。

核酸的功能包括：

DNA复制的机理。这个部分的研究还包括很多与复制有关的酶和蛋白质因子以及它们的结构与作用机理。DNA突变和修复的分子机制以及DNA的重组机制也受到人们的关注。

DNA转录成RNA，与转录有关的酶，以及RNA前体的转录后加工是分子生物学的重要研究领域。从RNA反转录产生DNA是对中心法则的重要补充，现在已经成为分子生物学的重要技术之一。

由DNA转录出的mRNA是蛋白质合成的模板，mRNA上的三联体密码子由携带了特定氨基酸的tRNA识别。64个密码子中，61个编码蛋白质中的氨基酸，3个是肽链合成终止的信号。遗传密码的知识使我们从DNA的序列就能预测蛋白质的序列。

中心法则是分子生物学的基本理论体系。但是，中心法则的运行并不是机械的，运行的速度并不是一成不变的。生命体中所有的过程都要受到严格的甚至多重的调控，使细胞的代谢发生变化，以应对外界环境的改变。基因表达调控是分子生物学的重要领域之一。

新技术的不断涌现促进了分子生物学的不断进步。例如核酸的化学合成，限制性内切酶、连接酶等重要工具酶的发现，DNA序列的快速测定，聚合酶链式反应(PCR)技术等，都为分子生物学向更广阔的领域发展提供了动力。现在，打破种属界限，将不同来源的DNA在体外重组，从而大量获得目标蛋白已经成为一种常规的操作。

分子生物学的发展不仅依靠生物遗传定律的建立，同时得益于上述各项研究内容的完成与获得的成就。科学研究的进展不是来自单纯的资料和信息的收集，而是依赖于在理论指导下的不懈的探索与发现。现代分子生物学研究系统包括生物学技术。从科学发展的规律看，科学家除了要有理性的思维和明确的探索目标外，还须有良好的实践手段以验证其理论的正确性；理性认识的不断深入，又促使更新颖的技术建立，如此反复循环，科学探索得以逐步向纵深发展。分子生物学研究内容的不断充实与实验技术手段的不断进步，将使分子生物学的研究进展加速，逐步接近了解生命、保护生命、珍惜生命的目的。

人们综合利用上述研究成果，衍生出了分子遗传学、基因工程、蛋白质工程等。为医学、农业、工业和环境保护等打开了新局面。

新技术的不断涌现促进了分子生物学的不断进步。例如，核酸的化学合成，限制性内切酶、连接酶等重要工具酶的发现，DNA序列的快速测定，聚合酶链式反应(PCR)技术等，都为分子生物学向更广阔的领域发展提供了动力。现在，打破种属界限，将不同来源的DNA在体外重组，从而大量获得目标蛋白已经成为一种常规的操作。

转基因动植物的研究方兴未艾。用转基因动物能够获取治疗人类疾病的重要蛋白质，世界上有几百种基因工程药物及其他基因工程产品在研制中。基因诊断与基因治疗是基因工程在医学领域发展的一个重要方面。在转基因植物方面，转基因玉米、转基因大豆已经相继投入商品生产。

当然，克隆技术还有其他一些问题需要研究。例如，转基因生物是否会引发伦理学问题？在我国，转基因的作物是否具有自主知识产权？转基因农作物的商业化是否会增加农民的种植成本？转基因的农作物商业化是否会影响到我国的粮食安全？这些问题也需要给予关注。

1.2 分子生物学的发展与展望

1.2.1 分子生物学的发展历程

归纳分子生物学的产生背景，可将分子生物学的发展分为三个阶段：①19 世纪后期到 20 世纪 50 年代初的准备和酝酿阶段；②50 年代初到 70 年代初的现代分子生物学的建立和发展阶段；③70 年代后至今的初步认识生命本质并开始改造生命的深入发展阶段。

1.2.1.1 准备和酝酿阶段

在这一阶段的两大重点是：确定了蛋白质是生命的主要基础物质；确定了生物遗传的物质基础是 DNA。

20 世纪二三十年代确认了自然界有 DNA 和 RNA 两类核酸。但由于当时对核苷酸和碱基的定量分析不够精确，长期认为 DNA 结构只是"四核苷酸"单位的重复，不具有多样性，不能携带更多的信息。当时对携带遗传信息的候选分子更多的是考虑蛋白质。A. Kossel 关于细胞化学尤其是蛋白质和核酸方面的研究取得突破，T. H. Morgan 发现染色体在遗传中的作用，他们分别获得 1910 年和 1933 年诺贝尔生理学或医学奖。40 年代以后的实验事实使人们对核酸的功能和结构有了正确的认识。1944 年 O. T. Avery 等证明了肺炎球菌转化因子是 DNA；1952 年 S. Furbery 等的 X 射线衍射分析阐明了核苷酸并非平面的空间构象，提出了 DNA 是螺旋结构；1948—1953 年 E. Chargaff 等用新的层析和电泳技术分析组成 DNA 的碱基和核苷酸量，提出了 DNA 碱基组成 A—T、G—C 的 Chargaff 规则，为碱基配对的 DNA 结构认识打下了基础。

1.2.1.2 DNA 半保留复制

1953 年 Watson 和 Crick 提出的 DNA 双螺旋结构模型(DNA double helix model)是现代分子生物学诞生的里程碑。DNA 双螺旋结构发现的深刻意义在于：①确立了核酸作为信息分子的结构基础；②提出碱基配对是核酸复制、遗传信息传递的基本方式；③确定了核酸是遗传的物质基础，为认识核酸与蛋白质的关系及其生命中的作用打下了最重要的基础。

在 Watson 和 Crick 提出 DNA 的双螺旋结构模型的时候，就对 DNA 的复制过程进行了预测，按照 DNA 的双螺旋结构模型，DNA 分子由两条反平行的 DNA 单链组成，两条链上的碱基按照碱基互补配对原则，通过氢键相连，一条链上的 G 只能与另一条链上的 C 配对，A 只能与 T 配对，即一条链上的碱基排列顺序决定了另一条链上的碱基排列顺序，或者说，DNA 分子中的每一条链都含有合成它的互补链所需要的全部信息。因此，Watson 和 Crick 认为，DNA 复制时，两条互补链的碱基对之间的氢键首先断裂，双螺旋解开，两条链分开，分别作为模板，按照碱基互补配对原则合成新链，每条新链与其模板链组成一个子代 DNA 分子，子代 DNA 分子具有与亲代 DNA 分子完全相同的碱基排列顺序，即携带了相同的遗传信息。在这个过程中，一个亲代 DNA 分子通过复制产生了两个相同的子代 DNA 分子，每个子代 DNA 分子中一条链来自亲代 DNA（模板），一条链来自新合成的 DNA，这种方式被称为半保留复制（semiconservative replication）。后来由 Meselson 和 Stahl 设计的实验结果与按照半保留复制机制预期的结果完全一致。

1.2.1.3　基因与蛋白质之间的关系

DNA 通过半保留复制机制精确地自我复制，从而将遗传信息传递给子代，保证了遗传的稳定性。那么 DNA 又是如何发挥作用，从而决定不同生物特定的性状呢？

1902 年，Archibald Garrod 在研究黑尿病（alkaptonurea）时发现这种疾病符合孟德尔隐性遗传规律，因此推测这种疾病很可能是由一个基因变异失活而引起的。病人的主要症状是尿液中黑色素的积累，Garrod 据此认为该病是由某条生化代谢途径中的某种中间产物的异常积累而引起的，他假设这种异常积累是因为转化该中间产物的酶失活而造成的。在此基础上 Garrod 提出了“一个失活的基因产生一种失活的酶”的假设，即一个基因一种酶假说（one-gene/one-enzyme hypothesis）。

George Beadle 和 E. L. Tatum 通过链孢菌在突变菌株中找到了催化某一代谢反应的失活的酶，并证明在突变菌株中只有一个基因发生了突变。也就是说，一个突变的基因产生一种失活的酶，或者干脆不产生产物。这就是一个基因一种酶的假说。“一个基因一种酶”的假说在 1957 年第一次得到了很好的实验证明。V. M. Ingram 研究了镰刀形细胞贫血症（sickle cell anemia）的血红蛋白和正常血红蛋白的氨基酸序列后发现，镰刀形细胞贫血症患者的 β-珠蛋白同正常野生型之间仅有一个氨基酸的差别，即在 β-珠蛋白的氨基端第六位缬氨酸取代了正常的谷氨酸。这表明基因的突变会直接影响到它所编码的蛋白质多肽链的结构，从而为“一个基因一种酶”的假说提供了有力的证据。然而，这个假说并不完全正确，这是因为：①许多酶分子可以由数条多肽链组成，而一个基因只能产生一条多肽链；②许多基因负责产生非酶蛋白质；③一些基因的产物并不是蛋白质，而是 RNA。因此，后来有人主张将“一个基因一种酶”假说修正为“大多数基因含有产生一条多肽链的信息”。

1.2.1.4　中心法则

所谓中心法则是指生物体可以在 DNA 模板上合成 RNA，再以 RNA 为模板、在适应体参与下、氨基酸按密码顺序合成肽链，使遗传信息从 DNA 流向 RNA 再流向蛋白质的规律。

在中心法则中，编码蛋白质的基因中所蕴含的信息通过转录（transcription）和翻译（translation）两个相关联的过程得到表达。

关于基因的转录，1955 年 Brachet 用洋葱根尖和变形虫做实验，发现若加入 RNA 酶，则蛋白质合成会停止，Hall 和 Spiegelman 关于 T_2 噬菌体 DNA-RNA 的杂交实验也发现，蛋白质合成的模板是 RNA，1958 年 Crick 提出著名的中心法则。1960 年 Weiss 和 Hurwitz 两个小组分别发现了 RNA 聚合酶，随后在真核生物中分离出多种 RNA 聚合酶，在原核生物和真核生物中分离出多种与转录相关的酶和蛋白质，并对这些酶和蛋白质的结构和功能进行了深入的研究，搞清楚了转录的基本过程。

关于基因的翻译，1954 年 Gamow 推测遗传密码是三联体，1961 年 Crick，Barrett 和 Brenner 等用插入和缺失突变证实了遗传密码为三联体。同年，Brewner，Jacob 和 Meselson 发现细菌的 mRNA，Nirenberg 开始用人工合成的核苷酸同聚物作为 mRNA 破译遗传密码。1964 年 Khorana 通过合成的核苷酸重复共聚物破译密码子，Nirenberg 等通过三联体结合实验破译密码子。1966 年遗传密码的破译工作基本结束，Crick 绘制了密码表，并提出了摆动学说。

1970 年前后，Howard Temin 和 David Baltimore 分别从致癌 RNA 病毒——劳氏肉瘤病毒(Rous sarcoma virus)和鼠白血病病毒(Murine leukemia virus，MuLV)中发现了逆转录酶(reverse transcriptase，RT)。逆转录酶的发现揭示了生物遗传中存在着由 RNA 形成 DNA 的过程，遗传信息不仅可以从 DNA 流向 RNA，也可以从 RNA 流向 DNA，进一步发展和完善了“中心法则”。

1.2.1.5 基因工程的兴起和发展

基因工程的兴起是以对 DNA 结构和功能的深入研究及一些工具酶的发现为基础的。1964 年 Holliday 提出了 DNA 重组模型，1967 年不同的实验室同时发现了 DNA 连接酶，从 20 世纪 60 年代末开始，限制性内切酶等工具酶的发现，DNA 测序技术的建立，质粒载体、病毒载体的利用，终于在 70 年代中期诞生了基因工程。人们可以任意地将 DNA 基因元件切割、组建，并使指定的基因在不同的细胞中工作。

1965 年，瑞士微生物遗传学家 Werner Arber 首次从理论上提出了生物体内存在着一种具有切割基因功能的限制性内切酶(restriction enzyme，RE)，并于 1968 年成功分离出 I 型限制性内切酶；1970 年，Hamilton O. Smith 分离出了 Ⅱ 型限制性内切酶；同年，Daniel Nathans 使用Ⅱ型限制性内切酶首次完成了对基因的切割。他们的研究成果为人类在分子水平上实现人工基因重组提供了有效的技术手段。

1975 年，Frederick Sanger 发明了确定 DNA 分子一级结构的末端终止法(酶法)；1977 年，Walter Gilbert 发明了 DNA 一级结构测定的化学断裂法。其中，Sanger 发明的 DNA 测序法至今仍被广泛使用，经过改良之后的末端终止法是分子生物学研究中最基本、最常用的技术之一。Berg 把两个不同来源的 DNA 连接在一起并发挥其应有的生物学功能，证明了完全可以在体外对基因进行操作。

1973 年，S. N. Cohen 和 H. W. Boyer 等人将大肠杆菌中两种不同特性的质粒片段用内切酶和连接酶进行剪切和拼接，获得了第一个重组质粒，然后通过转化技术将它引入大肠杆菌细胞中进行复制，并发现它能表达原先两个亲本质粒的遗传信息，从而开创了遗传工程的新纪元。在此基础上，Boyer 于 1976 年成功地运用 DNA 重组技术生产出人的生长激素；1978 年，美国哈佛大学的科学家利用 DNA 重组技术生产出胰岛素；1980 年，瑞士和美国科学家利用

DNA 重组技术生产出干扰素。从此引发了 70 年代末、80 年代初的基因工程工业化的热潮。现代生物工程由此崛起，它包括基因工程、细胞工程、酶工程与发酵工程、蛋白质工程等。到 20 世纪末，全世界已有 50 多个国家和地区拥有生物工程企业、生物工程产品不少于 160 种。这些最新成果已经对人类健康、生命质量、农业生产及其产品的加工产生了积极而深远的影响。

通过观察分子生物学的发展过程，可以看到分子生物学是生命科学范围发展最为迅速的一个前沿领域，推动着整个生命科学的发展。至今分子生物学仍在迅速发展中，新成果、新技术不断涌现，这也从另一方面说明分子生物学发展还处在初级阶段。虽然分子生物学已建立的基本规律给人们认识生命的本质找出了光明的前景，但分子生物学的历史还短，积累的资料还不够，对核酸、蛋白质组成生命的许多基本规律还在探索当中，目前还不能彻底搞清楚基因产物的功能、调控、基因间的相互关系和协调，因此，分子生物学还要经历漫长的研究道路。

1.2.2 分子生物学的发展基础

分子生物学是一门交叉学科，与其他学科互相促进，互相渗透。回顾分子生物学的发展历史，许多学科的成果都成为分子生物学发展的基础。分子生物学发展的历史充满着科学家的艰苦付出，也有很多逸闻趣事。

1.2.2.1 遗传学基础

1859 年，达尔文发表了《物种起源》，提出了适者生存的进化理论。他认为，动植物在长期的生命过程中会发生一些微小的变化，其中一些动植物积累了这些变化，对环境更加适应，从而得到更好的生存与繁衍。

1856—1864 年，孟德尔(Mendel)的著名实验开创了现代遗传学，他提出了遗传的分离定律和独立分配定律，还提出了遗传因子的概念。

1903 年，Sutton 用自己的工作解释了孟德尔的实验，并推测遗传因子是细胞中染色体的一个部分。尽管 Sutton 的试验并没有直接证明遗传的染色体理论，但非常重要，因为 Sutton 第一次把遗传现象与细胞学联系在一起。

1910 年以后，摩尔根(Morgan)等人用果蝇做试验时，发现有些基因在染色体上的距离近些，有些则远些。他们根据大量的试验构建了遗传图谱，并提出了连锁遗传规律。

1915 年，摩尔根证实了遗传的染色体基础。

不同的基因可能会位于同一条染色体上产生遗传的连锁现象，然而连锁通常并不完全。Janssens 提出了染色体交换理论，染色体在减数分裂过程的联会阶段，发生断裂，然后交叉连接起来，造成了不完全连锁。

1931 年，Barbara McClintock 用玉米为材料证实了染色体的断裂重接。

一旦遗传的规律被阐明，就可以解释生物的变异现象和进化理论。但是，每个基因上发生的变化都很小，这些小的变化足以产生新的物种吗？Wright 等人认为，由于地球的年龄很大，又由于选择的压力很温和，一些小的有利的性状足以积累起来形成新的物种。到 20 世纪 40 年代，生物学家 Huxley、遗传学家 Dobzhansky、古生物学家 Simpson 和鸟类学家 Mayr 从各自的研究结果出发，都证实经典遗传学与进化论确实是一致的。

1.2.2.2 物理学与生物化学基础

几乎就在孟德尔的遗传定律刚刚发现以后，遗传学家就开始思考基因的化学结构，以及基因是如何工作的。但是在很长时间内都没有实质性的进展。因为当时核酸和蛋白质的结构都不清楚。

1927 年，Muller 和 Stadler 分别独立地发现了 X 射线可以诱导突变，由突变的频率可以估计一个基因的大小。以后的时间里，很多科学家都发现基因的突变可以影响到细胞中的蛋白质，由此发现基因与蛋白质之间具有一定的关系。此时，Beadle 和 Edward 基于对红色面包霉的研究，提出了一个基因一个酶的假说。

但是，蛋白质的结构是什么？基因的结构是什么？基因是如何工作的？决定遗传信息的究竟是蛋白质还是基因？经典遗传学无法提供有效的研究手段来研究基因的化学本质，因此需要借助其他学科的方法。

1928 年，Griffith 证明灭活的致病性肺炎链球菌中的某些成分可以转化非致病性的肺炎链球菌。1944 年，Avery 鉴定出了这种成分的化学本质，这是来自致病性肺炎链球菌的 DNA。Avery 由此证明了 DNA 是遗传信息的载体。

1952 年，Hershey 和 Chase 用噬菌体证明了 DNA 是遗传信息的载体。

一个多世纪以前，很多科学家认为研究生物学一定要用完整的活细胞，因为他们相信细胞具有某种“活力”，一旦细胞破碎，“活力”就会丧失，研究就无法进行。一旦科学家决定打开一个活细胞，分子生物学就诞生了。

1949 年，生物化学家 Chargaff 研究了 DNA 的化学组成，提出了 Chargaff 规则。当蛋白质的结构开始用 X 射线分析时，一些科学家也在用 X 射线分析 DNA 的结构。

到了 20 世纪 50 年代，Wilkins 和 Franklin 获得了 DNA 纤维结构高质量的 X 射线衍射图谱。这个图谱显示 DNA 是螺旋结构，而且可能由 2 条或 3 条多核苷酸链组成。1952 年，有机化学家发现 DNA 的多核苷酸链间的连键是 $3'\rightarrow5'$磷酸二酯键。

1953 年，Watson 和 Crick 推导出了 DNA 的双螺旋结构，并推测了 DNA 分子自我复制的机制。DNA 双螺旋结构的发现是一场伟大的革命，从此 DNA 不再神秘，它与丙酮酸、甘油等一样，都是化学分子，都可以在实验室进行研究。

当 Watson 和 Crick 推导出了 DNA 的双螺旋结构的时候，Kornberg 正在研究嘧啶和嘌呤核苷酸的合成。Kornberg 和同事们发现了嘌呤和嘧啶核苷酸的从头合成途径以及这些途径中的很多酶。

1956 年，Kornberg 等人发现 DNA 合成的前体是四种脱氧三磷酸核苷，随后又发现了合成 DNA 的酶(现在我们知道这是 DNA 聚合酶 I)，并用纯化的 DNA 聚合酶合成了具有侵染性的噬菌体 ΦX174 的 DNA。

1958 年，Meselson 和 Stahl 发现 DNA 在复制的过程中两条链要分开，子代 DNA 分子中只有一条链是新合成的，另一条链保留在子代分子中，就是半保留复制。

1968 年，冈崎(Okazaki)提出 DNA 半不连续复制的模型。

双螺旋的发现彻底终结了 DNA 是否是遗传物质的争论。但是，DNA 不可能是蛋白质合成的直接模板。因为在细胞中，活跃地合成蛋白质的位置上不存在 DNA。况且真核生物的 DNA 位于细胞核中，而蛋白质合成是在细胞质中。那么，一定还有另外一种分子，它从 DNA 那里得到了遗传信息，然后移动到细胞质中作为合成蛋白质的模板。这种分子很可能就是第二类核酸——RNA。Casporsson 和 Brachet 已经在细胞质中发现了大量的 RNA。

但是，RNA 的核苷酸顺序如何转变成蛋白质中的氨基酸顺序呢？一开始人们想象可能是 RNA 折叠起来形成一个疏水的空穴，空穴的形状恰好与一种特殊的氨基酸契合。但是 Crick 认为这根本不可能。因为从化学性质上看，RNA 中碱基上的基团更可能与水溶性的基团反应。其次，即使某些 RNA 片段能够形成疏水的空穴，这样的结构也无法区分 Gly 与 Ala，或者 Val 与 Ile。因为这两对氨基酸的侧链非常相似，各自只差一个甲基。在 1955 年，Crick 推测一定存在一种接头分子(adaptor)，这种分子既可以识别核酸，又能够连接氨基酸，它很可能也是一种 RNA。Crick 在 1956 年又提出了中心法则：遗传信息可以自我复制，可以从 DNA 流向 RNA，然后再流向蛋白质，这就构成了中心法则的基本内容。

1953 年，Zamecnik 等发展了在体外用无细胞系统合成蛋白质的体系。几年以后，他们又发现在合成蛋白质以前，氨基酸首先要连接到 tRNA 上；同时还发现了催化这个反应的是氨酰-tRNA 合成酶。tRNA 就是 Crick 预言的接头分子，tRNA 的一端用反密码子与蛋白质合成的模板识别，另一端连接氨基酸。

蛋白质合成的模板是什么？最初有人认为是 rRNA。但是经过仔细研究之后发现这是不可能的。第一，核糖体由大、小两个亚基组成，每个亚基都含有 rRNA；第二，几乎在所有的细菌、植物和动物中，所有小亚基中的 rRNA 大小都非常相似；第三，尽管相应的 DNA 中的 AT/GC 比例不同，大、小 rRNA 的碱基组成几乎相同。这种相似性怎么可能指导合成大量的蛋白质呢？所以，rRNA 不可能是蛋白质合成的模板。现在我们知道 rRNA 是核糖体的组成成分之一。

1960 年，Brenner 及 Gross 等人发现，用噬菌体 T_2 感染大肠杆菌后，细菌不再合成自己的 RNA，只从 T_2 的 DNA 上转录噬菌体的 RNA。转录出来的 T_2 RNA 不是与核蛋白结合形成核糖体，而是附着在核糖体上，然后沿核糖体的表面移动到可以结合氨酰-tRNA 的位置上去合成蛋白质。因为 T_2 RNA 从 DNA 上接受遗传信息，又转移到核糖体上合成蛋白质，所以把它叫作信使 RNA(mRNA)。从此发现，mRNA 才是蛋白质合成的模板。

1958 年，Weiss 和 Hurwitz 的实验室分别独立地发现了依赖于 DNA 的 RNA 聚合酶。

遗传密码的破译是分子生物学的伟大成就之一。1961 年，Nirenberg 用体外蛋白质合成系统，加入人工合成 poly U 和各种同位素标记的氨基酸，得到的是多聚苯丙氨酸的肽链。这个实验证明了 UUU 是苯丙氨酸的密码子，还证明可以用合成的 RNA 链作为蛋白质合成的模板。后来他用同样的方法证明了 AAA 编码 Lys，CCC 编码 Pro。但 GGG 容易形成三股螺旋，后来使用另外的方法证明 GGG 编码 Gly。

Nirenberg 多核苷酸磷酸化酶合成 RNA 链。这个酶合成 RNA 时不需要模板，当使用混合的核苷酸为底物时，模板的序列是随机的。虽然可以根据加入反应体系中的 NTP 的比例来估计核苷酸在密码子中的比例，但这个方法不能确定密码子的碱基顺序。

同时，有机化学家 Khorana 合成了具有确切碱基顺序的多聚核糖核苷酸。进一步证实每个密码子由三个核苷酸组成，但由于不能确定确切的起始核苷酸，还是不能确认到底哪一个密码子对应于哪一个氨基酸。

1964 年，Nirenberg 发现以三核苷酸为模板就足以使相应的氨酰-tRNA 结合到核糖体上，但是三核苷酸还是随机的片段。Khorana 将自己的方法与 Nirenberg 的方法结合，很快解读了约 50 个密码子。后来又破译了其他的密码子，并发现 3 个密码子是终止密码子，AUG 既是 Met 的密码子，也是起始密码子。这些发现也包括其他实验室的工作。

上述重要发现共同建立了以中心法则为基础的分子遗传学基本理论体系。1970 年 Temin 和 Baltimore 又同时从鸡肉瘤病毒中发现了以 RNA 为模板合成 DNA 的逆转录酶，又进一步补充和完善了遗传信息传递的中心法则。

操纵子学说使人们开始了解基因表达调控。最初发现了原核生物基因表达调控的一些规律，后来研究逐渐扩展到真核基因表达调控机理，真核生物发育与细胞分化的机理。目前的研究已经使我们了解到真核生物基因表达调控机理在于：基因的顺式调控元件与反式作用因子的相互识别与作用；核酸与蛋白质之间的相互识别与作用；蛋白质与蛋白质之间的相互识别与作用。

在研究基因表达调控的过程中，细胞核内及其他小分子 RNA 具有特殊功能。还发现了具有催化活性的 RNA，即核酶。1995 年，Guo 等发现一些短的 RNA 片段可以造成同源的 mRNA 降解，从而调节基因表达，叫作 RNA 沉默（RNA silence）。

1.2.2.3　技术方法的基础

1967—1970 年，R. Yuan 和 H. O. Smith 等发现的限制性核酸内切酶为基因工程提供了有力的工具。

1975—1977 年，Sanger、Maxam 和 Gilbert 先后发明了 DNA 序列的快速测定法。

1985 年，Mullis 等发明聚合酶链式反应（polymerase chain reaction，PCR），这种特定核酸序列扩增技术以其高灵敏度和特异性被广泛应用，对分子生物学的发展起到了重大的推动作用。目前分子生物学已经从研究单个基因发展到研究生物整个基因组的结构与功能。

20 世纪 90 年代，全自动核酸序列测定仪问世。

新技术的不断涌现促进了分子生物学的不断进步。现在，打破种属界限，将不同来源的 DNA 在体外重组，从而大量获得目标蛋白已经成为一种常规的操作。

1.2.3　分子生物学的展望

从分子生物学的发展历程来看，其速度是惊人的，并且伴随着许多新成果、新技术的不断涌现。虽然分子生物学已建立的基本规律给人们认识生命的本质找出了光明的前景，但是不难发现，分子生物学的历史还短，尚处于初级发展的阶段，并没有积累起强大、丰富的研究资料以供参考，更多的关于核酸、蛋白质组成生命的许多基本规律还在探索当中。

分子生物学的发展还要经历漫长的道理，其发展趋势表现为两个方面，一是纵深求索，二是横向交叉。以“大学科”态势协同攻关探索生命的深层次奥秘，在整体水平上系统协调揭示生命的复杂规律。

1.2.3.1 纵深求索

纵深求索就是不断将本学科的理论与技术引向深入。分子生物学在一个相当长的时期内将会集中于基因组研究、基因表达调控研究、结构分子生物学研究、生物信号传导、生物分子免疫等几个前沿领域开展深入持久的工作,并由此开拓新的前沿领域和新的生长点。

(1)基因组的深入研究。主要是结构基因的功能与定位。尤其是与人类健康密切相关的遗传性疾病、多基因疾病、多发性疾病与疑难性疾病的基因诊断与临床治疗的分子基础研究。

(2)基因表达调控的深入研究。主要是反式调控因子的相关基因定位与功能。尤其是各种顺式调控序列的定位与空间结构,远距离顺式调控序列的调控机制;siRNA 与 miRNA 的分子结构与调控机制等。

(3)结构分子生物学的深入研究。主要是朝着立体性与动态性方向发展。综合应用计算机技术、X 衍射晶体分析技术、核磁共振技术等获得高清晰度的三维结构图像。有效实现微观形态与解剖形态,大分子与细胞、亚细胞等相互之间的相互联系。

动态地研究和观察生物大分子在作用过程中的空间结构的连续变化状况,能够在毫秒数量级水平测定分子间作用时的构象变化,测定蛋白质变性和新生肽折叠时以及分子伴侣识别多肽和帮助折叠时的构象变化。生物大分子的瞬时空间结构与动态变化最能客观有效地阐明大分子物质贮存信息、传导信息、表达信息、产生功能的机制。

(4)生物信号传导的深入研究。主要是生物信息自身的相互交流与网络式作用。机体的发生、发展与生存都依赖于细胞信号传导和调控,这一领域的研究已是一个备受关注的国际热点。

过去的研究多是注重于信号传导物质(细胞因子、激素、递质、受体等)与“信号传导通路”的研究。而在以后,研究细胞外各种生物活性物质如细胞因子、激素、递质之间,细胞与细胞之间,受体与受体之间,细胞内信使之间,胞浆内信息与核内信息之间以及核内各因子之间进行“对话”与“联络”以及调控生物的生长、繁殖、分化、凋亡、修复与免疫的方式将成为一种发展的趋势。

(5)生物分子免疫的深入研究。主要是神经内分泌—免疫调节网络的建立。这是生物体对疾病的预防、治疗密切相关的重要研究领域。在神经内分泌—免疫调节网络建立方面,在免疫方法及单克隆抗体广泛应用方面,在新基因发现、信号传导、免疫诊断、免疫治疗等方面的分子基础研究受到特别关注。当前,特别重视开展对重要传染病、寄生虫病、地方性慢性病、职业病及生活方式相关疾病防治的分子生物学与分子免疫基础研究,以及环境、遗传与社会心理因素对重要疾病发生的综合作用及其分子机制研究。人口与健康是分子生物学研究的永恒主题。

1.2.3.2 横向交叉

横向交叉就是不断地与生命科学的其他学科及其非生命科学的自然学科、文史学科相互融合,综合应用化学、数学、物理学、计算机等学科的理论与技术,形成相关学科群,并以“大学科”的模式研究生命的实质问题。使各种复杂的生命现象与生命本质之间的联系在分子、细胞、整体水平和谐统一，使表现型和基因型的相关性得到客观准确的解释。

在研究中，一方面注重通过单个基因或蛋白质去了解某一生理现象或过程中的作用与功能，另一方面还强调从系统生物学的角度去构建细胞的分子网络。生物膜和生物力学研究是其中的一个重要组成部分。生物膜是由蛋白质、脂质和糖等生物分子组成的一种复合结构，是内外物质交换、能量交换及信息传导的中介体，也是细胞与细胞、细胞内各亚细胞之间沟通的桥梁。膜受体生物信息传导、膜蛋白的结构及其功能研究、膜脂的结构及其功能研究、生物膜糖分子生物学研究等都属于生物膜这一领域的前沿研究热点。糖类是生物体内除蛋白质与核酸外的又一类生物大分子，具有免疫、信息等多方面的生物功能。

生命过程是一个多层次、多方位、连续的整合过程，通过进行遗传基因和分子水平的研究能够更加深入认识生命过程。这一层次的研究必须与细胞分化、细胞凋亡、生长发育、神经活动、机体衰老、病理生理等生命活动结合起来。因此，会形成分子细胞生物学、发育分子生物学、分子神经科学等新的生长点与新的边缘学科。

(1)分子细胞生物学。主要是从细胞的角度进行研究，重点包括基因与基因产物如何控制细胞的分化、生长、凋亡与衰老，基因产物与其他生物分子如何构建和装配成细胞的高度组织化的结构，并进行有序的细胞生命活动等内容。

(2)分子神经生物学。主要是在分子生物学的基础上，统一神经网络水平、整体水平与行为水平，重点阐明一下问题：①阐明神经细胞分化和神经系统发育的分子机制；②阐明神经活动基本过程如神经冲动、信息处理、神经递质与神经回路等的离子通道、突触通讯、受体与信号传导的变化及其相关基因表达的变化；③阐明参与学习、记忆、行为过程的基因及其产物，阐明神经精神疾病的发病与防治的分子基础。

(3)发育分子生物学。主要是解决发育相关基因如何按一定的时空关系选择性地表达来控制细胞的分化和个体发育。发育程序是如何通过相关的多基因系统逐次展开调控作用。形态发生是如何由细胞间连接、识别、运动、生长的彼此配合控制的。重点研究干细胞增殖、分化和调控，生殖细胞发生、成熟与受精，胚胎发育的调控机制，体细胞去分化和克隆机制，人体生殖功能的衰退性病变的机制，辅助生殖与干细胞技术的安全和伦理等。

在科学技术高速发展的今天，分子生物学理论与技术的更新速度更快，生物学新概念、新成果的产生频率也在急剧增加。从科学发展的规律看，要想科学探索取得更加深入的发展，科学家就必须具备理性的思维、明确的探索目标和良好的实践手段以验证其理论的正确性，还应该不断深入理性认识以促使更新颖技术的建立，并形成反复的良性循环。

作为21世纪的热门研究领域之一，生命科学在很长一段时期内引导着人们对生命奥秘的不懈探索，终将生命之谜一一揭开。

1.3 基因工程的概念及发展状况

在漫长的生物进化过程中，基因重组从来没有停止过。在自然力量作用下，通过基因突变、基因转移和基因重组等途径，推动生物界不断进化，使物种趋向完善，出现了今天各具特性的繁多物种。在这繁多的物种中却没有一种完美无缺的生物，这促使科技工作者不断寻求新的技术和方法对生物加以改造。基因工程技术的诞生使人们开始按照自己的愿望，打破物种界限，通过体外 DNA 重组和转移等技术，有目的地改造生物特性，创造出新的生物类型。

1.3.1　基因工程的定义

基因工程，是指根据人们的需要，用类似工程设计的方法将不同来源的基因（DNA 分子），在体外构建成杂种 DNA 分子，然后导入受体细胞，并在受体细胞内复制、转录、表达的操作。基因工程最突出的优点是打破了常规育种难以突破的物种之间的界限，可以使原核生物与真核生物之间，动物与植物之间，甚至人与其他生物之间的遗传信息进行相互重组和转移。人的基因可以转移到大肠杆菌（*E. coli*）中表达，细菌的基因可以转移到动植物中表达。

基因工程包括：①分离制备带有目的基因的 DNA 片段；②在体外，将目的基因连接到适当的载体上；③将重组 DNA 分子导入受体细胞，并扩增繁殖；④从大量的细胞繁殖群体中，筛选出获得了重组 DNA 分子的重组体克隆；⑤外源基因的表达和产物的分离纯化。现代分子生物学实验方法的进步，为基因工程的创立和发展奠定了强有力的技术基础。基因工程的基本实验技术，除了较早出现的密度梯度超速离心和电子显微镜技术之外，还包括 DNA 分子的切割与连接、核酸分子杂交、凝胶电泳、细胞转化、DNA 序列结构分析以及基因的人工合成、基因定点突变和 PCR 扩增等多种新技术、新方法。

1.3.2　基因工程发展状况

基因工程的兴起使生物学发生了深刻的变化，主要表现在：第一，引发了生物科学技术的创新和迅猛发展。使传统的生物技术发展成以基因重组为核心的现代生物技术，并广泛应用到生物工程等其他领域中，并使得酶工程、细胞工程、发酵工程、生化工程都以基因工程为基础迅猛发展。第二，基因工程技术促使生物科学获得了前所未有的发展。第三，基因工程为改造生物物种提供了强有力的手段。尤其是转基因技术的突破，它使得人类第一次可以从分子水平上按照自己的意愿，改造生物形态和赋予生物新的性状。因此，基因工程诞生的意义毫不逊色于有史以来的任何一次技术革命。

然而，从基因工程诞生之日起，它就受到人类的极大关注，其安全性和伦理道德问题就一直备受争议。基因工程的安全性集中在食品安全性和生态安全性两个方面。食品的安全性主要包括：基因工程食品有无毒性物质及有无过敏性蛋白，基因工程中应用的标记基因是否安全；基因工程生态安全性也主要集中在两个方面：外源基因逃逸对环境的影响，基因工程物种对其他物种的影响。虽然存在这些争论和担忧，但是基因工程仍在迅猛发展，人类在发明一种技术的同时也必将有能力使它朝着有利于人类进步的方向发展。

1.4 基因工程的应用

基因工程是按照人们的设计蓝图，将生物体内控制性状的基因进行优化重组，并使其稳定遗传和表达的一种技术手段。它的兴起和发展，标志着人类改造生物进入一个新的历史时期，这不仅对生命科学的理论研究产生了深远的影响，而且也为工农业生产和临床医学等实践领域开创了一个广阔的应用前景，目前基因工程产品已经渗透到人类生活的方方面面。

1.4.1 基因工程在疾病治疗领域的应用

遗传病的基因治疗是指应用基因工程技术将正常基因引入患者靶细胞内，以纠正或补偿致病基因的缺陷，从而达到治疗目的。

目前基因治疗大概有以下几种类型：①基因补偿，把正常基因导入人体细胞，对缺陷基因进行补偿或增强原有基因的功能，但致病基因本身并未除去；②基因矫正或基因置换，通过纠正致病基因中异常碱基或整个基因来达到治疗目的；③基因失活，将特定的反义核酸或核酶导入细胞，在转录和翻译水平阻断某些基因的异常表达，从而达到治疗的目的；④耐药基因治疗，在肿瘤治疗时，为提高机体耐受化疗药物的能力，把产生抗药物毒性的基因导入人体细胞，以使机体耐受更大剂量的化疗，如向骨髓干细胞导入药物抗性基因 *mdr*-1；⑤免疫基因治疗，把产生抗病毒或肿瘤免疫力的抗原决定簇基因导入机体细胞，提高机体免疫力，以增强疗效，如细胞因子基因的导入和表达等；⑥应用“自杀基因”，某些病毒或细菌中的基因可产生一种酶，它可将原来无细胞毒性或低毒药物前体转化为细胞毒性物质，将细胞本身杀死。

基因治疗为临床医学开辟了崭新的领域，目前利用常规方法尚无法治疗的一些遗传病，如血友病、先天性免疫缺陷综合征等，有望通过这个途径获得治疗。

1.4.2 基因工程在药物领域中的应用

自 20 世纪 70 年代初基因工程诞生以来，基因工程药物发展十分迅速。目前，已经投放市场及正在研制开发的基因工程药物几乎触及医药的各个领域，包括激素、酶及其激活剂和抑制剂、各种抗病毒剂、抗癌因子、新型抗生素、重组疫苗、免疫辅助剂、抗衰老保健品、心脑血管防护急救药、生长因子、反义核酸、干扰 RNA 及诊断试剂等。

1.4.2.1 特效药的制取

(1)胰岛素基因工程。胰岛素是从胰脏的胰岛细胞里分泌出来的，它是治疗糖尿病的特效药。胰岛素能调节血液里的糖分含量，保持血糖平衡。据不完全统计，全世界约有 3.6 亿人患糖尿病，用猪和牛的胰脏提取的胰岛素已不能满足需要。目前，科学家已能用基因工程的方法来生产胰岛素。其过程是以大肠杆菌的质粒为运载体把人工合成的人胰岛素基因与乳糖操纵子调节基因一起植入大肠中去。此杂种质粒随着大肠杆菌的繁殖而复制和扩增。新加入的人工合成的人胰岛素基因操纵着大肠杆菌大量产生人胰岛素。

(2)干扰素基因工程。干扰素是治疗病毒感染和癌症的药品。目前干扰素基因在大肠杆菌、枯草杆菌、酵母菌中获得了高效表达,这为大量生产干扰素提供了条件。现在,美国、日本、德国的某些公司正为大量生产干扰素进行积极的准备。用 α、β、γ 三种干扰素混合治疗癌症的试验也正在进行之中。

(3)人生长激素基因工程。生长激素是治疗侏儒症的特效药,由脑下垂体分泌。目前国外已可将生长激素基因插入表达质粒并导入大肠杆菌,从而使大肠杆菌生产出人生长激素。

1.4.2.2　品种繁多的基因工程疫苗

近年来,用基因工程还开发了其他基因工程疫苗,以防治难以对付的各种病毒性传染病。已成功和正在研制的有疟疾、流感、霍乱、狂犬病、疱疹、脑炎等多种疫苗,有的已取得了可喜的成果。我国先后分别开展研制的基因工程疫苗有新型乙肝基因工程疫苗、多价基因工程疫苗(EBV-鼻咽癌相关病毒疫苗、甲肝疫苗、乙肝疫苗和呼吸道合胞病毒疫苗等)、流行性出血热病毒基因工程疫苗、霍乱工程菌复合疫苗、痢疾工程菌疫苗、EB病毒亚单位基因工程疫苗等,有的已通过人体试验检定,有的构建了病毒株,有的成功克隆了抗原基因,为进一步研究奠定了良好的基础。

1.4.3　基因工程在农业中的应用

基因工程技术在农、林、畜牧业中有着广泛应用,意义重大。病虫害给农业生产带来很大威胁,严重时导致绝产。在棉花生产中每年因虫害的损失就可达到50亿～100亿元人民币。

目前利用基因工程技术在改良作物品质、生物固氮、增加作物抗逆性及利用植物细胞反应器生产药物方面也取得了重要进展,通过基因工程已经培育出了抗虫棉、抗虫玉米及其他抗虫植物。基因工程抗病、抗除草剂植物也在生产实践中得到了应用。这些转基因植物的大面积推广不仅带来巨大的经济效益,而且也大大减少了化学农药的使用,并由此带来了重大的社会效益。

转基因动物的培育成功不仅在家畜品种改良方面有用武之地,同时也可以作为反应器生产大量微生物难以生产的药物。通过转基因可使奶牛大量分泌高蛋白乳汁,猪鸡饲料的利用率提高且瘦肉比重增加,鱼虾生长期大为缩短且味道鲜美。每年利用2头转基因牛生产的凝血因子可以相当600万人献血提供的量,而且不用担心输血后感染上一些可怕的疾病。

1.4.4　基因工程在环境保护中的应用

微生物对环境的净化已被用于污水处理和环境净化。通过DNA重组可以提高某些微生物体内特异酶的活性,从而为构建降解水中、土壤中特殊的污染化合物的微生物提供新的途径。到目前为止,已经分离到的降解性质粒有25个之多。将这些质粒有目的地转入到以降解有害有毒有机污染物为目的的微生物中——即基因工程菌的构建,能大大提高降解污染有机物的效率，还有利于扩大可降解污染物的种类，有利于环保工业的发展。美国获得的速效消除水面油污的“超级菌”是美国第一个基因工程改造微生物的专利，该技术是将分别能降解己烷、辛烷和癸烷；降解二甲苯和甲苯、降解萘和分解樟脑的 4 种假单孢菌的不同质粒构建成一个质粒转入细胞内，获得了具有特殊功能的“超级菌”，其代谢碳氢化合物的活性极强，几小时便可降解掉天然菌种需 1 年以上才能降解的烃类物质。

第 2 章 DNA

2.1 DNA 的结构与功能

2.1.1 DNA 的一级结构

DNA 的一级结构是指 DNA 分子中脱氧核苷酸从 5′-末端到 3′-末端的排列顺序。由于脱氧核苷酸之间的差别仅在于碱基的不同，所以 DNA 的一级结构即是它的碱基排列顺序。DNA 的一级结构的表示方式从繁到简如图 2-1(b)所示。自然界中 DNA 的长度可以高达几十万个碱基，而 DNA 携带的遗传信息完全依靠碱基排列顺序变化，一个由 N 个碱基组成的 DNA 会有 $4N$ 个可能的排列组合，提供了巨大的遗传信息编码潜力。

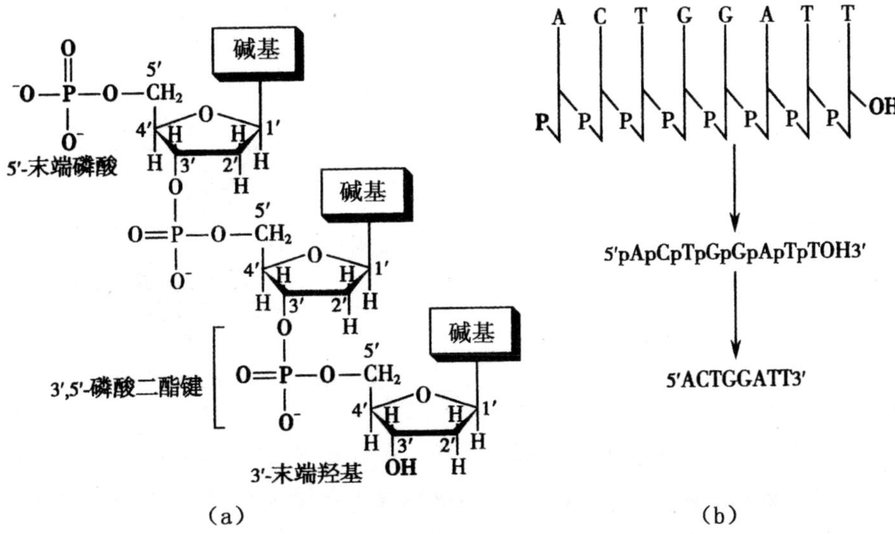

图 2-1 DNA 中核苷酸的连接方式(a)与 DNA 一级结构的表达方式(b)

2.1.2 DNA 的二级结构

2.1.2.1 Chargaff 法则

20 世纪 40 年代，Chargaff 等通过研究不同生物 DNA 的碱基组成提出了 Chargaff 法则：

①DNA 的碱基组成有物种差异,没有组织差异,即不同物种 DNA 的碱基组成不同,同一个体不同组织 DNA 的碱基组成相同。②DNA 的碱基组成存在以下物质的量关系:A＝T,G＝C,A＋G＝T＋C。

2.1.2.2 右手双螺旋结构

1953 年,Watson 和 Crick 以立体化学原理为准则,对 DNA 的 X 射线衍射图谱和 Chargaff 的分析结果进行研究,提出了 DNA 结构的双螺旋模型(图 2-2)。

(1)DNA 是双链结构,两股链反向平行,碱基互补。在 DNA 双链结构中,两股多核苷酸链反向平行,即一股链为 5′→3′方向,另一股链为 3′→5′方向。由脱氧核糖基与磷酸基交替连接构成的主链位于外侧,碱基侧链位于内侧,双链碱基之间形成 Watson-Crick 碱基对,即 A 总是以 2 个氢键与 T 配对,G 总是以 3 个氢键与 C 配对,此称为碱基互补配对原则(图 2-2,图 2-3)。

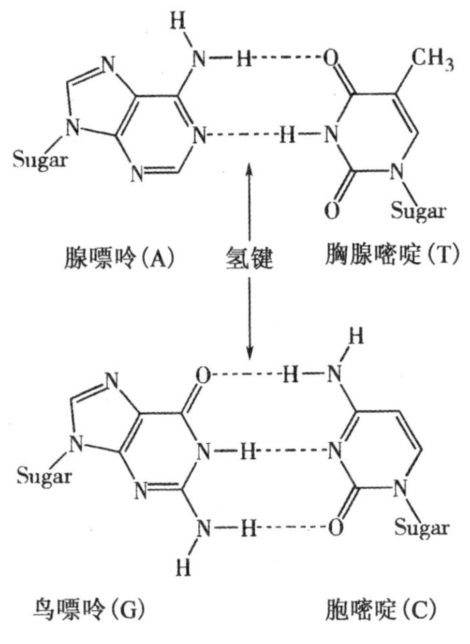

图 2-2 碱基互补对原则示意图

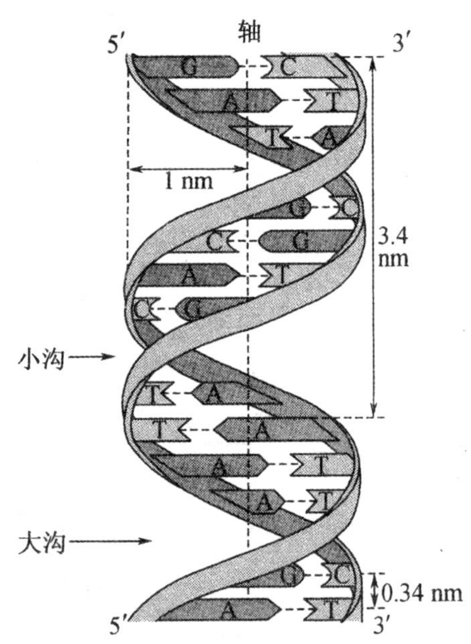

图 2-3 DNA 的双螺旋结构示意图

(2)DNA 双螺旋进一步形成右手双螺旋结构。在双螺旋结构中,碱基平面与螺旋轴垂直,糖基平面与碱基平面接近垂直,与螺旋轴平行;双螺旋的直径为 2 nm,每个螺旋含 10 bp,螺距为 3.4 nm,相邻的两个碱基对之间的轴向距离为 0.34 nm;双螺旋表面有两条沟,相对较深、较宽的为大沟,相对较浅、较窄的为小沟。

(3)双螺旋结构的稳定性由互补碱基对之间的氢键和碱基堆积力维系。在双螺旋结构中碱基堆积力维系双螺旋结构的纵向稳定性;碱基之间的氢键是维系双链结构的横向力量,而亲水性带电荷的脱氧核糖—磷酸基团位于外侧使 DNA 的双螺旋结构在水性环境中更加稳定。

2.1.2.3 DNA 二级结构的生物学意义

DNA 双螺旋结构中两股链碱基互补的特点，预示了 DNA 复制过程是先将 DNA 分子中的两股链分离开，然后以每股链为模板(亲本)，通过碱基互补原则合成相应的互补链(新链)，形成两个完全相同的 DNA 分子。因为新合成的 DNA 分子中只有一股来自亲本，即保留了一半亲本，这种复制方式称为 DNA 的半保留复制。后来研究证明，半保留复制是生物体遗传信息传递的最基本方式。

2.1.3 DNA 的超级结构

DNA 的三级结构是指双螺旋基础上分子的进一步扭曲或再次螺旋所形成的构象。其中，超螺旋是最常见并且研究最多的 DNA 三级结构(图 2-4)。

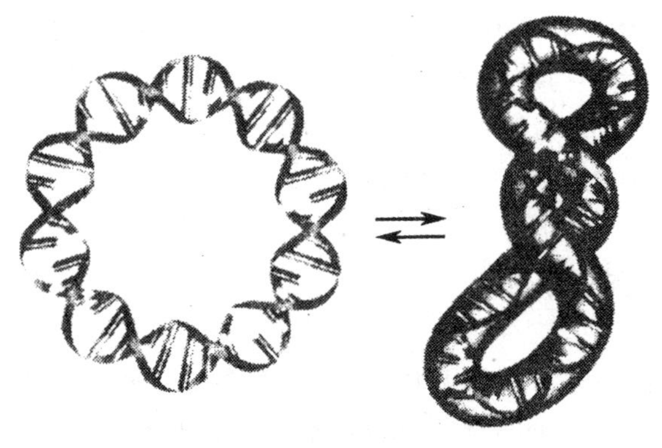

图 2-4 DNA 的环状结构与超螺旋结构

由于 DNA 双螺旋是处于最低能量状态的结构，如果使正常 DNA 的双螺旋额外地多转几圈或少转几圈，就会使双螺旋内的原子偏离正常的位置，这样在双螺旋分子中就存在额外的张力。如果双螺旋末端是开放的，张力会通过链的旋转而释放；如果 DNA 分子两端是以某种方式固定的，这些额外张力就不能释放到分子之外，而只能在 DNA 分子内部重新分配，从而造成原子或基团的重排，并导致 DNA 形成超螺旋。

细胞内的 DNA 主要以超螺旋形式存在，比如，人的 DNA 在染色体中的超螺旋结构，使 DNA 分子反复折叠盘绕后共压缩 8400 倍左右。

2.1.4 DNA 的功能

DNA 的基本功能是作为生物遗传信息的携带者，是基因复制和转录的模板，并通过 DNA 碱基对的序列决定蛋白质氨基酸序列。DNA 既是生命遗传的物质基础，也是个体生命活动的信息基础。遗传信息是以基因的形式存在的，基因就是 DNA 分子中的特定区段。一个生物体的全部基因序列称为基因组，有些病毒的基因组是 RNA。各种生物基因组的大小、结构、基因的种类和数量都是不同的，高等动物的基因组可高达 3×10^9 个碱基对。研究生物基因组的组成，基因组内各基因的精确结构、相互关系及表达调控的科学称为基因组学。2001 年，人类基因组计划公布了人类基因组草图，为基因组学研究揭开了新的一页。

2.2 DNA 的复制

DNA 复制(replication)是指亲本 DNA 双螺旋解开，两条链分别作为模板，合成子代 DNA 分子的过程。不论是原核生物还是真核生物，在细胞增殖周期的一定阶段，DNA 将发生精确的复制。随即细胞分裂，并以染色体为单位，将复制好的 DNA 分配到两个子细胞中。染色体外的遗传物质如质粒和噬菌体，以及线粒体和叶绿体 DNA 也有基本相似的复制过程，但它们的复制受到染色体 DNA 复制的控制。

DNA 复制过程的研究一般采用三类系统：一是 ΦX174 DNA 或质粒 DNA 及其完成复制所必需的酶、蛋白质及其因子构成的体外系统。二是以 *E. coli* 为模式生物，研究原核生物的复制。三是以酵母和动物病毒为模式生物，研究真核生物的 DNA 复制。由于真核生物的复杂性，有关真核生物 DNA 复制，仍有很多问题有待深入研究。

2.2.1 DNA 复制特征

无论是在原核生物还是在真核生物中，DNA 的复制合成都需要 DNA 模板、dNTP 原料、DNA 聚合酶、引物和 Mg^{2+}。DNA 聚合酶催化脱氧核苷酸以 3′，5′-磷酸二酯键相连合成 DNA，合成方向为 5′→3′。反应可以表示如下：

$$5'(\text{dNMP})_n\text{-OH}3'+\text{dNTP}\xrightarrow[\text{DNA 聚合酶}]{\text{DNA 模板},Mg^{2+}}5'(\text{dNMP})_n\text{-OH}3'+\text{PPi}$$

Watson 和 Crick 于 1953 年提出双螺旋模型时就推测了 DNA 复制的基本方式，并认为碱基配对原则使 DNA 复制和修复成为可能。现已阐明，在绝大多数生物体内，DNA 复制的基本方式是相同的。

2.2.1.1 半保留复制

DNA 在复制过程中，首先两条亲本链之间的氢键断裂，双链分开，然后以每条亲本链为模板，按碱基互补配对原则选择脱氧核糖核苷三磷酸，由 DNA 聚合酶催化合成新的互补子链(daughter strand)。复制结束后，每个子代 DNA 的一条链来自亲代 DNA，另一条链则是新合成的，并且，新形成的两个 DNA 分子与原来的 DNA 分子的碱基序列完全相同。这种复制方式称为半保留复制(semiconservative replication)，具体如图 2-5 所示。

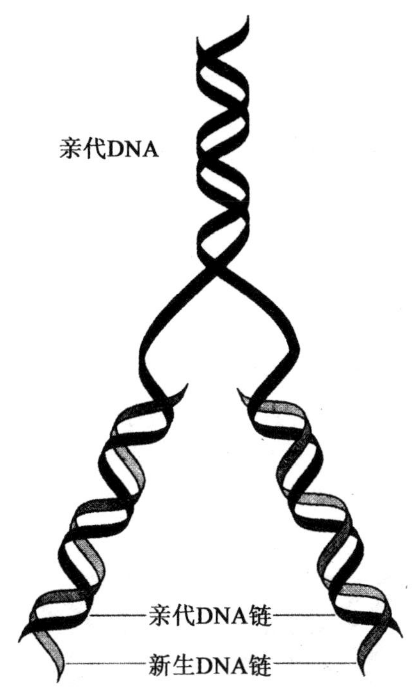

图 2-5　半保留复制

1958 年，Messelson 和 Stahl 设想通过用^{15}N标记大肠埃希菌 DNA 的实验证实上述半保留复制的假想。他们将大肠埃希菌(*E. coli*)放在含$^{15}NH_4Cl$的培养液中培养若干代后，DNA 全部被^{15}N标记而成为“重”DNA(^{15}N-DNA)，密度大于普通^{14}N-DNA(“轻”DNA)，经 CsCl 密度梯度超速离心后，出现在靠离心管下方的位置。但如果将含^{15}N-DNA 的 *E. coli* 转移到$^{14}NH_4Cl$的培养液中进行培养，按照 *E. coli* 分裂增殖的世代分别提取 DNA 进行密度梯度超速离心分析，发现随后的第一代 DNA 只出现一条区带，位于^{15}N-DNA(“重”DNA)和^{14}N-DNA(“轻”DNA)之间；第二代的 DNA 在离心管中出现两条区带，其中上述中等密度的 DNA 与“轻”DNA 各占一半。随着 *E. coli* 继续在$^{14}NH_4Cl$的培养液中进行培养，就会发现“重”DNA 不断被稀释掉，而“轻”DNA 的比例会越来越高。实验过程如图 2-6 所示。

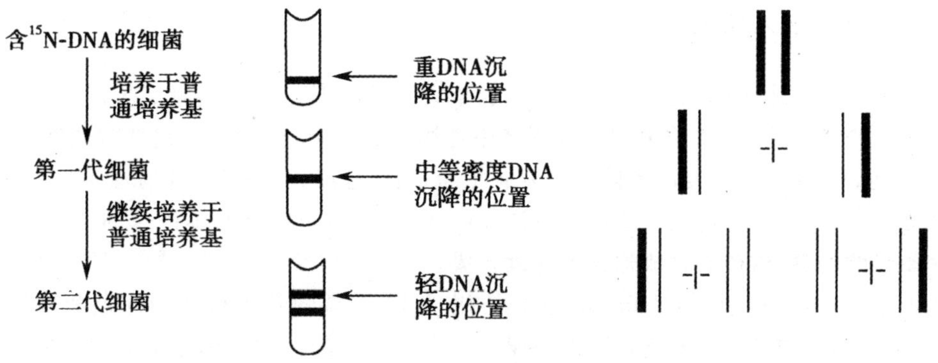

图 2-6　DNA 的半保留复制实验

随后的许多实验研究也证明 DNA 的半保留复制机制是正确的，对于保证遗传信息传代的准确性有着重要的意义。

2.2.1.2 从复制起点双向复制

DNA 的解链和复制是从特定位点开始的，该位点称为复制起点(*ori*)。从一个复制起点引发复制的全部 DNA 序列称为一个复制子。原核生物的 DNA 分子通常只有一个复制起点，复制时形成单复制子结构；而真核生物的 DNA 分子有多个复制起点，可以从这些复制起点同时进行复制，形成多复制子结构。

Cairns 等用放射自显影技术研究大肠杆菌 DNA 的复制过程，证明其 DNA 是边解链边复制。DNA 复制时在解链点形成分叉结构，这种结构称为复制叉，如图 2-7 所示。绝大多数生物的 DNA 复制都是双向的，即从一个复制起点朝两个方向进行，形成两个复制叉。原核生物的一些小分子 DNA 是单向复制的，例如大肠杆菌的一种质粒 ColE1。

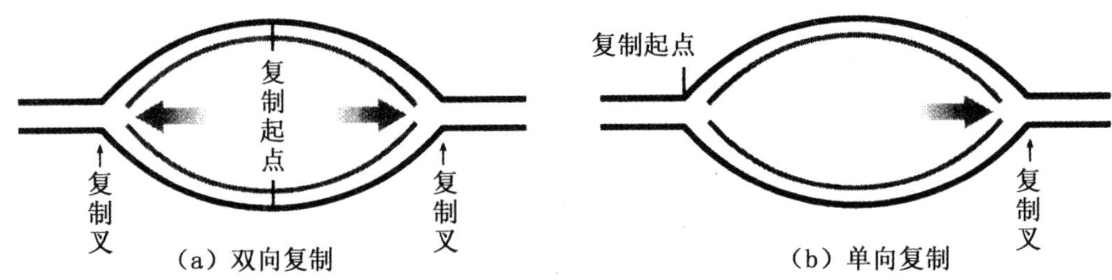

图 2-7 复制起点与复制方向

DNA 分子在复制过程中，从复制原点开始，双链解开形成单链，分别以每条链为模板，按照碱基互补配对原则合成互补链，出现叉子状的生长点。复制正在发生的位点叫作复制叉(replication fork)。一个复制叉从复制原点开始沿着 DNA 逐渐移动。

DNA 复制的方向大多数是双向的，即形成两个复制叉，分别向两侧进行复制。也有一些是单向的，只形成一个复制叉。通常复制是对称的，两条链同时进行复制。有些则是不对称的，一条链复制后再进行另一条链的复制。

2.2.1.3 半不连续

由于 DNA 复制的方向总是 $5'\rightarrow3'$，而构成 DNA 双螺旋的两条链呈反平行关系，所以，在一个复制叉内进行的 DNA 复制很可能以半不连续(semi—discontinuous)的方式展开，即其中的一条子链的延伸方向与复制叉前进的方向相同，连续合成，另一条子链的延伸方向与复制叉前进的方向相反，需要先合成一些小的不连续的片段，然后再将这些不连续的片段连接起来，成为一条连续的链，这样的合成称为不连续合成。

如图 2-8 和图 2-9 所示，Reiji Okazaki 使用[^{3}H]-脱氧胸苷进行脉冲标记和脉冲追踪实验，证明 *E. coli* 内的 DNA 复制是以半不连续的方式进行的。脉冲标记实验使用放射性同位素及时标记在特定时段内合成的 DNA，而脉冲追踪实验则可以确定被标记上的 DNA 片段后来的去向。结果表明 T_4 噬菌体 DNA 的复制至少有一条子链是不连续合成的。

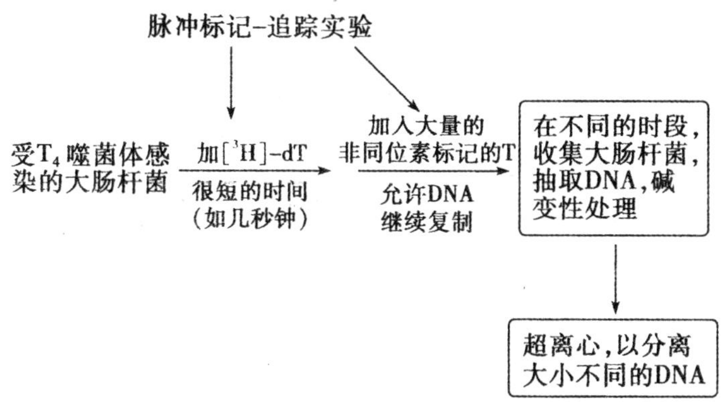

图 2-8　Okazaki 的脉冲标记和脉冲追踪实验

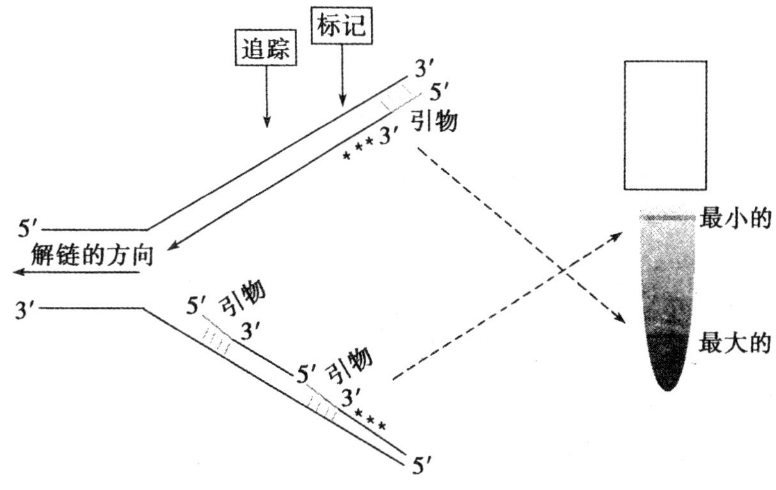

图 2-9　Okazaki 的脉冲标记和脉冲追踪的实验结果分析

DNA 复制出错的机会很小，其忠实性明显高于转录、反转录、RNA 复制和翻译。DNA 复制的高度忠实性归功于细胞内存在一系列互为补充的纠错机制（参看 DNA 复制的高度忠实性）。图 2-10 为 DNA 的半不连续复制。

研究发现：在一个复制叉上进行的 DNA 合成是半不连续的。其中一股新生链的合成方向与其模板的解链方向一致，所以合成与解链可以同步进行，是连续合成的，这股新生链称为前导链（leading strand）；而另一股新生链的合成方向与模板的解链方向相反，只能先解开一段模板，再合成一段新生链，是不连续合成的，这股新生链称为后随链（lagging strand）。分段合成的后随链片段称为冈崎片段。

2.2.1.4　D-环复制

线粒体 DNA 编码参与电子传递和氧化磷酸化的蛋白质以及其他一些线粒体蛋白质。线粒体 DNA 复制是一种起始很特殊的单向复制模式，如图 2-11 所示。

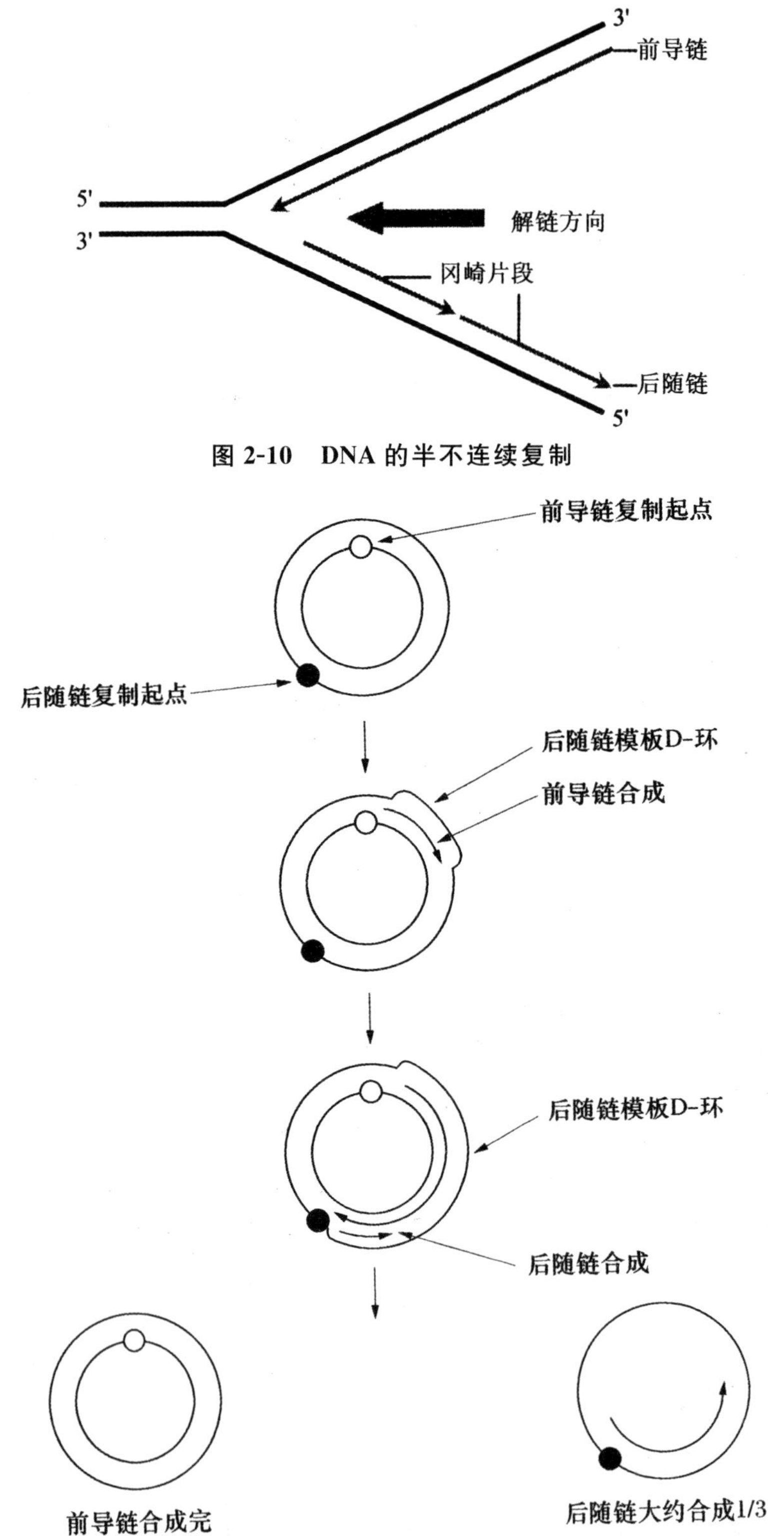

图 2-10　DNA 的半不连续复制

图 2-11　通过 D-环机制复制 DNA

从图 2-11 中可以看到，线粒体 DNA 有两个复制起点，分别用于每条子代链的合成。合成首先在前导链模板进行单向复制。随着前导链的合成，前导链取代后随链模板，形成了一个后随链模板取代环（D-环）。

当前导链合成完成三分之二时，D-环通过并暴露出后随链模板复制的起点。此时开始后随链合成，合成方向与前导链合成方向相反，也是单向进行的。因为后随链复制推迟，所以当前导链合成已经完成时，后随链合成才进行到三分之一。无论前导链还是后随链的合成都需要 RNA 引物，而且每条链合成都是在 DNA 聚合酶 I 催化下连续进行的。

2.2.1.5 滚环复制

细菌环状 DNA 复制是从复制起点开始，双向同时进行，形成 θ 样中间物，又称为"θ"型复制，最后两个复制方向相遇而终止复制。一些简单的环状 DNA 如质粒、病毒 DNA 或 F 因子经接合作用转移 DNA 时，采用滚环复制。

细菌质粒 DNA 在进行滚环复制时，亲代双链 DNA 的一条链在 DNA 复制起点处被切开，5′端游离出来。DNA 聚合酶Ⅲ可以将脱氧核苷酸聚合在 3′-OH 端。这样，没有被切开的内环 DNA 可作为模板，由 DNA polⅢ在外环切口上的 3′-OH 末端开始进行聚合延伸。另外，外环的 5′端不断向外侧伸展，并且很快被单链结合蛋白所结合，作为模板指导另一条链的合成延伸。DNA 聚合酶 I 切除 RNA 引物，并填充间隙构成完整的 DNA 链。但以外环链解开形成的模板，只能使相应的互补链不连续地合成。随着以内环链作模板进行的复制，以及外环单链的展开，意味着整个质粒环要不断向前滚动，最终得到两个与亲代相同的子代环状 DNA 分子，如图 2-12 所示。

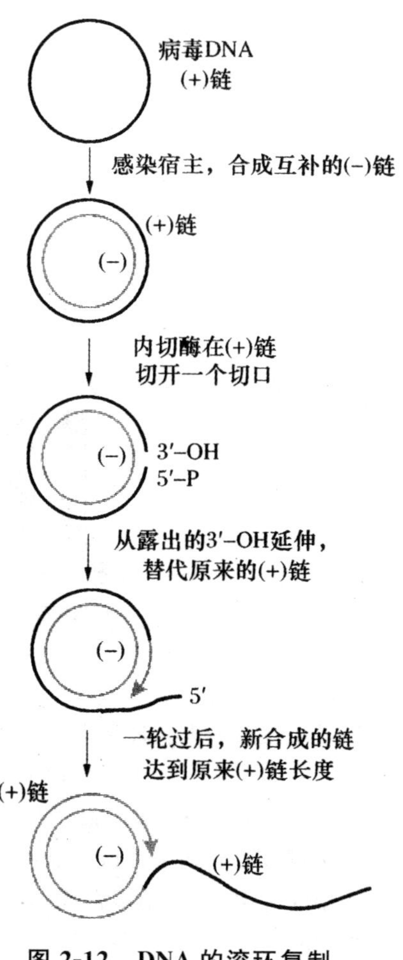

图 2-12 DNA 的滚环复制

2.2.2 DNA 复制的反应体系

DNA 复制的反应体系组成有：①模板，是以亲代 DNA 分子解开的两条单链作为模板，按碱基配对的原则指导 DNA 新链的延伸；②主要的复制酶，即 DNA 依赖的 DNA 聚合酶缩写为 DDDP 或 DNA-pol，可催化脱氧核苷酸的聚合延伸；③底物，是四种脱氧三磷酸核苷（dNTP），包括 dATP、dGTP、dCTP 及 dTTP，属于高能底物；④引物，是由引物酶催化合成的短链 RNA，提供 3′-OH 作为新链延伸的起点；⑤其他的酶和蛋白质因子，包括拓扑异构酶、解螺旋酶、DNA 单链结合蛋白、引物酶、DNA 连接酶等。

2.2.2.1 DNA聚合酶

DNA聚合酶又称为依赖DNA的DNA聚合酶。1957年，Kornberg首次在大肠杆菌中发现DNA聚合酶Ⅰ。此后，在原核生物和真核生物中相继发现了多种DNA聚合酶。这些DNA聚合酶的共同性质是：①需要DNA模板；②需要RNA或DNA作为引物，即DNA聚合酶不能从头催化DNA的合成；③催化反应具有方向性，催化dNTP加到引物的3′-OH末端，因而DNA合成的方向为5′→3′；④属于多功能酶，有三种催化活性，分别在DNA复制和修复过程中的不同阶段发挥作用(图2-13)。

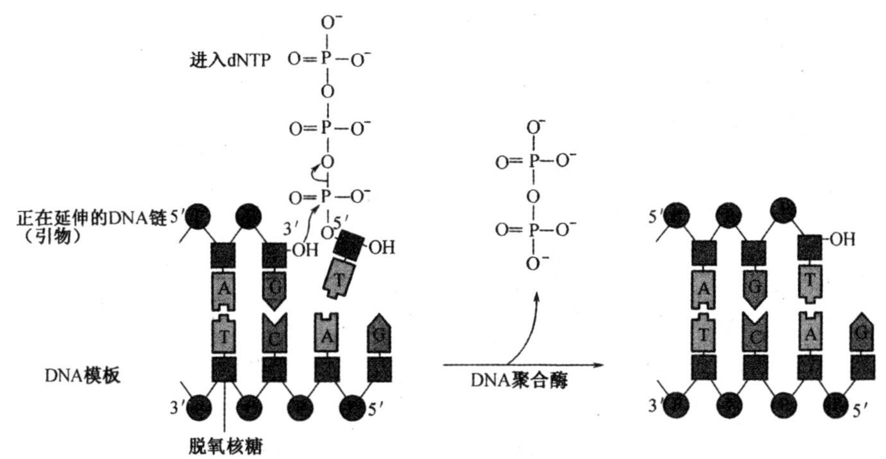

图2-13 DNA聚合酶的聚合作用

目前发现的大肠杆菌DNA聚合酶有五种，目前对DNA聚合酶Ⅰ、Ⅱ、Ⅲ研究比较明确。

(1)DNA聚合酶Ⅰ。是由Kornberg于1956年发现的一种多功能酶，它有5′→3′外切酶、3′→5′外切酶、5′→3′聚合酶活性中心三个不同的活性中心。用枯草杆菌蛋白酶水解DNA聚合酶Ⅰ可以得到两个片段。其中大片段称为Klenow片段，含3′→5′外切酶活性中心和5′→3′聚合酶活性中心(常用于合成cDNA第二股链、标记双链DNA 3′端)；小片段含5′→3′外切酶活性中心。DNA聚合酶Ⅰ活性低，主要功能不是催化DNA复制合成，而是在复制过程中切除引物，填补缺口。此外，DNA聚合酶Ⅰ还参与DNA修复。

(2)DNA聚合酶Ⅱ。它是一种多酶复合体，有5′→3′聚合酶活性中心和3′→5′外切酶活性中心，但没有5′→3′外切酶活性中心。DNA聚合酶Ⅱ的功能可能是参与DNA修复。

(3)DNA聚合酶Ⅲ。它是一种多美复合体，由α、β、γ、δ、δ'、ε、θ、τ、χ和ψ共十种亚基构成，其中α、ε和θ亚甲基构成了全酶的中心。α亚基含5′→3′聚合酶活性中心，ε亚基含3′→5′外切酶活性中心，θ亚基可能起装配作用，其他亚基各有不同作用。DNA聚合酶Ⅲ活性最高，是催化DNA复制合成的主要酶。

大肠杆菌三种DNA聚合酶的结构、特点和功能总结如表2-1所示。

表 2-1　大肠杆菌 DNA 聚合酶

DNA 聚合酶	Ⅰ	Ⅱ	Ⅲ
结构基因	*polA*	*polB*	*polC*
亚甲基种类	1	≥7	≥10
分子量(kDa)	103	88	791.5
3′→5′外切酶活性	+	+	+
5′→3′外切酶活性	+	−	−
5′→3′聚合酶活性	+	+	+
5′→3′聚合速度(nt/s)	16～20	40	250～1000
功能	切除 DNA 的复制引物，修复 DNA	修复 DNA	复制合成 DNA

2.2.2.2　解旋、解链酶类和单链 DNA 结合蛋白

DNA 分子的碱基位于紧密缠绕的双螺旋内部，只有将 DNA 双链解成单链，它才能起模板作用。因此，DNA 的复制包括 DNA 分子双螺旋构象变化及双螺旋的解链。复制解链时应沿同一轴反向旋转，因为 DNA 很长，且复制速度快，旋转达 100 次/s，极易发生 DNA 分子打结、缠绕、连环现象。闭环状态的 DNA 又按一定方向扭转形成超螺旋，通常 DNA 分子的扭转是适度的，若盘绕过分称为正超螺旋，盘绕不足则称为负超螺旋(图 2-14)。

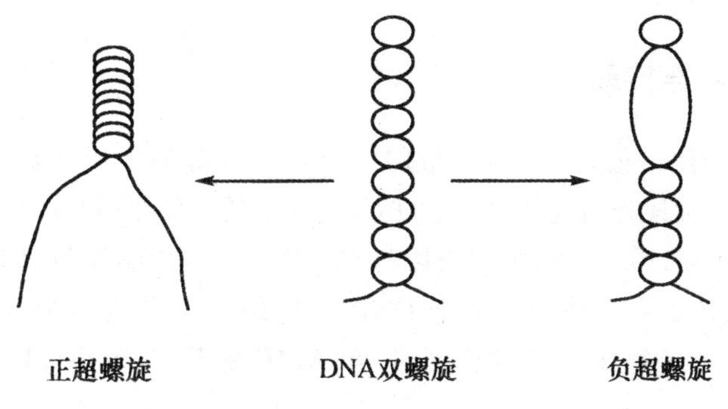

图 2-14　正、负超螺旋示意图

复制起始时，需多种酶和蛋白质因子参与，目前已知的解旋、解链酶类和蛋白质主要有解螺旋酶、DNA 拓扑异构酶和单链 DNA 结合蛋白。它们共同将螺旋或超螺旋解开、理顺 DNA 链，并维持 DNA 分子在一段时间内处于单链状态。

(1)解螺旋酶。DNA 双螺旋在复制和修复中都必须解链，以便提供单链 DNA 模板。DNA 双螺旋并不会自动打开，解螺旋酶可以促使 DNA 在复制位置处打开双链。解螺旋酶可以和 DNA 分子中的一条单链 DNA 结合，利用 ATP 分解成 ADP 时产生的能量沿 DNA 链向前运动，促使 DNA 双链打开。大肠杆菌中已发现有两类解螺旋酶参与这个过程，一类称为解

螺旋酶Ⅱ或解螺旋酶Ⅲ，与随后链的模板 DNA 结合，沿 5′→3′方向运动；第二类称为 Rep 蛋白，和前导链的模板 DNA 结合，沿 3′→5′方向运动。

(2)DNA 拓扑异构酶。拓扑是指物体或图像作弹性位移而保持物体原有的性质。在 DNA 复制过程中，需要部分 DNA 呈现松弛状态，这使其他部分的 DNA 由于呈现正、负超螺旋状态而出现打结或缠绕等拓扑学性质的改变。DNA 拓扑异构酶是一类通过催化 DNA 链的断裂、旋转和重新连接而改变 DNA 拓扑学性质的酶。在 DNA 复制、转录、重组和染色质重塑等过程中，DNA 拓扑异构酶的作用是调节 DNA 的拓扑结构，促进 DNA 和蛋白质相互作用。

(3)单链 DNA 结合蛋白。单链 DNA 结合蛋白的作用是与解开的单链 DNA 结合，使其稳定，防止其重新形成双链，并避免内切核酸酶对单链 DNA 的水解，保证单链 DNA 作为模板时的伸展状态。单链 DNA 结合蛋白可以重复利用。

2.2.2.3 引物与引物酶

人们在研究各种 DNA 聚合酶所需的反应条件时发现，已知的任何一种 DNA 聚合酶都不能从头起始合成一条新的 DNA 链，而必须有一段引物。已发现的大多数引物为一段 RNA，长度一般为 1～10 个核苷酸。合成这种引物的酶称为引物酶，这种 RNA 聚合酶与转录时的 RNA 聚合酶不同，因为它对利福平不敏感。引物酶在模板的复制起始部位催化互补碱基的聚合，形成短片段的 RNA。

引物之所以是 RNA 而不是 DNA，是因为 DNA 聚合酶没有催化两个游离 dNTP 聚合的能力，而生成 RNA 的核苷酸聚合则可以是酶促的游离 NTP 聚合。一段短 RNA 引物即可提供 3′-OH 末端供 dNTP 加入、延长之用。

2.2.2.4 DNA 连接酶

DNA 连接酶的作用是催化 DNA 双链的 3′-OH 和相邻的 5′-P 形成 3′,5′-磷酸二酯键，从而把两段相邻的 DNA 片段连成完整的链。DNA 连接酶的催化作用在所有真核生物和一些原核生物中需消耗 ATP 供能，而 *E. coli* 中需消耗 NAD^+ 供能。连接酶先与 ATP 作用，以共价键相连生成 E-AMP 中间体。中间体即与一个 DNA 片段的 5′-P 相连接形成 E-AMP-P-5′-DNA。然后再与另一 DNA 片段的 3′-OH 端作用，E 和 AMP 脱下，两个片段以 3′,5′-磷酸二酯键相连接。反应式如下：

E＋ATP→E-AMP＋PPi

E-AMP＋P-5′-DNA→E-AMP-P-5′-DNA

DNA-3′-OH＋E-AMP-P-5′-DNA→DNA-3′-O-P-5′-DNA＋E＋AMP

DNA 连接酶的作用特点有：①只能连接 DNA 链上的缺口，而不能连接空隙或称裂口。缺口指 DNA 某一条链上两个相邻核苷酸之间的磷酸二酯键破坏所形成的单链断裂[图 2-15(a)]；裂口指 DNA 某一条链上失去一个或数个核苷酸所形成的单链断裂[图 2-15(b)]。②只能连接碱基互补基础上双链中的单链缺口，而对单独存在的 DNA 单链或 RNA 单链没有连接作用。③如果 DNA 两股都有单链缺口，只要缺口前后的碱基互补，也可由连接酶连接。

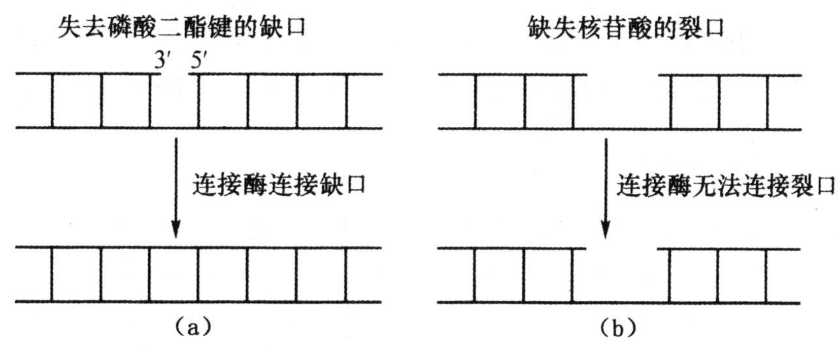

图 2-15　DNA 连接酶的作用示意图

DNA 连接酶不仅在复制中起最后连接缺口的作用，而且在 DNA 修复、重组、剪接中也起着缝合缺口的作用，而且它也是基因工程(DNA 体外重组技术)的主要工具酶之一。

DNA 聚合酶、拓扑酶和 DNA 连接酶三者均可催化 3′,5′-磷酸二酯键的生成，但它们之间又有区别，如表 2-2 所示。

表 2-2　三种酶催化生成磷酸二酯

	提供核糖 3′-OH	提供 5′-P	结果
DNA 聚合酶	引物或延长中的新链	游离的 dNTP	(dNMP)n+1
DNA 连接酶	复制中不连续的两条单链		不连续→连续
拓扑酶	切断、整理后的两链		改变拓扑状态

2.2.3　DNA 复制过程

DNA 复制是一个复杂的生物过程，可以分成起始、延长和终止三个阶段。在起始过程中，有许多蛋白因子和酶参与，有的辨认起始位点，有的打开 DNA 双螺旋，有的使解开的 DNA 单链稳定。在延长过程中，主要由 DNA 聚合酶催化完成新生成链的合成，同时，在复制部位上游也需要一些酶参与，来解开复制过程中所形成的 DNA 超螺旋拓扑结构。在终止阶段，复制过程中所形成的 DNA 小片段，需要 DNA 连接酶将这些 DNA 小片段连接成完整的大分子。

2.2.3.1　复制的起始

在 *E. coli* 细胞中，首先在 DNA 复制起点(简写 ori)形成一个起始复合体(也称引发体)，进而启动 DNA 复制。起始复合体由 DnaA、DnaB(解螺旋酶)、DnaC、引物酶、拓扑异构酶Ⅱ、HU(类组蛋白)、单链结合蛋白(SSB)和 RNA 聚合酶组成，起始复合体启动 DNA 复制的过程：①DnaA 协助 DnaB 结合到 ori 区；②RNA 聚合酶合成一个 RNA 小片段并形成 R 环后与 ori 区连接；③HU 诱导双链 DNA 弯曲，促进起始；④R 环和 DNA 的弯曲造成 DNA 双螺旋不稳定，从而在DnaB作用并有拓扑异构酶Ⅱ参与下进行DNA的解螺旋；⑤随后SSB结合到解开的DNA单链上并使其稳定；⑥在DnaB的刺激下，引物酶结合上来形成了起始复合体。起始复合体一直存在于复制过程中，不仅启动了前导链的复制，也启动了后滞链冈崎片段的复制。

2.2.3.2 复制的延长

当复制起始复合体一旦形成，DNA双链被解开，进而形成了复制叉，DNA就开始了复制。首先是先导链的合成，起始复合体的引物酶以DNA的3′→5′链作为模板合成引物，随后DNA聚合酶Ⅲ以四种脱氧核苷三磷酸作底物，在模板链的指导下，按照碱基互补的原则，在引物的3′末端进行延长反应，并以5′→3′方向复制出一条DNA新生链——为先导链；随着先导链的不断延伸而置换出后滞链的模板，当后滞链模板上RNA引物信号序列出现时，由引物酶合成RNA引物，随后再由DNA聚合酶Ⅲ延伸合成冈崎片段，冈崎片段的引物由DNA聚合酶Ⅰ切除，并填补引物被切除后留下的空缺，冈崎片段间的切刻由DNA连接酶将其连接起来形成后滞链。由于后滞链需要周期性地引发，因此，其合成进度总是与先导链相差一个冈崎片段的距离。

2.2.3.3 复制的终止

细菌环状DNA的两个复制叉向前推移，最后在终止区相遇并停止复制。大肠杆菌终止区含有六个终止子位点，终止子位点与Tus(terminus utilization substance)蛋白结合后，形成的复合物阻止了复制叉前移，以防止复制叉超过终止区过量复制，而且一个终止子位点Tus复合物只阻止一个方向复制叉的前移。在正常情况下，两个复制叉前移的速度是相等的，到达终止区后就都停止复制；如果一个复制叉前移速度慢，另一个复制叉达到终止区就会受到终止子位点Tus复合物的阻挡，以便等待速度慢复制叉的汇合。复制被终止后，仍有50～100 bp DNA链没有被复制，此时，在两条子一代DNA链分开后，通过修复方式将其空缺填补。

真核细胞DNA复制的基本原则和过程与大肠杆菌的基本一致，但在细节上有一些不同。它比大肠杆菌需要更多的蛋白因子参与，因此也就更加复杂和精确。真核细胞DNA合成在S期进行，要进入S期首先必须接受由细胞外的生长因子所提供的细胞分裂信号。真核细胞核DNA为线性分子，长度相对较长，因此复制时常有多个起始位点。

2.3 DNA的损伤、修复及突变

2.3.1 DNA的损伤

DNA损伤(DNA injury或DNA damage)是指在生物体生命过程中DNA双螺旋结构发生的非正常的改变，包括单个碱基的改变和双螺旋结构的异常扭曲等。前者是通过序列改变作用于子代，改变子代的遗传信息，它仅影响DNA序列而不改变DNA的整体结构；后者则对

DNA 复制或转录产生生理性伤害。

DNA 遭受损伤后可以被修复，而其他大分子在损伤后要么被取代，要么被降解。但并非所有 DNA 损伤都可以被修复，如果 DNA 受到的损伤来不及修复，不仅会影响到 DNA 的复制和转录，还可能导致细胞的癌变或早衰甚至死亡。

2.3.1.1 DNA 损伤因素

引起 DNA 损伤的因素很多，既有 DNA 复制过程中的自发性损伤，也有受细胞内外的理化因素影响造成的损伤，前者主要影响 DNA 的一级结构，后者影响 DNA 的高级结构。

(1)DNA 的自发性损伤。

1)DNA 碱基错配引起的自发性损伤。DNA 复制中的自发性损伤主要由于复制过程中碱基的错配造成，以 DNA 为模板按碱基配对进行 DNA 复制是一个严格而精确的事件，但也不是完全不发生错误的。大肠杆菌的 DNA 复制过程中，碱基配对的错误频率为 $10^{-2}\sim10^{-1}$，在 DNA 聚合酶的校正作用下，碱基错误配对频率降到 $10^{-6}\sim10^{-5}$，再经过 DNA 损伤的修复作用，可使错配率降到 10^{-10}左右，即每复制 10^{10}个核苷酸仍会有一个碱基的错误。

2)DNA 碱基改变引起的自发性损伤。DNA 分子在生理条件下可自发性水解，使嘌呤和嘧啶从 DNA 链的核糖磷酸骨架上脱落下来，DNA 因此失去了相应的嘌呤或嘧啶碱基，而糖-磷酸骨架仍然是完整的，其中脱嘌呤的频率要高于脱嘧啶的频率。一个哺乳类细胞在 37 ℃条件下，20 h 内 DNA 链上自发脱落约 1000 个嘌呤和 500 个嘧啶。

①碱基的异构互变。碱基的异构互变是碱基发生烯醇式碱基与酮式碱基间的互变，通过氢原子位置的可逆变化，使一种异构体变为另一种异构体。

DNA 中的四种碱基各自的异构体间都可以自发地相互变化，这种变化就会使碱基配对间的氢键改变，可使腺嘌呤能配上胞嘧啶、胸腺嘧啶能配上鸟嘌呤等，如果这些配对发生在 DNA 复制时，就会造成子代 DNA 序列与亲代 DNA 不同的错误性损伤。

②碱基的脱氨基作用。碱基的脱氨基作用是指 C、A 和 G 分子结构中都含有环外氨基，碱基的环外氨基有时会自发脱落，从而胞嘧啶(C)会变成尿嘧啶(U)、腺嘌呤会变成次黄嘌呤(H)、鸟嘌呤会变成黄嘌呤(X)等，遇到复制时，U 与 A 配对、H 和 X 都与 C 配对就会导致子代 DNA 序列的错误变化，如图 2-16 所示。胞嘧啶自发脱氨基的频率约为每个细胞每天 190 个。

③碱基的氧化损伤。细胞呼吸的副产物 O^{2-}、H_2O_2、·OH 等活性氧会造成 DNA 氧化损伤，这些自由基可在多个位点上攻击 DNA，产生一系列性质变化了的氧化产物，具体如图 2-17 所示，如胸腺嘧啶乙二醇、5-羟基胞嘧啶、8-氧-腺嘌呤等碱基修饰物。体内还可以发生 DNA 的甲基化，结构的其他变化等，这些损伤的积累可能导致细胞老化。

(2)物理因素引发的 DNA 损伤。DNA 分子损伤最早是从研究紫外线的效应开始的。紫外线照射引起 DNA 的损伤主要是形成嘧啶二聚体(dipolymer)。当 DNA 受到最易被其吸收波长 260 nm 左右的紫外线照射时，同一条 DNA 链上相邻的嘧啶以共价键结合成嘧啶二聚体，相邻的两个 T，或两个 C，或 C 与 T 间都可以结合成二聚体，其中最容易形成的是 TT 二聚体。TT 二聚体导致 DNA 局部变性，造成 DNA 双螺旋扭曲变形，影响 DNA 的复制和转录。如图 2-18 所示为嘧啶二聚体的形成过程，如图 2-19 所示为紫外线所引发的碱基损伤示意图。

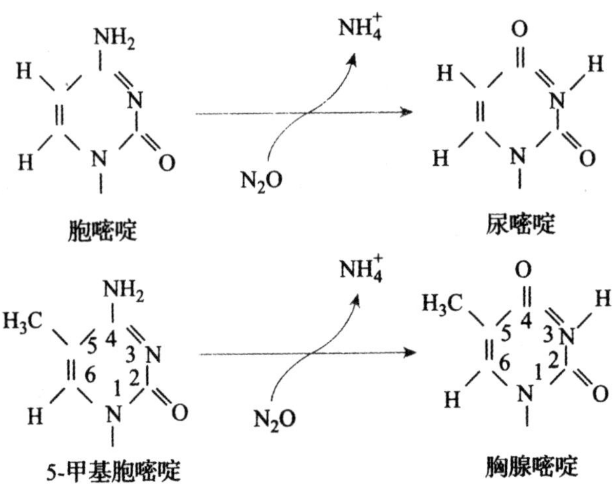

图 2-16　碱基的脱氨基作用

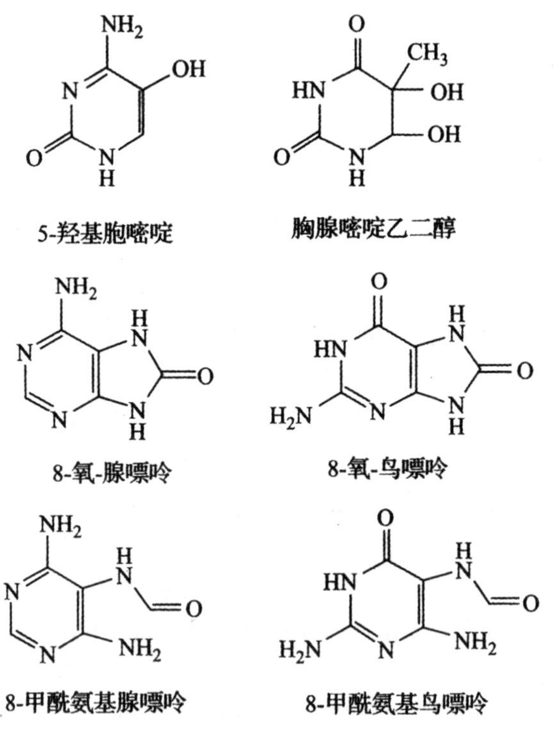

图 2-17　碱基的氧化

紫外线

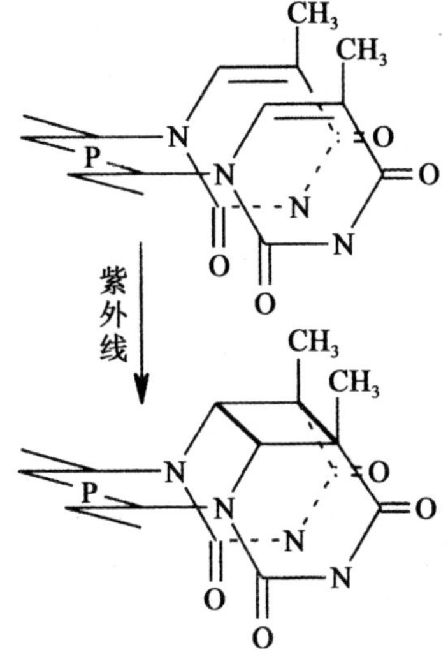

图 2-18 嘧啶二聚体的形成

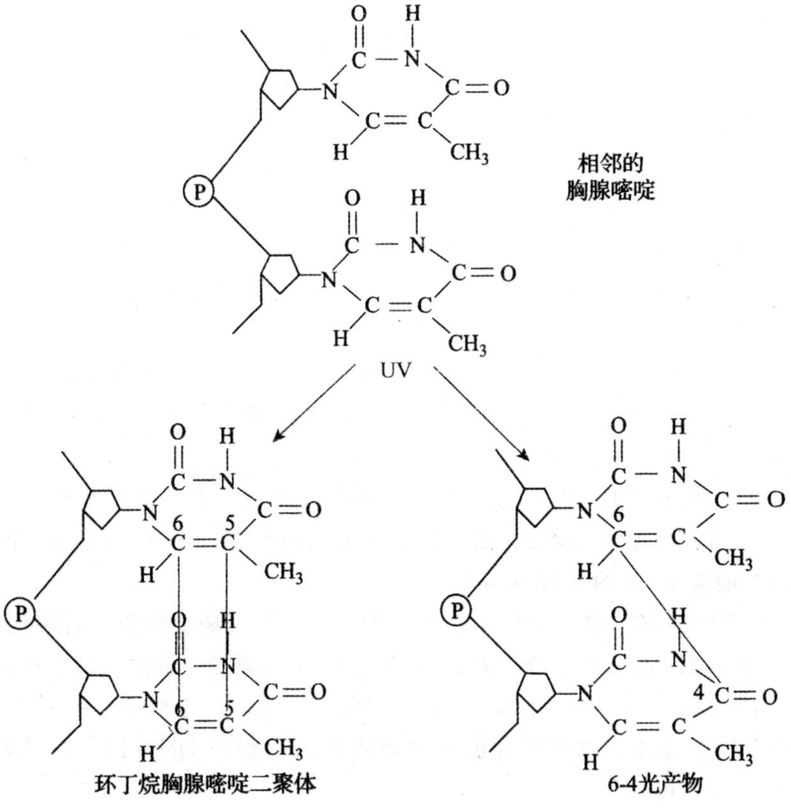

相邻的
胸腺嘧啶
UV
环丁烷胸腺嘧啶二聚体
6-4光产物

图 2-19 紫外线所引发的碱基损伤示意图

电离辐射(如X射线、γ射线等)不仅直接对DNA分子中原子产生电离效应,还可以通过水在电离时所形成的自由基起作用(间接效应),DNA链可出现双链或单链断裂,甚至碱基破坏的情况。γ射线和X射线能量更高,它们可以使一些分子离子化,特别是水分子。这些离子化的分子形成了自由基,具有一个不成对电子。这些自由基,特别是含有氧的自由基,非常活泼,可以直接攻击邻近的分子,如图2-20所示。

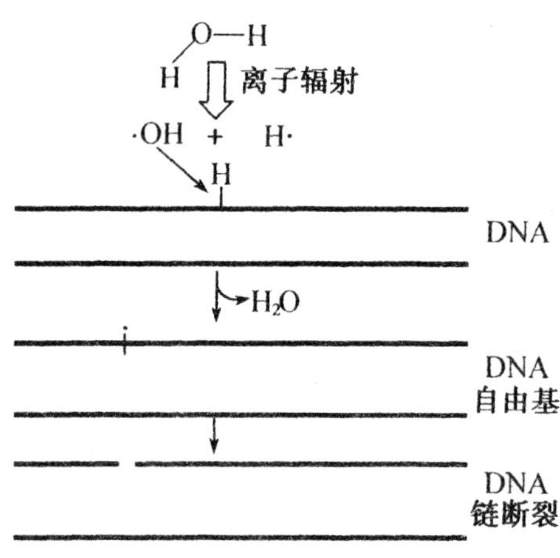

图2-20 离子辐射引起的DNA链断裂

(3)化学因素引发的DNA损伤。

①烷化剂对DNA的损伤。烷化剂是一类亲电子的化合物,是可将烷基(如甲基)加入核酸上各种亲和位点的亲电化学试剂。也属于细胞毒类药物,在体内能形成碳正离子或其他具有活泼的亲电性基团的化合物,进而与细胞中的生物大分子(DNA、RNA、酶)中含有丰富电子的基团(如氨基、巯基、羟基、羧基、磷酸基等)发生共价结合,使其丧失活性或使DNA分子发生断裂,造成正常细胞DNA结构和功能的损害、死亡或癌化。

常见的烷化剂有甲基磺酸甲酯和乙基亚硝基脲,它们可使鸟嘌呤甲基化成7-乙基鸟嘌呤、3-甲基鸟嘌呤和O_6-甲基鸟嘌呤,以及腺嘌呤甲基化成3-甲基腺嘌呤,这些损伤会干扰DNA解旋,影响DNA的复制和转录,如图2-21所示。

②碱基类似物、修饰剂对DNA的损伤。碱基类似物是一类与碱基相似的人工合成的化合物,因为它们的结构与正常的碱基相似,所以进入细胞后能与正常的碱基竞争掺入到DNA链中,干扰DNA的合成,如图2-22所示。

常见的碱基类似物有5-溴尿嘧啶和2-氨基嘌呤。5-溴尿嘧啶以酮式存在时,与腺嘌呤配对,但以烯醇式存在时,则与鸟嘌呤配对;2-氨基嘌呤可与酮式状态的胸腺嘧啶配对或与烯醇式状态的胞嘧啶配对。人工合成的这些碱基类似物可用作促突变剂或抗癌药物。

还有一些人工合成或环境中存在的化学物质能专一修饰DNA链上的碱基或通过影响DNA复制而改变碱基序列。

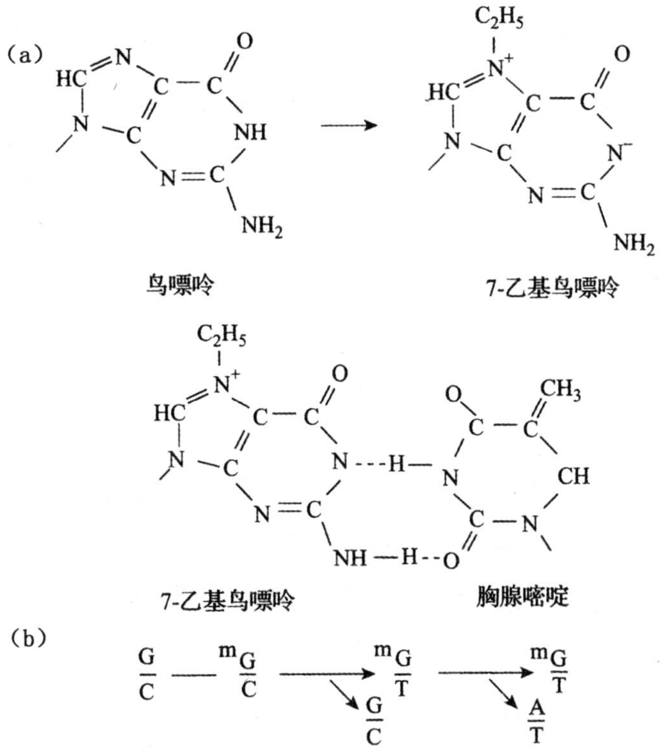

(a)

鸟嘌呤　　7-乙基鸟嘌呤

7-乙基鸟嘌呤　　胸腺嘧啶

(b)

图 2-21 烷化剂 EMS 的诱变作用

(a)鸟嘌呤的烷化及其所形成的 7-乙基鸟嘌呤与胸腺嘧啶配对；

(b)碱基配对行为改变导致碱基转换

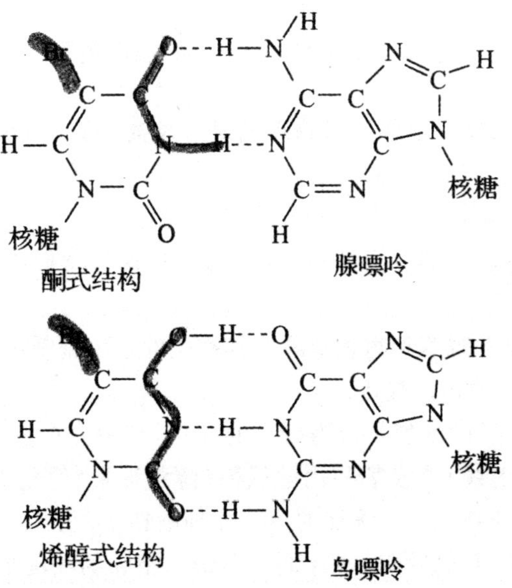

图 2-22 碱基类似物的竞争性配对

2.3.1.2 DNA 损伤类型

DNA 损伤(DNA damage)是指 DNA 结构出现异常。DNA 损伤类型多种多样,其中有些损伤导致表型改变,而且这种改变可以遗传,属于基因突变。图 2-23 为 DNA 分子上可能遇到的各类损伤。

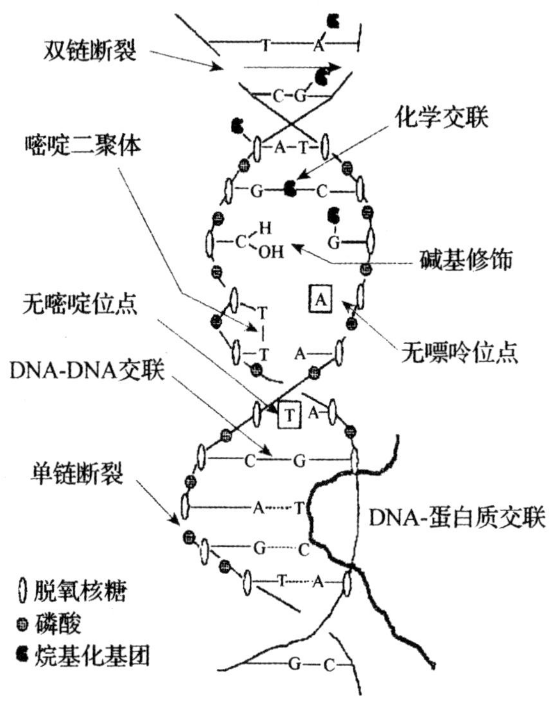

图 2-23 DNA 分子上的损伤类型

①DNA 水解。由于自发水解作用或物理辐射造成碱基从 DNA 链上脱落。

②碱基的氧化。细胞内的活性氧分子对 DNA 的攻击,以及环境中的辐射产生的自由基(如·OH 自由基)均会造成碱基的氧化。

③碱基的修饰。通过烷化剂造成碱基的烷化修饰,碱基类似物可使子代 DNA 链中掺入非正常碱基。

④碱基的去氨化。自发脱落和物理辐射及其产生的自由基都可以造成碱基的环外氨基的脱落,导致子代 DNA 序列的错误变化。

⑤DNA 断裂。DNA 链的断裂是最为严重的损伤,其中有单链断裂和双链断裂两种。高能物理辐射(X 射线或 γ 射线)量或某些化学试剂(博莱霉素)的作用使得 DNA 出现断裂,特别是双链断裂,常常导致细胞死亡。癌症的放疗原理就在于此。

⑥DNA 扭曲。紫外线照射后使 DNA 同一条链上相邻的嘧啶形成嘧啶二聚体,结果不能与其相对应的链进行碱基配对,导致 DNA 局部变性,破坏复制和转录,使得 DNA 双螺旋扭曲变形。

⑦碱基的错误配对。同一碱基间的自发互变异构、脱氨基均可能造成碱基间的错误配对。

此外，还有 DNA 链间的交联和 DNA 与蛋白质之间的交联，同样是由于物理或化学因素造成的 DNA 的损伤，它们使得染色体中的蛋白质与 DNA 以共价键相连，这些交联是细胞受电离辐射或化学因素影响后，在显微镜下看到的染色体畸变的分子基础，会影响细胞的功能和 DNA 复制。

2.3.2 DNA 的修复

DNA 损伤的修复是细胞对 DNA 受到损伤后的一种反应，这种反应能使 DNA 的结构恢复原样，能重新执行它原来的功能。DNA 存储着生物体赖以生存和繁衍的遗传信息，因此维护 DNA 分子的正常功能对细胞至关重要。生物体内部和外界环境的因素都经常会导致 DNA 分子的损伤或改变，一般在一个原核细胞中只有一份 DNA，在真核二倍体细胞中相同的 DNA 也只有一对，如果 DNA 的损伤或遗传信息的改变不能更正，对体细胞而言就可能影响其功能或生存，对生殖细胞则可能影响到后代。所以生物细胞修复 DNA 损伤的能力就显得十分重要，DNA 修复是对已改变的 DNA 分子进行补救措施，使其恢复原有的结构。细胞内存在一系列负责 DNA 修复的酶系统，可以修复 DNA 的损伤，使其恢复正常的碱基序列，保持遗传稳定性。另外，在生物进化中突变又是与遗传相对立统一而普遍存在的现象，DNA 分子的变化并不是全部都能被修复成原样的，正因为如此，生物才会有变异、有进化。

2.3.2.1 错配修复

DNA 复制过程中偶然的错误会导致新合成的链与模板链之间的一个错误的碱基配对。这样的错误可以通过 *E. coli* 中的 3 个蛋白质（MutS、MutH 和 MutL）校正，这样的修复方法称为错配修复。该修复系统只能校正新合成的 DNA，其主要依据是新合成的链中 GATC 序列中的 A（腺苷酸残基）开始未被甲基化。GATC 中 A 甲基化与否常用来区别新合成的子代链（未甲基化）和亲代模板链（甲基化）。这一区别很重要，因为修复酶需要识别两个核苷酸残基中的哪一个是错配的，否则如果将正确的核苷酸除去就会导致突变。

图 2-24 说明了 MutS、MutH 和 MutL 3 种蛋白质是如何校正新合成 DNA 中的一个错配碱基的。首先同源二聚体 MutS 识别并与错配碱基对（G-T）结合，然后结合同源二聚体 MutL，依赖于 ATP 水解驱动 $MutS_2MutL_2$ 复合物沿 DNA 从两个方向移位，引起双螺旋 DNA 形成一个突环。内切酶 MutH 在错误的子代链上切一个口，解旋酶 UvrD 使 DNA 双螺旋解旋，然后外切核酸酶切去包括错配碱基 T 在内的一段 DNA 序列，最后在聚合酶Ⅲ催化下合成正确互补链，再经 DNA 连接酶连接完成修复工作。

DNA 错配修复系统广泛存在于生物体中，是 DNA 复制后的一种修复机制，起维持 DNA 复制保真度，控制基因变异的作用。

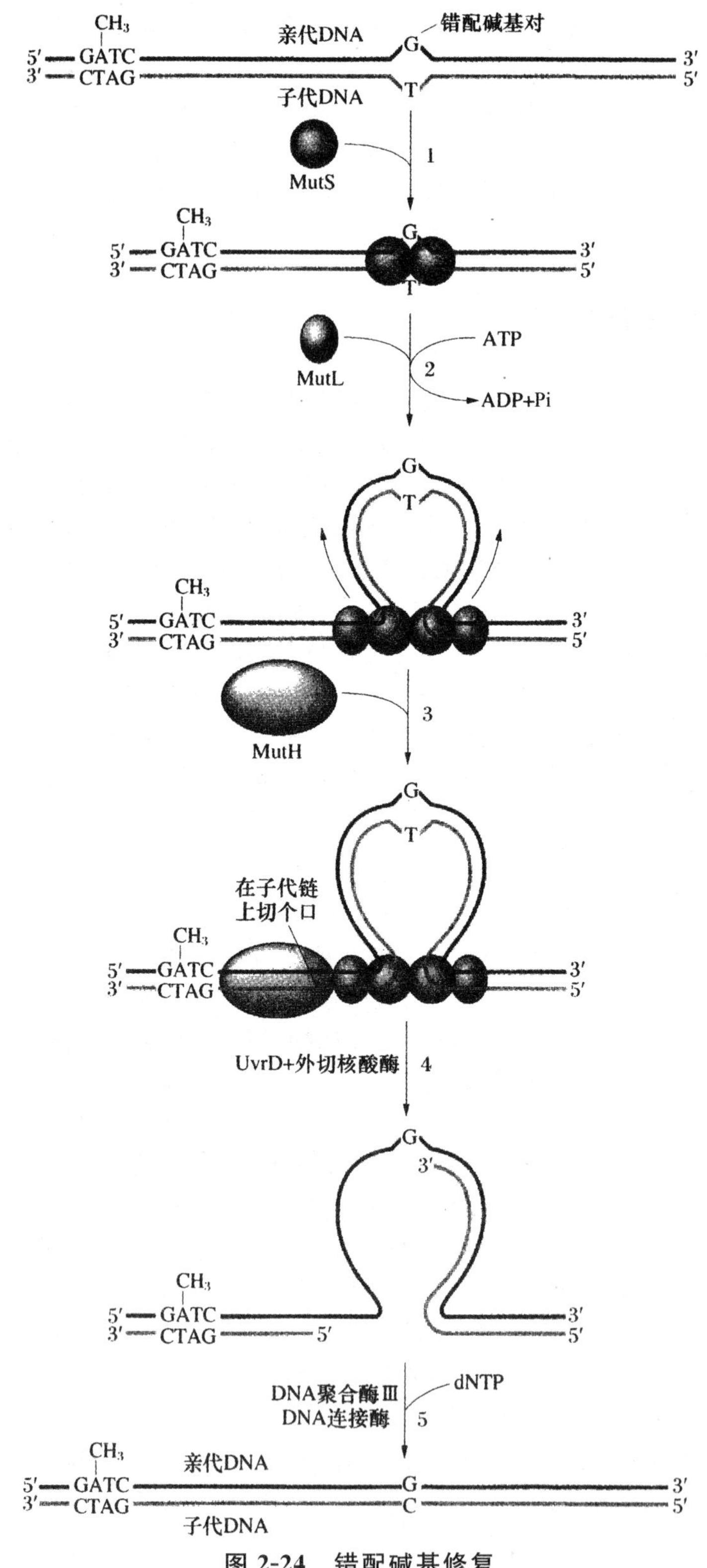
CH3
亲代DNA
错配碱基对
5′ GATC
3′ CTAG
G
T
3′
5′
子代DNA
MutS
1
MutL
ATP
2
ADP+Pi
MutH
3
在子代链
上切个口
UvrD+外切核酸酶
4
dNTP
DNA聚合酶Ⅲ
DNA连接酶
5
C

图 2-24　错配碱基修复

2.3.2.2　切除修复

切除修复发生在 DNA 复制之前，又称为复制前修复，即在一系列酶的作用下，将 DNA 分子的损伤部分切除，并以另一股正常链为模板指导合成 DNA 以填补切除的部分，最终恢复 DNA 的正常结构。这是一种比较普遍的修复方式，对多种损伤均能起修复作用，并且是无差错的修复。

参与切除修复的酶主要有特异的核酸内切酶、外切酶、聚合酶和连接酶。切除修复经过四步酶促反应完成(图 2-25)。

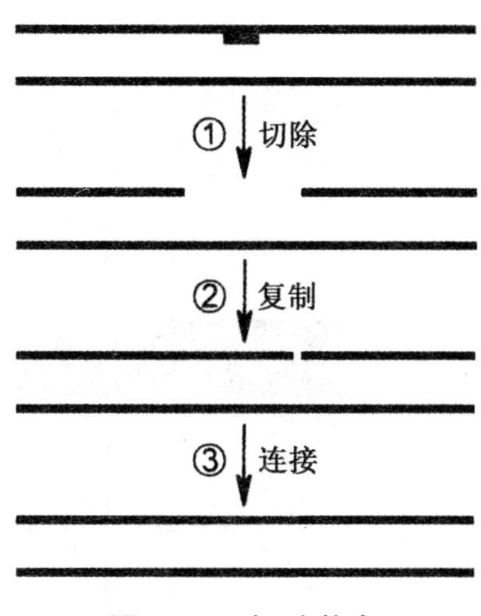

图 2-25　切除修复

①内切核酸酶识别 DNA 损伤部位，并在 5′-端做一切口。

②在外切酶的作用下连同受损部位，从 5′-端到 3′-端方向切除。

③在 DNA 聚合酶的作用下以损伤处相对应的互补链为模板合成新的 DNA 单链片段以填补切除后留下的空隙。

④在连接酶的作用下将新合成的单链片段与原有的单链以磷酸二酯链相接而完成修复过程。

从切除的对象来看，切除修复又可以分为碱基切除修复和核苷酸切除修复两类。

(1)碱基切除修复。如果只有单个碱基突变，比如修复细胞 DNA 中碱基(如 C)自发脱氨基产生的异常碱基(如 U)，则以 BER 方式进行修复。在该系统中，糖苷酶识别受损碱基并通过水解糖苷键切除，从而在 DNA 骨架上产生 1 个无嘌呤/嘧啶核苷酸位点，即 AP 位点。然后，AP 内切酶在 AP 位点的 5′-端切断磷酸二酯键，AP 外切酶再切割 AP 位点的 3′-端，产生的缺口由 DNA-pol Ⅰ 填补，最后 DNA 连接酶连接，如图 2-26(a)所示。

(2)核苷酸切除修复。核苷酸切除修复用于较为严重的区域性染色体结构改变的 DNA 损伤，如紫外线所导致的嘧啶二聚体、DNA 与 DNA 的交联等。这些损害如果没有适时排除，DNA 聚合酶将无法辨识而滞留在损害的位置，这时细胞就会活化细胞周期检查点以全面停止细胞周期的进行，甚至引起细胞凋亡。

如果DNA损伤造成DNA螺旋结构较大变形，则需要以NER方式进行修复如图2-26(b)所示。大肠埃希菌的NER主要由4种蛋白质组成：UvrA、UvrB、UvrC和UvrD。2个UvrA和1个UvrB分子组成复合物结合于DNA，并消耗ATP沿着DNA运动，UvrA能够发现损伤造成的DNA双螺旋结构变形，UvrB使DNA变性，在损伤部位形成一个单链的凸起区。接着UvrB募集核酸内切酶UvrC，在损伤部位的两侧切断DNA酶。结果12～13个核苷酸片段在UvrD解螺旋酶帮助下被除去。最后，由DNA-pol Ⅰ和连接酶填补缺口。较高等细胞中NER的原理与大肠埃希菌中的基本相同，但是对损伤的检测、切除和修复系统更为复杂，涉及发现、切除和修复损伤的酶多达25个以上。

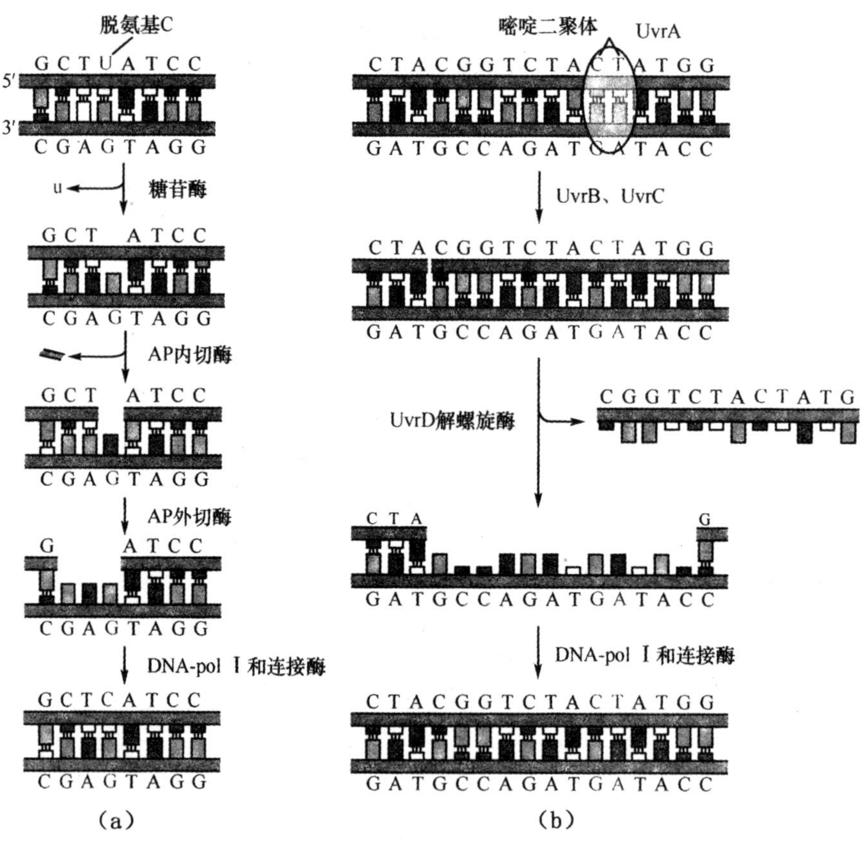

图2-26 切除修复方式

人类有一种隐性遗传病称为着色性干皮病，发病机制与DNA修复缺陷有关。已发现机体有一套XP相关基因(XPA、XPB、XPC、XPD、XPF、XPG等)，XP基本的表达产物共同作用于损伤的DNA，进行核苷酸切除修复，任何一个XP基因突变造成细胞损伤的DNA修复缺陷，都可引起XP。

切除修复用未损伤的DNA链作为模板来合成另一条链上已受损的DNA片段。细胞如何修复DNA中双螺旋两条链都断裂的损伤？这是由双链断裂修复途径进行的，此途径从姊妹染色体中取回序列信息。

2.3.2.3　直接修复

对于有的 DNA 损伤，生物体不切断 DNA 或切除碱基，而是直接实施修复，这样的损伤修复机制称为直接修复。例如，DNA 损伤之一的胸腺嘧啶二聚体的形成可以通过直接修复机制修复。

（1）光复活修复。由于紫外线和离子辐射会诱导同一条链上相邻胸腺嘧啶之间形成环丁基环，即形成胸腺嘧啶二聚体，如图 2-27 所示。这种二聚体使得碱基配对结构扭曲，造成 DNA 损伤，影响复制和转录。

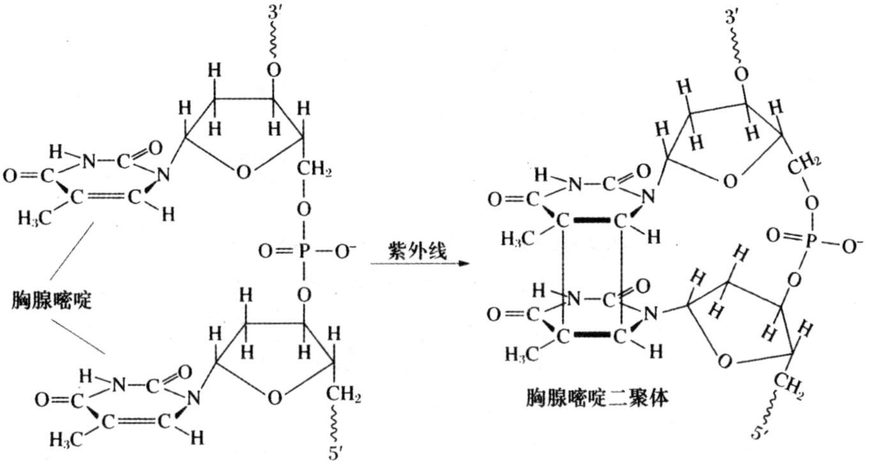

图 2-27　胸腺嘧啶二聚体的形成

细菌在紫外线照射后立即用可见光照射，可以显著提高细菌的存活率，这由细菌中的 DNA 光解酶完成，该酶能特异性识别紫外线造成的核酸链上相邻嘧啶共价结合的二聚体，并与其结合，这步反应不需要光；结合后如受 300～600 nm 波长的光照射，则该酶就被激活，将二聚体分解为两个正常的嘧啶单体，然后酶从 DNA 链上释放，DNA 恢复正常结构，如图 2-28 所示。

光复活酶修复是一种高度专一的 DNA 直接修复过程，它只作用于紫外线引起的 DNA 嘧啶二聚体（主要是 TT，也有少量 CT 和 O_2），利用可见光所提供的能量使环丁酰环打开而完成的修复。

光复活酶已在细菌、酵母菌、原生动物、藻类、蛙、鸟类、哺乳动物中的有袋类和高等哺乳类及人类的淋巴细胞和皮肤成纤维细胞中发现。这种修复功能虽然普遍存在，但主要是低等生物的一种修复方式，随着生物的进化，它所起的作用也随之削弱。

（2）烷基化碱基的直接修复。在烷基转移酶的参与下，将烷基化的碱基上的烷基，转移到烷基转移酶自身的半胱氨酸残基上，恢复 DNA 原来的结构。烷基转移酶得到烷基后就失活了，因此该酶是一种自杀酶，即以一个酶分子为代价修复一个受损伤的碱基，如图 2-29 所示。

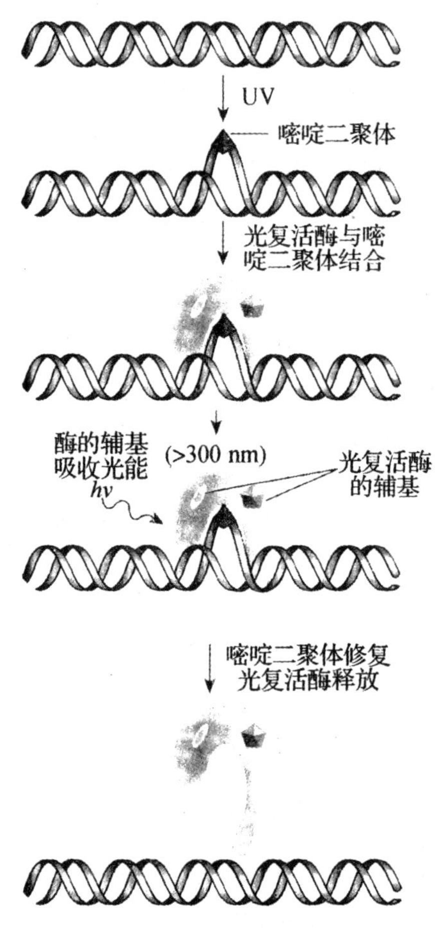

图 2-28　嘧啶二聚体的直接修复

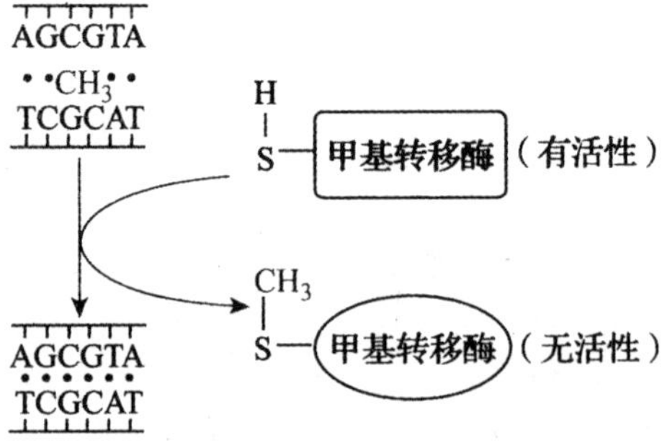

图 2-29　烷基化碱基的直接修复

有一个例子是甲基转移酶修复被烷化剂损伤的 DNA。在真核生物和原核生物中都存在这种转移酶。由于烷化剂作用会使鸟嘌呤甲基化，结果在复制过程中会造成胸腺嘧啶代替鸟嘌呤传到子代。在大肠杆菌中发现有一种 O^6-甲基鸟嘌呤-DNA 甲基转移酶，O^6-甲基鸟嘌呤-DNA 甲基转移酶将甲基鸟嘌呤的甲基转移到该酶上的一个半胱氨酸残基的巯基上，不需要切除核苷酸而直接恢复为鸟嘌呤，如图 2-30 所示。接受了甲基后转移酶失活，不能再催化其他甲基转移反应。但甲基化的转移酶作为一个转录的调节物又可刺激该转移酶基因的表达，所以根据需要可以生产更多的修复酶。

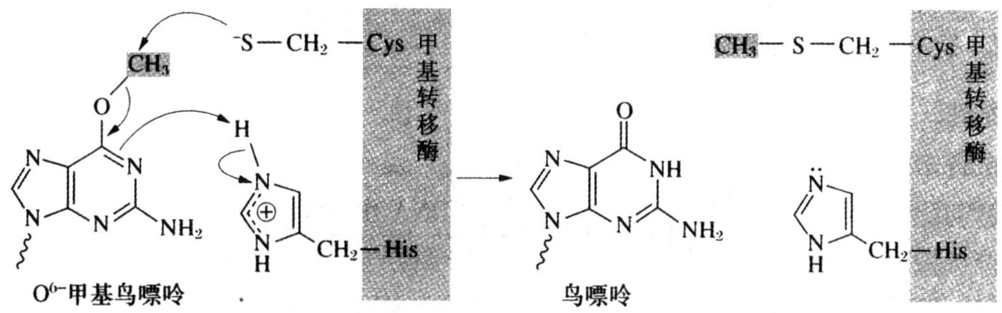

图 2-30　O^6-甲基鸟嘌呤-DNA 甲基转移酶的直接修复

类似的烷基转移酶在其他细菌和真核生物中也存在，只是特异性有些不同。

(3)单链断裂修复。DNA 单链断裂是常见的损伤，可以通过重新连接完成修复，需要 DNA 连接酶催化 DNA 双螺旋结构中单链的缺口处的 5′-磷酸与相邻的 3′-羟基形成磷酸二酯键。DNA 连接酶在各类生物细胞中都普遍存在，修复反应容易进行。

(4)碱基的直接插入修复。DNA 链上嘌呤的脱落造成无嘌呤位点，能被 DNA 嘌呤插入酶识别结合，在 K^+ 存在的条件下，催化游离嘌呤或脱氧嘌呤核苷插入生成糖苷键，且催化插入的碱基有高度专一性，与另一条链上的碱基严格配对，使 DNA 完全恢复。

2.3.2.4　重组修复

重组修复也是 DNA 修复机制之一，当 DNA 双链中单链损伤或同时损伤并尚未修复就开始复制时，造成对应的损伤位置的新链合成缺乏正确模板指导，需要另一种更为复杂的修复机制进行修复，即重组修复。依据修复机制的不同，重组修复可分为同源重组和非同源重组。

(1)同源重组。同源重组即双链 DNA 中的一条链发生损伤(如嘧啶二聚体、交联或其他结构损伤)，损伤还未来得及进行相应修复，当 DNA 复制到含有损伤的 DNA 部位时，复制系统在损伤部位无法通过碱基配对合成子代 DNA 链，就跳过损伤部位，在下一个冈崎片段的起始位置或前导链的相应位置上重新合成引物和 DNA 链，结果子代链在损伤相应部位留下缺口，另一条完整的母链与有缺口的子链重组，完成重组后，母链中的缺口则通过 DNA 聚合酶的作用，合成核苷酸片段，然后由连接酶使新片段与旧链连接，如图 2-31 所示。

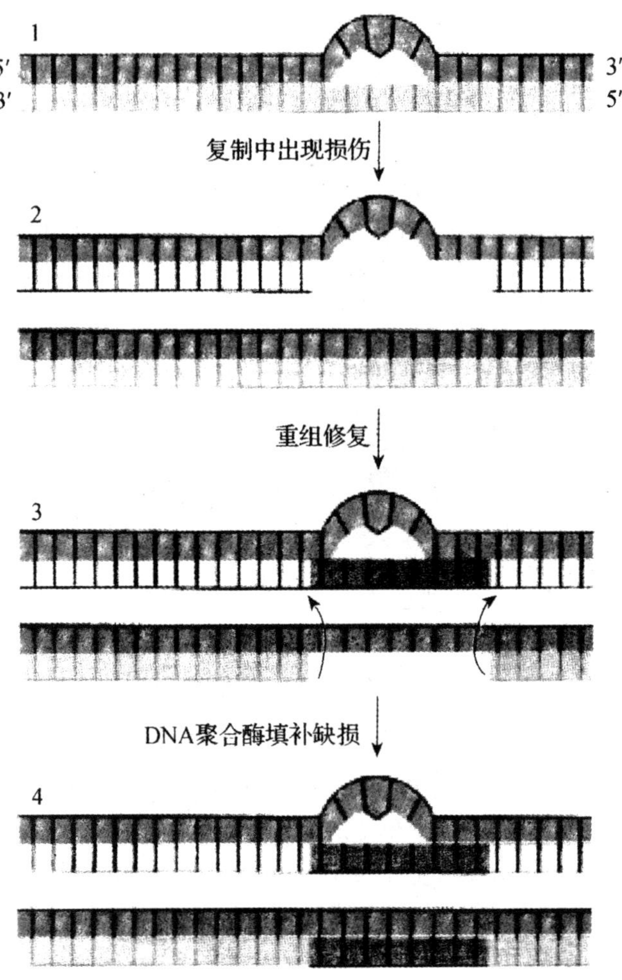

图 2-31　同源重组修复过程

大肠杆菌中起关键作用的是 RecA 蛋白，也称为重组酶，可与损伤的 DNA 单链区结合，同时能识别与受损 DNA 序列相同的姐妹链，使两者结合发生重组交换。

(2)非同源重组。非同源重组也称为非同源末端连接，是哺乳动物 DNA 双链断裂的修复方式。非同源重组中起关键作用的是一种复合蛋白——DNA 依赖的蛋白激酶(DNA-PK)，当 DNA 双链断裂时，DNA 的游离端二聚体蛋白 Ku 与 DNA-PK 结合，使两个 DNA 断头重新靠拢在一起，Ku 蛋白将两个 DNA 断头处的双链解开，暴露出单链，如果一个断头上的一条链与另一断头上的一条链有一些互补性，那么它们就可能结合在一起重新将两个断头连接起来，完成修复，如图 2-32 所示。

这种修复并不十分完美，非同源重组合成的 DNA 链同源性不高，可能会造成不同链之间的连接，同时修复过程中未起作用的 DNA 单链会被降解，造成修复的 DNA 序列比原先的 DNA 序列短一些。显然这种修复的 DNA 序列存在一定的错误，修复不够精确，但对于具有巨大基因组的哺乳动物来说，发生错误的位置可能不在关键基因上，并且可以维持细胞的存活，这一点对细胞来说是至关重要的。

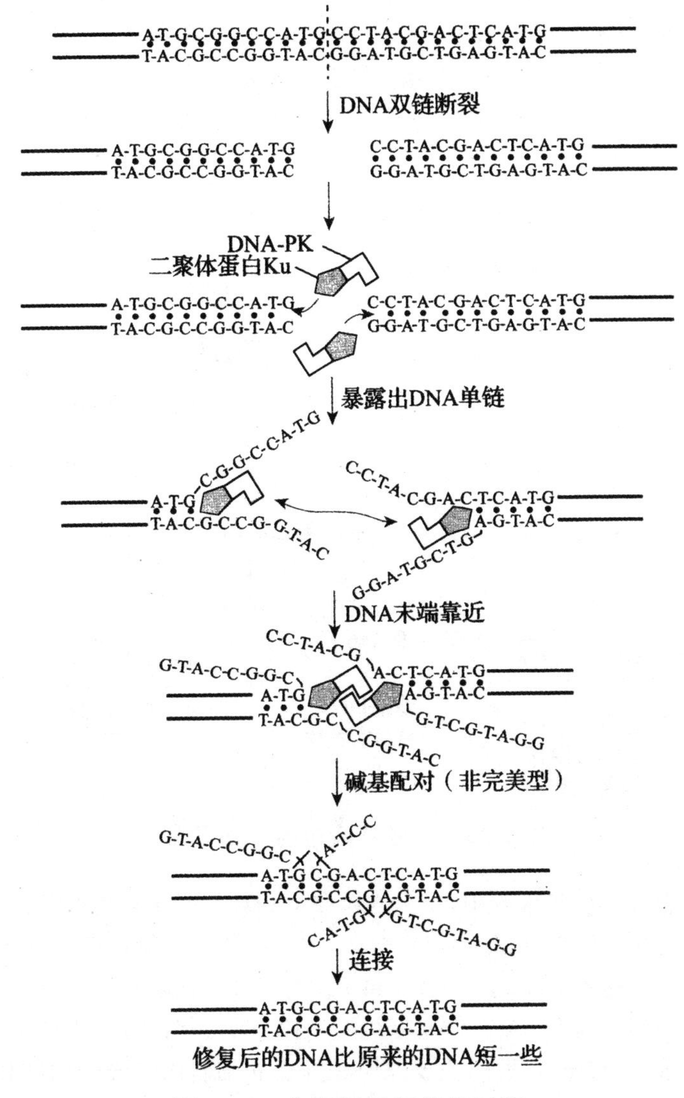

图 2-32　非同源重组修复过程

2.3.2.5　SOS 修复

在正常生理状态下，生物体的 DNA 修复系统常常处于不活跃状态，处于低水平表达，多种与修复相关基因的表达受到抑制，一旦 DNA 受到损伤或在复制系统受到抑制的紧急情况下，细胞为求生存迅速解除对修复基因的抑制作用，使其产物投入到活跃的修复活动中，这种应急修复措施称为 SOS 修复（SOS repair）或 SOS 反应（SOS response）。SOS 修复诱导的产物可参与错配修复、切除修复、重组修复等各种途径的修复，同时抑制细胞分裂，避免因 DNA 复制受阻的情况下，产生不含 DNA 的细胞，造成无谓的物质和能量的损耗，也使细胞有更多的修复机会。

在大肠杆菌中，这种反应由 RecA-LexA 系统调控，如图 2-33 所示。正常情况下，系统处于不活动状态，当有诱导信号（如 DNA 损伤或复制受阻形成暴露的单链）时，RecA 蛋白的蛋白酶活力就会被激活，分解阻遏物 LexA 蛋白，使 SOS 反应有关的基因去阻遏。DNA 修复完毕后，引起 SOS 反应的信号消除，RecA 蛋白的蛋白酶活力丧失，LexA 蛋白又重新发挥阻遏作用。RecA 蛋白是大肠杆菌 *rec* 基因编码，在同源重组中起重要作用的蛋白质，同时也是 SOS 修复的启动因子。

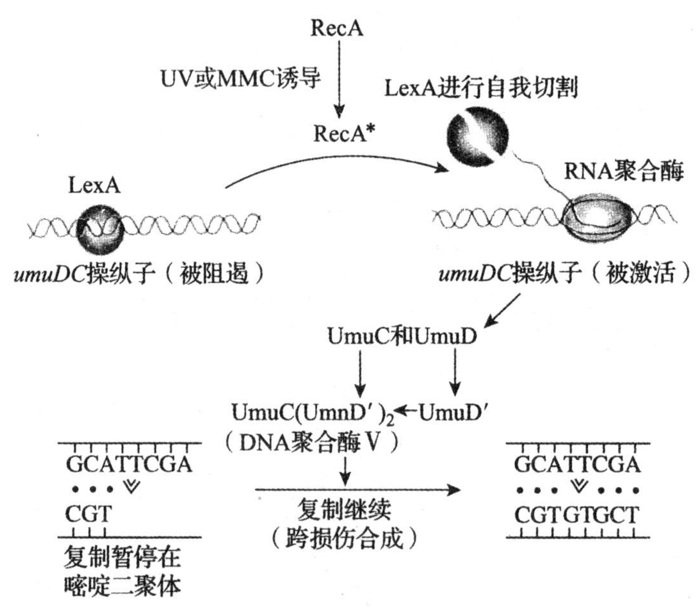

图 2-33　大肠杆菌中的 SOS 修复

SOS 修复广泛存在于各类细胞中，是生物体在不利环境中求得生存的一种基本功能。它不仅使各种损伤修复功能增强，细胞存活率增加，同时也导致大量突变，这是由于 SOS 反应可诱导产生不具有校正功能的 DNA 聚合酶Ⅳ和Ⅴ参与 DNA 的修复。

一些遗传病和肿瘤等与 DNA 损伤修复机制缺陷有关。例如，着色性干皮病患者对日光尤其是紫外线特别敏感，易患皮肤癌，主要原因是其皮肤细胞内特异的内切核酸酶有缺陷，不能切除嘧啶二聚体，因此对紫外线引起的 DNA 损伤不能修复。

SOS 修复包括两方面的内容：DNA 的修复和细胞变异。多数诱导 SOS 反应的作用剂都有致癌作用，如紫外线辐射、电离辐射、烷化剂、黄曲霉素等，某些不致癌的作用剂大都不能引起 SOS 修复，如 5-溴尿嘧啶。推测许多癌变是由于 SOS 修复引起的，因而 SOS 修复可作为检测药物致癌性的指标，而抑制 SOS 修复的药物则可减少突变和癌变，这类物质被称之为抗变剂。

2.3.2.6　倾向差错修复

前面讨论的各种修复在工作时都有模板可以参照，因此是校正差错修复。但这些系统并非万无一失。有时 DNA 聚合酶还是会遇到没有来得及修复的损伤。这类损伤是 DNA 聚合酶前进的障碍，复制机器要么跨越损伤，要么在损伤位点停止。细胞中，复制叉可以跨过损伤位点继续前进，这种机制叫作倾向差错修复，错误率非常高。

用酸处理噬菌体 ΦX174 的 DNA，使之脱去嘌呤，但完整地保持糖—磷酸骨架和嘧啶，再用骨架完整但无嘌呤的 DNA 侵染原生质体(移去部分细胞壁的细胞)，细胞居然将无嘌呤的 DNA 修复了，但在这个过程中发生了很多突变。在复制过程中，这个受到严重损伤的 DNA 双链分开后，每条单链上都存在着没有嘌呤的部分，细胞无法根据碱基配对原则选择互补的碱基，但却有能力将碱基随机加到相应的位置上，使 DNA 链延长。

大肠杆菌中的倾向差错修复需要 UmuC 和 UmuD 基因的产物参加。两个基因组成一个操纵子，共同表达。UmuD 蛋白合成后，受一个蛋白酶的水解，形成 UmuD′。2 个 UmuD′ 和 UmuC 形成的复合物 $UmuD'_2$UmuC。这个复合物具有 DNA 聚合酶活性，叫作 DNA 聚合酶Ⅴ。DNA 聚合酶Ⅴ可以有效地识别三种最常见的损伤：T-T 二聚体；6-4 光化学产物和 AP 位点。

DNA 聚合酶Ⅴ的重要特征是：它不必依靠碱基配对就可以把碱基添加到生长的 DNA 链上，合成后也不再校正，这个过程的错误率非常高，可达 3/4，这个过程就叫倾向差错修复。在以后的复制过程中，错误的碱基固定下来，修复本身成了突变的原因！所以在“倾向差错修复”中，错误虽然经过处理，但没有真正修复。

倾向差错修复是细胞最后的求助手段。它使细胞从复制叉被封闭后的灾难中存活下来，而细胞付出的代价是高水平的突变。由于这个原因，大肠杆菌中跨越损伤的聚合酶在正常情况下不存在。在 DNA 受到损伤后，编码倾向差错修复聚合酶的基因才表达，成为 SOS 反应的一部分。

人类也具有倾向差错修复的途径，与这类修复有关的是 DNA 聚合酶 ζ(zeta)，它可以在 T-T 二聚体的对面随机插入任何碱基。人类还具有自动纠错途径，可以把 2 个 A 添加到 T-T 二聚体的对面。这个系统中的 DNA 聚合酶是 DNA 聚合酶 η(eta)。

2.3.3 DNA 的突变

当 DNA 遭遇到损伤以后，尽管细胞内的修复系统在很大程度上能够将绝大多数损伤及时修复，然而修复系统并不是完美无缺的。正是由于修复系统的不完善，就为 DNA 的突变创造了机会，因为如果损伤在下一轮 DNA 复制之前还没有被修复的话，有的就直接被固定下来传给子代细胞(如错配修复)，有的则通过易错的跨损伤合成产生新的错误并最终也被保留下来(如嘧啶二聚体)。这些发生在 DNA 分子上可遗传的永久性结构变化通称为突变(mutation)，而带有一个给定突变的基因、基因组、细胞或个体被称为突变体(mutant)。

对于多细胞动物来说，只有影响到生殖细胞的突变才具有进化层次上的意义。然而，就细菌、原生动物、植物和真菌而言，发生在体细胞的突变一样可以传给后代。

突变是 DNA 碱基序列水平上的永久性的、可遗传的改变。突变产生于 DNA 复制或减数分裂重组过程中的自发性错误，或者是由于物理或化学试剂损伤 DNA 所致。携带突变的生物个体或群体或株系，叫作突变体(mutant)。正是由于突变体中 DNA 碱基序列的改变，产生了突变体的表现型。突变位点可能存在于基因内，该基因称为突变基因(mutant gene)。没有发生突变的基因称为野生型(wild type)基因。

所谓野生型是指有机体的正性状，如能够分解某种底物和合成某种物质（如氨基酸）的能力。在多数情况下，从自然界分离得到的有机体种类都具有这种正性状，但有时并非如此。例如大家熟悉的 *E. coli lac* 基因，通常从自然界分离得到的 *E. coli* 都是 lac^-，即不能利用乳糖的种类。然而我们仍然把 lac^+ 称为野生型，而把 *lac* 称为突变体。就此点来说，“野生型”这一名词常常是误用名称，但现已广为习用。

引起突变的物理因素（如 X 射线）和化学因素（如亚硝酸盐）称为诱变剂（mutagen）。由于诱变剂的作用而产生突变的过程或作用称为突变生成作用（mutagenesis）。如果突变生成作用是在自然界中发生的，不管是由于自然界中诱变剂作用的结果还是由于偶然的复制错误被保留下来，都叫作自发突变生成（spontaneous mutagenesis）。其结果是产生一种称为自发突变（spontaneous mutation）的遗传状态，携带这种遗传状态的个体或群体或株系就称为自发突变体（spontaneous mutant）。自发突变的频率平均为每一核苷酸每一世代 10^{-10}～10^{-9}。相反，如果引起突变的作用是由于人们使用诱变剂处理生物体而产生的，就叫作诱发突变生成（induced mutagenesis），简称诱变。它产生的遗传状态叫作诱发突变（induced mutation），携带这种遗传状态的有机体就叫作诱发突变体（induced mutant）。诱发突变的频率要高得多。

2.3.3.1 DNA 突变类型

从 DNA 碱基序列改变多少来分，可以分为点突变（point mutation）和移码突变（frameshift mutation）两类。点突变是最简单、最常见的突变，一般包括碱基替代（base substitution）、碱基插入（base insertion）和碱基缺失（base deletion）三种情况。但点突变这个术语常常是指碱基替代。碱基替代是一个或多个碱基被相同数目的其他碱基所替代，大多数情况是只有一个碱基被替代。碱基替代可以分为两类：转换（transition），嘌呤与嘌呤之间或嘧啶与嘧啶之间互换；颠换（transversion），嘌呤与嘧啶之间发生互换。碱基插入是一个或多个碱基插入到 DNA 序列中，如果插入碱基的数目不是 3 的整倍数，将会引起移码突变。碱基缺失是指 DNA 序列缺失一个或多个碱基，如果缺失的碱基数目不是 3 的整倍数，也会引起移码突变。显然移码突变就是由于一个或多个非三整倍数的核苷酸对插入或缺失，而使编码区该位点后的三联体密码子阅读框架改变，导致后向氨基酸都发生错误，通常该基因产物会完全失活，如果出现终止密码子则会使翻译提前结束。

（1）点突变。最简单的点突变是一个碱基转变成另一个碱基。常见的形式是转换（transition），即一个嘧啶转换成另一个嘧啶，或是一个嘌呤转换成另一个嘌呤，也就是 C→T；A→G，或反过来（vice versa）。另一种不常见的形式是颠换（transversion），即一个嘌呤被一个嘧啶替代，或反过来。结果 AT 变成了 TA 或 CG，如图 2-34 所示。其他的简单突变还包括一个或几个碱基的插入或缺失。这种改变了一个核苷酸的突变作用称为点突变。

点突变带来的后果取决于其发生的位置和具体的突变方式。若是发生在基因组的垃圾 DNA（junk DNA）上，就可能不产生任何后果，因为其上的碱基序列缺乏编码和调节基因表达的功能；如果发生在一个基因的启动子或者其他调节基因表达的区域，则可能会影响到基因表达的效率；如果发生在一个基因的内部，就有多种可能性，这一方面取决于突变基因的终产物是蛋白质还是 RNA，即是蛋白质基因还是 RNA 基因，另一方面如果是蛋白质基因，则还取决于究竟发生在它的编码区，还是非编码区，是内含子，还是外显子。

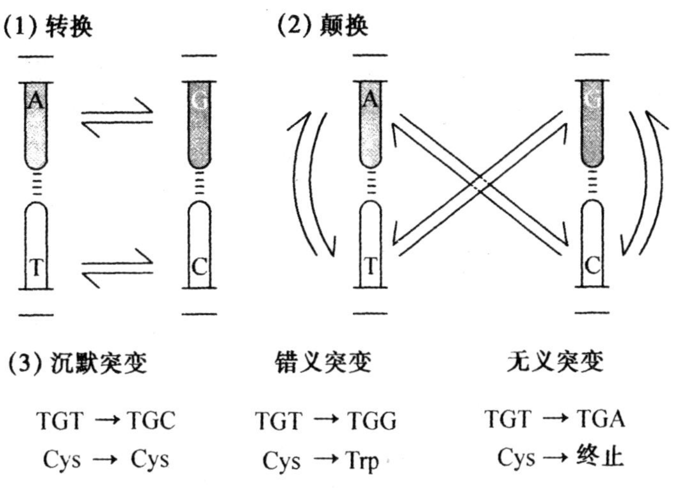

图 2-34　碱基突变的几种方式

点突变与插入/缺失的不同在于：点突变可随诱变剂的应用而变化，但插入/缺失与诱变剂的应用没有什么关系。如果恢复原来的碱基或者基因在其他位点发生补偿性的突变，点突变可能恢复；如果把插入的序列删除，基因的功能也可能恢复；如果把基因的一部分删除，基因的功能就无法恢复了。

(2)移码突变。移码突变指在 DNA 中插入或缺失非 3 的倍数的少数几个碱基，因而在该基因 DNA 作为蛋白质的氨基酸顺序的信息解读时，引起密码编组的移动，造成这一突变位置之后的一系列编码发生移位错误的改变，这样的突变称为移码突变，造成突变位点下游的大多数密码子变成彻底不同的密码子，它们编码完全不同的氨基酸或变成终止密码子，因而所产生的蛋白质的活力很低或消失，如图 2-35 所示，如吖啶橙类诱变剂可以诱发这类突变。丝氨酸的密码子和甘氨酸的密码子之间插入了一个鸟苷酸(G)，因为在蛋白质合成时每三个邻接的碱基和一个氨基酸相对应，所以读码框向左面一个碱基移动了一格，其结果是在插入 G 点之后开始合成和正常氨基酸完全不同的顺序。

5′ –AUG GCU UCC GGC UUA GAC AGA GGA U…
甲硫 丙 丝 甘 亮 天冬 精 甘
3′ 野生型
+G
5′ –AUG GCU UCC GGC GUU AGA CAG AGG AU…
甲硫 丙 丝 甘 缬 精 谷 精
3′ 突变型

图 2-35　移码突变

同样从编码区删除一个碱基也会产生移码突变。如果插入或缺失 3 的整数倍的少数几个碱基，则不会造成移码突变，但会造成编码的多肽突变位点的几个氨基酸残基的添加或缺失，不会对其他位置的氨基酸残基造成影响，对蛋白质的结构和功能的影响比移码突变的影响相对要小一些，如图 2-36 所示。

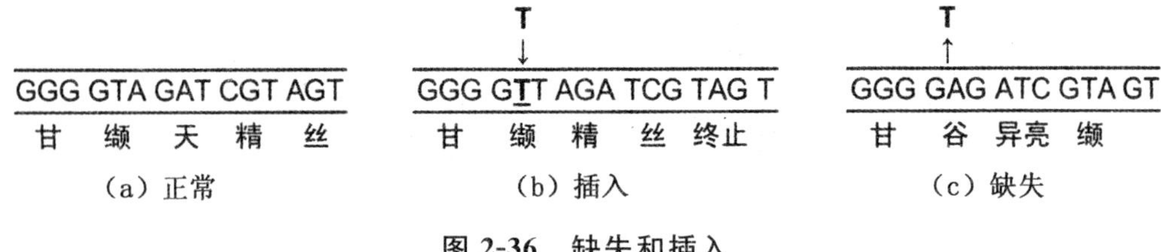

图 2-36 缺失和插入

(3)其他类型。根据发生的位置，突变可以分为：同义突变(synonymous)、错义突变(missence)和无义突变(nonsence)。

若突变发生在某些密码子的第三位碱基，由于这些密码子的简并性，这些突变的密码子依然编码相同的氨基酸，密码子的意义不会改变，这样的突变称为同义突变。若一个碱基的突变只改变蛋白质多肽链上的一个氨基酸，则称为错义突变。若这个氨基酸不处于关键位置，蛋白质还会保持原来的部分功能。若此氨基酸处于关键位置，如酶的活性中心，蛋白质的功能就可能全部丧失。若突变发生在基因表达的调控区，可能会影响基因表达的方式。若突变在基因编码区中间产生了终止密码子 AUU、AUG、AGU，就会使肽链的合成提前终止，这样的突变往往是致死的，称为无义突变。

突变作用的两个重要来源是 DNA 复制时出现差错和化学物质对 DNA 的损伤。突变的第三种重要来源是由转座子引起的。转座子是一类插入序列，可以在 DNA 上移动位置。

突变会产生不同的后果。按照所产生的效果，可以把突变分为功能丧失性突变(loss of function mutation)和功能获得性突变(gain of function mutation)。功能丧失性突变多为隐性突变。如果功能完全丧失，称为无效突变(null mutation)；如果功能部分丧失，称为渗漏突变(leaky mutation)。功能获得性突变多为显性突变。即是说 DNA 的突变可能是显性的(dominant)，也可能是隐性的(recessive)。

突变并不总是产生表现型的变化，这是因为一些突变位点没有影响到基因的功能或表达，或者高一级的基因组功能(如 DNA 复制)。这样的突变从进化的角度来看属于中性性质(neutral)，因为它并没有影响到个体的生存与适应能力。

若突变仅仅导致一种蛋白质没有活性，那么，这样的突变一般产生隐性性状，属于隐性突变。因为染色体通常是成对的(同源染色体)，每一个基因至少有 2 个拷贝，一条同源染色体上正常基因的产物能够抵消或中和另一条同源染色体上突变的基因对细胞功能和性状的影响。因此，只有一对同源染色体上两个等位基因都发生突变，才会影响到表现型。但这种情形也有很多例外，特别是一些结构蛋白和调节其他基因表达的调节蛋白基因突变而丧失功能时，其表现是显性的。这主要是由于蛋白质的量对于机体的功能十分重要，而细胞已没有能力再提高正常拷贝表达的量来弥补基因突变造成的损失。若突变产生的蛋白质对细胞有毒，这种毒性无法被另外一条染色体上正常基因表达出来的正常的蛋白质所抵消或中和，那么，这种突变则会被视为显性。显性突变只需要两条同源染色体上任意一个等位基因发生突变，就可以带来突变体的表现型变化。

重排是指基因组 DNA 发生较大片段的交换，但不涉及遗传物质的丢失和获得。重排可以发生在 DNA 分子内部,也可以发生在 DNA 分子之间,如图 2-37 所示。

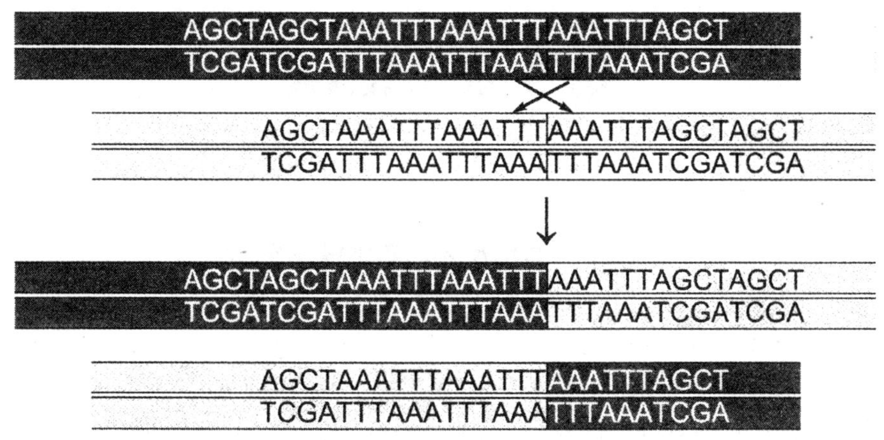

图 2-37　重排

2.3.3.2　DNA 突变回复

突变是可逆的,野生型基因突变成为突变型基因,而突变型基因也可以通过突变成为原来的野生型状态。突变体重新恢复为野生型表型的过程称为回复突变或回复(reversion)。真正的原位回复突变正好发生在原来位点,使突变基因回复到与野生型完全相同的 DNA 序列。但这种情况很少,大多数都是第二点突变抑制了第一次突变造成的表现型(表型抑制),使得野生型表现型得以恢复或部分恢复。即原来的突变位点依然存在,但它的表型效应被第二位点的突变所抑制。回复突变可以自发地发生,但其频率总是显著低于正向突变率。例如大肠杆菌中野生型(his^+)突变为组氨酸缺陷型(his^-)的正向突变率是 2×10^{-6},而 $his^-\sim his^+$ 的回复突变率是 4×10^{-8}。用诱变剂处理可以增加其频率。但不是所有的正向突变都可以自发回复到野生型状态,如双重突变体(含有两个决定同一性状的突变位点,这两个位点可以在一个基因上或在两个作用相关的基因上)的回复突变发生频率就非常低(两个单点回复突变频率的乘积),一般低于 10^{-12},实验中很难检测出来。再如大片段的缺失突变,要在原位插入同样长度和序列的碱基或编码相同氨基酸的片段,使其产物具有野生型产物的功能,这样的概率几乎为零,即基本上不可能有回复突变。

由于大多数回复突变都不是真正的原位回复突变,所以鉴定回复突变主要依据其表现型。

由于第二点回复突变并没有真正回复正向突变的 DNA 序列,只是突变效应被抑制了,所以第二点回复突变通常都称为抑制突变。抑制突变可以发生在正向突变的基因中叫作基因内抑制突变(intragenic suppressors),也可以发生在其他基因中叫作基因间抑制突变(intergenic suppressors)。根据野生型表现型恢复作用的性质还可以分为直接抑制突变(direct suppressors)和间接抑制突变(indirect suppressors)。前者是通过恢复或部分恢复原来突变基因蛋白质产物的功能而使表现型恢复为野生型状态。后者不恢复正向突变基因的蛋白质产物的功能,而是通过改变其他蛋白质的性质或表达水平而补偿原来突变造成的缺陷,从而使野生型表现型得以恢复。

第 3 章　RNA

3.1　RNA 分子的种类

转录(transcription)是指以 DNA 为模板,在依赖于 DNA 的 RNA 聚合酶的催化下,以 4 种核糖核苷酸(ATP、CTP、GTP 和 UTP)为原料,合成 RNA 的过程。RNA 是将 DNA 上遗传信息传递给蛋白质并进行表达的中心环节。

在转录过程中,主要形成 3 种类型的 RNA 分子:分别是信使 RNA(messenger RNA, mRNA)、转移 RNA(transfer RNA,tRNA)、核糖体 RNA(ribosomal RNA,rRNA)。

3.1.1　mRNA

DNA 不直接决定表达性状的蛋白质的合成,况且在真核生物中 DNA 存在于细胞的细胞核内,而蛋白质的合成中心却位于细胞质的核糖体上。因此,它需要一种中介物质,才能把 DNA 上控制蛋白质合成的遗传信息传递给核糖体。现已证明,这种中介物质是一种特殊的 RNA,它起着传递遗传信息的作用,因而称为信使 RNA(mRNA)。mRNA 的功能就是把 DNA 上的遗传信息准确无误地记录下来,通过其上的碱基顺序决定蛋白质的氨基酸顺序,完成基因表达中的遗传信息传递过程。在真核生物转录形成的 RNA 中,含有大量的对指导蛋白质合成无用的序列,还不能直接作为蛋白质合成的模板,需要进一步加工,因此把这种未经加工、分子质量差别很大的 mRNA,称为不均一核 RNA(heterogeneous nuclear RNA,hnRNA)。

3.1.2　tRNA

如果说 mRNA 是合成蛋白质的蓝图,则核糖体是合成蛋白质的工厂。从 DNA 上获得遗传信息的 mRNA 与细胞质中的氨基酸并无必然的联系,那么 mRNA 是怎样让氨基酸排列为多肽链呢?实验表明,在二者之间也需要一种特殊的 RNA——转移 RNA(tRNA)把游离的氨基酸搬运到核糖体上,tRNA 能根据 mRNA 的遗传信息依次准确地将它携带的氨基酸连接成多肽链。一种氨基酸可被 1～4 种 tRNA 转运,说明 tRNA 在生物体内种类较多。tRNA 是最小的 RNA 之一,其分子质量约为 27 kDa(25～30 kDa),是 RNA 中构造了解最清楚的。这类分子含有 80 个左右的核苷酸,而且还具有稀有碱基。稀有碱基包括假尿核苷、次黄嘌呤和一些甲基化的嘌呤与嘧啶。它们一般是 tRNA 在 DNA 模板转录后,经过特殊酶的修饰而成。

对大肠杆菌、酵母、小麦和鼠等各种生物的多种 tRNA 结构研究发现，它们的碱基序列都能折叠成三叶草构型。同时它们的构型还有下列一些共同的特征(图 3-1)：①5′端之末具有 G(大部分)或 C；②3′端之末都以 ACC 的顺序终结；③有 1 个富有鸟嘌呤的环；④有 1 个反密码子环，在其顶端有 3 个暴露的碱基，称为反密码子(anticodon)，该密码子可与 mRNA 链上同自己互补的密码子配对；⑤有 1 个胸腺嘧啶环。

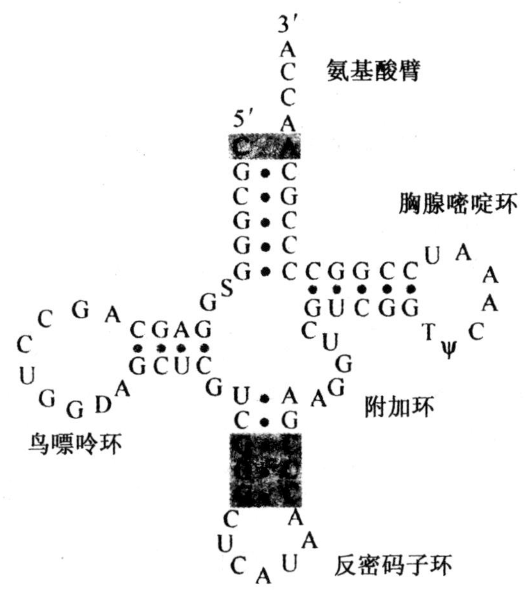

图 3-1　tRNA 的三叶草构型

3.1.3　rRNA

核糖体 RNA(rRNA)是组成核糖体的主要成分，而核糖体是蛋白质合成的中心。rRNA 是以 DNA 为模板合成的单链，含有不等量的 A 与 U 以及 G 与 C，但有广泛的双链区域，呈发夹式螺旋。rRNA 一般与核糖体蛋白质结合在一起形成核糖体(ribosome)。如果把 rRNA 从核糖体上除掉，就会发生塌陷。在大肠杆菌中，rRNA 占细胞总 RNA 量的 75%～85%，而 tRNA 占 15%左右，mRNA 仅占 3%～5%。原核生物的核糖体所含的 rRNA 有 5S、16S 和 23S 3 种。S 为沉降系数(sedimentation coefficient)，是某种颗粒在超速离心时沉降速度的数值，此数值与颗粒的大小直接成比例。5S 含有 120 个核苷酸，16S 含有 1 540 个核苷酸，而 23S 则含有 2 900 个核苷酸。真核生物的核糖体比原核生物复杂，含有 5S、5. 8S、18S 和 28S4 种 rRNA 和约 80 种蛋白质，4 种 rRNA 具有的核苷酸数分别为 120 个、160 个、1 900 个和 4 700 个。

rRNA 在蛋白质合成中的功能至今不是很清楚，但 16S 的 rRNA3′端有一段核苷酸序列与 mRNA 的前导序列是互补的，这可能有助于 mRNA 与核糖体的结合。

除了上述 3 种主要的 RNA 外，还有小核 RNA(small nuclear RNA，snRNA)，它是真核生物转录后加工过程中 RNA 剪接体(spliceosome)的主要成分。现在发现有 5 种 snRNA，其长度在哺乳动物中为 100～215 个核苷酸。它们存在于细胞核中，与 40 种左右的核内蛋白质共同组成 RNA 剪接体，在 RNA 转录后加工起重要作用。前面已介绍的端粒酶中也存在 RNA，与染色体末端的端粒合成有关。另外，还有反义 RNA(antisense RNA)，参与基因表达的调控等。

3.2 RNA 的合成

3.2.1 RNA 合成的一般特点

RNA 的合成与 DNA 的自我复制从总体上非常类似，但也有自己的特点。

(1)RNA 合成不需要引物，可以直接起始合成，而 DNA 复制时是必需有引物。

(2)RNA 合成时所用的原料为核苷三磷酸(rNTP)，DNA 复制时则为脱氧核苷三磷酸(dNTP)，而且在合成的 RNA 链上胸腺嘧啶核苷酸(T)被替换为尿嘧啶核苷酸(U)。

(3)DNA 复制时亲本的两条链都分别用作模板，而 RNA 合成时只用一条 DNA 链作为模板，这条 DNA 链称做模板链(template strand)，另一条则称为非模板链(non-template strand)，由于其序列除 U 替代 T 外，与转录的 RNA 序列完全一致，因此也称为编码链(coding strand)。

(4)相对于 DNA 复制而言，RNA 合成的速度比 DNA 慢得多，一般每秒只有 40 个核苷酸左右，而 DNA 复制时每秒可达上千个核苷酸。

RNA 的合成也是按照碱基互补配对原则从 $5'\rightarrow 3'$ 端进行的。此过程由 RNA 聚合酶(RNA polymerase)催化。RNA 聚合酶在一些起始蛋白质分子的协助下与启动子(promotor)部位的 DNA 结合，形成转录泡(transcription bubble)，并开始转录。在原核生物中只有一种 RNA 聚合酶，而在真核生物中，有 3 种不同的 RNA 聚合酶控制不同类型 RNA 的合成。

3.2.2 不对称转录

3.2.2.1 转录的模板

转录的模板是 DNA 单链。转录与复制相比是有选择性的，在细胞的不同发育时期，按生存条件和需要进行转录。在基因组的 DNA 链上，不是任何区段都可以转录，能转录出 RNA 的 DNA 区段称为结构基因(structural gene)。结构基因与转录起始部位、终止部位的特殊序列共同组成转录单位(transcription unit)。在原核生物中，一个转录单位可以含有一个、几个或十几个结构基因。

在结构基因的 DNA 双链中，只有一条链可以作为模板，通常将这条能指导转录的链称为模板链(template strand)；与其互补的另一条链则称为编码链(coding strand)。因为对于编码蛋白质的基因来说，其互补链的核苷酸序列与转录出的 mRNA 序列基本一致(除 T 代替 U

外),故称为编码链。在一个包含多个基因的 DNA 双链分子中,各个基因的模板链并不总在同一条链上,在某个基因节段以其中某一条链为模板进行转录,而在另一个基因节段上可反过来以其对应单链为模板。转录的这种选择性被称为不对称转录(asymmetric transcription)(图 3-2)。

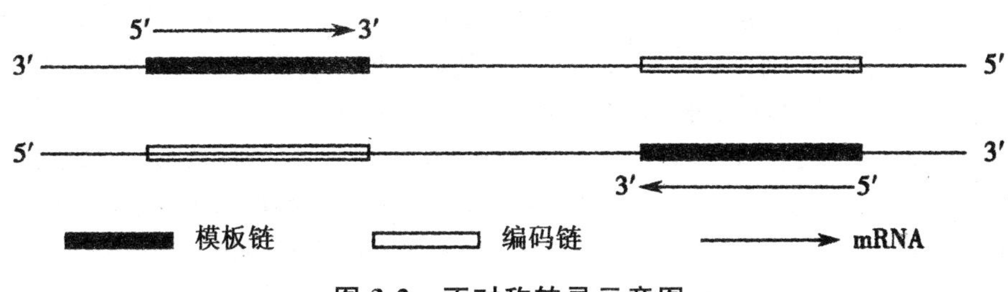

图 3-2 不对称转录示意图

3.2.2.2 转录的特点

(1)转录的不对称性。对于某一特定基因来说,只能以 DNA 双链中的一条链为模板进行转录。

(2)转录方向的单向性。RNA 转录合成时,是以 DNA 分子双链中的一股链为模板进行的,因此只能向一个方向进行聚合,RNA 链的合成方向与解链方向一致为 5′→3′,而模板 DNA 链的方向为 3′→5′。

(3)转录不需要引物形成连续性。RNA 聚合酶和 DNA 的特殊序列——启动子结合,不需要引物就能直接启动 RNA 的合成,且从起始位点开始转录直到终止位点为止,连续合成 RNA 链。

(4)转录过程有特定起始点和终止点。无论原核细胞或真核细胞,RNA 转录时只是基因组中的一个基因转录,只利用一段 DNA 分子单链为模板,故存在特定的起始点和特定的终止点。

3.2.3 RNA 转录的体系

3.2.3.1 模板

RNA 合成时只需结构基因双链中的一股链为模板进行转录,转录产物 RNA 的碱基序列取决于模板 DNA 的碱基序列。

3.2.3.2 原料

RNA 聚合酶催化合成 RNA 是以 4 种核糖核苷酸(ATP、GTP、UTP 和 CTP)为原料,还需要 Mg^{2+}、Mn^{2+}。四种单核苷酸通过 3′,5′-磷酸二酯键连续聚合成 RNA 长链。

3.2.3.3 RNA 聚合酶

(1)原核生物的 RNA 聚合酶。

①组成特点。原核生物中只有一种 RNA 聚合酶,可催化不同 RNA 产物生成。大肠杆菌(*E. coli*)中的 RNA 聚合酶分子量为 480 kD,由 4 种亚基 α、β、β'、σ 组成五聚体($\alpha_2\beta\beta'\sigma$)蛋白质。$\alpha_2\beta\beta'\sigma$ 亚基合称核心酶(core enzyme)。σ 亚基加上核心酶称为全酶(holoenzyme)。不同种类细菌中,α、β 和 β' 亚基的大小比较恒定,但 σ 亚基的大小变化较大。

②作用特点。活细胞的转录起始需要以全酶形式启动,而转录延长阶段只需要核心酶。σ 亚基可使核心酶的构象发生改变,使之与 DNA 分子上的转录起始部位(启动子)的结合能力大大提高,且寿命延长。*E. coli* 中含有多种 σ 亚基,能够识别不同基因的启动序列,从而使 RNA 聚合酶能特异地启动不同基因的转录。核心酶的主要作用是参与整个转录过程,其催化活性中心由 β 亚基和 β' 亚基组成,并且 β 亚基能够与模板 DNA、RNA 产物和底物核苷酸相结合。α 亚基则是核心酶组装所必需的,并与 RNA 聚合酶及某些转录激活因子之间的相互作用有关。

原核生物的 RNA 聚合酶均受抗结核杆菌药物利福平或利福霉素的特异性抑制,它可通过与 β 亚基以非共价键结合,阻止第一个 NTP 的进入,抑制 RNA 合成的起始。

(2)真核生物 RNA 聚合酶。在真核生物中已发现三种 RNA 聚合酶,分别称为 RNA 聚合酶Ⅰ、Ⅱ、Ⅲ,它们选择性地转录不同的基因,产生不同的产物。这些酶均受 α- 鹅膏蕈碱(α-amanitin)的特异性抑制,但其反应性有所不同。

RNA 聚合酶Ⅰ分布于核仁中,催化 45S rRNA 前体的合成,经剪接修饰生成除 5S rRNA 外的各种 rRNA。

RNA 聚合酶Ⅱ分布于核仁基质中,催化 hnRNA 的合成,经加工生成 mRNA 并输送给胞质的蛋白质合成体系,功能上起着衔接 DNA 和蛋白质两种大分子的作用。mRNA 在各种 RNA 中寿命最短,最不稳定,需经常合成,故 RNA 聚合酶Ⅱ是真核生物最活跃的 RNA 聚合酶。

RNA 聚合酶Ⅲ也分布于核仁基质中,催化 tRNA 前体、5S rRNA 和 snRNA 的合成。

3.2.3.4 蛋白因子

RNA 转录时除需以上物质外,还需要一些蛋白因子参与。如原核生物中有一些 RNA 转录终止阶段需要依赖一种能控制转录终止的蛋白质,即 ρ 因子,使转录过程终止。真核生物 RNA 聚合酶Ⅱ启动转录时,需要一些称为转录因子的蛋白质,才能形成具有活性的转录起始复合物,从而启动转录。

3.3 原核生物 RNA 的转录

原核生物的转录过程可分为 3 个阶段:转录的起始(包括模板的识别)、转录的延伸和转录的终止(图 3-3)。RNA-pol 能以较低的亲和力结合在 DNA 的许多区域,以大于等于 10^3 bp/s

的速率沿着 DNA 扫描，直至识别到特定的 DNA 启动子区域，即开始以高亲和力与之结合，催化 RNA 的合成。

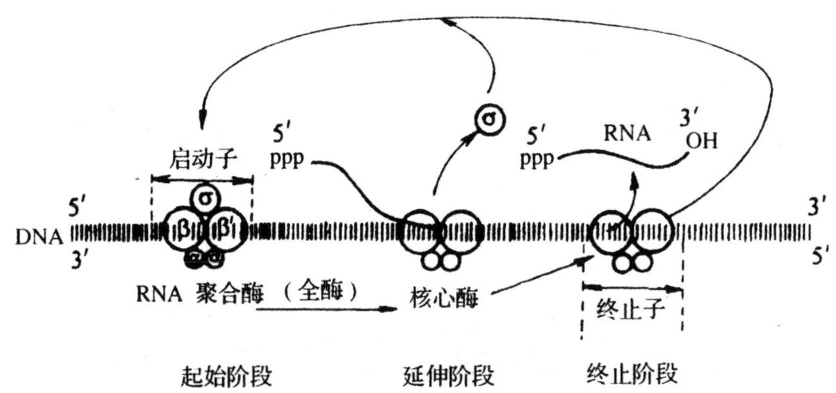

图 3-3　原核生物转录的起始、延伸和终止三个阶段以及 RNA 聚合酶的重复作用

3.3.1　转录的起始阶段

3.3.1.1　原核生物的启动子

RNA-pol 保护法实验表明，由于 RNA-pol 结合于 DNA 结构基因上游一段跨度为 40～60 bp 的区域，而不受 DNA 外切酶的水解作用，这段 RNA-pol 辨认和结合的 DNA 区域即是转录起始部位，即启动子。

原核生物启动子序列包含三个不同的功能部位，如图 3-4 所示。

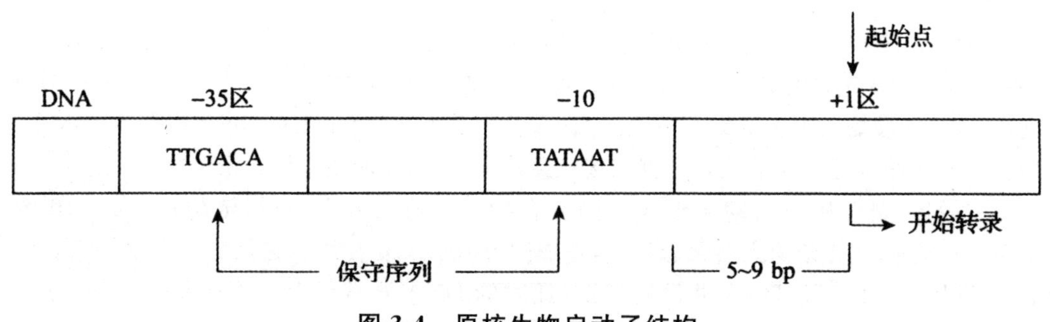

图 3-4　原核生物启动子结构

(1)起始部位。DNA 分子上开始转录的作用位点，标以＋1。以此位点沿转录方向顺流向下(称为下游)的碱基数常以正数表示；逆流向上(称为 L 游)的碱基数以负数表示。从起始点转录出的第一个核苷酸通常为嘌呤核苷酸，即 A 或 G，G 更为多见。转录是从起始点开始向模板链的 5′方向进行。

(2)识别部位。其中心位于上游－35 bp处,称－35区,该区具有高度的保守性和一致性,其共同序列为5′-TYGACA-3′,是RNA聚合酶σ亚基识别DNA启动子的部位。

(3)结合部位。RNA聚合酶的核心酶与DNA启动子结合的部位,其长度约为7 bp,其中心位于上游－10 bp处,称－10区。该区碱基序列也具有高度的保守性和一致性,其共同序列为5′-TATAAT-3′,亦称TATA盒。在－10区段DNA富含A—T碱基,缺少G—C碱基,故Tm值较低,双链比较容易解开,有利于RNA聚合酶的作用,促使转录的起始。

细菌中,典型的启动子具有－35(R)、－10(B)序列和转录起始点(I)3个元件;在强启动子上游具有UP元件;另一类型的启动子缺乏－35序列,而在－10序列侧翼有一个额外的短序列,如图3-5所示。

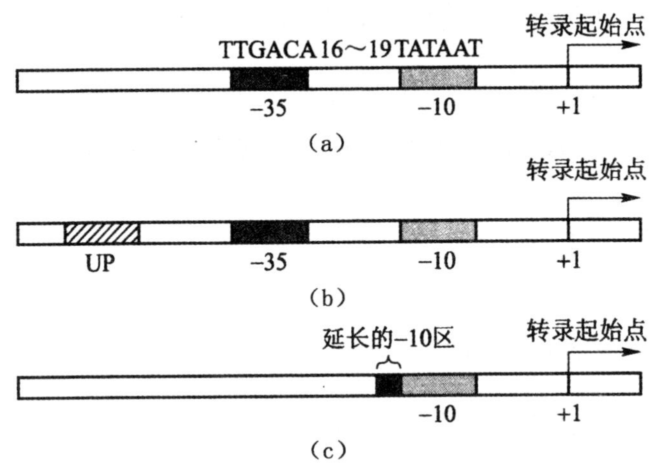

图3-5　细菌3种类型的启动子

3.3.1.2　转录起始复合物的形成

第一阶段:RNA-pol全酶搜索并结合DNA特异位点。原核生物转录在起始阶段,RNA-pol(全酶)的σ因子首先识别DNA启动子的识别部位,被辨认的DNA区域是－35区的TTGACA序列,在这一区段酶与模板的结合松弛。σ因子能够引起RNA-pol对DNA亲和性的改变,对非特异位点地结合处于松散状态。直到接触到特异序列,才能使它们紧密结合。

第二阶段:聚合酶与启动子形成封闭复合物。在随着RNA-pol(全酶)移向－10区的TATAAT序列,并逐渐跨入转录起始点,形成闭合启动子复合物。这是酶与启动子结合的一种过渡形式。在此阶段,DNA并没有解链,此时的DNA双链仍保持着完整的双螺旋结构。聚合酶主要以静电引力与DNA结合。该复合物并不十分稳定。

第三阶段:封闭复合物转变成开放复合物。RNA-pol移动过程中,DNA双链的局部区域发生构象改变,结构变得松散,特别是在与核心酶结合的－10区(Pribnow盒),DNA双螺旋解开,双链暂时打开约17个碱基对范围,使DNA模板链暴露,闭合启动子复合物转变成开放启动子复合物。开放复合物也就是起始转录泡(transcription bubble),大小为12～17 bp。开放复合物十分稳定。

第四阶段：转录起始复合物形成。启动 RNA 链 5′-端的头两个核苷酸聚合，产生第一个 3′,5′-磷酸二酯键，形成 RNA-pol(全酶)-DNA-pppG-pN-OH-3′，形成转录起始复合物。

3.3.2　转录的延长阶段

转录的延伸(elongation)是指转录起始形成 9～10 个核苷酸后，RNA 聚合酶的 σ 亚基释放，离开核心酶，使核心酶的 β' 亚基构象变化，与 DNA 模板亲和力下降，在 DNA 上移动速度加快，使 RNA 链不断延长的过程。σ 因子可反复使用于起始过程。RNA-pol 具有内在的解旋酶活性，可以打开 DNA 双链。核心酶在 DNA 上覆盖的区段可达 40～60 bp，产物 RNA 链与模板链形成长为 8～9 bp 的 RNA/DNA 杂交双链。此时，核心酶-DNA-RNA 形成的复合物称为转录复合物，也称转录泡。随着 RNA 聚合酶沿 DNA 模板移动，在转录泡的前端解开 DNA 双链。并在转录泡后端重新形成 DNA 双链螺旋，转录复合物行进并贯穿延长过程的始终。

3.3.3　转录的终止阶段

RNA 聚合酶在 DNA 模板上停顿下来不再前进，转录产物 RNA 链从转录复合物上脱落，就是转录的终止。根据是否需要蛋白质因子的参与，原核生物转录终止分为两种转录终止机制，一种是受终止位点特殊序列控制的内在终止机制(也称为因子非依赖性转录终止)，另一种是 ρ 因子依赖性终止机制。

在电子显微镜下观察原核生物的转录，可看到羽毛状的图形(图 3-6)。这种图形说明，在同一 DNA 模板链上，有多个转录同时进行。在新合成的 RNA 链上观察到的小黑点是多聚核糖核蛋白体，这是一条 mRNA 链上多个核蛋白体正在进行下一步的蛋白质翻译过程。可见，在没有细胞核的原核生物细胞中，转录尚未完成，翻译已经开始。真核生物没有这种现象，因为真核生物转录是在细胞核内，而翻译是在细胞核外的胞质中进行。

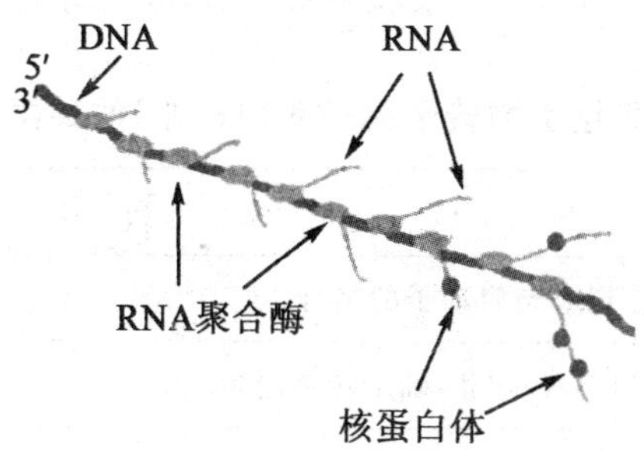

图 3-6　电子显微镜下原核生物转录的羽毛状现象

3.4 真核生物 RNA 的转录

真核生物转录过程与原核生物转录过程的主要区别是:真核生物的 RNA 聚合酶有三种:RNA-pol Ⅰ、Ⅱ和Ⅲ,分别催化合成 rRNA 前体,mRNA 前体和包括 tRNA 在内的一些小 RNA;转录起始时,RNA 聚合酶不直接结合于模板,而是由众多转录因子参与识别启动序列;转录起始上游区段比原核生物多样化(包括 TATA 盒、CAAT 盒、GC 盒及增强子等顺式作用元件);转录终止与转录后修饰密切相关。

3.4.1 转录因子

转录因子(TF)又称转录调节蛋白或转录调节因子,是一类具有特殊结构、能与顺式作用元件结合、行使调控基因表达功能的蛋白质分子。根据作用方式,可将转录因子分为顺式作用蛋白和反式作用因子两大类。一个基因表达的蛋白质辨认与结合自身基因的顺式作用元件,从而调节自身基因表达活性的转录因子称为顺式作用蛋白。一个基因表达的蛋白质能直接或间接辨认与结合非己基因的顺式作用元件,从而调节非己基因表达活性的转录因子称为反式作用因子。大多数的转录因子是反式作用因子,通过识别转录上游 DNA 序列中的顺式作用元件,能直接或间接辨认和结合转录上游区段 DNA 而调节转录启动。真核生物启动子由转录因子而不是 RNA 聚合酶所识别,多种转录因子与 RNA 聚合酶在起始点上形成转录前起始复合物,从而启动和促进转录。

转录因子有很多种类,相应于 RNA 聚合酶Ⅰ、Ⅱ和Ⅲ的转录因子分别称为 TFⅠ、TFⅡ和 TFⅢ。参与 RNA 聚合酶Ⅱ转录起始的转录因子包括 TFⅡA、TAⅡB、TFⅡD、TFⅡE、TFⅡF 和 TFⅡH 等(表 3-1)。这些转录因子在生物进化中高度保守,能直接或间接与 DNA 模板或 RNA-pol 结合,为所有启动子转录起始所必需,故又称为通用因子或基本转录因子。

表 3-1 真核生物转录因子Ⅱ(TFⅡ)的种类及其功能

转录因子	亚基数目	功能
TFⅡA	3	稳定 TBP 与启动子的结合
TFⅡB	1	招募 RNA-polⅡ,确定转录起始点
TFⅡD	1TBP	与 TATA 盒结合
	12TAFs	调节功能,有 1 个与 Inr 结合
TFⅡE	2	协助招募 TFⅡH,激活 TFⅡH,促进启动子的解链

续表

转录因子	亚基数目	功 能
TFⅡF	2	与 RNA-polⅡ结合,去稳定聚合酶与 DNA 的非特异性结合,确定转录起始过程中模板的位置
TFⅡH	9	具有 ATP 酶、解链酶、CTD 激酶活性,促进启动子解链和清空
TFⅡJ	1	促进 TFⅡD 的结合

* TBP:TATA 结合蛋白;TAF:TBP 相关因子。

TFⅡD 不是一种单一蛋白质。它由 TBP 与 TAFs 组合而成的复合物。TBP 支持基础转录,但不支持诱导等所致的转录增强,而 TAFs 对诱导引起的转录增强是必要的。人类细胞中至少有 12 种 TAF,在不同基因或不同状态转录时,TBP 可与不同的 TAFs 产生不同搭配,作用于不同的启动子,由此可以解释这些因子在各种启动子中的选择性活化作用以及对特定启动子存在不同的亲和力。

除上述转录因子外,还有一些蛋白因子参与基因转录:上游因子识别位于转录起点上游特异的共有序列(如 Gc 盒、CAAT 盒等顺式作用元件),它们调节通用因子与 TATA 盒的结合、RNA-pol 与启动子的结合及起始复合物的形成,从而协助调节基因转录的效率;可诱导因子与 DNA 远端调控顺式作用元件(如增强子等)作用,只在特殊生理或病理情况下才被诱导产生,如 HIF-1 在缺氧时高表达,MyoD 在肌肉细胞中高表达等,可诱导因子在功能上类似上游因子,但具有可调节性,即可诱导因子只在特定的时间和组织中表达而影响转录;辅激活因子在可诱导因子和上游因子与基本转录因子、RNA-pol 结合中起联结和中介作用。

参与基因转录的众多蛋白因子以各种可能的方式组合,与 RNA-pol、启动子协同作用,从而在某一范围内对某一给定基因的转录活性进行调控。应该指出的是,上游因子和可诱导因子等在广义上也可以解释为转录因子,但一般不冠以 TF 的词头,而是有自己特殊的名称。

3.4.2 mRNA 的合成

3.4.2.1 RNA 聚合酶Ⅱ的转录起始

真核生物转录起始首先是 TFⅡD 的 TATA 结合蛋白(TBP)亚基结合启动子的 TATA 盒,然后 TFⅡA 以及 TFⅡB 识别并结合于 TFⅡD,随后,RNA 聚合酶在 TFⅡF 的辅助下与 TFⅡB 结合。RNA 聚合酶就位后,转录因子 TFⅡE 及 TFⅡH 加入,形成转录起始前复合物(PIC)并开始转录(图 3-7)。

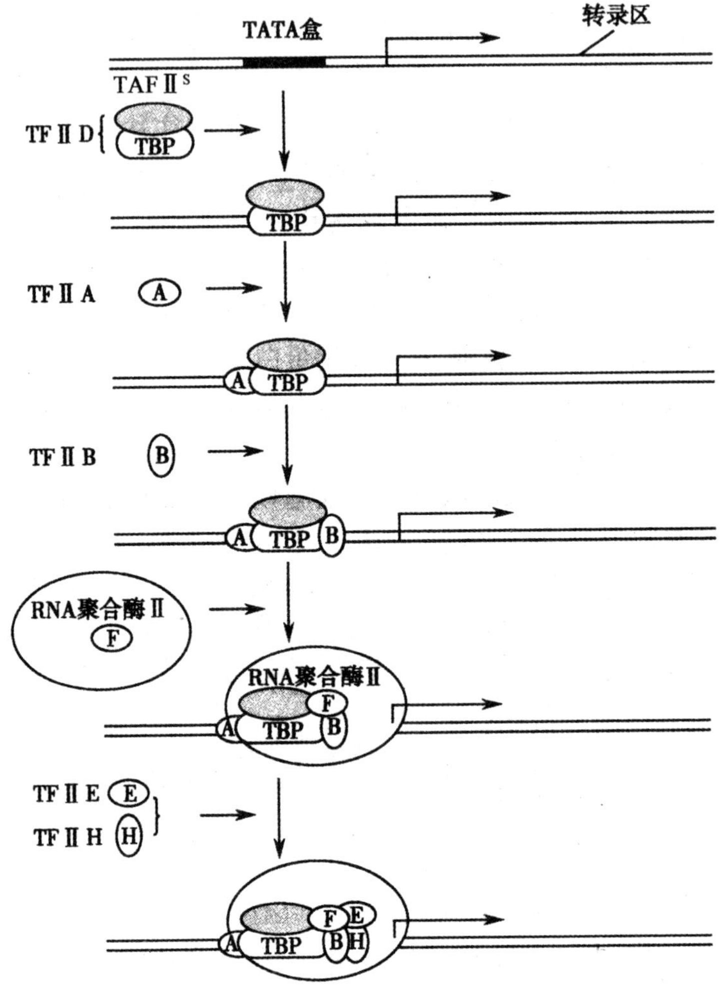

图 3-7　真核生物 RNA 聚合酶Ⅱ的转录起始

3.4.2.2　转录延伸

真核生物转录延伸过程与原核生物大致相似，RNA 聚合酶沿着 DNA 模板链的 3′→5′方向移动，并按照模板 DNA 链上的碱基序列催化 RNA 链的延伸，RNA 链延伸的方向为 5′→3′，但因有核膜相隔，没有转录与翻译同步的现象。真核生物基因组 DNA 在双螺旋结构的基础上，与多种组蛋白组成核小体高级结构。RNA-pol 前移时要遭遇核小体。实验显示，在真核细胞的转录延长阶段可以观察到核小体位移和解聚现象(图 3-8)。

3.4.2.3　转录终止

真核生物的转录终止是和转录后加工修饰密切相关的。真核生物 mRNA 有多聚腺苷酸(poly A)尾巴结构，是转录后才加进去的，因为在模板链上没有相应的多聚胸苷酸(poly dT)。

转录不是在 pol A 的位置上终止，而是超出数百个乃至上千个核苷酸后才停顿。已发现，在读码框架的下游，常有一组共同序列 AATAAA 及其下游的富含 GT 序列。这些序列称为转录终止的修饰位点。

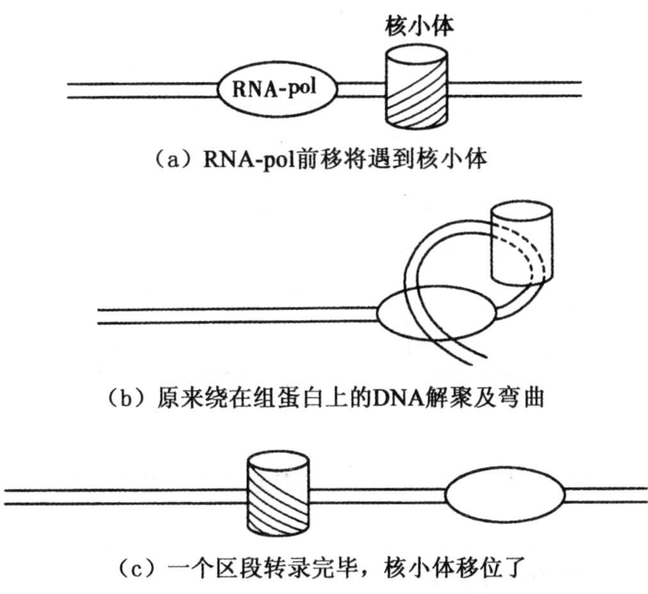

图 3-8　真核生物转录延长中的核小体移位

转录越过修饰位点后，在 hnRNA 的 3′端产生 AAUAAA……GUGUGUG 剪切信号序列。内切酶识别此信号序列进行剪切，剪切点位于 AAUAAA 下游 10～30 个核苷酸处，距 GU 序列 20～40 个核苷酸。剪切后随即加入 poly A 尾及 5′-帽子结构(图 3-9)。修饰点序列下游的 RNA 虽继续转录，但很快被 RNA 酶降解。因此推断，帽子结构是保护 RNA 免受降解的，因为修饰点以后的转录产物无帽子结构。

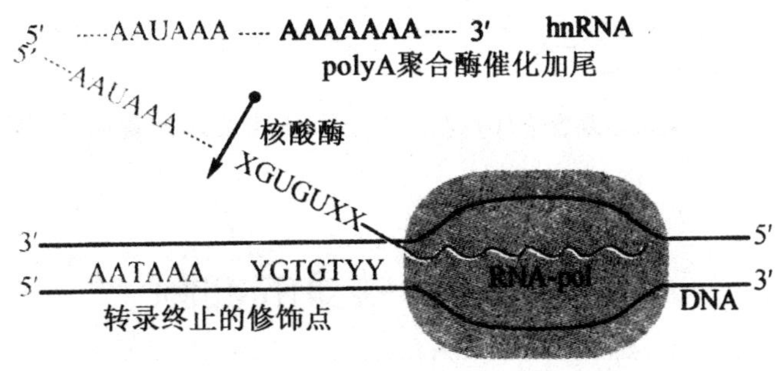

图 3-9　真核生物的转录终止及加尾修饰

因为 RNA-pol 没有 3′→5′核酸外切酶活性而缺乏校对功能。因此转录发生错误率比复制发生的错误率高，大约是 10^{-6}～10^{-5}。对大多数基因而言，一个基因可以转录产生许多 RNA 拷贝，而且 RNA 最终将被降解或替代，所以转录产生的错误 RNA 对细胞的影响远比复制产生的错误 DNA 对细胞的影响小。

3.4.3 rRNA 的生物合成

RNA 聚合酶Ⅰ催化 rRNA 的合成。rRNA 合成时形成的转录前起始复合物比较简单。首先是上游结合因子(UBF)结合在Ⅰ类启动子的上游控制元件(UCE)和核心元件的上游部分,导致模板 DNA 发生弯曲,使相距上百个核苷酸的 UCE 和核心元件靠拢,接着选择性因子1(SL1)募集 RNA 聚合酶Ⅰ并相继结合到 UBF-DNA 复合物上,完成起始前复合物的装配而启动转录(图 3-10)。

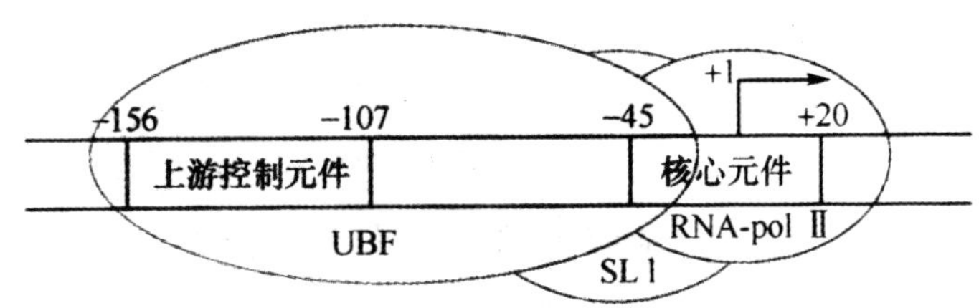

图 3-10 rRNA 基因转录前起始复合物的形成

3.4.4 tRNA 的生物合成

RNA 聚合酶Ⅲ催化 tRNA 的合成。tRNA 基因转录起始时,TFⅢC 首先与Ⅲ类启动子的 A 盒和 B 盒结合,并促进 TFⅢB 结合于转录起始点上游约 30 bp 处,后者再促进 RNA 聚合酶Ⅲ结合在转录起始点处,形成转录前起始复合物而启动转录(图 3-11)。

图 3-11 tRNA 基因的内启动子元件及转录起始复合物的形成

3.5 RNA 转录的抑制

某些核酸代谢的拮抗物和抗生素能抑制核酸或核苷酸的生物合成,而被广泛用于治疗疾病,尤其是用作抗病毒和抗肿瘤的药物。在实验室中研究核酸的代谢也常用到这些抑制剂。

根据作用性质的不同,可大致分为三类:一是核苷酸合成抑制剂,可作为核苷酸代谢的拮抗物而抑制核苷酸前体的合成;二是通过与 DNA 结合而改变模板的功能;三是与 DNA 或 RNA 聚合酶结合而影响其活力。

3.5.1 核苷酸合成抑制剂

此类抑制剂是结构上类似于核苷酸合成代谢底物或中间产物的化合物，即所谓"抗代谢物"，主要有以下三类。

(1)叶酸类似物。四氢叶酸作为一碳基团载体参与嘌呤核苷酸的合成，dTMP的合成也需要亚甲基四氢叶酸提供甲基，因此，叶酸类似物可竞争性地与二氢叶酸还原酶结合，抑制二氢叶酸的再生，从而抑制核苷酸的合成，也被用作抗菌和抗肿瘤药物。

(2)氨基酸类似物。例如，谷氨酰胺参与嘌呤核苷酸和CTP的合成，其类似物重氮乙酰丝氨酸、6-重氮-5-氧正亮氨酸可干扰核苷酸合成对Gln的利用，因而被用作抗菌和抗肿瘤药物。

(3)碱基和核苷类似物。常见的如6-氮嘌呤、6-硫鸟嘌呤、5-氟尿嘧啶、5-碘尿嘧啶等，常用作抗肿瘤和抗病毒药物。碱基类似物直接抑制核苷酸合成过程中有关的酶类或掺入核酸分子形成异常的DNA或RNA，从而影响核酸功能，导致突变。

3.5.2 作用于聚合酶的抑制剂

这类抑制剂直接作用于DNA聚合酶或RNA聚合酶。例如，利福霉素及其衍生物利福平能与细菌的RNA聚合酶β亚基结合，从而阻断转录的启动。膦羧基乙酸在低浓度下可选择性地抑制病毒的DNA聚合酶活性，在较高浓度时才对宿主细胞的DNA合成有一定的影响。α-鹅膏蕈碱能抑制真核生物的RNA聚合酶活性，但对细菌RNA聚合酶的抑制作用极微弱。有些抗生素或化学药物能抑制RNA聚合酶，从而抑制RNA的合成。

3.5.2.1 利福霉素和利链菌素

利福霉素是从链霉菌分离出来的，是非常有用的抗生素。利福霉素能强烈抑制革兰阳性菌和结核杆菌，利福霉素B的衍生物利福平，具有广谱抗菌作用，对结核杆菌有特效，并能杀死麻风杆菌，在体外有抗病毒作用。其作用机制主要是它能特异性地与细菌RNA聚合酶的β亚基结合，阻止转录的起始。一旦RNA链起始反应后，利福霉素就不能影响RNA链的延伸了。因为利福霉素不抑制真核生物的RNA聚合酶，所以合成的利福霉素衍生物利福平已作为临床的抗结核菌药，如图3-12所示。

3.5.2.2 α-鹅膏蕈碱

来自一种称为鬼笔鹅蕈的毒蕈(蘑菇)含有包括鹅膏毒素在内的多种有毒物质，其中作为鹅膏毒素成员之一的α-鹅膏蕈碱(图3-13)是RNA聚合酶Ⅱ和RNA聚合酶Ⅲ的抑制剂，特异抑制转录的延伸过程，从而破坏动物细胞中mRNA的形成。但RNA聚合酶Ⅰ以及线粒体、叶绿体和原核生物RNA聚合酶对α-鹅膏蕈碱不敏感。要注意的是虽然鹅膏毒素毒性很强，但作用缓慢，吃毒蘑中毒的人几天后才会死亡。

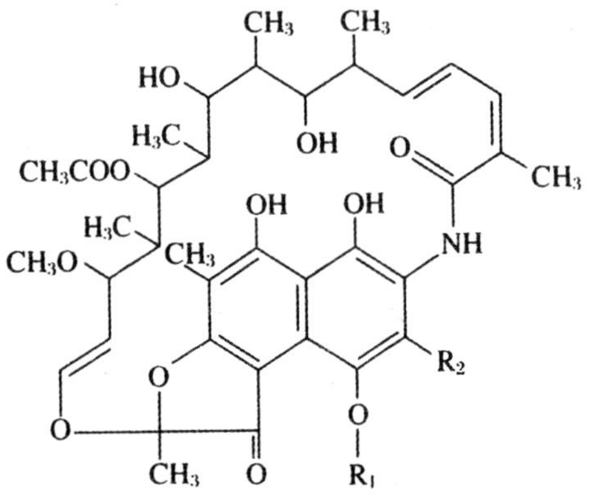

利福霉素B　R_1=CH_2COO^-；R_2=H

利福平　R_1=H；R_2=CH=$\overset{+}{N}$ N—CH_3

图 3-12　利福霉素和利福平

利链菌素也可与细菌的 RNA 聚合酶 β 亚基结合，抑制转录过程中的链延伸反应。

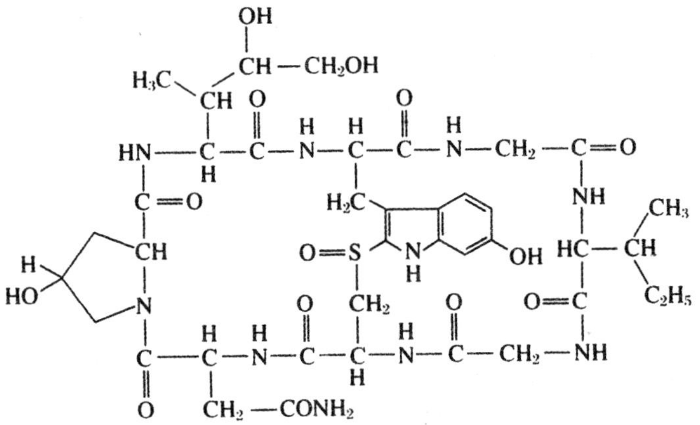

图 3-13　α-鹅膏蕈碱

3.5.3　和 DNA 模板结合的抑制剂

这类抑制剂和 DNA 结合，使 DNA 失去模板功能，从而抑制其复制和转录。根据作用方式通常可分为：

3.5.3.1　嵌合剂

常见的嵌合剂有放线菌素 D 和嵌入染料。

(1)放线菌素 D。放线菌素 D 来自链霉菌，含有一个吩噁嗪酮稠环和两个五肽环(L-甲基缬氨酸、肌氨酸、L-Pro、D-Val 和 L-Thr，其中放线菌素 D 分子中的 L-meVal 为 L-甲基缬氨酸，Sar 为肌氨酸），如图 3-14 所示。可与 DNA 形成非共价复合物，抑制其模板功能。低浓度（1 mmol/L）的放线菌素 D 即可有效地抑制转录，高浓度（10 mmol/L）时也可抑制复制，实验室常用放线菌素 D 研究核酸的生物合成。

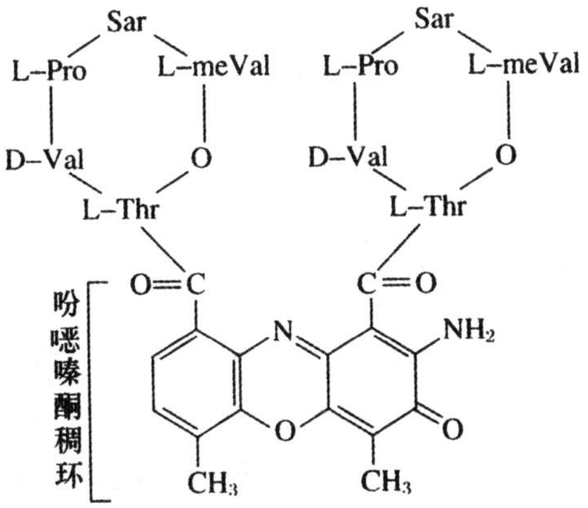

图 3-14 放线菌素 D

放线菌素 D 抑制模板功能的机制是其吩噁嗪酮稠环插入 DNA 的 G-C 碱基对之间，DNA 互补链上 G 的 2-氨基与环肽的 L-苏氨酸羰基氧形成氢键，其多肽部分位于双螺旋的小沟上，如同阻遏蛋白一样抑制 DNA 的模板功能。与此类似的色霉素 A3、橄榄霉素、光神霉素等抗癌抗生素，都能与 DNA 形成非共价复合物而抑制其模板功能。

（2）嵌入染料。某些具有扁平芳香族发色团的染料，可插入双链 DNA 相邻的碱基对之间，故称嵌入染料。嵌入剂通常含有吖啶（acridine）或菲啶，它们的大小与碱基相当，插入后使 DNA 在复制中缺失或插入一个核苷酸，导致移码突变。吖啶类染料有原黄素、吖啶黄（acridine yellow）、吖啶橙（acridine orange）等，它们可抑制复制和转录过程。溴化乙啶是高灵敏度的荧光试剂，常用于检测 DNA 和 RNA，但其与核酸结合后抑制复制和转录，是强致癌物，使用时要注意安全。

3.5.3.2 烷化剂

烷化剂如氮芥、磺酸酯、氮丙啶、乙烯亚胺类衍生物等带有能使 DNA 烷基化的活性烷基。烷基化位置主要在鸟嘌呤的 N_7 上，腺嘌呤的 N_1、N_3 和 N_7 以及胞嘧啶的 N_1 也有少量烷基化。G 烷基化后易水解脱落，其空缺可干扰 DNA 复制或引起碱基错配。带有两个活性基团的烷化剂能同时作用于 DNA 两条链，使之发生交联，抑制其模板功能。磷酸基也可被烷基化，形成的磷酸三酯不稳定，导致 DNA 链断裂。

烷化剂的毒性较大，能引起细胞突变，因而有致癌作用。但有些烷化剂能较有选择地杀伤肿瘤细胞，在临床上用于治疗恶性肿瘤。例如，环磷酰胺在体外几乎无毒性，但进入肿瘤细胞后受环磷酰胺酶的作用水解成活性氮芥。苯丁酸氮芥含有较多的酸性基团，不易进入正常细胞，而癌细胞因酵解作用旺盛，积累大量乳酸使 pH 降低，故容易进入癌细胞。环磷酰胺和苯丁酸氮芥是副作用较小的抗癌药，可用于治疗多种癌症。

3.6 RNA转录后加工

基因转录的直接产物即初级转录物(primary transcripts)通常是没有功能的，必须经历转录后加工(posttranscriptional processing)才会转变为有活性的成熟RNA分子。

3.6.1 原核生物转录后加工

在原核生物中，mRNA的寿命非常短，有的或大多数半衰期只有几分钟，通常mRNA一经转录，就立即进行翻译，一般不进行转录后的加工。这是原核生物基因表达调控的一种手段。但原核生物rRNA基因与某些tRNA基因组成混合操纵子，其他的tRNA基因也成簇存在，并与编码蛋白质的基因组成操纵子，它们在形成多顺反子转录物后，断裂成为rRNA和tRNA的前体，然后进一步加工成熟。通过比较原核生物成熟的rRNA和tRNA与其转录产物，可以发现：两种RNA成熟分子的5′端为单磷酸，而原始转录产物为三磷酸；成熟分子比原始转录产物小；成熟分子含有异常碱基，而原始转录产物中没有。因此，rRNA和tRNA的转录产物必然存在着后加工过程。

3.6.1.1 mRNA前体加工

细菌的转录和翻译不存在时空间隔，用作蛋白质合成模板的mRNA初始转录产物一般不需要加工，在转录的同时即可翻译。多顺反子的mRNA可被翻译成多聚蛋白质，再切割成不同的蛋白质分子，但也有少数多顺反子mRNA需通过内切核酸酶切成较小的单位后才进行翻译。例如，*E. coli*位于89～90位置的一个操纵子含有*rplJ*(编码核糖体大亚基蛋白L10)、*rplL*(编码核糖体大亚基蛋白L7/L12)、*rpoB*(编码RNA polβ亚基)和*rpoC*(编码RNA polβ′亚基)4个基因组成的混合操纵子，在转录出多顺反子mRNA前体后，由RNaseⅢ将核糖体蛋白与RNA pol亚基的mRNA切开，各产生两个成熟的mRNA，之后再各自进行翻译。核糖体蛋白质的生成必须与rRNA的合成水平、细胞的生长速度相适应，其mRNA应当有较高的翻译水平。而细胞内RNA pol的水平则要低得多，其mRNA不需要较高的翻译水平。将二者的mRNA切开，有利于它们各自的翻译调控。

某些噬菌体多顺反子mRNA也有类似的加工过程，如大肠杆菌T7噬菌体早期转录区的6个基因，共同组成一个转录单位，转录生成一条多顺反子的mRNA前体，前体分子内每个mRNA之间分别形成茎环结构。由RNaseⅢ对茎结构内不配对的小突环进行酶切，将前体分子酶切成为6个成熟的mRNA，再进行各自的翻译，具体如图3-15所示。研究发现，这种由茎环结构调控的RNA加工有一定的普遍性。

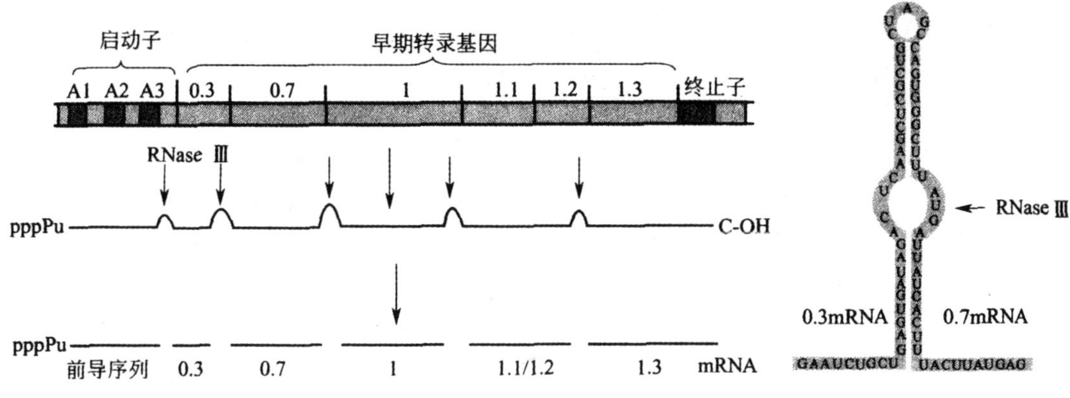

图 3-15 T7 噬菌体早期转录基因 mRNA 前体的剪切

3.6.1.2 rRNA 前体加工

大肠杆菌共有 7 个 rRNA 的转录单位，每个转录单位由 16S rRNA、23S rRNA、5s rRNA 和若干 tRNA 基因组成。其 rRNA 前体的后加工反应主要包括剪切、修剪和核苷酸的修饰（modification），具体可见图 3-16。16S 和 23S rRNA 之间常由 tRNA 隔开。转录产物在 RNaseⅢ的作用下裂解产生 rRNA 的前体 P16 和 P23，再由相应成熟酶加工切除多余的核苷酸序列。前体加工时还进行甲基化，产生修饰成分，特别是 α-甲基核苷。N^4，2′-O-二甲基胞苷（m^4Cm）是 16S 核糖体 RNA 特有成分。5S 核糖体 RNA 一般无修饰成分。

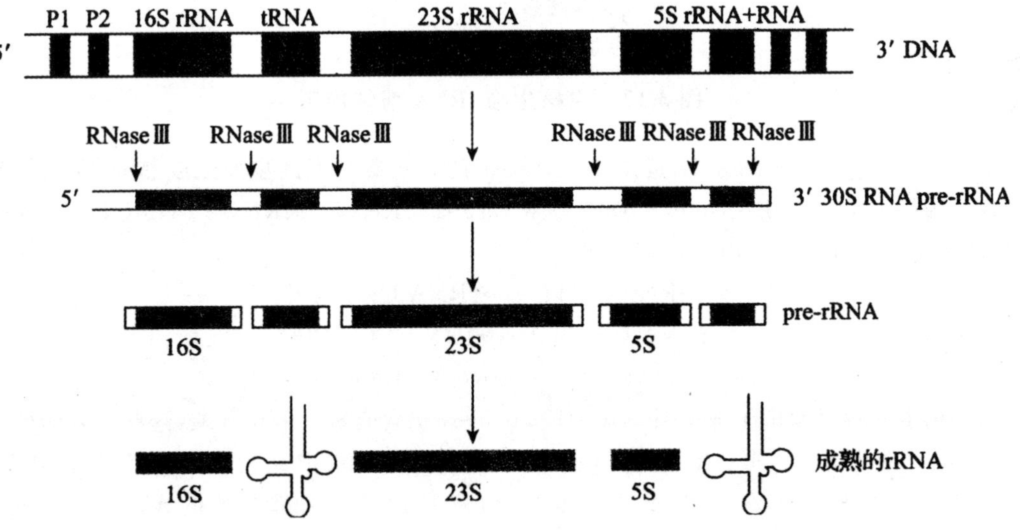

图 3-16 大肠杆菌 rRNA 前体的转录单位及转录后加工（赵亚华，2004）

3.6.1.3 tRNA 前体加工

在原核生物中，rRNA 的基因与某些 tRNA 的基因组成混合操纵子，其余 tRNA 基因也成簇存在,并与编码蛋白质的基因组成操纵子。它们在形成多顺反子转录物后,经切割成为 rRNA 和 tRNA 的前体,然后进一步加工成熟。除了少数例外,原核生物的 mRNA 一经转录,通常都立即进行翻译,一般不进行转录后的加工。

E. coli 基因组共有约 60 个 tRNA 基因,大于按照变偶假说推算出来的反密码子的需求数,说明某些 tRNA 基因不是只有一个拷贝。原核生物的 tRNA 基因以多顺反子(poly-cistron)的形式被转录,转录产物都是很长的前体分子。通常由多个相同 tRNA 基因或不同的 tRNA 串联排列,或与 rRNA 的基因,或与编码蛋白质的基因组成混合转录单位。tRNA 前体必须经过切割和核苷酸的修饰,才能成为有功能的成熟分子。

图 3-17 为原核生物 tRNA 前体加工示意图。

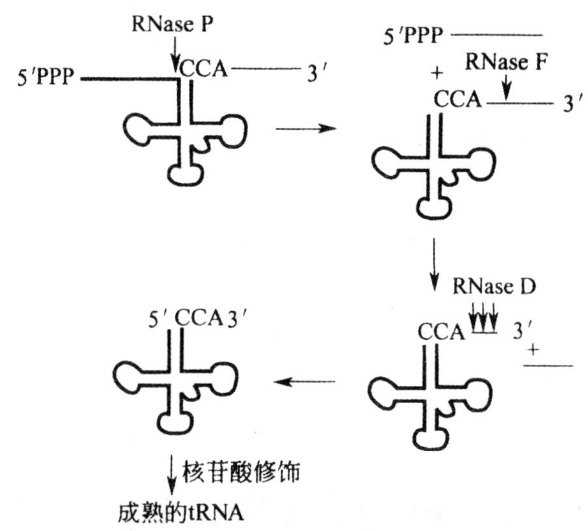

图 3-17　原核生物 tRNA 前体加工

(1)tRNA 前体分子的 3′-端是在多种 RNase 的共同参与下逐步加工成熟的,在离体条件下,这些酶是 RNase P、RNase F、RNase D、RNase BN、RNase T、RNase PH、RNaseⅡ和多核苷酸磷酸化酶(polynucleotide,PNPase)。

$$\text{tRNA} + \text{CTP} \longrightarrow \text{tRNA-C} + \text{PPi}$$

$$\text{tRNA-C} + \text{CTP} \longrightarrow \text{tRNA-CC} + \text{PPi}$$

$$\text{tRNA-CC} + \text{ATP} \longrightarrow \text{tRNA-CCA-OH} + \text{PPi}$$

(2)由 RNaseⅢ水解生成的 tRNA 片段,其 5′-端仍含有额外的核苷酸,这些额外的核苷酸由 RNase P 催化切除。来自细菌和真核细胞细胞核的 RNase P 结构非常类似,都含有 RNA 和蛋白质,其中的 RNA 称为 M1 RNA,其 M_r 约为 125×10^3,而蛋白质的 M_r 只有 14×10^3。体外实验发现 M1 RNA 单独存在时,也有一定的催化活性。tRNA 前体分子的 5′-端一般都有约 40nt 的前导序列,可以形成 RNase P 能够识别的茎环二级结构,使 RNase P 能将 tRNA 前体 5′-端额外的核苷酸逐个切除。

成熟的 tRNA 分子中存在着许多的修饰碱基等成分,包括各种甲基化碱基和假尿嘧啶核苷。tRNA 修饰酶具有高度特异性,每一种修饰核苷都有催化其生成的修饰酶。tRNA 甲基化酶对碱基及 tRNA 序列均有严格要求，甲基供体一般为 s-腺苷甲硫氨酸(S-adenosyl methionine，SAM)。

tRNA 分子中的假尿嘧啶核苷合成酶催化尿苷的糖苷键转移，由尿嘧啶的 N_1 变为 C_5。

3.6.2 真核生物转录后加工

真核细胞 RNA 前体的后加工反应远比原核细胞的复杂，真核生物 tRNA 和 rRNA 前体的转录后加工，包括在酶和蛋白质的参与下，在转录初始产物中切除间隔序列、内含子拼接、5′-和 3′-修饰及碱基的修饰等。真核生物 mRNA 前体的拼接更为复杂。在众多 snRNA 参与下，这些 snRNA 与蛋白质因子共同构成核糖核蛋白体(snRNP)，进行拼接形成成熟的 mRNA。在真核生物中某些后加工的性质与原核系统相似。但是另一些后加工反应是真核系统所特有的。

3.6.2.1 mRNA 前体加工

与原核系统的 mRNA 很少经历后加工相比，真核细胞的细胞核 mRNA 必须经历多种形式的后加工才会成为成熟的、有功能的分子。真核生物的 mRNA 初始转录物是分子质量很大的前体，在核内加工过程中形成分子大小不等的中间产物，它们被称为核内不均一 RNA (hnRNA)。约有 25%的这种分子能转变成成熟的 mRNA。

hnRNA 转变成 mRNA 的加工过程主要包括以下几个方面。

(1)5′-端加帽。真核生物的 mRNA 前体和绝大多数成熟的 mRNA 都具有 5′-端帽子结构(cap structure)。这些分子的 5′-端加帽(capping)修饰需要多种酶催化完成。并且一般从 mRNA 的 5′-端开始添加帽子结构。

(2)3′-端加尾巴。多数真核生物(酵母除外)的 mRNA 3′-端具有约为 200 bp 的 polyA 尾巴。具有此特征的 mRNA 表示为 $polyA^+$，不具有该特征的表示为 $polyA^-$。polyA 尾巴不是由 DNA 所编码，而是在转录后由 RNA 末端腺苷酸转移酶(RNA terminal riboadenylate transferase)催化下，以 ATP 为供体，添加到 mRNA 的 3′-端。

(3)剪接。在各级生物中都存在断裂基因。在低等真核生物的基因中断裂基因仅占很小的一部分，但是在高等真核生物基因组中绝大部分都是断裂基因。断裂基因的初始转录产物称为 pre-mRNA，具有和基因一样的断裂结构。去除初始转录产物的内含子，将外显子连接为成熟 mRNA 的过程称为 RNA 剪接(RNA splicing)。拼接发生在核内，与其他一些修饰同时进行，以产生新合成的 RNA。

(4)编辑。RNA 编辑是通过核酶在转录后或转录中的 RNA 顺序中增加或缺失或替换一个碱基，改变 mRNA 的信息。最终导致 DNA 所编码的遗传信息的改变。RNA 编辑在哺乳动物细胞核基因组存在局部编辑现象。常常发生单个碱基的替换或转换，需要特殊的核苷酸脱氨酶的催化。其中，真核生物的 mRNA 前体和绝大多数成熟 mRNA 的 5′-端，都含有以 7-甲基鸟苷(7-methylguanosine，m^7G)为末端的帽子结构(cap structure)，帽子是 GTP 和前体 mRNA5′-端三磷酸核苷酸缩合反应的产物。新加上去的 G 与 mRNA 链上所有其他的核苷酸方向正好相反，像一顶帽子倒扣在 mRNA 链上，因此而得名。真核细胞及病毒的 RNA 有 3 种帽子结构形式。帽子没有 2′-甲基-核苷酸，帽子 1 末端的第一个核苷酸为 2′-甲基-核苷酸，帽子 2 末端的第一个和第二个核苷酸为 2′-甲基-核苷酸，图 3-18 为 5′-端帽子结构的形成。

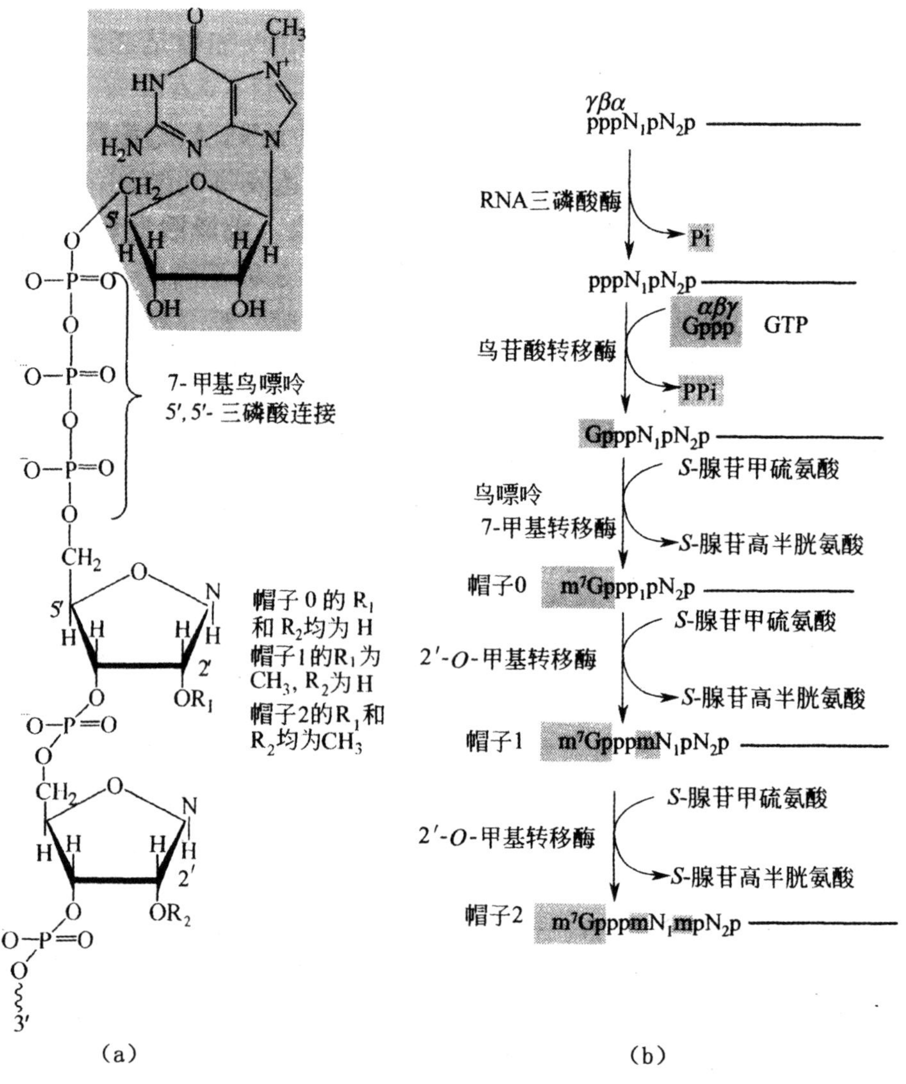

图 3-18 5′-端帽子结构的形成

3.6.2.2 rRNA 前体转录加工

真核生物的核糖体比原核生物更大，结构也更加复杂。其 rRNA 基因在基因组内成串重复数百次，转录区(transcribed spacer)与非转录区(non-transcribed spacer，NTS)交替，在核仁(nucleolus)区成簇排列。每个 rRNA 基因由 16S～18S，5.8S 和 26S～28S rRNA 基因组成一个转录单位，彼此被间隔区分开，经 RNA pol Ⅰ转录产生一个长的 rRNA 前体。不同生物的 rRNA 前体大小不同。

新生的 rRNA 前体与蛋白质结合，形成巨大的前体核糖核蛋白(pre-rRNP)颗粒。已经从哺乳动物细胞核提取了几种大小不同的 pre-rRNP，其中最大的为 80S，剪切过程是在核仁中进行的多个步骤。

大多数真核生物 rRNA 基因无内含子，有些 rRNA 基因有内含子，但转录产物中的内含子可自体催化切除，或不转录内含子序列。例如，果蝇的 285 个 rRNA 基因中有约 1/3 含有内含子，但都不转录。四膜虫(*Tetrahymena*)的 rRNA 基因和酵母线粒体的 rRNA 基因含有内含子，它们的转录产物可自体催化切除内含子序列。

关于在 rRNA 前体的加工过程中，确定切割位点的机制，目前的观点是 snoRNA 指导的核苷酸修饰，以及 snoRNA 与 rRNA 前体形成的特定立体结构为参与切割的 RNase 提供了识别位点。

rRNA 前体的加工的基本步骤如下所述。

(1)剪切。真核生物有四种 rRNA，即 5.8S、18S、28S 和 5S rRNA。其中，前三者的基因组成一个转录单位，形成 47S 的前体，并很快转变成 45S 前体。真核生物的 rRNA 的成熟过程比较缓慢，所以其加工的中间体易于从各种细胞中分离得到，使得对其加工过程也易于了解。哺乳动物的 45S 前体包含了 18S、28S 和 5.8S rRNA，其长度是三种成熟 rRNA 长度和的 2 倍。

由 45S 前体加工成熟的 rRNA 有两种方式，一种发现于人的 HeLa 细胞，另一种发现于小鼠的 L 细胞。两种方式中 45S 前体的剪切位点是相同的，只是对剪切位点的剪切顺序不同，具体可见图 3-19。剪切位点一个位于 18S rRNA 的 5′-端，两个位于 18S rRNA 和 5.8S rRNA 间的间隔区，另外两个位于 5.8S rRNA 和 28S rRNA 间的间隔区。也可能存在另外的方式。有时在一种细胞中可以发现两种以上的成熟方式。目前还不清楚在剪切位点断裂后是否就产生成熟的末端，还是要经过进一步的加工。对负责加工的酶类也知之不多。但可肯定地说，加工过程需要蛋白质的参与，可能形成核蛋白体的形式。真核生物的 5S rRNA 是和 tRNA 转录在一起的，经加工处理后成为成熟的 5S rRNA。成熟的 5S rRNA 无须加工就从核质转移到核仁，与 28S 和 5.8S rRNA 以及多种蛋白质分子一起组装成为核糖体大亚基后，再转移到胞质。

(2)拼接。四膜虫 35S rRNA 前体，经加工可以生成 5.8S、17S 和 26S rRNA。某些品系的四膜虫在其 26S rRNA 基因中有一个内含子，35S rRNA 前体需要拼接除去内含子。该拼接过程只需一价和二价阳离子和鸟苷酸(提供 3′-OH)，无须能量和酶。

(3)化学修饰。真核生物 rRNA 的甲基化程度比原核甲基化程度高。哺乳动物 rRNA 的 45S 前体共有 110 多个甲基化位点，在转录过程中或以后被甲基化。甲基基团主要是加在核糖的 2′-OH 处。这些甲基化位点在加工后仍保留在成熟的 rRNA 中，其中，18S rRNA 上有 39 个；74 个在 28S rRNA 上。这表明甲基化是 45S 前体上最终成为成熟 rRNA 区域的标志。甲基化的位置在脊椎动物中是高度保守的。此外，rRNA 前体中的一些尿嘧啶核苷酸通过异构作用可转变为假尿嘧啶核苷酸。

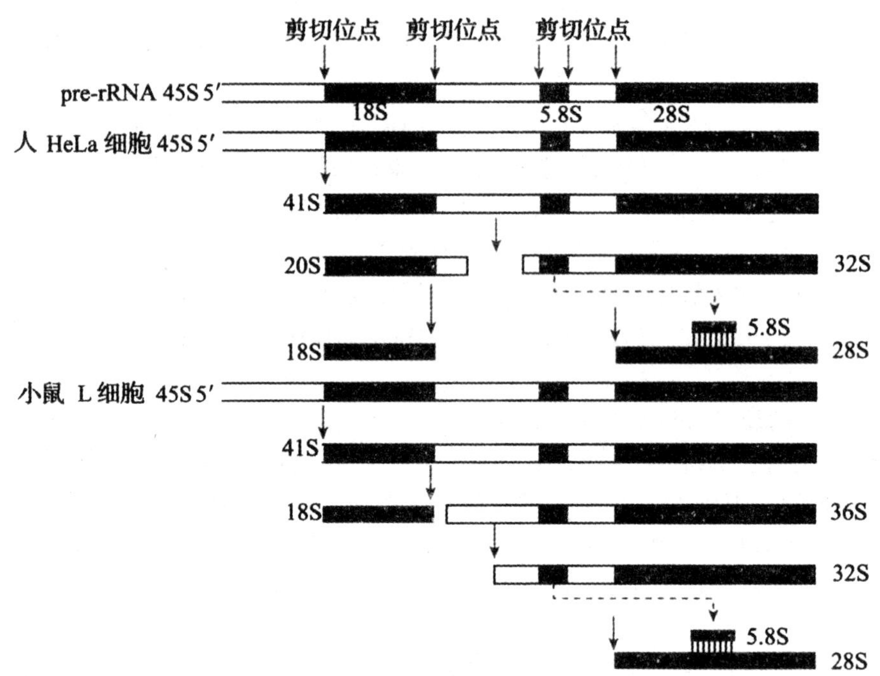

图 3-19 人 HeLa 细胞和小鼠 L 细胞的 rRNA 前体转录后的不同加工方式(赵亚华,2004)

3.6.2.3 tRNA 前体加工

tRNA 前体除了在 5′-端和 3′-端含有多余的核苷酸序列以外,有些还具有小的内含子。成熟的 tRNA 被高度修饰,并且它们的 3′-端的 CCA 序列是 tRNA 前体所没有的。因此,真核生物 tRNA 前体的后加工方式包括剪切、修剪、碱基修饰、添加 CCA 和拼接,具体如图 3-20 所示,其中 tRNA 拼接则是真核系统所特有的后加工方式。

酵母 tRNA 约有 400 个基因,有内含子的基因约占 1/10,内含子长度为 14～46 bp,没有保守性。切除内含子的酶识别的是 tRNA 的二级结构,而不是识别保守序列。图 3-21 为酵母 tRNA 拼接过程:①切除内含子;②RNA 连接酶将两个 tRNA 半分子连接;③2′-磷酸的去除。

(1)内含子的切除。这一步不需要 ATP,由特定的内切酶催化,产物是分别具有 2′,3′-环磷酸和 5′-OH 的两个半 tRNA 分子以及具有 5′-OH 和 3′-P 的线状内含子序列。由于 tRNA 前体已形成了三叶草二级结构,所以失去内含子的两个半分子 tRNA 通过受体茎的碱基配对仍然结合在一起。

(2)两个半分子 tRNA 的连接。这一步需要 ATP,主要由 RNA 连接酶催化。第一步反应产生的两个半分子 tRNA 不是连接酶的正常底物,因此需要对它们进行加工。加工需要两种酶:一种是环磷酸二酯酶,负责打开 5′-tRNA 半分子 3′-端的 2′,3′-环磷酸,以游离出 3′-OH;另一种是 GTP-激酶,负责将另一个半分子 tRNA 的 5′-OH 转变成 5′-磷酸。一旦两个半分子 tRNA 被加工好,tRNA 连接酶就将其连接起来,使其成为一个完整的 tRNA 分子。

(3) 2′-磷酸的去除。拼接好的 tRNA 分子还含有一个多余的 2′-磷酸，这需要磷酸酶将其水解下来。一种依赖于 NAD^+ 的 2′-磷酸转移酶可将 2′-磷酸转移给 NAD^+，产生成熟的 tRNA、ADP-核糖-1′，2′-磷酸和尼克酰胺。

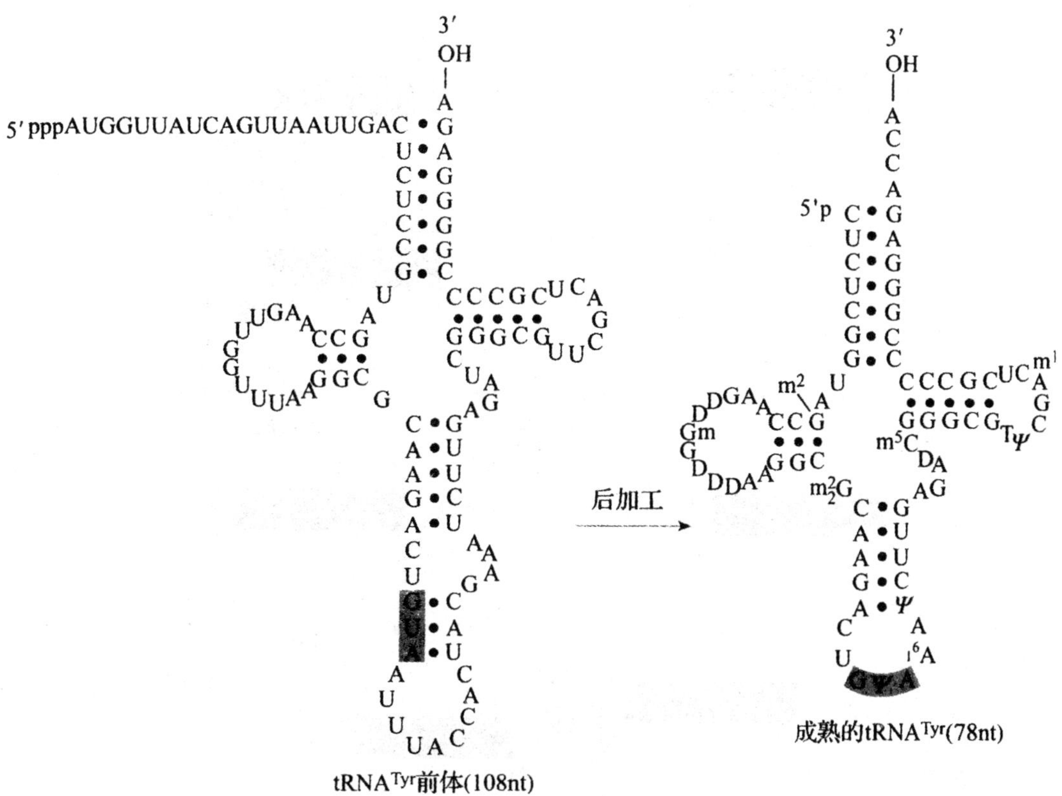

图 3-20　含有内含子的 tRNA^Tyr 前体的转录后加工(杨荣武，2007)

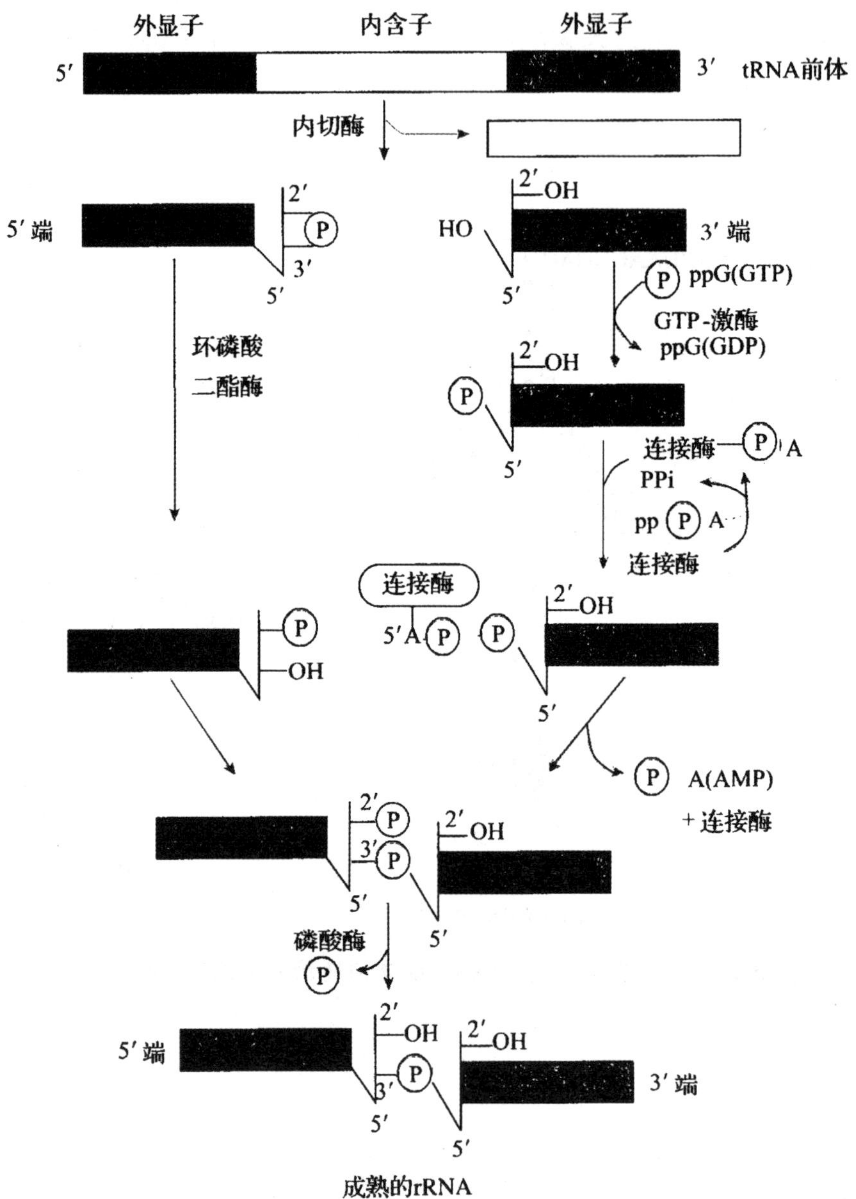

图 3-21　酵母 tRNA 拼接过程

第 4 章 蛋白质

4.1 蛋白质合成的概述

蛋白质的合成可分为氨基酸的活化、翻译的起始、肽链的延伸、肽链的终止等阶段。在细胞质中，mRNA 先与核糖体结合，第一个 tRNA 把一个氨基酸放在肽链起始位置上，另一个 tRNA 带来第二个氨基酸；第一个氨基酸以羧基联到第二个氨基酸上，形成肽键；核糖体向右移三个核苷酸位置，第一个 tRNA 脱落，准备好位置迎接第三个 tRNA 及其所带的氨基酸。如此重复，直到在 mRNA 上出现终止密码子。于是，不再有新的 tRNA 上来，肽链合成结束，核糖体与 mRNA 脱开。翻译过程中，由于每一个氨基酸是严格按照 mRNA 模板的密码序列被逐个合成到肽链上，因此，mRNA 上的遗传信息被准确地翻译成特定的氨基酸序列。

4.1.1 参与蛋白质合成的物质

4.1.1.1 mRNA 是蛋白质合成的模板

生物的遗传信息主要贮存于 DNA 的碱基序列中，但 DNA 并不直接决定蛋白质的合成。这是因为 DNA 在细胞核内，而蛋白质是在细胞质中合成的。很显然这就需要有一种中介物质，传递 DNA 上控制蛋白质合成的遗传信息。

在 1956—1961 年期间，由 Jacob 等人领导的四个不同的实验室，通过用 T4 噬菌体感染大肠杆菌，发现了指导蛋白质合成的直接模板是 mRNA。T4 噬菌体感染大肠杆菌以后，发现所有在宿主细胞内合成的蛋白质都不再是细胞本身的蛋白质，而是噬菌体感染的蛋白质。同时同位素标记实验证明，宿主细胞大肠杆菌的 RNA 合成在噬菌体感染后几乎停止了，细胞中出现了少量半衰期很短的 RNA，这种 RNA 仅来源于 T4 噬菌体的 DNA，RNA 的碱基组成不仅与 T4 噬菌体 DNA 非常相似，而且能与 tRNA 和大肠杆菌的核糖体结合指导蛋白质的合成。因为 T4 RNA 携带了 T4 DNA 的遗传信息，并在核糖体上指导合成蛋白质，所以称为信使 RNA。

蛋白质体外合成实验，进一步证明了 mRNA 是蛋白质合成的模板。在生物体内，蛋白质合成过程中需要 200 多种生物大分子参加，包括核糖体、mRNA、tRNA 及多种蛋白质因子。蛋白质体外合成实验用正在活跃进行蛋白质合成的大肠杆菌来制备细胞提取液，同时加入 DNase 破坏 DNA。在含有核糖体、mRNA、tRNA 及酶的细胞液中加入 ATP、GTP 和放射性氨基酸，于 37 ℃保温不同时间，沉淀蛋白质，从沉淀的放射活性测出氨基酸掺入蛋白质的量。因为在提取液中存在 RNase，这就使得 mRNA 非常容易降解，所以合成一般只进行几分钟便逐渐减慢以致停止。但是，如果将新的 mRNA 加入到已停止合成蛋白质的提取液中，就会发现蛋白质的合成会重新开始。这个实验首先证明大肠杆菌的无细胞体系也可以进行蛋白质的合成，同时蛋白质合成需要 mRNA 作为模板。而且用已停止合成蛋白质的提取液，加入不同的 mRNA，都可进行蛋白质的合成。后来的实验又进一步证明，在体外条件下可准确地按 mRNA 的遗传信息合成相应的蛋白质。

由此不难看出，mRNA 是作为中间物质传递 DNA 分子上遗传信息的。它具有以下特点：①其碱基组成与相应的 DNA 的碱基组成一致。②mRNA 链的长度不一，这样它所编码的多肽链长度是不同的。③在肽链合成时 mRNA 能够与核糖体结合。④mRNA 的半衰期很短，代谢速度快。

虽然 mRNA 在所有细胞中都执行相同的功能，即通过遗传密码翻译生成蛋白质，但是它们生物合成的具体过程在原核和真核细胞内是不同的。原核生物中，mRNA 的转录和翻译不仅发生在同一细胞空间内，而且这两个过程几乎同时进行，蛋白质的生物合成一般在 mRNA 刚开始转录时就开始了。细菌基因的转录一旦开始，核糖体就会结合到新生的 mRNA 链的 5′端，启动蛋白质合成，而此时 mRNA 的 3′-端还远远没有转录完成。因此，在电子显微镜下，往往会看到一连串的核糖体紧跟在 RNA 聚合酶的后面。另外，原核细胞的 mRNA 半衰期非常短，mRNA 的降解紧跟着蛋白质翻译过程发生了，一般认为是 2 min 左右。现在认为，转录开始后 1 min，降解就开始了，其速度大概是转录或翻译速度的一半。真核生物就很不一样了，其 mRNA 通常会有一个前体 RNA 出现在核内，只有成熟的、经过化学修饰的 mRNA 才能进入细胞质，参与蛋白质的合成。所以，真核生物 mRNA 的合成和蛋白质合成发生在细胞不同的时空中，mRNA 半衰期也相对较长，大约是 1～24 h。

不管原核生物还是真核生物，mRNA 作为翻译的模板，都需要具备至少含有一个由起始密码子开始、以终止密码子结束的一段由连续的核苷酸序列构成的开放阅读框(Open Reading Frame，ORF)。对于起始密码子来说，原核生物常以 AUG，有时也会是 GUG，甚至是 UUG 作为起始密码子。而真核生物几乎永远以 AUG 作为起始密码子。一般 mRNA 的 5′-端和 3′-端通常含有一段并不决定氨基酸序列的非编码序列或者叫非翻译区。mRNA 一般包括 3 个部分：编码区、位于 AUG 之前的 5′-端上游非编码区、位于终止密码子之后的不翻译的 3′-端下游非编码区。

在 mRNA 的第一个基因的 5′-端有核糖体的结合位点(Ribosome Binding Site，RBS)。RBS 含有富含嘌呤的 SD(Shine-Dalgarno)序列，能被核糖体结合并开始翻译。每一个 ORF 的上游一般都有 SD 序列，每一个 ORF 编码一个多肽或蛋白质。原核生物的 mRNA(包括病毒)有时可以编码几个多肽，而一个真核细胞的 mRNA 最多只能编码一个多肽。我们把只编码一个蛋白质的 mRNA 称为单顺反子 mRNA，把编码多个蛋白质的 mRNA 称为多顺反子 mRNA。对于第一个顺反子来说，一旦 mRNA 的 5′-端被合成，翻译起始位点即可与核糖体相结合，而后面几个顺反子翻译的起始就会受到上游顺反子结构的调控(图 4-1)。多顺反子 mRNA 是一组相邻或相互重叠基因的转录产物，这样的一组基因称为一个操纵子。

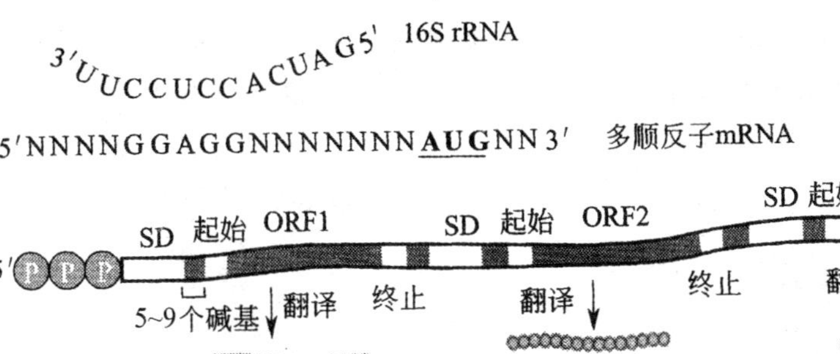

(a) 原核生物

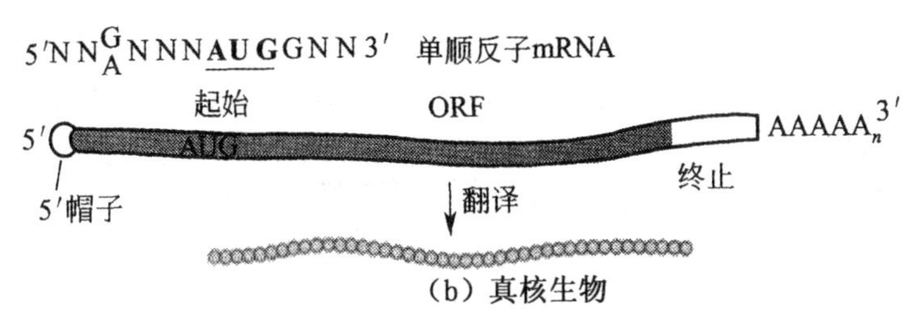

(b) 真核生物

图 4-1 原核生物和真核生物 mRNA 的结构

4.1.1.2 核糖是蛋白质的合成场所

在蛋白质生物合成的过程中，核糖体就像是一个沿着 mRNA 模板移动的生产车间。核糖体有大、小两个亚基，大亚基约为小亚基相对分子质量的一倍。每个亚基包含一个主要的 rRNA 成分和许多不同功能的蛋白质分子。大亚基中除了主要的 rRNA 以外，还有一些含量较小的 RNA。虽然核糖体亚基中的主要 rRNA 基因的拷贝数很多，但是序列却相当保守，这说明 rRNA 在组成功能核糖体时起着重要的作用。

核糖体上不止有一个活性中心，每一个中心由一组特殊的蛋白质构成。这些蛋白质具有催化功能，但如将它们从核糖体上分离出来，催化功能也会消失。所以说，核糖体是一个许多酶的集合体，从而共同承担蛋白质生物合成的任务。核糖体蛋白不仅作为核糖体的组分参与翻译，而且还涉及 DNA 复制、修复、转录、转录后加工、基因表达的自体调控和发育调节等。已知原核生物 70S 的核糖体中，50S 大亚基由 23S、5S rRNA 各一分子和约 30 种蛋白质构成。30S 小亚基由 16S rRNA 和约 20 种蛋白质构成。核糖体 RNA 暴露在亚基表面。真核生物 80S 的核糖体中 60S 大亚基由 28S、5.8S 和 5S rRNA 以及大约 40 种蛋白质组成，其中 5.8S 相当于原核生物 23S rRNA 5′-端约 160 个核苷酸，40S 小亚基由 18S rRNA 和约 30 种蛋白质构成(图 4-2)。

核糖体的空间结构是结构学家经过 30 多年的努力才发现的。利用电子显微镜术、免疫学方法、中子衍射技术、双功能试剂交联法、不同染料间单态一单态能量转移测定、活性核糖体颗粒重建等方法完成了对 *E. coli* 核糖体 52 种蛋白质氨基酸序列及三种 rRNA 一级和二级结构的测定。大肠杆菌核糖体的 30S 小亚基为扁平不对称颗粒，大小为 5.5 nm×22 nm×22 nm，分为头、颈、体，并有 1～2 个突起称为平台。50S 大亚基呈三叶半球形，大小为 11.5 nm×23 nm×23 nm，rRNA 主要定位于核糖体中央，蛋白质在颗粒外围。大亚基由半球形主体和三个突起组成。中间突起是5S rRNA结合之处，两侧突起分别称为柄和脊。30S和50S形成的70S核糖体直径约22 nm，小亚基斜着以45°角在50S亚基的肩和中心突之间。在核糖体中，rRNA有着与其结构相对应的重要功能。

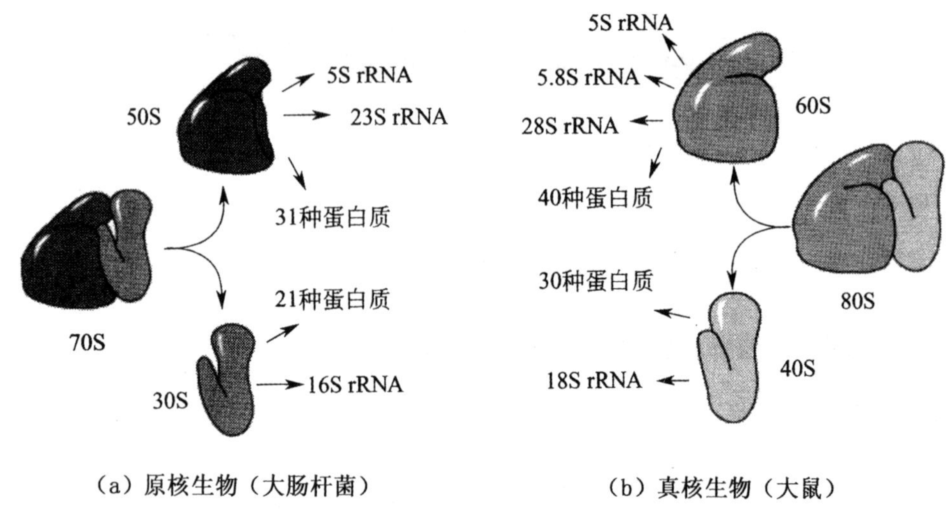

(a) 原核生物（大肠杆菌）　　(b) 真核生物（大鼠）

图4-2　核糖体的组成

不同生物体内的核糖体大小有区别，但是其组织结构和执行的功能是完全相同的。也就是说，在多肽合成过程中，不同的tRNA将相应的氨基酸带到蛋白质合成部位，并与mRNA进行专一性的相互作用，以选择与遗传信息专一的AA-tRNA。核糖体还必须能同时容纳另一种携带肽链的tRNA，并使其能处于肽键易于生成的位置上。rRNA与蛋白质共同构成的核糖体功能区是核糖体表现功能的重要部位，主要包括：①mRNA结合部位，位于大小亚基的结合面上。②氨酰tRNA结合位点，即A位点，其大部分位于大亚基而小部分位于小亚基，是结合或接受氨基tRNA的部位，也称为受体位点。③肽酰tRNA结合部位，即P位点，又称给位。它大部分位于小亚基，小部分位于大亚基。④出位，即E位点，即空载tRNA在离开核糖体之前与核糖体临时结合的部位。⑤肽酰转移酶活性位点，即形成肽键的部位(转肽酶中心)。⑥多肽链离开的通道。此外，还有负责肽链延伸的各种延伸因子的结合部位(图4-3)。

核糖体的三维结构在各种生物体内是高度保守的，以原核生物为例，1个tRNA因为反密码子和mRNA上的密码子的配对而与30S亚基结合在一起，同时tRNA运载的氨基酸又与50S亚基相互作用，也就是说一般核糖体的小亚基负责对mRNA进行特异性识别，如起始部位的识别、密码子和反密码子的相互作用等，mRNA的结合位点也在小亚基上。大亚基负责AA-tRNA、肽基-tRNA的结合和肽键的形成等。A位、P位、转肽酶中心等主要在大亚基上。新生的肽链必须通过离开通道离开核糖体。一般来说，通过核糖体移动，一个tRNA分子可从A部位到P部位，再到E部位。

核糖体是一个由几种rRNA和多种蛋白质组成的超分子复合物，rRNA和蛋白质先自组装成大小两个亚基，再由两个亚基结合成一个完整的核糖体。这种组合是可逆的，核糖体在体内及体外都可解离为亚基或结合成70S/80S的颗粒。在翻译的起始阶段，亚基是需要解离的，随后再结合成70S/80S颗粒，开始翻译过程。

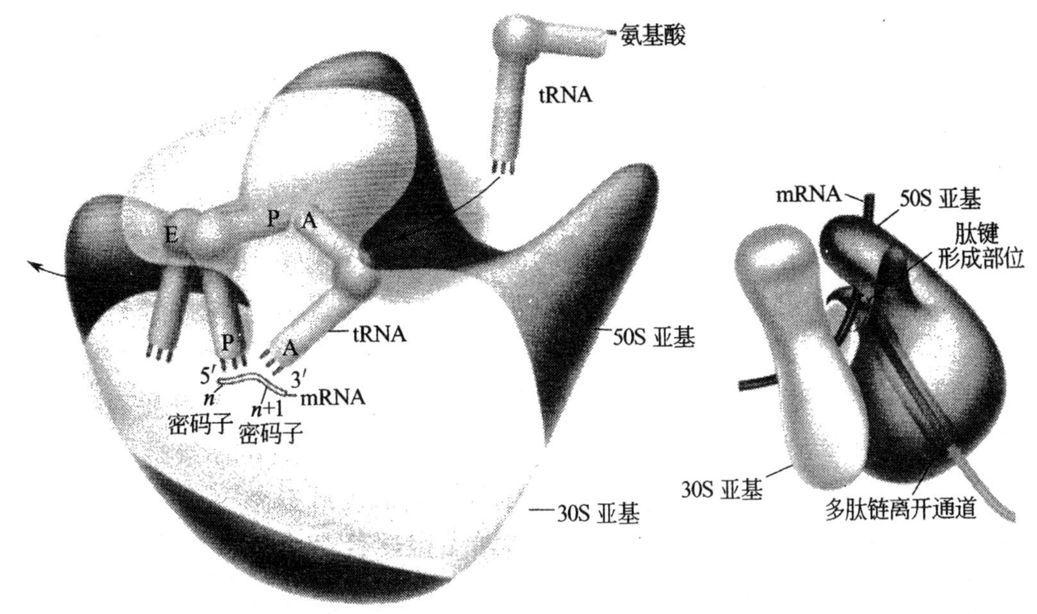

图 4-3　核糖体的功能部位

4.1.1.3　tRNA 是蛋白质合成的搬运工

tRNA 是蛋白质合成的搬运工，tRNA 在翻译中的功能有两项：①将氨基酸运载到核糖体；②通过其反密码子与 mRNA 上的密码子之间的相互作用对遗传密码进行解码，将其最终转化成多肽链上的氨基酸序列。一个细胞中通常具有 70 多种 tRNA，负责运载 20 余种氨基酸，这就意味着多数氨基酸不止一种 tRNA。携带同一种氨基酸的几种不同 tRNA 分子被称为同工受体 tRNA。

tRNA 所具有的上述功能是与其结构特别是三维结构分不开的，具体可见图 4-4。

tRNA 的一级结构主要具有以下特征：①tRNA 的一级结构是一类小分子 RNA，长度通常在 73～93 nt；②所有的 tRNA 在 3′-端具有 CCA 序列，氨基酸通过酯键连接在末端腺苷酸的羟基上；③tRNA 含有大量的修饰碱基，已发现有上百种不同的共价修饰形式，例如二氢尿嘧啶(D)和假尿苷(ψ)。这些修饰的碱基在二级结构中的环里特别多。

tRNA 的二级结构，也就是称为三叶草结构，由 4 个茎和 3 个环(100 p)组成。氨基酸的受体茎由 tRNA5′-端起始的几个核苷酸和紧靠 3′-端的一小段核苷酸序列互补配对而成；D 茎止于 D 环，D 环中含有几个二氢尿嘧啶；反密码子臂止于反密码子环，其中反密码子位于环的中央；可变环因大小可变而得名，它在不同的 tRNA 分子上大小可能是不一样的；TψC 茎止于 TψC 环，而 TψC 环因含有高度保守的 TψC 序列而得名。

tRNA 的三级结构呈胖的倒 L 型。在这种结构中，D 环中的一些核苷酸与 TψC 环中的一些核苷酸形成氢键，正是这些相互作用以及其他相互作用将三叶草二级结构进一步折叠成倒 L 型。在该型结构中，两段 RNA 双螺旋之间呈垂直关系，其中的一段双螺旋由 TψC 茎和氨基酸受体茎并列而成，另外一段双螺旋由 D 茎和反密码子茎并列而成。如此结构排布导致 tRNA 有功能的两头在空间上分开，即接受氨基酸的位点尽可能与反密码子隔离。

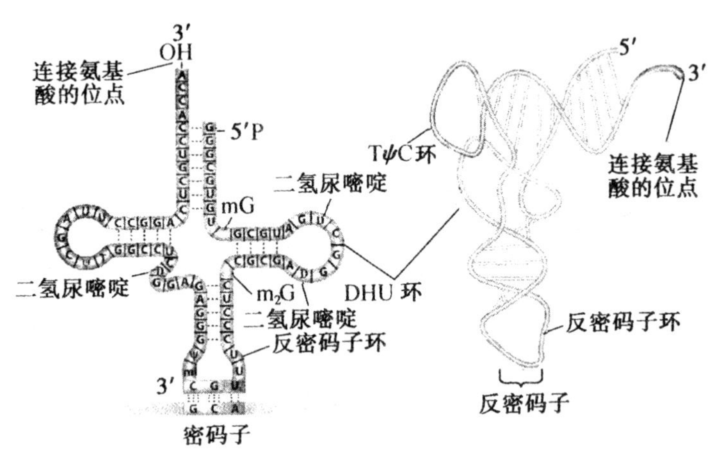

图 4-4 tRNA^{Ala}的一级结构、二级结构和三级结构

在每一种翻译系统中，都有一种特别的 tRNA，它就是起始 tRNA。起始 tRNA 的功能是识别起始密码子，参与翻译的起始。在原核细胞和多数线粒体内它携带甲酰甲硫氨酸，因此被简写成 tRNA$_f^{Met}$，而在真核细胞和哺乳动物线粒体内则携带 Met，通常简写为 tRNA$_i^{Met}$（i 为 initial 的首字母）。tRNA$_f^{Met}$ 与 tRNA$_i^{Met}$ 在结构和功能上都存在差异。

4.1.1.4 参与蛋白质合成的各种辅因子

蛋白质合成的起始、延伸和终止过程各自都要有蛋白因子的协助。

在原核生物中参与翻译的蛋白因子，主要有起始因子（Initiation Factors，IF）如 IF-1、IF-2 和 IF-3，延伸因子（Elongation Factor，EF）如 EF-Tu、EF-Ts 和 EF-G，参与多肽链释放的释放因子（Release Factor，RF）如 RF-1、RF-2 和 RF-3，还有促进核糖体循环的核糖体循环因子（Ribosome Recycling Factor，RRF）。其中的某些蛋白质因子属于能够与鸟苷酸结合的小分子 G 蛋白（表 4-1）。

表 4-1 原核生物参与翻译的起始因子、延伸因子和终止因子

辅助因子	功　能
IF-1	无专门功能，辅助 IF-2 和 IF-3 的作用
IF-2(GTP)	是一种小分子 G 蛋白，与 GTP 结合，促进 fMet-tRNA^{fMet}链与核糖体 30S 小亚基结合
IF-3	促进核糖体亚基解离和 mRNA 结合
EF-Tu(GTP)	是一种小分子 G 蛋白，与 GTP 结合的形式促进氨酰-tRNA 进入 A 部位
EF-Ts	是鸟苷酸交换因子，使 EF-Tu、GTP 再生，参与肽链延伸
EF-G(GTP)	是一种小分子 G 蛋白，使肽链-tRNA 从 A 位点转移到 P 位点
RF-1	识别终止密码子 UAA 或 UAG
RF-2	识别终止密码子 UAA 或 UGA
RF-3(GTP)	是一种小分子 G 蛋白，与 GTP 结合，刺激 RF-1 和 RF-2 的活性
RRF	翻译终止后促进核糖体解体的作用

真核生物的起始因子(eIF)为数较多,有些有亚基结构,目前已发现的真核起始因子有 12 种左右,各有其功能。延伸因子为 eEF-1、eEF-2 和 eEF-3,释放因子有 eRF-1 和 eRF-3。这些蛋白因子在蛋白质合成过程中有各自的作用,将在介绍翻译过程时进行更加详细的解读。

4.1.2　蛋白质的合成过程

4.1.2.1　氨基酸的活化

氨基酸的活化是指氨基酸与 tRNA 在氨基酰-tRNA 合成酶催化作用下形成氨基酰-tRNA 的过程。反应分两步进行,具体如图 4-5 所示。

第一步反应:

氨基酸

ATP

腺嘌呤

PP_1

腺嘌呤

氨基酰-AMP

第二步反应:

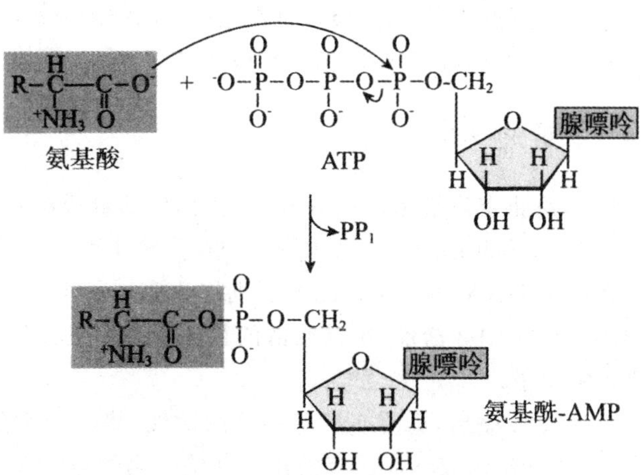

图 4-5　氨基酰-tRNA 合成酶催化反应

第一步反应：氨基酸活化，由 ATP 提供能量，形成中间产物氨基酰-AMP-酶。

$$氨基酸+ATP\text{-}酶 \longrightarrow 氨基酰\text{-}AMP\text{-}酶+PPi$$

第二步反应：中间产物氨基酰-AMP-酶与相应的 tRNA 形成氨基酰-tRNA。

$$氨基酰\text{-}AMP\text{-}酶+tRNA \longrightarrow 氨基酰\text{-}tRNA+AMP+酶$$

氨基酰-tRNA 合成酶对底物氨基酸和 tRNA 都有高度特异性，同时氨基酰-tRNA 合成酶还具有校正活性。

4.1.2.2 翻译的起始

原核生物以细菌为例，翻译起始所需成分包括 30S 小亚基、50S 大亚基、模板 mRNA、fMet-$tRNA_f^{Met}$、GTP、Mg^{2+}，翻译起始因子 IF-1、IF-2、IF-3 等。

细菌翻译起始（翻译起始复合物形成）又可分成 3 步：

（1）IF-3、mRNA 模板、30s 小亚基复合物以及 IF-2、fMet-$tRNA_f^{Met}$ 复合物的形成。

原核生物 mRNA 在其起始密码子 AUG 上游约 7 个碱基处存在一个保守序列 AGGAGG，即 Shine-Dalgarno 序列，简称 SD 序列。SD 序列可与 16S rRNA3′端附近的序列互补。在 IF-3 的帮助下，mRNA 模板通过 SD 序列与 30S 小亚基相结合。

（2）在 IF-1 和 GTP 的帮助下，IF-2、fMet-$tRNA_f^{Met}$ 链进入小亚基的 P 位，tRNA 上的反密码子与 mRNA 上的起始密码子配对。

（3）带有 tRNA、mRNA 和 3 个翻译起始因子的小亚基复合物与 50S 大亚基结合，GTP 水解，释放翻译起始因子。

真核生物翻译起始的基本过程与原核生物的相似，但更为复杂，具有以下特点：①起始氨基酸-tRNA 为 Met-$tRNA_i^{Met}$；②mRNA5′-端具有 m7Gppp 帽子结构，是真核生物翻译起始重要的结构；③起始因子比较多。

4.1.2.3 肽链的延伸

原核生物与真核生物的肽链延伸阶段基本相似。以细菌为例，肽链延伸由许多循环组成，每加一个氨基酸就是一个循环，每个循环包括氨基酰-tRNA 与核糖体结合、肽键的生成和移位。

4.1.2.4 肽链的终止

如图 4-6 所示，终止密码子出现在 A 位时，蛋白质的合成进入肽链的终止阶段。终止密码子由释放因子（release factors，RFs）来识别。原核生物中有 3 种释放因子：RF1、RF2 和 RF3。RF1 识别终止密码子 UAA 和 UAG，RF2 识别终止密码子 UAA 和 UGA，RF3 具 GTP 酶活性，同时可刺激 RF1 和 RF2 活性，协助肽链的释放。真核生物只有一个释放因子（eRF），eRF 可识别 3 个终止密码子。

终止密码子进入 A 位后，会改变肽基转移酶活性，将一个水分子加到新形成肽链的羧基端，从而导致肽链从 P 位的 tRNA 上释放出来并使游离的 tRNA 转移到 E 位。接着 tRNA 从核糖体释放，mRNA 也从核糖体上解离，核糖体大小两个亚基解离，蛋白质合成终止。核糖体大小两个亚基又进入另一轮的蛋白质合成过程中。

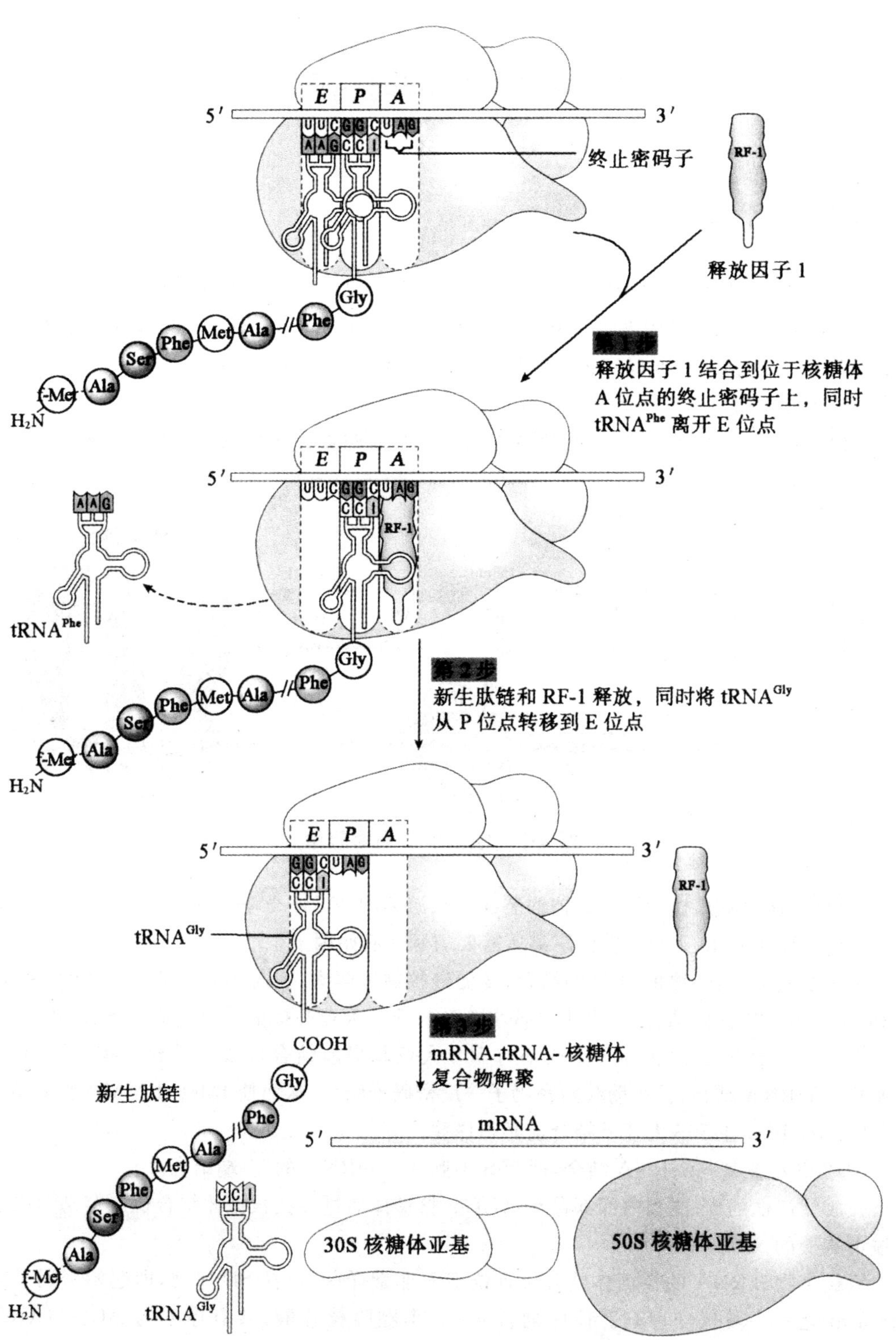

图 4-6　原核生物肽链合成终止过程

4.2 原核生物的蛋白质合成

4.2.1 翻译起始

核糖体与mRNA、fMet-tRNA$_f^{Met}$装配成70S起始复合体的过程称为原核生物翻译的起始阶段，其中fMet-tRNA$_f^{Met}$的反密码子将与mRNA的起始密码子正确配对。所以，从起始密码子启动蛋白质合成，从而确定正确的阅读框为翻译起始的核心内容。

原核生物蛋白质合成的起始阶段包括：

核糖体解离→30S小亚基与mRNA结合→30S起始复合体形成→70S起始复合体形成，如图4-7所示。

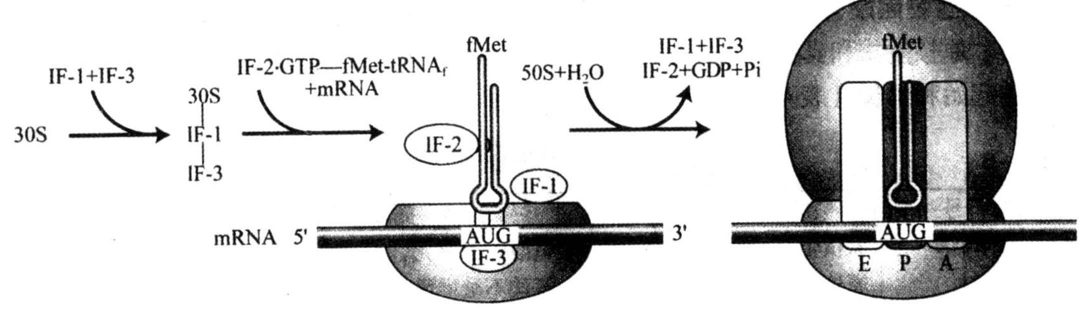

图4-7 原核生物翻译起始

(1)核糖体。解离核糖体复合体的装配是从游离的30S小亚基开始的。所以，70S核糖体必须解离。IF-1和IF-3为核糖体解离所需要的翻译起始因子。

IF-1功能如下：①协助IF-2的结合；②促进核糖体解离，并与30S小亚基A位点结合，阻止fMet-tRNA$_f^{Met}$提前结合；③阻止30S小亚基与50S大亚基提前结合形成70S核糖体。

IF-3功能如下：①阻止30S小亚基与50S大亚基提前结合形成70S核糖体；②协助30S小亚基与mRNA结合；③协助起始密码子—反密码子结合，从而使fMet-tRNA$_f^{Met}$正确结合。

IF-1和IF-3在50S大亚基结合前必须释放。

(2)30S小亚基与mRNA结合，即30S小亚基与mRNA的5′-端结合。

开放阅读框的5′-端和内部都存在AUG。核糖体通过寻找核糖体结合位点鉴别编码起始甲酰蛋氨酸的AUG。

原核生物mRNA的核糖体结合位点位于5′非翻译区，包括SD序列，即起始密码子上游8～13 nt处的一段保守序列。该序列含4～9个嘌呤核苷酸，共有序列为AGGAGGU，与16SrRNA 3′-端的3′-UCCUCCA-5′序列互补。SD序列与16S rRNA的3′-端至少要形成3个Watson-Crick碱基对，才能促进30S小亚基与mRNA的有效结合，如图4-8所示。

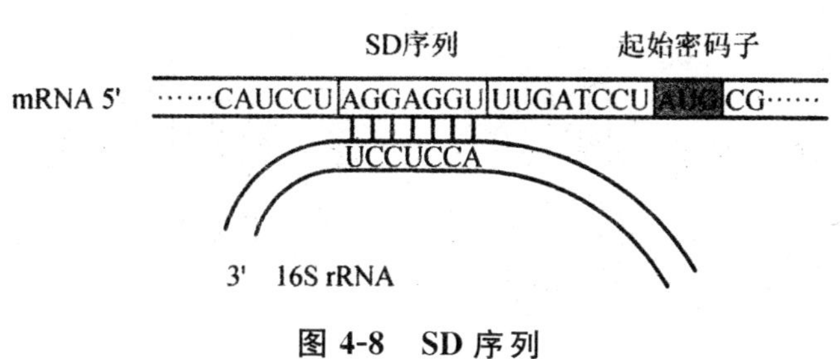

图 4-8　SD 序列

(3)30S 起始复合体形成。IF-2 先与 GTP 形成 IF-2・GTP,然后与 fMet-tRNA$_f^{Met}$ 结合并协助其与 mRNA、30S 小亚基 P 位点结合。30S 小亚基、mRNA、fMet-tRNA$_f^{Met}$、GTP、IF-1、IF-2、IF-3 各一分子构成 30S 起始复合体。fMet-tRNA$_f^{Met}$ 的反密码子与 mRNA 的起始密码子正确配对。

(4)70S 起始复合体形成。70S 起始复合体是由 30S 起始复合体与 50S 大亚基结合形成,IF-2 脱离。IF-2 是一种 G 蛋白,具有核糖体依赖性 GTP 酶(GTPase)活性,可以被 70S 起始复合体激活,水解 GTP,脱离 70S 起始复合体。

4.2.2　翻译延长

依托核糖体的 A 位点、P 位点和 E 位点,把氨基酸接到肽链上的过程称为延长阶段。每次连接一个氨基酸,分如下三步进行:

即氨酰 tRNA 进位→肽键形成→核糖体沿着 mRNA 移位。

每秒钟可以连接 15～20 个氨基酸。核糖体读码的方向即在 mRNA 上移动的方向是 5′→3′。肽链合成的方向是 N 端→C 端,因此起始甲酰蛋氨酸位于肽链的 N 端。

(1)进位。在蛋白质合成起始阶段完成时,70S 核糖体复合体三个位点的状态不同:①E 位点是空的;②P 位点对应 mRNA 的第一个密码子 AUG,结合了 fMet-tRNA$_f^{Met}$;③A 位点对应 mRNA 的第二个密码子,是空的。

一个氨酰 tRNA 进入 A 位点即为进位。何种氨酰 tRNA 进位由 A 位点对应的 mRNA 密码子决定,并且需要翻译延长因子 EF-Tu 和 EF-Ts 通过进位循环完成。

进位循环:①EF-Tu 与 GTP 结合,形成 EF-Tu・GTP 复合物;②EF-Tu・GTP 复合物与氨酰 tRNA 结合,形成氨酰 tRNA-EF-Tu・GTP 三元复合物;③三元复合物进入 A 位点;④EF-Tu・GTP 水解所结合的 GTP,转化成 EF-Tu・GDP,脱离核糖体;⑤EF-Ts 使 GTP 取代 GDP 与 EF-Tu 结合,形成新的 EF-Tu・GTP 复合物,开始下一进位循环,如图 4-9①所示。

(2)成肽。成肽反应,是指当 fMet-tRNA$_f^{Met}$ 结合于 P 位点、第二个氨酰 tRNA 结合于 A 位点时,第二个氨酰基的 α 氨基与 fMet-tRNA$_f^{Met}$ 的 fMet 反应,形成肽键。成肽反应由肽基转移酶催化,既不消耗高能化合物,也不需要其他因子,如图 4-9②所示。

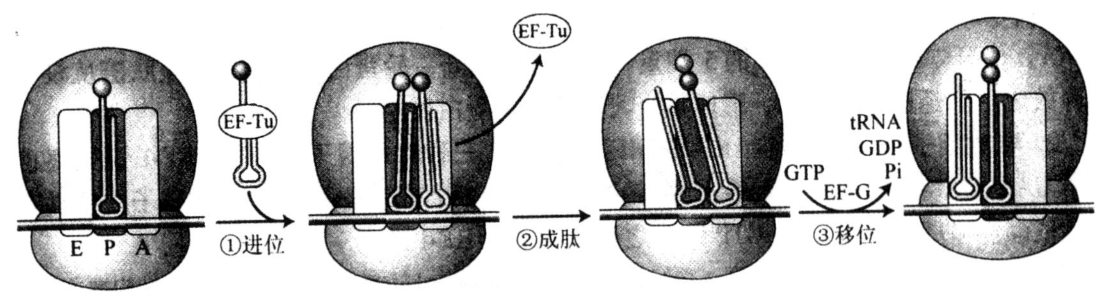

图 4-9 原核生物翻译延长

肽基转移酶实际上是 23SrRNA 的一个活性中心，其所含的一个腺嘌呤直接催化肽键形成。

(3)移位。肽键形成之后，P 位点结合的是脱酰 tRNA，A 位点结合的是肽酰 tRNA。接下来是移位，即核糖体向 mRNA 的 3′端移动一个密码子，而脱酰 tRNA 及肽酰 tRNA 与 mRNA 之间没有相对移动。移位之后：①脱酰 tRNA 从核糖体 P 位点移到 E 位点再脱离核糖体；②肽酰 tRNA 从核糖体 A 位点移到 P 位点；③A 位点成为空位，并对应 mRNA 的下一个密码子；④核糖体恢复 A 位点为空位时的构象，等待下一个氨酰 tRNA-EF-Tu・GTP 三元复合物进位，开始下一循环，如图 4-9③所示。

移位需要翻译延长因子 EF-G(也称为移位酶)与一分子 GTP 形成的 EF-G・GTP 复合物。EF-G・GTP 水解所结合的 GTP，转化成 EF-G・GDP，同时推动核糖体沿着 mRNA 移位。

综上所述，蛋白质合成的延长阶段是一个包括三个步骤的循环过程，每一循环在肽链的 C 端连接两个氨基酸。结果，新生肽链不断延伸，并穿过核糖体大亚基的一个肽链通道甩出核糖体。

4.2.3 翻译终止

核糖体移位遇到终止密码子，蛋白质合成进入终止阶段，由释放因子协助终止翻译。

(1)终止过程。终止阶段需要释放因子决定 mRNA-核糖体-肽酰 tRNA 的命运。当核糖体移位遇到终止密码子时，一种释放因子与终止密码子及核糖体 A 位点结合，另一种释放因子随之结合，改变核糖体肽基转移酶的特异性，催化 P 位点肽酰 tRNA 水解，使肽链从核糖体上释放，如图 4-10 所示。

然后，释放因子进一步促使脱酰 tRNA 脱离核糖体，促使核糖体解离成亚基而脱离 mRNA。核糖体可在 mRNA 的 5′-端重新装配，从而开始新一轮蛋白质合成。新生肽链从核糖体上释放之后，经过加工修饰，形成具有天然构象的蛋白质。

(2)释放因子，RF-1、RF-2 和 RF-3 为大肠杆菌的三种释放因子(RF)，其功能如下：

RF-1 识别终止密码子 UAA 和 UAG；RF-2 识别终止密码子 UAA 和 UGA；RF-3 不识别终止密码子，但具有核糖体依赖性 GTP 酶活性，与 GTP 结合之后可以协助 RF-1 或 RF-2 使翻译终止。

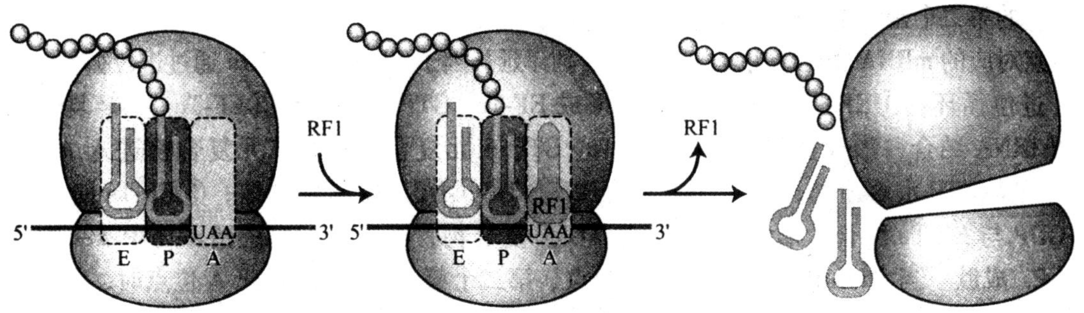

图 4-10　原核生物翻译终止

RF-1、RF-2 的作用机制已阐明。它们有着相似的空间结构，由七个结构域构成，其中 D 结构域含一个三肽决定子(determinant)。Pro-Ala-Thr 为 RF-1 的决定子，Ser-Pro-Phe 为 RF-2 的决定子。决定子可以直接识别并结合终止密码子。决定子的第一氨基酸与终止密码子的第二碱基结合，第三氨基酸与终止密码子的第三碱基结合。结合具有特异性，即 Thr/Ser 可以与 A/G 结合，Pro/Phe 只与 A 结合，所以 RF-1 识别 UAA、UAG。RF-2 识别 UAA、UGA，如图 4-11 所示。

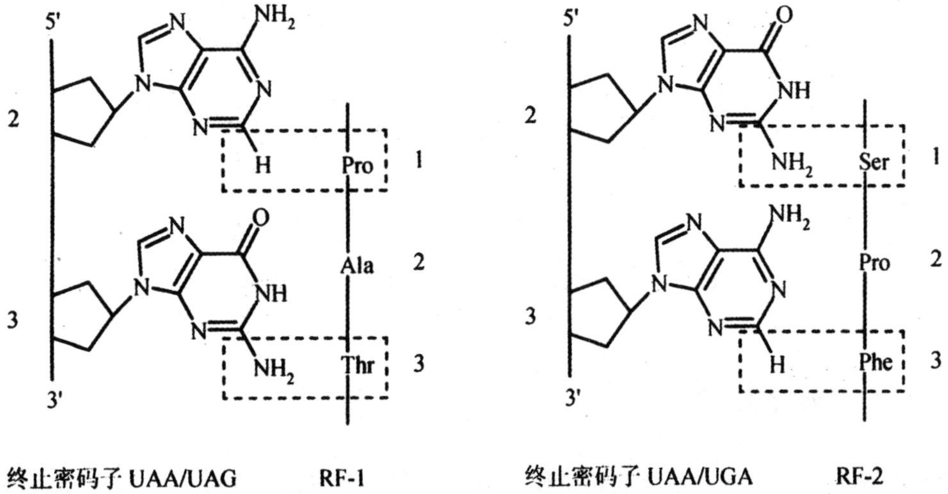

终止密码子 UAA/UAG　RF-1　　　终止密码子 UAA/UGA　RF-2

图 4-11　终止密码子识别机制

(3)多核糖体循环。细胞可以通过以下两种方式提高翻译效率：

①核糖体在一轮翻译完成之后，解离成亚基，回到 mRNA 的 5′-端，重新装配，开始新一轮翻译合成，形成核糖体循环。

②多个核糖体同时翻译一个 mRNA 分子：在绝大多数情况下，当原核生物合成蛋白质时，会有多个核糖体结合在同一个 mRNA 分子上，形成多核糖体结构，同时进行翻译。

(4)转录与翻译偶联。原核生物的 DNA 就在细胞浆内；此外，原核生物 mRNA 的编码区是连续的。所以，原核生物 mRNA 的转录合成与蛋白质的翻译合成可以同时进行。真核生物有完整的细胞核，其 DNA 在细胞核内，转录合成的 mRNA 前体经过加工之后才能成为成熟的 mRNA，用于指导合成蛋白质，如图 4-12 所示。

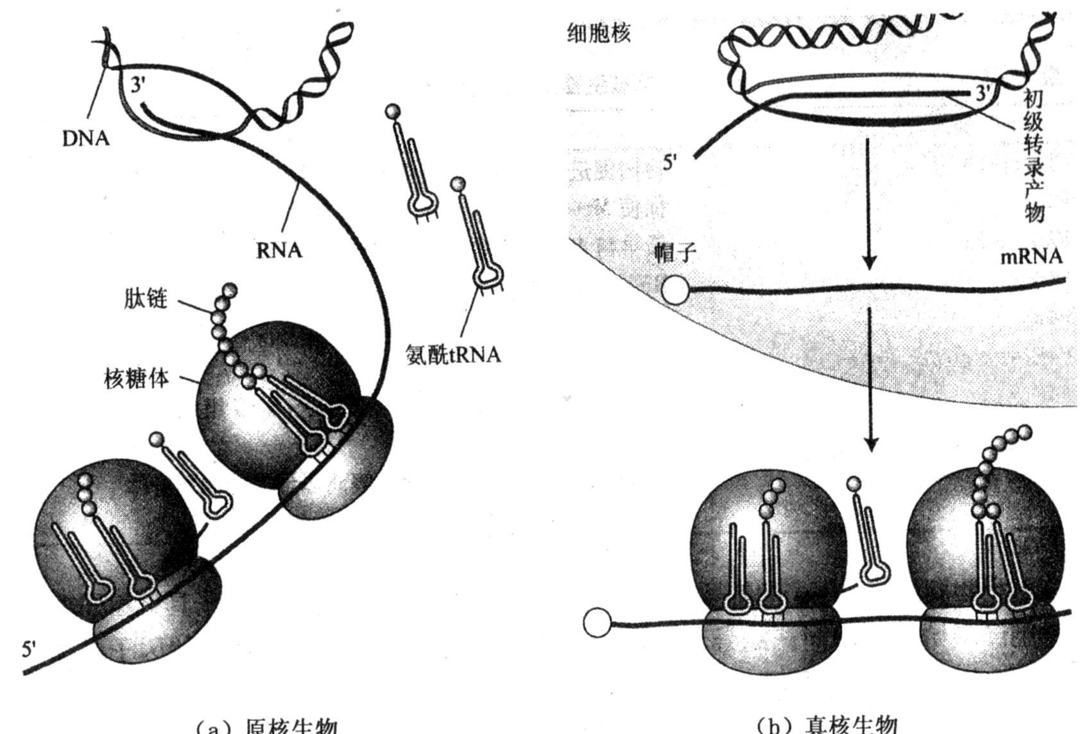

（a）原核生物　　（b）真核生物

图 4-12　转录和翻译

4.3　真核生物蛋白质的合成

4.3.1　翻译起始

真核生物与原核生物在翻译起始阶段区别在于：①真核生物起始 Met-tRNA$_i$ 不需要甲酰化；②真核生物 mRNA 含 Kozak 序列，其包含的起始密码子是翻译起始位点；③真核生物 mRNA 没有 SD 序列，核糖体结合位点是其 5′-端帽子结构。

（1）起始扫描模型。由 Kozak 提出，认为真核生物核糖体通过扫描 mRNA 寻找开放阅读框的起始密码子，如图 4-13 所示。

扫描机制：核糖体与 mRNA 5′-端帽子结合，向 3′-端移动，通过 fMet-tRNA$_f^{Met}$ 识别起始密码子，开始翻译。研究人员通过研究发现：有 5%～10%的 mRNA 并不是以其第一个 AUG 作为起始密码子，而是要越过一个或几个 AUG。真核生物 mRNA 真正的起始密码子位于称为 Kozak 序列的保守序列中，CCRCCA—U—GG 为其共有序列，其中 R 为嘌呤核苷酸。若将起始密码子的 A 编为＋1 号，则－3 位 R 和＋4 位 G 最影响核糖体与 mRNA 的识别和结合。

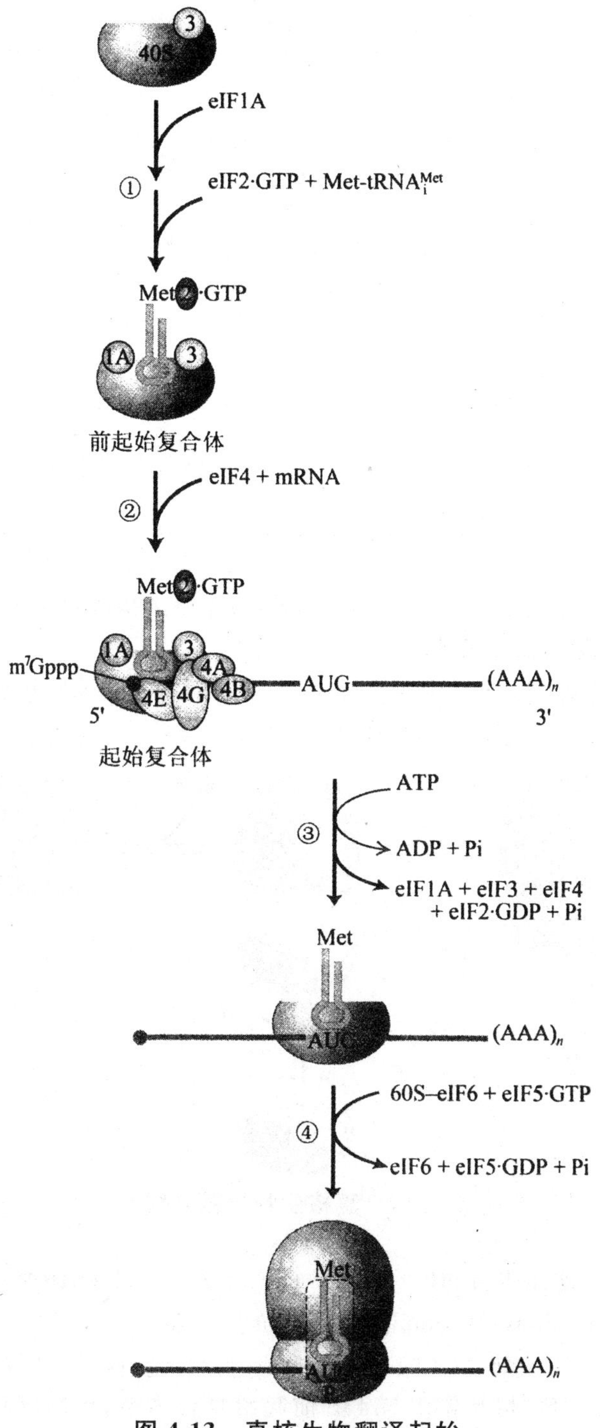

图 4-13　真核生物翻译起始

(2)翻译起始因子。真核生物翻译起始也需要翻译起始因子,且真核生物的翻译起始因子与原核相比更为复杂,其具有如下功能:①参与形成 80S 起始复合体;②参与识别 mRNA 的帽子;③某些翻译起始因子是翻译调控点,如表 4-2 所示。

表 4-2　真核生物翻译起始因子

翻译起始因子	功能
eIF1,eIF1 A	协同促进 40S 小亚基复合体的形成
eIF2	促使 Met-$tRNA_i^{Met}$ 与 40S 小亚基结合
eIF2B,eIF3	最早与 40S 小亚基结合,促进后续反应
eIF4A	RNA 解旋酶,使 mRNA 与 40S 小亚基结合
eIF4B	结合 mRNA,协助寻找起始密码子
eIF4E	与帽子结合
eIF4F	帽子结合蛋白,由 eIF4A、eIF4E、eIF4G 组成
eIF4G	与 eIF4E 及 poly(A)尾结合
eIF5	促使其他因子与 40S 小亚基解离以形成起始复合体
eIF6	促使核糖体解离

真核生物翻译起始因子的符号都以 eIF 表示,与原核生物翻译起始因子具有相同功能的真核生物翻译起始因子用同一编号。

(3)起始过程。在启动蛋白质合成时,真核生物核糖体的两个亚基必须解离,解离需要翻译起始因子 eIF3 和 eIF6,如图 4-14 所示。

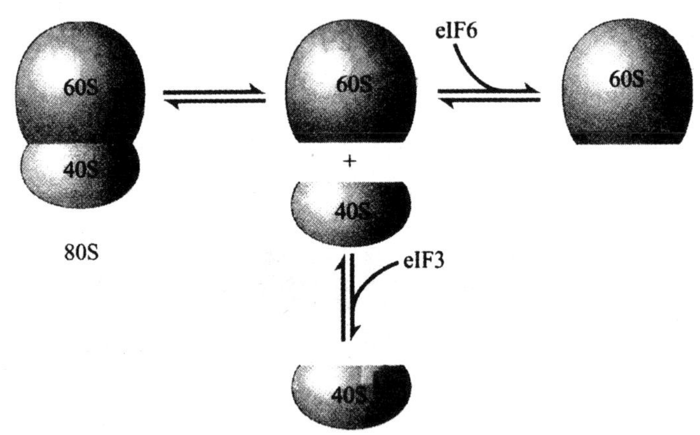

图 4-14　真核生物核糖体解离

40S 小亚基-eIF3 复合体与 eIF1 A 及一个三元复合物(Met-$tRNA_i^{Met}$-eIF2 · GTP)装配 43S 前起始复合体(preinitiation complex)为起始的第一步。

同时,mRNA 通过帽子与 eIF4 的 eIF4E 亚基结合,从而形成 mRNA-eIF4 复合物。然后该复合物通过 eIF4G-eIF3 相互作用与 43S 前起始复合体结合,形成起始复合体(initiation complex)。之后,起始复合体由 eIF4A 推动沿着 mRNA 向 3′方向移动扫描。eIF4A 具有解旋酶活性,它利用 ATP 供能,松解 RNA 二级结构。在 $tRNA_i^{Met}$ 反密码子读到起始密码子时,扫描停止。eIF2 · GTP 水解其结合的 GTP,转化成 eIF′2 · GDP,从而阻止已经读到起始密码子的起始复合体继续扫描,同时有利于接下来 60S 大亚基与 40S 小亚基的结合。

eIF5 协助 60S 大亚基的结合，并且 eIF5 结合的一个 GTP 被水解。GTP 的水解使 60S 大亚基的结合过程不可逆。

4.3.2　翻译延长

蛋白质合成的延长阶段真核生物和原核生物非常相似，所需翻译延长因子也一致，只是命名不同(图 4-15，表 4-3)。

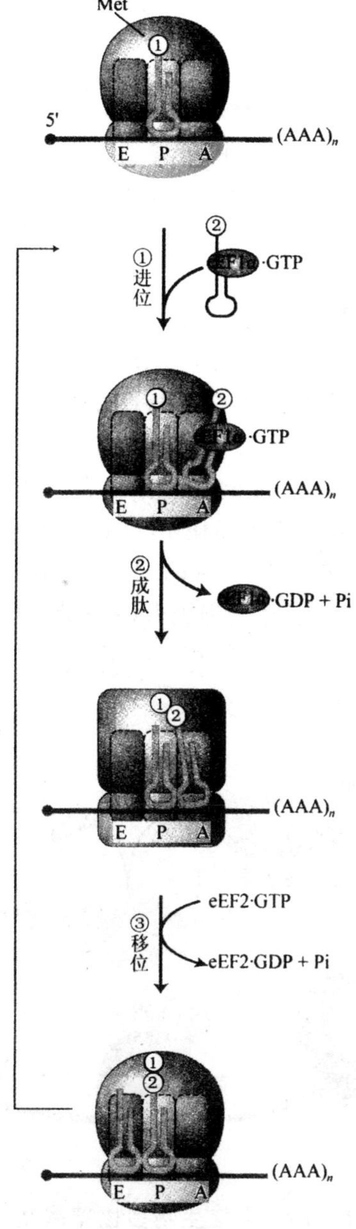

图 4-15　真核生物的翻译延长

表 4-3 原核生物与真核生物翻译延长因子对比

生物	翻译延长因子
原核生物	EF-Tu,EF-Ts,EF-G
真核生物	eEF1α,eEF1$\beta\gamma$,eEF2

4.3.3 翻译终止

蛋白质合成的终止阶段真核生物和原核生物基本一致,只不过释放因子有区别。真核生物有两种释放因子:eRF1 和 eRF3。eRF1 可以识别全部三种终止密码子。eRF3 具有 GTP 酶活性,作用与原核生物的 RF3 一致。eRF3 · GTP 与 eRF1 协同作用,促使肽酰 tRNA 水解释放新生肽链。

4.3.4 多核糖体循环

真核生物可以形成环状多核糖体,该结构使核糖体循环效率更高。真核生物细胞浆内有一种 poly(A)结合蛋白Ⅰ(PABPⅠ),它可以同时与 poly(A)尾及 eIF4 的 eIF4G 亚基结合。此外,eIF4 的 eIF4E 亚基又与 mRNA 的 5′-端帽子结合。使 mRNA 的两端通过这些蛋白因子搭接在一起,形成环状 mRNA 结构为上述作用的结果。由于 mRNA 的两端靠得很近,核糖体亚基从 3′-端解离之后很容易与结合在 5′-端的 eIF4 作用,启动下一轮蛋白质合成。图 4-16 描述了该循环过程,它存在于许多真核生物细胞内,通过促进核糖体循环提高翻译效率。

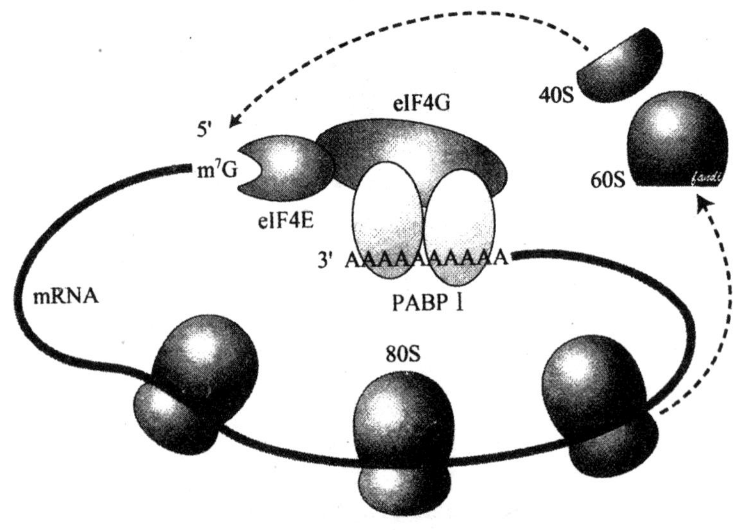

图 4-16 真核生物多核糖体循环

4.4　蛋白质生物合成的抑制和调节

蛋白质生物合成的抑制剂很多，其作用部位和机制各不相同。它们有些是直接作用于翻译过程，有些是通过作用于复制或转录间接对蛋白质的生物合成产生抑制作用。这些蛋白质合成抑制剂既有自然界中存在的天然的抗生素和毒素，也有一些是人工合成的化合物。下面是常见的蛋白质合成抑制剂及其作用机制。

4.4.1　抗生素

抗生素为一类微生物来源的药物，可杀灭或抑制细菌。抗生素可以通过阻断细菌蛋白质生物合成而起抑制细菌的生长和繁殖。某些抗生素抑制蛋白质生物合成机制见表 4-14。

表 4-14　常用抗生素抑制蛋白质生物合成的原理与应用

抗生素	作用点	作用原理	应用
链霉素、卡那霉素	原核核糖体小亚基	改变构象引起读码错误、抑制起始	抗菌药
伊短菌素	真核、原核核糖体小亚基	阻碍翻译起始复合物的形成	抗肿瘤药四环素族
红霉素	原核核糖体大亚基	抑制转位酶(EF-G)、妨碍转位	抗菌药
嘌呤霉素	真核、原核核糖体	氨基酰 tRNA 类似物，进位后引起未成熟肽链脱落	抗肿瘤药
四环素族	原核核糖体小亚基	抑制氨基酰 tRNA 与小亚基结合	抗菌药
氯霉素、林可霉素	原核核糖体大亚基	抑制转肽酶、阻断肽链延长	抗菌药
放线菌酮	真核核糖体大亚基	抑制转肽酶、阻断肽链延长	医学研究

4.4.2　毒素

某些毒素可抑制人体蛋白质的合成，常见的有细菌毒素和植物毒蛋白。细菌毒素有多种，如白喉毒素、绿脓毒素、志贺毒素等，它们多在肽链延长阶段抑制蛋白质的合成，其中以白喉毒素的毒性最大。

4.4.2.1　白喉毒素(diphtheria toxin)

白喉毒素是白喉杆菌(*corynebacteriumdiphtheria*)分泌的一种外毒素，它通过钝化真核细胞蛋白质合成延伸因子-2(EF-2)抑制蛋白质合成来杀死细胞。其主要作用就是抑制蛋白质的生物合成。

白喉毒素作为一种修饰酶，可使真核生物延长因子 eEF-2 发生 ADP 糖基化共价修饰，生成 eEF-2 腺苷二磷酸衍生物，使 eEF-2 失活（见图 4-17）。它的催化效率很高，只需微量就能有效抑制蛋白质的生物合成，对真核生物的毒性极强。

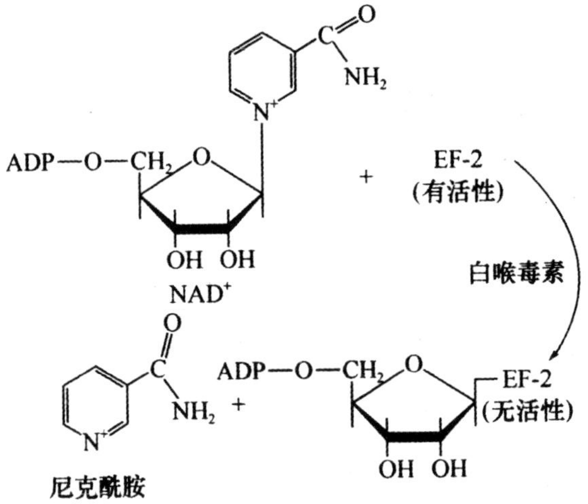

图 4-17　白喉毒素的作用机制

除白喉毒素外，现知绿脓杆菌的外毒素 A 也与白喉毒素一样，以相似机理起作用。

4.4.2.2　植物毒素

某些植物毒蛋白（foxoprotein）也是肽链合成的阻断剂。如蓖麻毒蛋白是一种剧毒的蓖麻籽蛋白质，其作用是使 28S rRNA 的一个特定的腺苷酸发生去嘌呤作用，使真核生物核糖体 60S 大亚基失活，阻断真核生物蛋白质合成。

4.4.3　干扰素

干扰素是真核细胞感染病毒后产生的一类蛋白质，能抑制病毒的蛋白质合成，从而抑制病毒繁殖，保护宿主。其作用机制有两个：①干扰素在某些病毒等双链 RNA 存在时，能促使真核细胞 eIF-2 磷酸化失活，从而抑制病毒蛋白质合成；②干扰素先与双链 RNA 共同作用活化 2′,5′-寡聚腺苷酸合成酶，使 AT 以 2′,5′-磷酸二酯键连接，聚合为 2′,5′-寡聚腺苷酸（2′,5′-A）。2′,5′-A 再活化核酸内切酶 Rnase L，后者使病毒 mRNA 发生降解，阻断病毒蛋白质合成（见图 4-18）。

干扰素（interferon，IFN）是病毒感染宿主细胞产生的一种多功能蛋白质。人体被病毒感染后可产生 3 类干扰素，即 α-干扰素（白细胞产生）、β-干扰素（成纤维细胞产生）、γ-干扰素（T 淋巴细胞产生），每一类中又有若干亚类。干扰素干扰病毒蛋白质的合成，还对病毒的复制、转录、病毒颗粒的装配等起抑制作用。

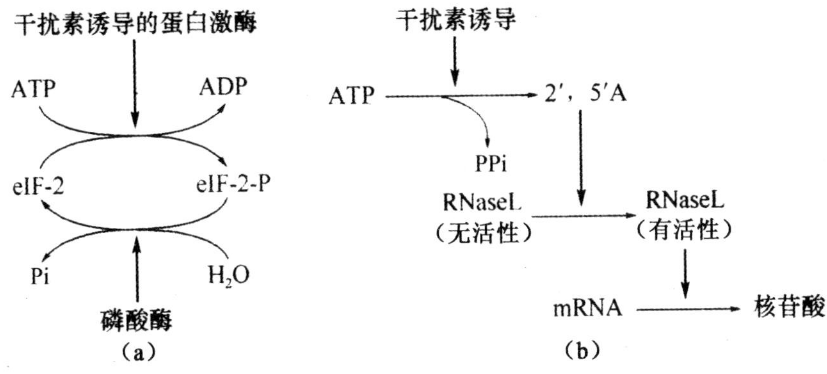

图 4-18 干扰素抗病毒作用的分子机制

干扰素除抗病毒作用外，还有调节细胞生长分化、激活免疫系统等作用，因此临床应用十分广泛。目前我国已能用基因工程技术生产人类各种干扰素，是继基因工程胰岛素之后，较早获准在临床使用的基因工程药物。

4.4.4 抗代谢物

抗代谢物(antimetabolite)是指与参加反应的天然代谢物结构上相似的物质。它能竞争性地抑制代谢中的某一种酶或反应。如嘌呤霉素(pmomycin)是白色链霉菌(*streptomicesalboniger*)产生的一种抗菌素，其结构与 Tyr-$tRNA^{Tyr}$ 十分相似，可替代 Tyr-$tRNA^{Tyr}$ 进入核糖体的 A 位，它结合到肽链后，其他氨基酸不能再进入，肽链合成提前终止。

4.5 蛋白质的加工与修饰

不管是原核生物还是真核生物，在细胞中直接翻译出来的产物通常是没有功能的，必须经历适当的后加工以后，才能最终成为有特定三维结构的功能分子。此外，不同的蛋白质在细胞中最后的定位也并非相同，需要通过共翻译或翻译后定向(targeting)与分拣(sorti ng)才能各就各位、各尽其职。

翻译后加工并不是一定要等到翻译结束以后才可以进行。事实上，很多后加工反应在多肽链还没有从核糖体上释放出来的时候就已经开始。在翻译期间，位于多肽离开通道的多肽片段由于受到核糖体的保护，一般不会受到后加工。一旦它们从离开通道就可能经历各种形式的翻译后加工。

4.5.1 氨基端和羧基端的修饰

在原核生物中几乎所有蛋白质都是从 N-甲酰甲硫氨酰开始，真核生物从甲硫氨酸开始。

当合成达 15～30 个氨基酸残基时，脱甲酰基酶水解除去 N 端的甲酰基，再用氨肽酶切除一个或 N 端氨基酸。所以原核生物肽链合成后，70％的肽链 N 端不存在 fMet，而 N 端为 fMet 的仅占 30％真核生物成熟的蛋白质分子，其 N 端也多数不存在甲硫氨酸。如下为去除 N 端甲酰甲硫氨酰的基本步骤：

$$\text{N-甲酰甲硫氨酰-肽}\xrightarrow{\text{脱甲酰基酶}}\text{甲酸}+\text{甲硫氨酰-肽}$$

$$\text{甲硫氨酰-肽}\xrightarrow{\text{氨肽酶}}\text{甲硫氨酸}+\text{肽}$$

另外，在真核细胞中约有 50％的蛋白质在翻译后会发生 N 端乙酰化。还有些蛋白质分子的端也需要进行修饰。

4.5.2 蛋白质前体的剪切

分泌性蛋白质(secretory protein)如免疫球蛋白、清蛋白等，合成时带有一段称为“信号肽”的肽段。信号肽段约由 15～30 个氨基酸残基构成，其氨基端为亲水区段，常为 1～7 个氨基酸；中心区以疏水氨基酸为主，约由 15～19 个氨基酸残基构成，在分泌时起决定作用；分泌蛋白合成后进入内质网腔，由内质网腔面的信号肽酶催化，切除信号肽段，并进一步在内质网和高尔基体加工。多数蛋白质由没有生物学功能的前体构象转变为有生物学功能的蛋白质，如胰岛素原是由 84 个氨基酸组成的肽链，其 N 端为 23 个氨基酸残基的信号肽，在转运至高尔基体的过程中被切除。最后形成由 A 链、B 链组成的活性胰岛素，如图 4-19 所示。也有一些蛋白质以酶原或蛋白质前体的形式分泌，在细胞外进一步加工剪切。

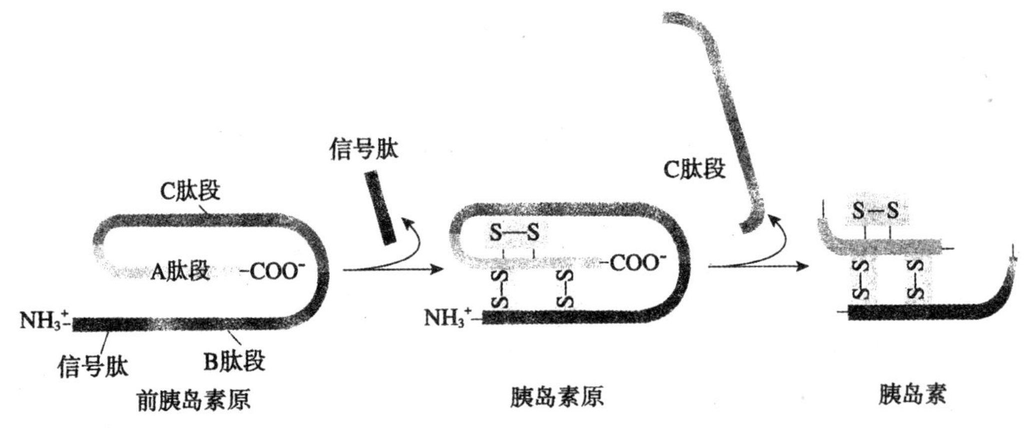

图 4-19 前胰岛素原的剪切加工

4.5.3 蛋白质拼接

结合图 4-20 所示，蛋白质拼接是指将一条多肽链内部的一段氨基酸序列切除，同时将两端的序列连接在一起的后加工方式。被切除的肽段称为内含肽(intein)，被保留并连接在一起的肽段称为外显肽(extein)。

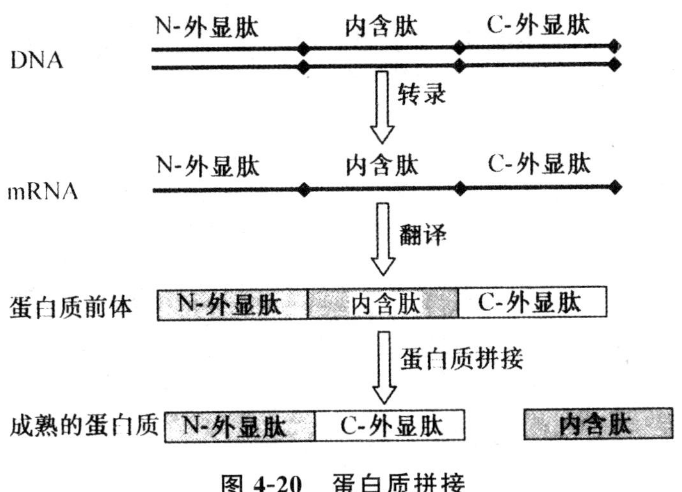

图 4-20　蛋白质拼接

已在几十种不同类型的蛋白质中发现了 150 多个内含肽。这些内含肽长度不等，仅存在于单细胞生物。有的蛋白质的内含肽还不止一个。有的蛋白质不仅发生蛋白质拼接，其 mRNA 前体也发生拼接。还有一些蛋白质的内含肽是断裂(split inteins)的，需要通过反式蛋白质拼接才能将断裂内含肽两侧的外显肽连接起来，形成有功能的蛋白质。

关于蛋白质拼接的分子机制，一般认为属于自催化反应，如图 4-21 所示，自我拼接必需的顺式。元件位于内含肽的两端。

蛋白质拼接前后发生四步相互独立的分子内反应，前三步由单一位点上的内含肽催化，最后一步是自发的形成肽键的重排反应。

(1)N→X 的脂酰基重排(acyl rearrangement)。这是蛋白质拼接的第一步反应，由内含肽的第一个保守的 Cys/Ser 残基亲核进攻 N-拼接点的酮基碳。此反应导致蛋白质变成阴离子，形成酯键或硫酯键。

(2)转酯反应。这一步反应涉及 C-外显肽的保守性 Cys/Ser/Thr 进攻在 N-端拼接点刚形成的酯键或硫酯键，导致外显肽的连接。

(3)Asn 的环化。内含肽在 C-拼接点上的 Asn 的酰胺氮进攻其自身主链上的酮基，发生环化，释放出内含肽。

(4)X→N 的脂酰基重排。这一步由 C-内含肽在第三步反应中游离出来的 α-氨基进攻 N-外显肽在 C-端的酮基，导致两个外显肽以更加稳定的肽键相连。

以上四步反应构成蛋白质拼接的主要途径，但某些蛋白质的拼接与此途径不完全相同，这主要表现在前两步反应，是由 C-外显肽 N-端的 Cys 残基作为亲核试剂直接进攻 N-拼接点的肽键，不需要在内含肽和拼接点之间形成酯键或硫酯键中间物，于是就省去了一步转酯反应。

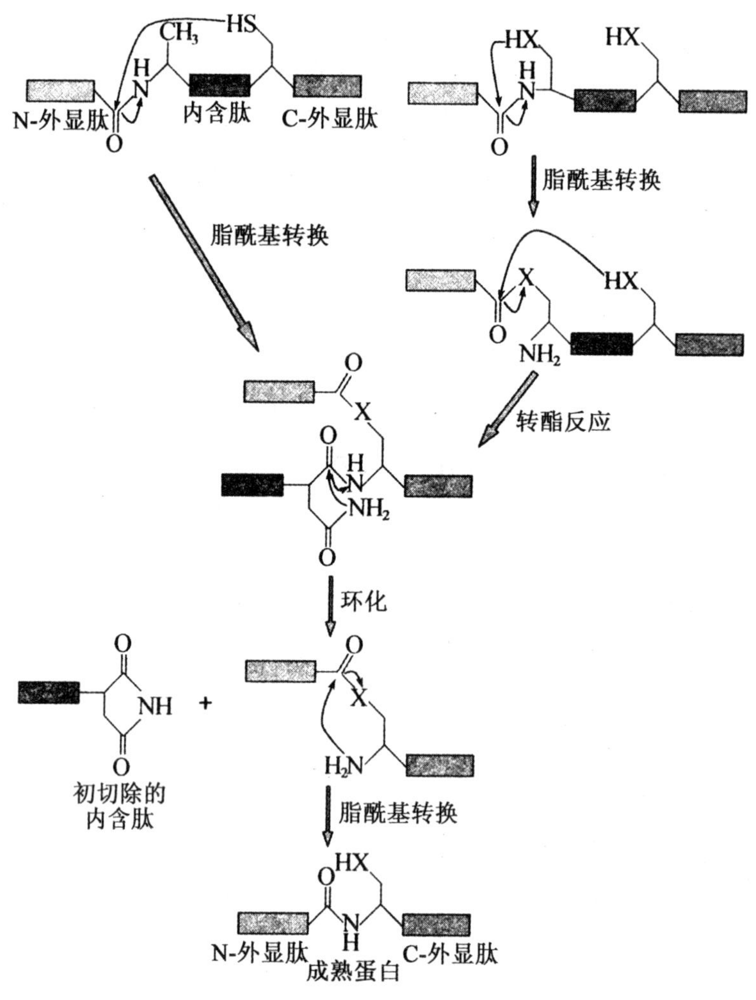

图 4-21　蛋白质的拼接机制

4.5.4　氨基酸侧链的化学修饰

在特异性酶的催化下，蛋白质多肽链中的某些氨基酸侧链进行化学修饰，类型包括羟基化、糖基化、磷酸化等，如图 4-22 所示。

(1)Ser、Thr 和 Tyr 的磷酸化。某些蛋白质分子中的丝氨酸、苏氨酸、酪氨酸残基的羟基，在酶催化下被 ATP 磷酸化。

(2)脯氨酸和赖氨酸的羟基化。脯氨酸和赖氨酸经羟化反应形成胶原中羟脯氨酸和羟赖氨酸。

(3)谷氨酸的羧化。某些蛋白质，如凝血酶等凝血因子，含有多个 γ-羧基 Glu，该羧基是在需 Vit K 的酶催化下进行的。

(4)甲基化修饰。某些蛋白质中的赖氨酸残基需要甲基化，某些谷氨酸残基的羧基也要甲基化，从而达到除去负电荷的目的。

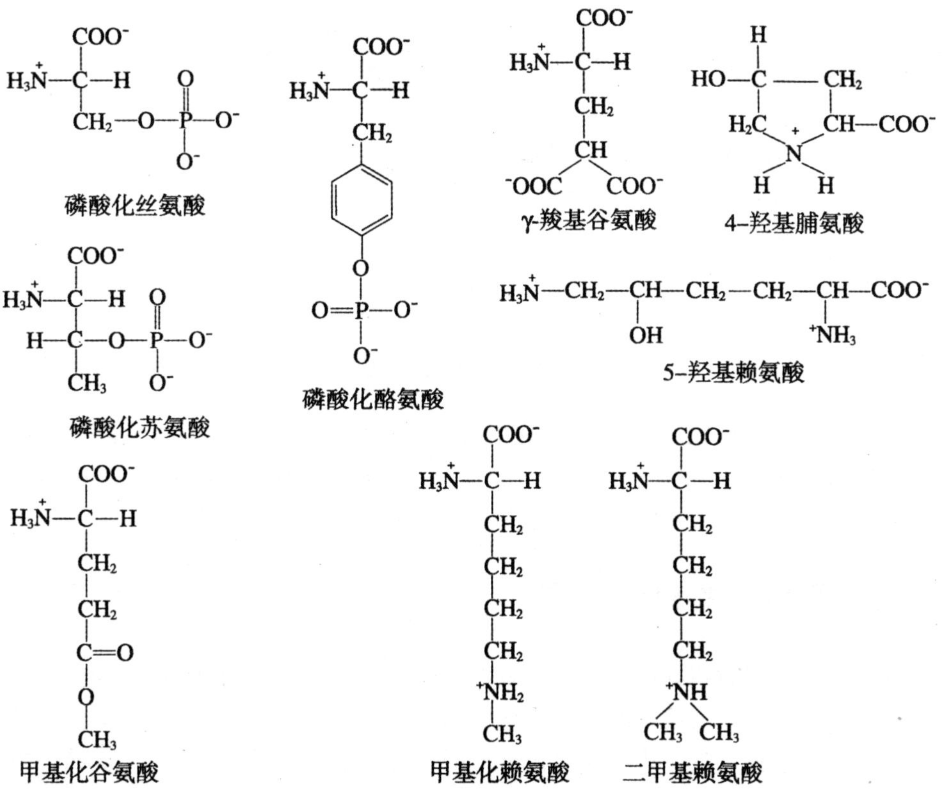

磷酸化丝氨酸　磷酸化酪氨酸　γ-羧基谷氨酸　4-羟基脯氨酸

磷酸化苏氨酸　5-羟基赖氨酸

甲基化谷氨酸　甲基化赖氨酸　二甲基赖氨酸

图 4-22　氨基酸的侧链修饰

(5)蛋白质的糖基化。游离的核糖体合成的多肽链通常不带糖链,膜结合的核糖体所合成的多肽链一般带有糖链。糖蛋白(glycoprotein)为一类含糖的结合蛋白质,由共价键相连的蛋白质和糖两部分组成。糖蛋白中的糖链与多肽链之间的连接方式可分为 N-连接与 O-连接两种类型。N-连接糖蛋白的寡糖链通过 N-乙酰葡糖胺与多肽链中天冬酰胺残基的酰胺氮以 N-糖苷键连接。O-连接糖蛋白的寡糖链通过 N-乙酰半乳糖胺与多肽链中丝氨酸或苏氨酸残基的羟基以 O-糖苷键连接。寡糖链在内质网和高尔基复合体中合成及加工,从内质网开始,至高尔基复合体内完成。

胶原蛋白的前体在细胞内合成后,需经羟化、三股肽链彼此聚合,并带上糖链,转入细胞外并去掉部分肽段,才能用以构成结缔组织中的胶原纤维。有些蛋白质前体还需加以脂类(如脂蛋白)或经乙酰化、甲基化等。

4.5.5　二硫键的形成

某些蛋白质分子内的半胱氨酸巯基之间形成共价键,称为二硫键。二硫键在稳定蛋白质空间构型中起着十分重要的作用,如图 4-23 所示。

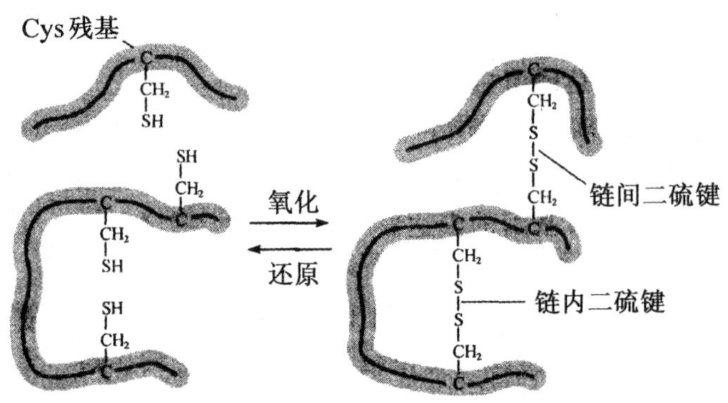

图 4-23　二硫键的形成

许多胞外蛋白质含有二硫键，这种连接只有在蛋白质折叠成正确的构象以后才被最终建立起来。正确的二硫键的形成往往需要蛋白质二硫键异构酶（protein disulfide isomerase，PDI）的帮助。细菌里催化二硫键形成的酶是 DsbA 蛋白。

4.5.6　蛋白质的靶向运输

结合在粗面内质网的核糖体除合成分泌蛋白外，还合成一定比率的细胞固有蛋白质，其中主要是膜蛋白。它们进入内质网腔后，需要经过复杂机制，定向输送到最终发挥生物学功能的亚细胞间隔。该过程称为蛋白质的靶向输送。所有靶向输送的蛋白质在其一级结构中均存在分选信号，其中大多数为 N 端特异氨基酸序列，它们可引导蛋白质运送到细胞的特定部位，称为信号序列。信号序列通常位于被转运多肽链的 N 端，由 10～40 个氨基酸残基组成，富含高度疏水性的氨基酸，如表 4-5 所示。

表 4-5　靶向输送蛋白的信号序列

细胞器蛋白	信号序列
内质网腔蛋白	N 端信号肽，C 端 KDEL 序列（-Lys-Asp-Glu-Leu-COO）
线粒体蛋白	N 端 20～35 氨基酸残基
核蛋白	核定位序列（-Pro-Pro-Lys-Lys-Lys-Arg-Lys-Val，SV40T 抗原）
过氧化酶体蛋白	PST 序列（-Ser-Lys-Leu-）
溶酶体蛋白	甘露糖-6-磷酸

4.5.7　多肽链的折叠

新生肽链实现其生物学功能必须正确折叠形成三维构象。体内蛋白质的折叠与肽链合成同步进行，新生肽链 N 端在核糖体上一出现，肽链的折叠即开始；随着序列的不断延伸，肽链逐步折叠，产生正确的二级结构、模体、结构域直至形成完整的空间构象。

细胞中大多数天然蛋白质的折叠都不能自动完成，多肽链准确折叠和组装需要折叠酶和分子伴侣两类蛋白质。折叠酶包括蛋白质二硫键异构酶(protein disulfide isomerase，PDI)和肽-脯氨酰顺反异构酶。二硫键异构酶在内质网腔活性十分高，可识别和水解错配的二硫键，重新形成正确的二硫键，辅助蛋白质形成热力学最稳定的天然构象。

多肽链中肽酰-脯氨酸间的肽键存在顺、反两种异构体，两者在空间构象上存在明显差别。肽-脯氨酰顺反异构酶可促进这两种顺、反异构体之间的转换。在肽链合成需形成顺式构型时，此酶可在各脯氨酸弯折处形成准确折叠。肽酰-脯氨酰顺反异构酶是蛋白质三维构象形成的限速酶。

分子伴侣，也称分子伴娘，广泛存在于从细菌到人的细胞中，是蛋白质合成过程中形成空间结构的控制因子，在新生肽链的折叠和穿膜进入细胞器的转位过程中起关键作用。

分子伴侣是体内许多蛋白质的成功折叠、组装、运输和降解所必需的。其主要功能包括两方面：①防止新生肽链错误的折叠和聚合，分子伴侣能够与不完全折叠或组装的蛋白质结合，通过与多肽链上被暴露的疏水区域结合，防止不完全折叠蛋白质之间非特异性的聚合；②帮助或促进这些肽链快速地折叠成正确的三维构象，并成为具有完整结构和功能的多肽或蛋白质，有时则是暂时阻止多肽链的折叠，以维持多肽链一种伸展的构象，这种伸展的构象对于蛋白质的跨膜转移十分重要。然而，分子伴侣并不是“终身伴侣”，当它们帮助其他蛋白质形成正确的构象以后，自身并不作为最终结构的一部分。

根据折叠是否需要分子伴侣以及需要何种分子伴侣，细胞内的蛋白质折叠一般可分为三条途径(图 4-24)。①不依赖于分子伴侣的折叠；②受热激蛋白 70(Hot shock protein 70，Hsp70)帮助的折叠；③受 Hsp70 和伴侣蛋白(chaperonin)复合物帮助的折叠。细胞内的绝大多数蛋白质通过前两种途径进行折叠。

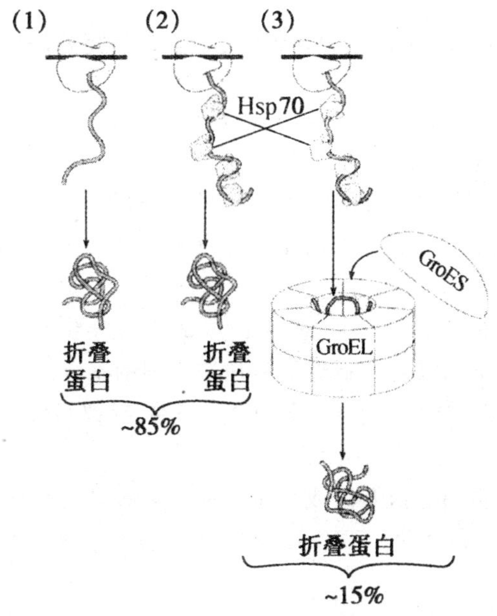

图 4-24　蛋白质折叠的三条途径(引自 Watson et al.，2005)

通过大量的研究，人们提出了比较成熟的 GroEL 伴侣体系帮助蛋白质折叠的模型，图 4-25 是一个有代表性的模型。

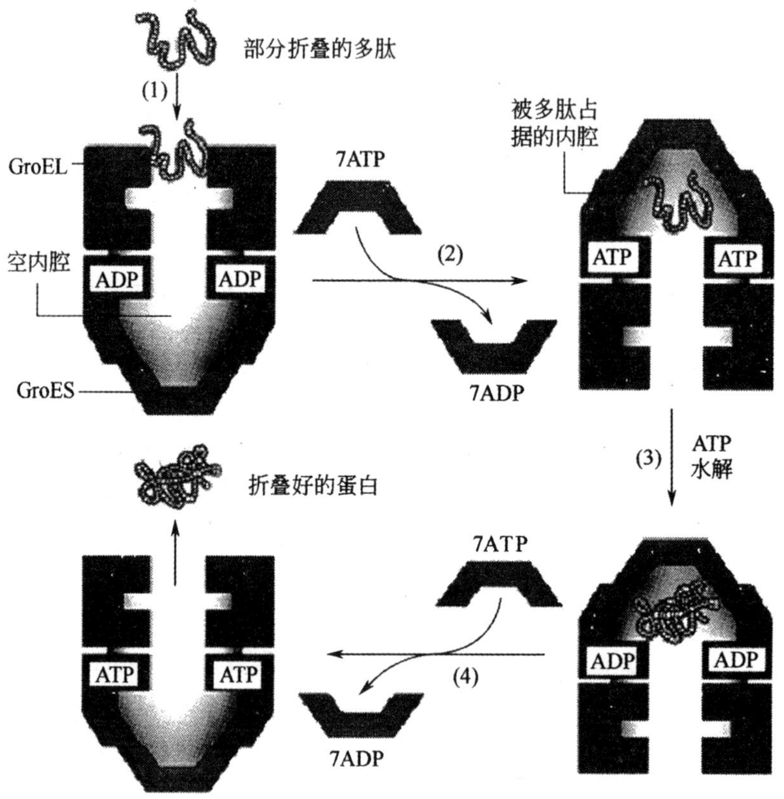

图 4-25　GroEL/GroES 帮助蛋白质折叠的模型

①去折叠的或部分折叠的蛋白结合于 GroEL 未被 GroES 与 ATP 占据的一端，形成 Protein · GroEL · GroES · ADP 聚合体。

②ATP 及邻近的 GroES 的结合调整了 GroEL 的构象，形成一个宽的内部空穴，并使其与底物蛋白的结合状态发生改变，由紧密结合变为松弛结合（与此同时，另一端的 GroES 与 ADP 被释放）。

③伴随 ATP 水解，蛋白质进一步折叠，蛋白质的折叠发生在一个相对密闭的环境中，防止了在折叠过程中折叠分子与其他非折叠的蛋白质之间的聚合。

④ADP 脱离 GroEL，ATP 结合于 GroEL 的另一端，导致 GroES 与已折叠蛋白的脱离（新的 GroES 同时结合于 GroEL 的另一端）。

真核生物的分子伴侣蛋白是由 8 个或 9 个 55kD 亚基构成的双环结构，称 TCP-1 环复合物（TCP-1 ring complex，TRiC）或 CCT（cytosolic chaperonin containing YCP-1），没有 GroES 的对应物。

有些分子伴侣可与未折叠的肽段进行可逆的结合，防止肽链降解或侧链非特异聚集，辅助二硫键的正确形成；有些则可引导某些肽链正确折叠并集合多条肽链成为较大的结构。包括热激蛋白(heat shock protein)和伴侣蛋白(chaperonin)为常见的分子伴侣。热激蛋白因在加热时可被诱导表达而得名。分子伴侣的作用机制如图 4-26 所示。

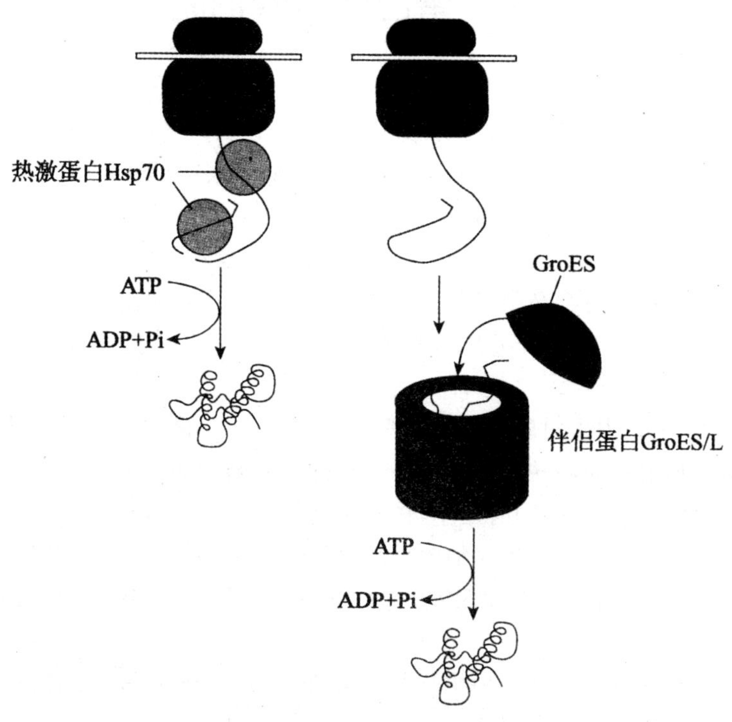

图 4-26　热激蛋白及伴侣蛋白 GroES/L 的作用机制

4.5.8　辅基结合及亚基的聚合

结合蛋白质除多肽链外,还含有各种辅基组成。故其蛋白质多肽链合成后,还需要经过一定的方式与特定的辅基结合。寡聚蛋白质则由多个亚基组成,各个亚基相互聚合时所需要的信息,蕴藏在每条肽链的氨基酸序列之中,而且这种聚合过程通常具有一定的先后顺序,前一步聚合常可促进后一聚合步骤的进行。如成人血红蛋白 HbA 由两条 α 链、两条 β 链及 4 个血红素辅基组成。从多核糖体合成释放的游离 α 链可与尚未从多核糖体释放的 β 链相连,然后一起从多核糖体上脱落,再与线粒体内生成的两分子血红素结合,形成 α、β 二聚体。然后,两个 α、β 二聚体聚合形成完整的血红蛋白分子,如图 4-27 所示。

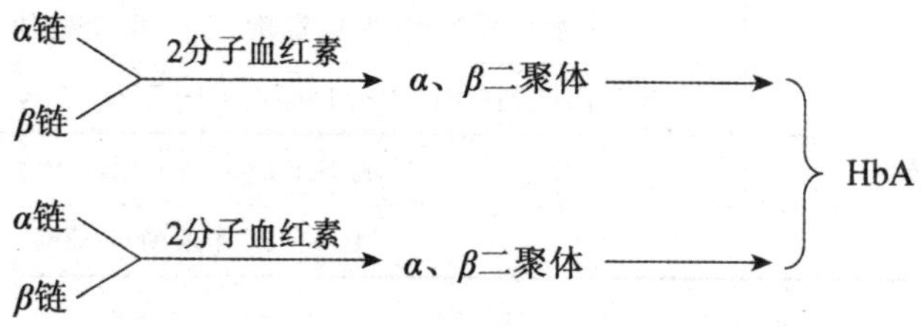

图 4-27　血红蛋白的辅基结合及亚基聚合过程

4.6 蛋白质运转机制

在生物体内，蛋白质的合成位点与功能位点通常被一层或多层生物膜所隔开，那么就产生了蛋白质运输的问题。蛋白质的靶向输送(protein targeting)即蛋白质合成后经过复杂机制，定向运输到最终发挥生物功能的目标地点。真核生物蛋白在胞质核糖体上合成后，有如下三种去向：①保留在胞液；②进入细胞核、线粒体或其他细胞器；③分泌到体液。

上述②、③情况，蛋白质都必须先通过膜性结构才能到达。然而蛋白质是怎样从合成部位运输到功能部位的？它们又是如何跨膜运输的？跨膜之后又是依靠什么信息到达各自"岗位"的？

通过研究发现，细胞内蛋白质的合成有两个不同的位点：游离核糖体与膜结合核糖体，因而也就决定了蛋白质的去向和转运机制不同。①翻译运转同步机制：指在内质网膜结合核糖体上合成的蛋白，其合成与运输同时发生，包括细胞分泌蛋白、膜整合蛋白、滞留在内膜系统的可溶性蛋白；②翻译后运转机制：指在细胞质游离核糖体上合成的蛋白，其蛋白从核糖体释放后才发生运转，包括预定滞留在细胞质基质中的蛋白、质膜内表面的外周蛋白、核蛋白以及渗入其他细胞器的蛋白等。

上述所有靶向输送的蛋白质结构中均存在分选信号，主要为N末端特异氨基酸序列，可引导蛋白质转移到细胞的适当靶部位，此类序列称为信号序列(signal sequence)，是决定蛋白靶向输送特性的最重要元件。20世纪70年代，美国科学家Blobel发现当很多分泌性蛋白跨过有关细胞膜性结构时，需切除N末端的短肽，从而提出著名的"信号假说"——蛋白质分子被运送到细胞不同部位的"信号"存在于它的一级结构中。靶向输送不同的蛋白质各有特异的信号序列或成分，如表4-6所示。

表4-6 靶向输送蛋白的信号序列或成分

靶向输送蛋白	信号序列或成分
分泌蛋白	N端信号肽，13～36个氨基酸残基
内质网腔驻留蛋白	N端信号肽，C端-Lys-Asp-Glu-COO-(KDEL序列)
内质网膜蛋白	N端信号肽，C端KKXX序列(X为任意氨基酸)
线粒体蛋白	N端信号序列，两性螺旋，12～30个残基，富含Arg、Lys
核蛋白	核定位序列(-Pro-Pro-Lys-Lys-Lys-Arg-Lys-Val-，SV40T抗原)
过氧化物酶体蛋白	C端-Ser-Lys-Leu(SKL序列)
溶酶体蛋白	Man-6-P(甘露糖-6-磷酸)

下面重点讨论分泌蛋白、线粒体蛋白及核蛋白的靶向输送过程。

4.6.1　分泌蛋白的靶向输送

如前所述，细胞分泌蛋白、膜整合蛋白、滞留在内质网、高尔基体、溶酶体的可溶性蛋白均在内质网膜结合核糖体上合成，并且边翻译边进入内质网，使翻译与运转同步进行。这些蛋白质首先被其 N 末端的特异信号序列引导进入内质网，再由内质网包装转移到高尔基体，并在此分选投送，或分泌出细胞，或被送到其他细胞器。

(1)信号肽(signal peptide)。信号肽即各种新生分泌蛋白的 N 端都有保守的氨基酸序列，其长度一般在 13～36 个氨基酸残基之间。其具有如下三个特点：①N 端常常有 1 个或几个带正电荷的碱性氨基酸残基；②中间为 10～15 个残基构成的疏水核心区，主要含疏水中性氨基酸；③C 端多以侧链较短的甘氨酸、丙氨酸结尾，紧接着是被信号肽酶(signal peptidase)裂解的位点。

(2)分泌蛋白的运输机制。为翻译运转同步进行。分泌蛋白靶向进入内质网，需要多种蛋白成分的协同作用。

①信号肽识别颗粒(signal recognition particles，SRP)：是 6 个多肽亚基和 1 个 7S RNA 组成的 11S 复合体。SRP 至少有三个结构域：信号肽结合域、SRP 受体结合域和翻译停止域。当核蛋白体上刚露出肽链 N 端信号肽段时，SRP 便与之结合并暂时终止翻译，从而保证翻译起始复合物有足够的时间找到内质网膜。SRP 还可结合 GTP，有 GTP 酶活性。

②SRP 受体：内质网膜上存在着一种能识别 SRP 的受体蛋白，称 SRP 受体。DP 由 α(69 kDa)和 β(30 kDa)两个亚基构成，其中 α 亚基可结 1GTP，有 GTP 酶活性。当 SRP 受体与 SRP 结合后，即可解除 SRP 对翻译的抑制作用，使翻译同步分泌得以继续进行。

③核糖体受体：也为内质网膜蛋白，可结合核糖体大亚基使其与内质网膜稳定结合。

④肽转位复合物(peptide translocation complex)：为多亚基跨 ER 膜蛋白，可形成新生肽链跨 ER 膜的蛋白通道。

分泌蛋白翻译同步运输的主要过程如下：

Ⅰ. 胞涌游离核糖体组装，翻译起始，合成出 N 端包括信号肽在内的约 70 个氨基酸残基。

Ⅱ. SRP 与信号肽、GTP 及核糖体结合，暂时终止肽链延伸。

Ⅲ. SRP 引导核糖体-多肽-SRP 复合物，识别结合 ER 膜上的 SRP 受体，并通过水解 GTP 使 SRP 解离再循环利用，多肽链开始继续延长。

Ⅳ. 与此同时，核糖体大亚基与核糖体受体结合，锚定 ER 膜上，水解 GTP 供能，诱导肽转位复合物开放形成跨 ER 膜通道，新生肽链 N 端信号肽即插入此孔道，肽链边合成边进入内质网腔。

Ⅴ. 内质网膜的内侧面存在信号肽酶，通常在多肽链合成 80%以上时，将信号肽段切下，肽链本身继续增长，直至合成终止。

Ⅵ. 多肽链合成完毕，全部进入内质网腔中。内质网腔 Hsp70 消耗 ATP，促进肽链折叠成功能构象，然后输送到高尔基体，并在此继续加工后储存于分泌小泡，最后将分泌蛋白排出胞外。

Ⅶ. 蛋白质合成结束，核糖体等各种成分解聚并恢复到翻译起始前的状态，再循环利用，如图 4-28 所示。

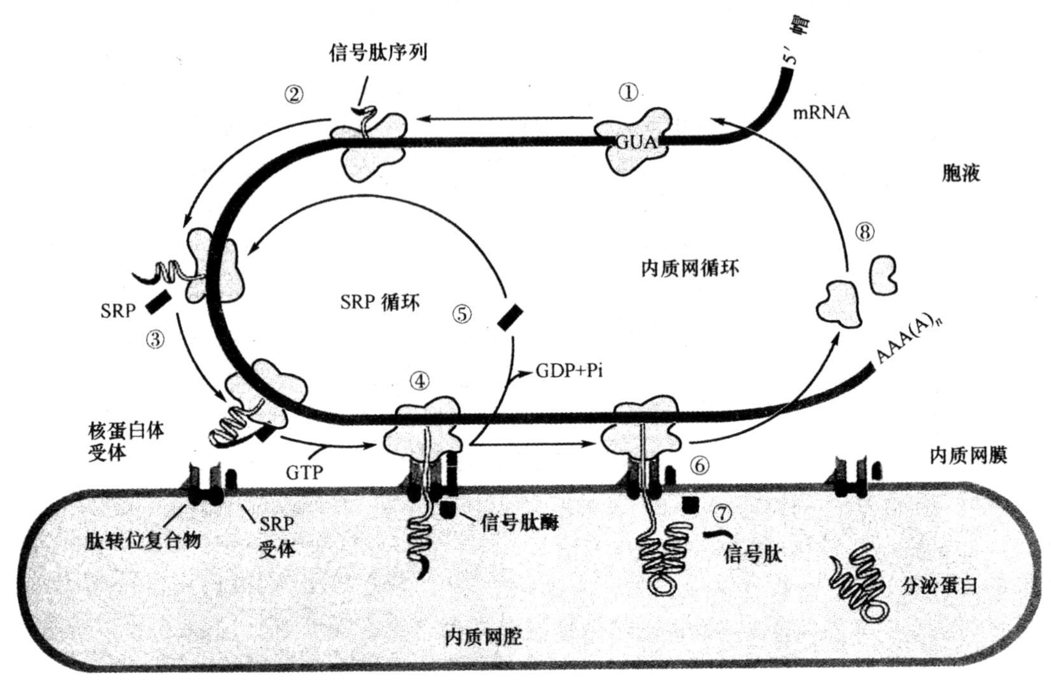

图 4-28 信号肽引导分泌性蛋白质进入内质网过程

4.6.2 线粒体蛋白的跨膜转运

线粒体蛋白的输送属于翻译后运输。90％以上的线粒体蛋白前体在胞液游离核糖体合成后输入线粒体，其中大部分定位基质，其他定位内、外膜或膜间隙。线粒体蛋白 N 端均有相应信号序列，如线粒体基质蛋白前体的 N 端含有保守的 12～30 个氨基酸残基构成的信号序列，称为前导肽。前导肽通常具有下述特性：富含带正电荷的碱性氨基酸；经常含有丝氨酸和苏氨酸；不含酸性氨基酸；有形成两性 α-螺旋的能力。

线粒体基质蛋白翻译后运转过程如下：

①前体蛋白在胞液游离核糖体上合成，并释放到细胞液中；

②细胞液中的分子伴侣 Hsp70 或线粒体输入刺激因子与前体蛋白结合，以维持这种非天然构象，并阻止它们之间的聚集；

③前体蛋白通过信号序列识别、结合线粒体外膜的受体复合物；

④再转运、穿过由线粒体外膜转运体（Tom）和内膜转运体（Tim）共同组成的跨内、外膜蛋白通道，以未折叠形式进入线粒体基质；

⑤前体蛋白的信号序列被线粒体基质中的特异蛋白水解酶切除，然后蛋白质分子自发地或在上述分子伴侣帮助下折叠形成有天然构象的功能蛋白，如图 4-29 所示。

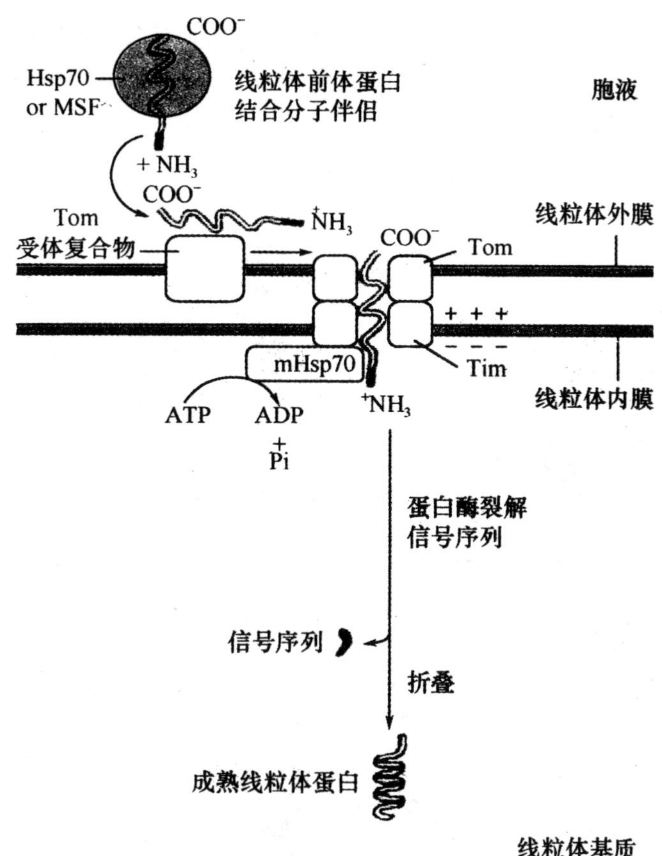

图 4-29　真核线粒体蛋白的靶向输送

4.6.3　核定位蛋白的运输机制

细胞核蛋白的输送也属于翻译后运转。所有细胞核中的蛋白，包括组蛋白及复制、转录、基因表达调控相关的酶和蛋白因子等都是在胞液游离核糖体上合成之后转运到细胞核的，且均是通过体积巨大的核孔复合体进入细胞核的。

经过研究发现，所有被输送到细胞核的蛋白质多肽链都含有一个核定位序列。与其他信号序列不同，NLS 可位于核蛋白的任何部位，不一定在 N 末端，并且 NLS 在蛋白质进核后不被切除。所以，在真核细胞有丝分裂结束核膜重建时，胞液中具有 NLS 的细胞核蛋白可被重新导入核内。

蛋白质向核内输送过程需要几种循环于核质和胞质的蛋白质因子，包括 α、β 核输入因子(nuclear importin)和一种相对分子质量较小的 GTP 酶(Ran 蛋白)。三种蛋白质组成的复合物停靠在核孔处，α、β 核输入因子组成的异二聚体可作为胞核蛋白受体，与 NLS 结合的是 α 亚基。下述为核蛋白转运过程：

①核蛋白在胞液游离核糖体上合成，并释放到细胞液中；

②蛋白质通过 NLS 识别结合 α、β 输入因子二聚体形成复合物，并被导向核孔复合体；

③依靠 Ran GTP 酶水解 GTP 释能，将核蛋白-输入因子复合物跨核孔转运入核基质；

④转位中，β 和 α 输入因子先后从复合物中解离，胞核蛋白定位于细胞核内。α、β 输入因子移出核孔再循环利用，如图 4-30 所示。

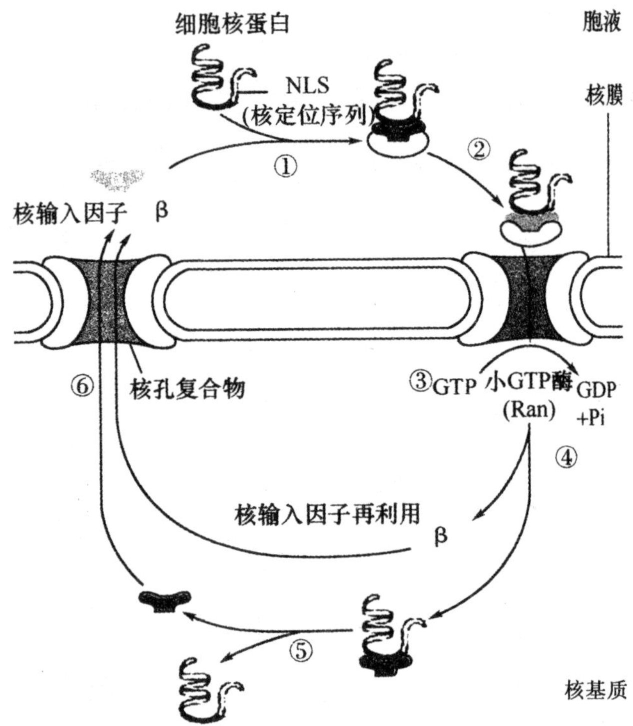

图 4-30 细胞核蛋白的靶向输送

第 5 章　基因表达调控

5.1　基因表达调控概述

5.1.1　基因表达与基因表达调控

基因表达是指储存遗传信息的基因经过一系列步骤表现出其生物学功能的整个过程。典型的基因表达是指基因组上结构基因所携带的遗传信息经过转录和翻译转变成蛋白质的过程，即从 DNA 到 RNA 再到蛋白质。然而，有些基因经过转录后即可发挥生物学功能，例如，rRNA、tRNA 及微小 RNA（microRNA）等，这也是基因表达。因此，基因表达是指基因经过转录或翻译表现其生物学功能的过程（图 5-1）。基因表达的产物包括蛋白质、rRNA、tRNA 和 snRNA 等。基因表达过程体现了遗传中心法则，即遗传信息从 DNA 到蛋白质的流向，揭示了 DNA 与蛋白质、基因型与表型、遗传与代谢的关系。

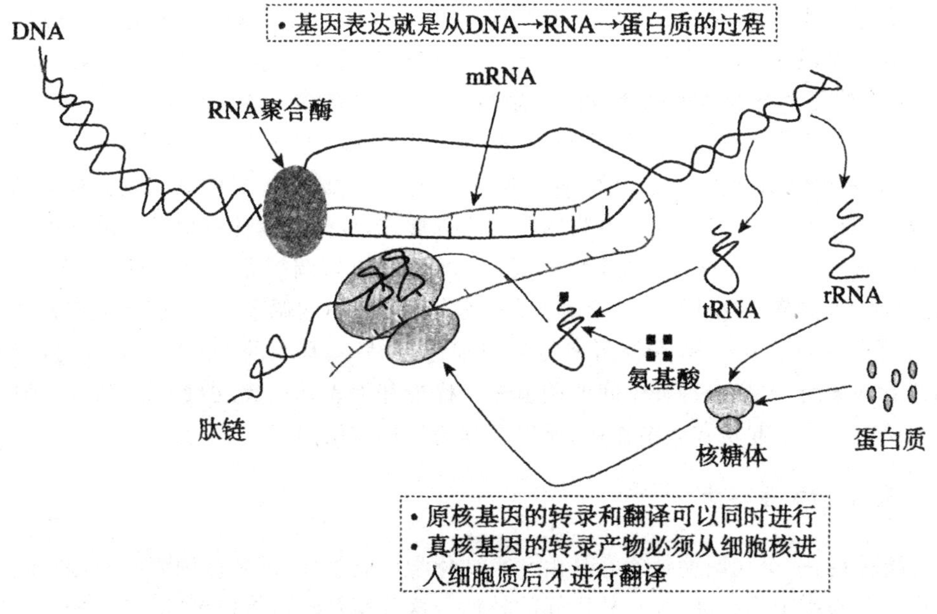

图 5-1　基因表达的基本过程

不同生物的基因组所含的基因数量不同。在不同时期或生长阶段，基因组中只有一小部分基因进行表达。如单细胞的细菌，在特定环境刺激下，仅有 5%左右的基因处于高表达状态，其余大多数基因不表达或低表达。多细胞生物基因的表达更为复杂，大多数基因严格按照一定的时间顺序开启或关闭。基因表达调控实际上就是基因表达过程中的调节。基因表达调控在生物体适应环境，维持自身增殖、分化和个体发育等方面具有重要的生物学意义。基因表达异常或者失控往往导致某些疾病的发生和发展。

5.1.2 基因表达调控的方式

基因表达调控的方式决定基因表达的特异性。一种生物的每一个细胞内都含有该生物的全套基因，但细胞并不是同时表达全套基因，而是有规律地选择基因并适度表达，在不同时期都只有一部分基因表达。某些决定细胞分化的基因仅在特定时期、在一部分细胞内表达，以满足细胞分化的需要。

5.1.2.1 组成性表达

某些基因在生命活动的全过程中都是必需的，且在一个生物个体的几乎所有细胞内都持续表达，这类基因通常称为管家基因。例如，三羧酸循环是一个基础代谢途径，催化该途径各反应的酶的基因就属于管家基因。管家基因较少受环境因素影响，在个体的各生长阶段或几乎全部组织中持续表达，变化相对较小。管家基因的这种表达方式称为组成性表达。值得注意的是，管家基因的表达水平不是永不变动的，而是说其变化相对较小。

5.1.2.2 诱导表达和阻抑表达

除管家基因外，其他基因的表达极易受环境变化影响。有些基因的表达受环境信号的刺激而开放或增强，基因表达产物水平升高，这一过程称为诱导表达。例如，当DNA损伤时，细菌编码DNA修复系统的基因就会被诱导激活，表达产物增多，修复能力增强。相反，有些基因的表达受环境信号的刺激而关闭或减弱，基因表达产物水平下降，这一过程称为阻抑表达。例如，当培养基中色氨酸供应充足时，细菌编码与色氨酸合成有关酶的基因就会被抑制。诱导和阻抑普遍存在于生物界，是同一事物的两种表现形式，也是生物体适应环境的基本途径。

诱导表达和阻抑表达都是通过调控蛋白的作用，如果调控蛋白特异识别、结合自身的DNA调节序列，调节自身基因的开启和关闭，是一种分子内的调节方式，这种调控方式称为基因表达的顺式(cis)调节；如果调控蛋白特异识别、结合另一基因的DNA调节序列，调节另一基因的开启和关闭，这样一种分子间的调节方式称为基因表达的反式(trans)调节。绝大多数真核转录调控蛋白都起反式调节作用，所以又称为反式作用因子。

5.1.2.3 协调表达

在生物体内，一个代谢途径通常是由一系列化学反应组成，需要多种酶参与，此外，还需要很多蛋白质参与作用物在细胞内、外区间的转运。这些酶及转运蛋白等编码基因被统一调节，使参与同一代谢途径的所有蛋白质分子比例适当，以确保代谢途径有条不紊地进行。在一定机制控制下，功能上相关的一组基因，无论其为何种表达方式，均需协调一致，共同表达，即为协调表达。这种调节称为协调调节。

5.1.3　基因表达调控的生理意义

基因表达调控的根本目的在于适应环境，使细胞能够生长、分裂、分化、凋亡，个体能够生存、生长、发育、繁殖、衰老。

5.1.3.1　适应性调控

单细胞生物调控基因表达就是为了适应环境，维持细胞生长和细胞分裂。高等生物也普遍存在适应性表达调控，通过调控基因表达可以改变酶与调节蛋白的水平，从而调节代谢，适应环境变化。

5.1.3.2　程序性调控

细胞增殖、细胞分化和细胞凋亡等决定着个体的生长、发育和衰老。在多细胞生物生长发育的不同阶段，细胞内蛋白质的种类和水平差异很大；即使在同一生长发育阶段，蛋白质在不同组织器官内的水平也存在很大差异，这些差异是基因表达调控的结果。高等哺乳动物细胞的分化和各种组织器官的发育都是由相应的基因控制的，一旦某种基因发生突变或表达异常，就会导致相应组织器官的发育异常。

5.1.4　基因表达调控的基本规律

5.1.4.1　时间特异性和空间特异性

基因表达的时间特异性，是指根据功能需要，特定基因的表达严格按时间顺序发生。主要表现为：不同基因在生命的同一生长发育阶段的表达是不一样的；同一基因在生命的不同生长发育阶段的表达是不一样的；同一基因在不同个体同一生长发育阶段的表达是一样的。因此，噬菌体、病毒和细菌感染宿主细胞后呈现一定的感染阶段，随着感染阶段的发展和生长环境的变化，有些基因开启，有些基因关闭；在多细胞生物从受精卵到组织、器官形成的各个发育阶段，相应基因也严格按照一定的时间顺序开启或关闭。基因表达的时间特异性与分化、发育阶段相一致，因此也称为阶段特异性。

基因表达的空间特异性多细胞生物个体的基因表达具有空间特异性，指在个体生长过程中，特定基因表达随着不同组织空间顺序出现。主要表现为：在同一生长发育阶段，不同基因在同一组织器官的表达是不一样的，同一基因在不同组织器官的表达也是不一样的，而同一基因在不同个体的同一组织器官的表达则是一样的。基因表达的空间特异性实际上是由细胞在器官的分布决定，所以又称为细胞特异性或组织特异性。

在多细胞生物个体发育、生长的某一阶段，同一基因产物在不同的组织器官表达量是不一样的；在同一生长阶段，不同的基因表达产物在不同的组织、器官分布也不完全相同。

5.1.4.2 正调控和负调控

根据调控的效果可将基因表达的调控模式分为正调控和负调控。若是在转录水平的调控，这两种调控模式一般都涉及特定的调节蛋白与DNA特定序列之间的相互作用。一般将与调节蛋白结合的特定DNA序列称为顺式作用元件，而对于原核生物来说，这样的顺式作用元件经常被称为操纵基因。

正调控是指调节蛋白与特异DNA序列结合，促进了基因的转录。负调控是指调节蛋白与特异DNA序列结合，抑制了基因的转录。负调控中的调节蛋白被称为阻遏蛋白，正调控中的调节蛋白被称为激活蛋白。负调控通过阻遏蛋白阻止基因的表达，正调控通过激活蛋白激活基因的表达。在原核生物中，正调控和负调控使用的频率大致相等，但典型的原核基因转录以负调控方式为主，这与原核生物染色体的结构有关。真核基因的RNA聚合酶不能在启动子处单独开始转录，调控蛋白在启动子附近有结合位点，调控蛋白的结合使RNA聚合酶起始转录，因此，真核基因表达调控的方式主要是正调控。

5.1.4.3 基因表达调控的多层次性

从理论上来说，遗传信息传递过程的任何环节都是基因表达的调控环节，包括基因活化、转录起始、转录后加工与转运、翻译与翻译后加工及蛋白质降解等，均为基因表达调控的控制点。基因活化是通过DNA碱基的暴露使RNA聚合酶能与之有效结合，活化状态的基因表现为基因对核酸酶作用敏感，基因结合有非组蛋白及修饰的组蛋白，并呈现低甲基化状态。转录起始是基因表达调控的最有效环节，主要通过调控蛋白与DNA调控序列相互作用来调控基因转录。转录后加工与转运，通过RNA编辑、剪接、转运调控基因的表达。翻译与翻译后加工，通过特异的蛋白因子阻断mRNA翻译，翻译后对蛋白的加工、修饰也是基本调控环节。

5.2 原核生物基因表达调控

生物体内每个细胞都含有该物种的一整套基因，但是，这些基因并不是同时都表达。原核生物能够根据环境的变化，开启或关闭某些基因，以便迅速合成它所需要的蛋白质，停止合成它不需要的蛋白质。生物体内的基因之所以能够有序地表达，是因为细胞内存在着基因表达的调控机制，这种调控机制是生物体所不可缺少的。研究原核生物基因表达的调控，不仅对于掌握其生命活动的规律有重要意义，而且有助于在生产领域更有效地应用相关的原核生物，在医疗领域更好地预防和治疗疾病，还有助于更好地利用原核生物表达目的基因。

5.2.1 DNA水平的调控

5.2.1.1 细菌DNA重排对基因表达的影响

在某些细菌中，特定基因的表达与基因组内DNA重排有关。DNA重组可以改变调控基因特异核苷酸序列的方向，成为调控原核生物基因表达的一种方式。例如，鼠的伤寒沙门菌是由许多相同的鞭毛蛋白亚基装配而成，构成沙门菌鞭毛的蛋白质有 *fljB* 和 *fljC* 两种。沙门氏菌含有两个不同的结构基因 *fljB* 和 *fljC*，*fljC* 基因表达则产生 *fljC* 型鞭毛蛋白，这时细菌就处于Ⅰ相；若是 *fljB* 基因表达就产生 *fljB* 鞭毛蛋白，细菌处于Ⅱ相。处于Ⅰ相的细菌生长时，其中少数细菌以 1 次/1 000 次分裂的频率而自发转变为Ⅱ相细菌；处于Ⅱ相的细菌也以同样的频率转变为Ⅰ相细菌，这一过程称为相变。相变的机制是什么呢？

研究表明，*fljB* 和 *fljC* 表达的相变与 DNA 重组有关，改变了调节 *fljB* 基因表达的核苷酸序列的方向(图 5-2)。*fljB* 基因与 *fljA* 基因紧密连锁，同属于一个操纵子，并协同表达。相变的控制取决于含 *fljB* 基因和 *fljA* 基因操纵子的启动基因所处的状态。*fljA* 编码 *fljC* 基因的阻遏蛋白，当 *fljB* 基因与 *fljA* 基因表达时，由于 *Flj*A 阻遏物阻止了 *fljC* 基因的表达，就只合成 *Flj*B 鞭毛蛋白。若 *fljB* 基因与 *fljA* 基因被关闭不表达，这时 *fljC* 基因便表达，合成 *Flj*C 鞭毛蛋白。含有启动基因在内的上游 DNA 长 995 核苷酸对，两边各有一段长 14 核苷酸对的不完全反向重复，即 IRL 和 IRR。*fljB* 基因的转录起始位点开始于 *hix* 右边的第 17 核苷酸对处，*hix* 和 *fljB* 启动子之间的序列含有基因 *hin*，它的产物是 Hin 重组酶，可催化这段 995 核苷酸对序列发生倒位。在倒位前，*fljB* 转录的启动子可使 *fljB* 基因与 *fljA* 基因表达，于是细胞处于Ⅱ相。当发生倒位以后，这个启动子便被移到序列的另一方，且方向改为朝左，*fljB* 基因与 *fljA* 基因表达失去启动子而失活，这时细胞内没有 *FljA* 阻遏蛋白，因而 *fljC* 基因表达，细胞转变成Ⅰ相。一旦这段 DNA 倒位恢复原状，细胞又将转变为Ⅱ相。

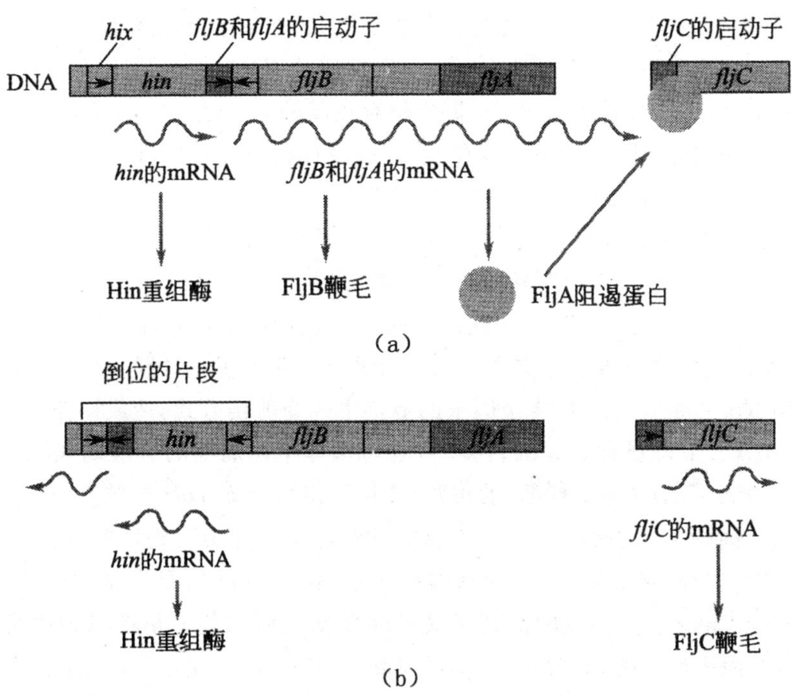

图 5-2　鼠伤寒门始菌相变的分子机制

因此，这一过程中没有任何信息的丢失，只是特异的 DNA 序列发生了重组，引起相变的原因是 *fljB* 和 *fljC* 基因选择性的表达。

5.2.1.2　σ 因子控制的转录时序

在所有的调控方式中，基因表达关闭得越早，就越不会浪费在合成不必要的 mRNA 和蛋白质上，因此调控其表达开关的关键机制主要发生在转录的起始。

(1)*E. coli* 的热休克基因。真核生物或原核生物当经历温度升高或其他环境变化时，就进行一次称为热休克反应的抵御以减小损伤。它们开始产生一类分子伴侣的蛋白质，结合到因加热而局部折叠的蛋白质上，帮助这些蛋白质再正确地折叠。它们还产生一些蛋白酶，降解那些折叠得不好的以致于不能重新折叠的蛋白质。

E. coli 细胞从正常生长温度(37 ℃)被加热到 42 ℃之后，立即停止或降低正常的转录，开始合成约 17 种新的热休克转录产物。这些转录产物可以编码帮助细胞逃过难关的分子伴侣和蛋白酶类。转录从正常基因转移到热休克基因，需要基因 htpR 的产物，后者编码了一种分子量为 32 kD 的 σ 因子。因此称它为 σ^{32}，也称为 σ^{H}，其 H 表示热休克。σ^{H} 实际上是一种 σ 因子。把 σ^{H} 同原核的 RNA 聚合酶核心酶重新组合，可以证明这种混合的 RNA 聚合酶能离体转录各种热休克基因。

σ 因子直接参与 RNA 聚合酶对 DNA 的识别。*E. coli* 大多数启动子由 σ^{70} 参与识别。如果基因的启动子序列与共同序列不是非常吻合，除了 σ^{70} 之外，RNA 聚合酶还需要结合 DNA 的活化因子来帮助转录有效地起始，这些活化因子使 RNA 聚合酶有效地结合于启动子，形成开放复合物，从而启动转录。在转录开始后，σ^{70} 自发地从 RNA 聚合酶上解离 RNA 聚合酶结合另一个蛋白 NusA。σ^{70} 对游离的 RNA 聚合酶有较高的亲和性，NusA 更倾向于结合到正在延伸的 RNA 聚合酶上，所以出现因子 σ 和 NusA 蛋白两者之间周期性偶联和解联，最后它们构成了细菌转录的循环，成为转录调节的一个部分。

当热休克时，新的 σ^{32} 替代正常的 σ^{70}。变更 σ 因子对细菌基因表达有很大影响。σ^{32} 的量尽管很少，还是会引起 RNA 聚合酶转录特性改变，在一套新的基因启动子上开始转录。热休克时期被转录的基因依赖于 σ^{32} 和 σ^{70} 之间的平衡。σ^{32} 增加的信号是部分变性的去折叠蛋白质的积累。在真核细胞中也发现热休克产生的去折叠蛋白激活了一种膜蛋白。后者是一种核酸内切酶，能切断 RNA，最终在一种转录因子的剪接中改变剪接方式，造成调控蛋白的变化。

(2)*B. subtilis* 及其噬菌体转录的转换。σ 在噬菌体生命周期的裂解期和溶源期的转换中表现最为明显。*B. subtilis*(枯草杆菌)的正常 σ 因子(相当于 *E. coli* 中的 δ^{70})称为 σ^{43}，它能识别 δ^{70} 所识别的共同顺序。在噬菌体 SP01 感染枯草杆菌时即会出现新的 σ 因子。SP01 的感染周期一般可分为三期：感染初期，早期基因被转录；4～5 min 后早期基因转录停止，中期基因开始转录；8～12 min 后中期基因的转录又被晚期基因所取代。早期基因由宿主菌的全酶转录，故仍用 σ^{43}，而中期及晚期基因转录则需要新 σ^{28} 和 σ^{34} 因子来取代原来的 σ^{43}。

B. subtilis 在其芽孢形成细胞中也产生新的 σ 因子，在芽孢形成期开始时 σ^{43} 即被 σ^{37} 所取代，在 σ^{37} 的指导下，RNA 聚合酶即能转录第一组芽孢形成基因。这种替代并不完全，而且被替代下的 σ^{43} 也未完全被灭活。大约还有 10％的核心酶仍和 σ^{43} 相结合，所以可能还有某些营

养型酶在芽孢形成时仍存在于细胞中。在营养型细胞中至少还存在另一种 σ 因子——σ^{32}。它在芽孢形成早期出现活性，指导某些启动子起始转录，然而含量极少，不到 1%。在芽孢形成开始后 4 h，σ^{29} 即开始出现，它指导另一组新基因的转录。σ^{29} 在营养型细胞中不存在，故可能是芽孢形成基因在 σ^{37} 转录下的表达产物。在营养型细胞中还有一种 σ^{28}，它的量不多，仅代表 RNA 聚合酶总活性的一小部分，而在芽孢形成开始时即失活。然而奇怪的是，在某些芽孢形成缺陷的突变株中，σ^{28} 不具有活性。所以有人认为，σ^{28} 的活化表示营养耗竭。在 *B. subtilis* 中至少发现有 7 种不同的 σ 因子，它们可以识别不同的启动子顺序。

5.2.2　转录水平的调控

转录调控的分子机制可以分为正调控和负调控两种主要类型。在正调控系统中，激活蛋白与基因的调控区结合促进转录（图 5-3）。有时激活蛋白需要与一种信号分子结合才有活性，除去信号分子，激活蛋白便不能与调控区结合促进转录[图 5-3(a)]。在负调控系统中，调节蛋白与基因的调控区结合抑制转录，这时，调控蛋白被称为阻遏蛋白[图 5-3(b)]。在某些情况下，阻遏蛋白能单独抑制转录的发生，要解除它对转录的抑制作用需要一种诱导物。在另外一情况下，阻遏蛋白自身不能抑制转录的发生，它需要与一种信号分子构成一种复合体，才能与调控区结合发挥抑制转录的作用。

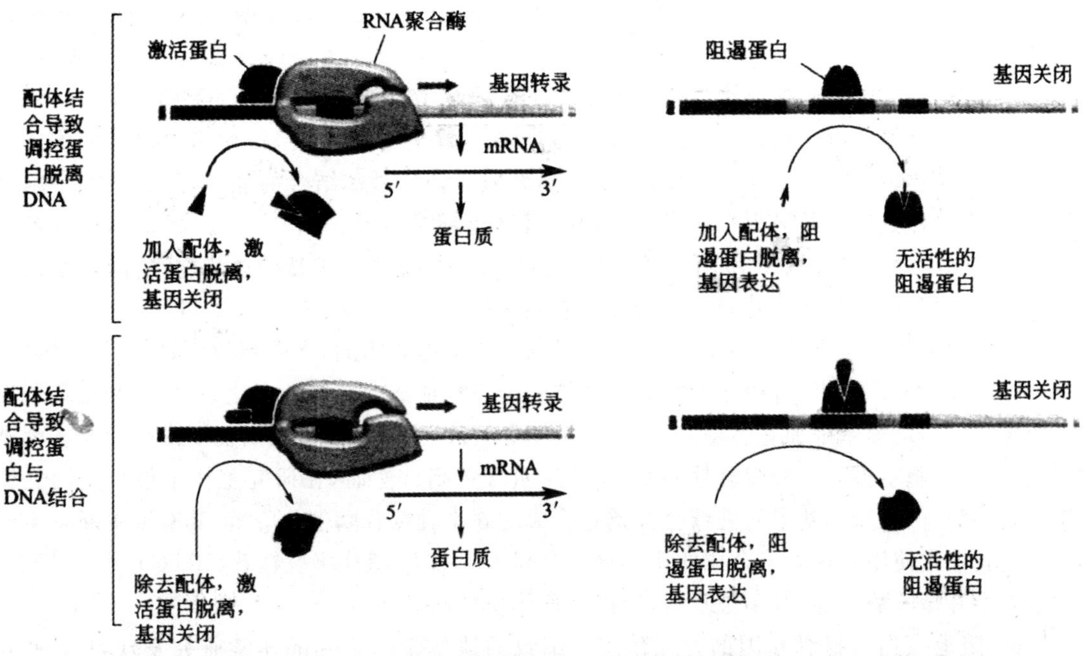

图 5-3　正调控与负调控

在细菌中，同一代谢途径中顺序起作用的一组酶的合成常常受到协同调控，它们的编码基因要么同时表达，要么同时关闭。发生协同调控的原因是酶的编码基因被组织成一个转录单位，转录成一条多顺反子 mRNA(polycistronic mRNA)，所以它们受到同样的调控，一开俱开，一关全关。在真核生物中不存在这种调控方式，因为真核生物的 mRNA 通常是单顺反子。

5.2.2.1 转录的起始调控

(1)乳糖操纵子。乳糖操纵子属于诱导型操纵子，其天然的诱导物是乳糖的异构体——别乳糖，一个操纵子的所有结构基因均由同一启动子起始转录并受到相同调控元件的调节，所以从结构上可以把它们看作一个整体。

乳糖操纵子具有三个与乳糖代谢有关的基因：*lacZ* 编码 β-半乳糖苷酶，它可将乳糖水解为半乳糖和葡萄糖，除此之外，还能催化很少一部分乳糖异构化为异乳糖。*lacY* 编码乳糖透过酶，该蛋白插入到细胞膜中，将乳糖转运到细胞内。*lacA* 编码硫代半乳糖苷乙酰转移酶，该酶的作用是消除同时被乳糖透过酶转运到细胞内的硫代半乳糖苷对细胞造成的毒性。这三个结构基因构成一个转录单元。乳糖操纵子的调控元件包括转录激活蛋白 CRP 的结合位点、启动子 P_{lac} 和一个操纵基因 *lacO*。*lacO* 位于 P_{lac} 和 *lacZ* 基因之间，为阻遏蛋白的结合位点；*lacZ* 基因长 3 510 bp，编码大小为 135 kDa 的多肽。多肽以四聚体形式组成有活性的 β-半乳糖苷酶，催化很少一部分乳糖异构化为别乳糖，绝大多数乳糖水解为半乳糖和葡萄糖。

(2)乳糖操纵子的阻遏与诱导。当环境中有乳糖时，乳糖在痕量的透过酶的帮助下进入细胞内，受 β-半乳糖苷酶作用转变为别乳糖，而别乳糖与阻遏蛋白结合后，使阻遏蛋白的构象发生变化，四聚体解聚成无活性的单体，失去与操纵子特异性紧密结合的能力，从而解除了阻遏蛋白的作用，使其后的基因得以转录，于是利用乳糖的酶得以合成(图 5-4)。例如，β-半乳糖苷酶在细胞内的含量可增加 1 000 倍。在上述过程中，别乳糖就是天然的诱导物，与阻遏蛋白结合诱导了利用乳糖的酶的基因转录，起到去阻遏作用。

乳糖操纵子属于可诱导型操纵子，这类操纵子通常是关闭的，当受到效应物(比如乳糖)作用时被诱导开放。所以，可诱导型操纵子使细菌能很好地适应环境的变化，有效地利用环境提供的底物。当培养基中加有乳糖时，操纵子被诱导开放，合成分解乳糖所需要的酶。当乳糖被消耗完后，细胞不再需要分解乳糖的酶，操纵子重新关闭。然而，在研究工作中很少使用乳糖作为诱导剂，因为培养基中的乳糖会被诱导合成的 β-半乳糖苷酶催化降解，其浓度不断发生变化。实验室常使用一种人工合成的诱导物——异丙基-β-*D*-硫代半乳糖苷(IPTG)，由于 IPTG 不是 β-半乳糖苷酶的底物，不被降解，所以又称作安慰诱导物。

(3)阻遏蛋白与操纵基因的相互作用。细致的遗传学分析和晶体学研究发现，Lac 阻遏蛋白与操纵基因的结合比原来认识的要复杂得多，乳糖操纵子实际上含有三个阻遏蛋白结合位点，即 O_1、O_2 和 O_3(图 5-5)。O_1 与启动子部分重叠，以+11 为序列中心；O_2 位于 *lacZ* 的内部，以+412 为序列中心；O_3 位于 *lacI* 基因内部，以-82 为序列中心。这三个位点都具有双重对称的结构，其中 O_1 要比 O_2 和 O_3 的对称性更好，因此阻遏蛋白与之结合得最为牢固，称为主操纵基因。

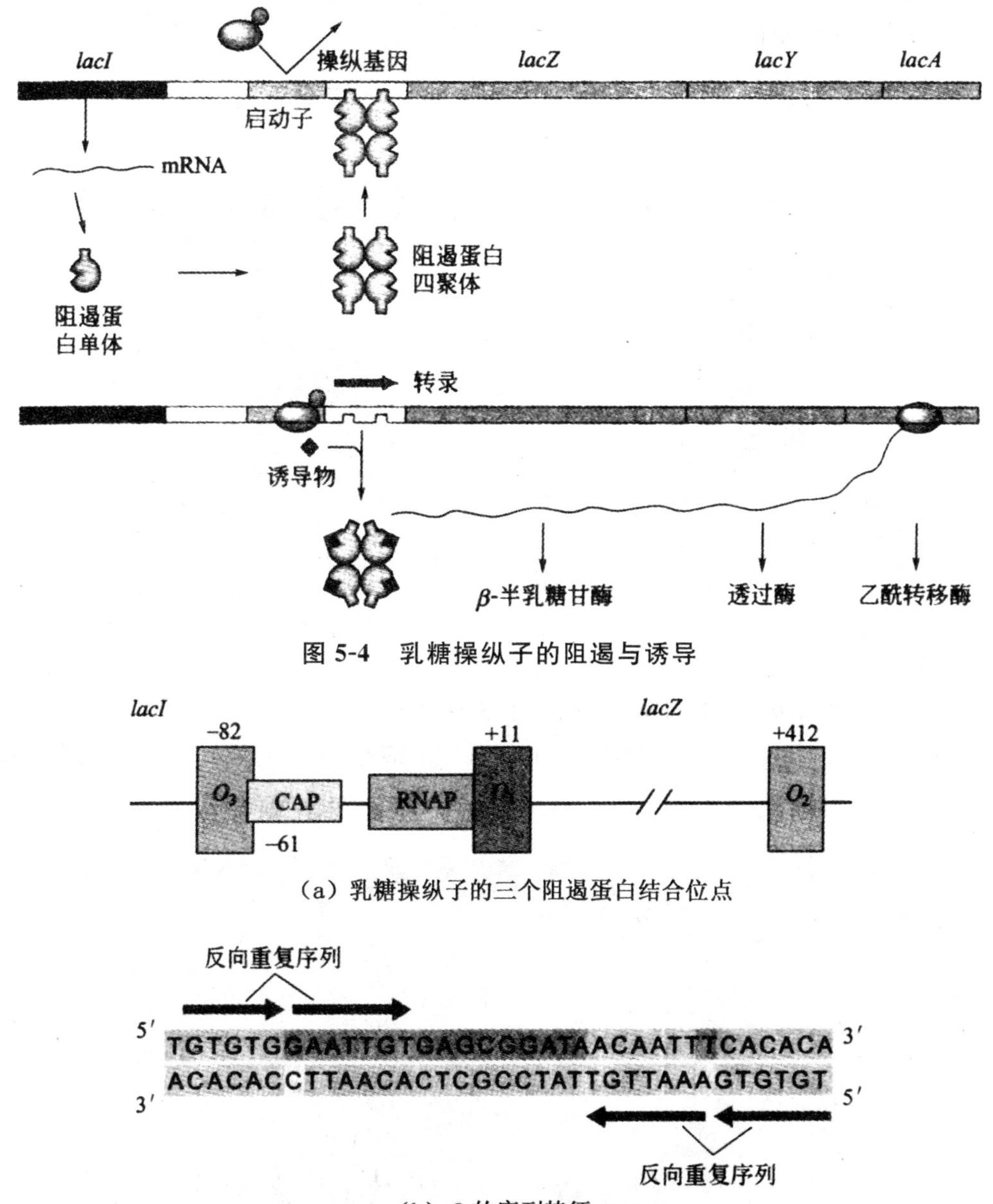

图 5-4　乳糖操纵子的阻遏与诱导

(a) 乳糖操纵子的三个阻遏蛋白结合位点

(b) O_1的序列特征

图 5-5　乳糖操纵子的阻遏蛋白结合位点

Lac 阻遏蛋白是以四聚体的形式与操纵基因结合的，每个阻遏蛋白单体形态上又分成 N 端的 DNA 结合域、蛋白质的核心结构域和 C 端螺旋三个部分，DNA 结合域和核心结构域之间为铰链区(图 5-6)。Lac 阻遏蛋白的 DNA 结合域形成一种特定的三维结构，包含一个保守的螺旋-转角-螺旋结构域，其中一个螺旋为识别螺旋，可以伸入 DNA 的大沟之中，通过其表面的氨基酸残基与碱基对边缘的化学基团相互作用，参与对 DNA 序列的识别，第二个螺旋横跨

DNA 大沟与 DNA 主链相联系。核心结构域又分为两个相似的亚结构域，在两个亚结构域之间是诱导物的结合位点。C 端螺旋负责四聚体的形成，当 4 个单体的 C 端 α-螺旋以相反的方向靠拢时就形成了四聚体。

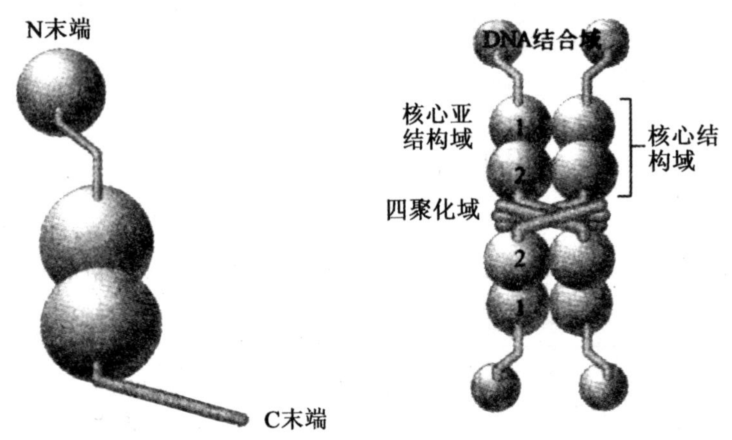

图 5-6　Lac 阻遏蛋白单体和四聚体

阻遏蛋白以二聚体的形式结合到一个由反向重复序列构成的结合位点上，每一单体与一个重复单位(半结合位点)结合。每一个阻遏蛋白二聚体结合一个操纵基因，所以四聚体阻遏蛋白结合两个操纵基因。阻遏蛋白四聚体可以同时与 O_1 和 O_3 结合，也可以同时与 O_1 和 O_2 结合，无论是哪一种情况，两个结合位点之间的 DNA 都弯曲成环(图 5-7)。如果缺乏 O_2 或 O_3，便不会达到最大的阻遏效应。

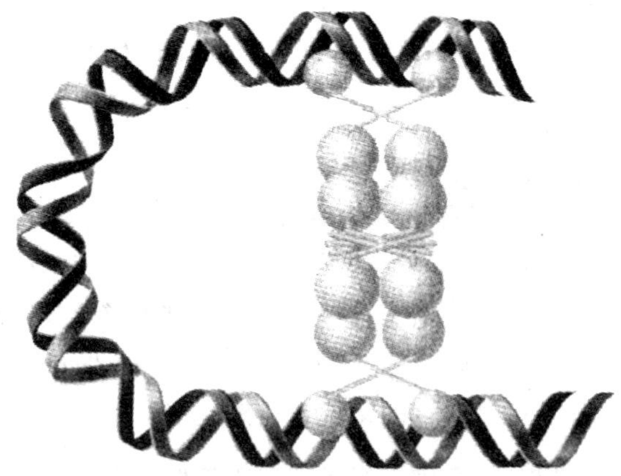

图 5-7　阻遏蛋白四聚体与 DNA 上的两个位点结合可以造成 DNA 的弯曲

5.2.2.2　转录的终止调控

(1)衰减子与前导序列。衰减子是指 DNA 中可导致转录过早终止的一段核苷酸序列，是在研究大肠杆菌的色氨酸操纵子表达衰减现象中发现的。研究发现，当 mRNA 开始合成后，除非培养基中完全不含色氨酸，否则转录总是在这个区域终止，产生一个仅有 140 个核苷酸的 RNA 分子，终止 *trp* 基因转录。这个区域被称为衰减子或弱化子。衰减子转录物中具有 4 段特殊的序列，能配对形成发夹结构，并含有两个相邻的色氨酸密码子，这是衰退调控机制的基础。

*trp*mRNA 分子一旦开始合成，在 *trp*E 开始转录前，大部分的 mRNA 分子就停止生长，这是因为导序列对操纵子调控发挥了重要作用。细菌中很多氨基酸合成的操纵子常常由一种称为衰减作用的转录终止过程来调控的，是独立于启动子—操纵基因的调控系统。衰减作用的出现是对细胞各种因素，特别是氨基酸产物可获得情况做出的反应，是基因转录与翻译之间的一种联系。

衰减调控作用涉及翻译过程、核糖体的运转以及 RNA 二级结构的转换；通过 mRNA 二级结构的转换形成转录的终止信号，使操纵子的活性处于关闭。在 *E. coli* 和其他细菌中，与色氨酸、苯丙氨酸、亮氨酸、异亮氨酸、组氨酸、苏氨酸、缬氨酸等生物合成有关的操纵子都受到衰减作用的调控。衰减作用是 RNA 聚合酶从启动子出发的转录受到衰减子的调控，也称为弱化作用。衰减作用的信号是载荷色氨酸的 tRNA 作为负调控的辅阻遏物，作用于 RNA 前导序列。

了解衰减作用的关键是对 mRNA 5′-端的序列分析，它揭示在结构基因 E 上游具有启动子—操纵基因—前导序列—衰减子区域的结构关系。mRNA 5′-端有 162 个核苷酸，称为前导序列，如图 5-8 所示：其中 139 个核苷酸序列又由 14 个氨基酸的前导肽、4 个互补区段和 1 个衰减子终点等组分构成。这个前导序列具有 5 个特点：

①前导序列某些区段富含 GC，GC 区段之间容易形成茎环二级结构，接着以 8 个 U 的寡聚区段构成一个不依赖于 ρ 因子的终止信号。在一定条件下 mRNA 合成提前终止，产生 162 个核苷酸长度的前导 RNA。

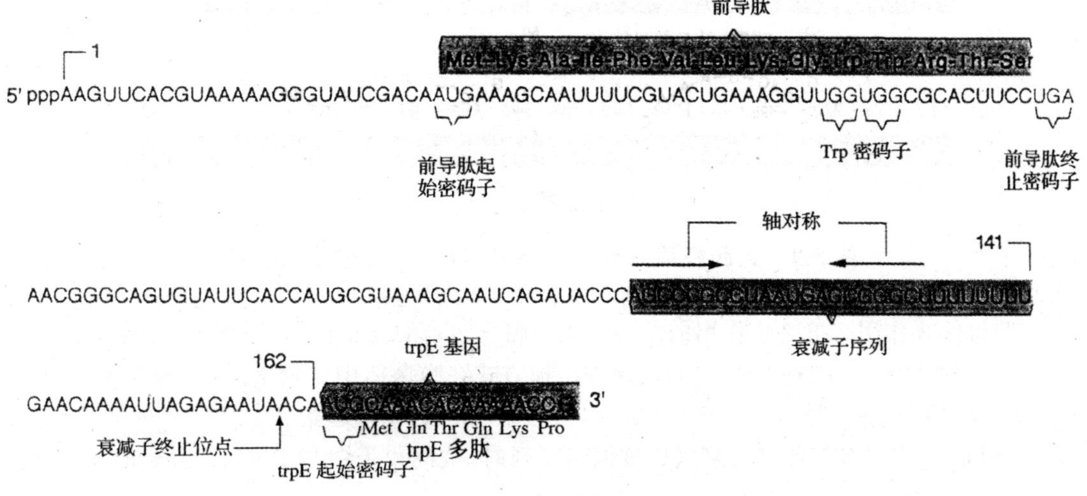

图 5-8　*try-tRNA* 的前导序列及前导肽

②由1区和2区序列构成第二个发夹结构。其中1区处于14个氨基酸的前导肽序列中。

③3区也可以与2区互补，形成另一个由2区与3区组成的发夹结构。一旦2区与3区形成二级结构，就会阻遏3区与4区之间形成发夹结构，即不形成终止信号。

④前导序列RNA中编码了一段14个氨基酸的前导肽，在前导肽的前面有5个核糖体的强右合位点，在编码序列之后有一终止密码子UGA。

⑤前导序列中并列两个色氨酸密码子。

(2)弱化作用。弱化作用是对*trp*操纵子的精细调节。当环境中的色氨酸浓度逐渐下降时，最初的反应是解除阻遏蛋白对操纵子的抑制作用，但是*trp*操纵子仍受到弱化作用的调节。当色氨酸的浓度进一步降低时，弱化作用被解除。阻遏蛋白与操纵基因结合使色氨酸操纵子的转录水平降低约70倍，弱化作用又使其下降了8～10倍，两种机制的联合作用使操纵子的转录水平下降了560～700倍。

很多氨基酸合成操纵子的表达都可以通过弱化作用调控。在这些操纵子的前导区，都存在着编码前导肽的读码框，也具有不依赖Rho因子的终止子序列。弱化作用是*his*操纵子唯一的调控机制。在*his*操纵子中，编码前导肽的序列含有7个连续的组氨酸密码子，这大大地提高了弱化作用的效率。在*phe*操纵子的前导序列中含有7个苯丙氨酸密码子，并被分成了3组(图5-9)。

Met - Lys - Ala - Ile - Phe - Val - Leu - Lys - Gly - Trp - Trp - Arg - Thr - Ser - Stop

5′ AUG-AAA-GCA-AUU-UUC-GUA-CUG-AAA-GGU-UGG-UGG-CGC-ACU-UCC-UGA 3′

(a) *trp*操纵子

Met - Lys - His - Ile - Pro - Phe - Phe - Phe - Ala - Phe - Phe - Phe - Thr - Phe - Pro - Stop

5′ AUG-AAA-CAC-AUA-CCG-UUU-UUU-UUC-GCA-UUC-UUU-UUU-ACC-UUC-CCC-UGA 3′

(b) *phe*操纵子

Met - Thr - Arg - Val - Gln - Phe - Lys - His - His - His - His - His - His - His - Pro - Asp

5′ AUG-ACA-CGC-GUU-CAA-UUU-AAA-CAC-CAC-CAU-CAU-CAC-CAU-CAU-CCU-GAC 3′

(c) *his*操纵子

图5-9 大肠杆菌*trp*、*phe*和*his*操纵子的前导肽序列

(3)抗终止作用。抗终止作用的抗终止蛋白阻止转录的终止作用，因此RNA聚合酶能够越过终止子继续转录DNA(图5-10)。这种调控方式在噬菌体中比较常见，但是在细菌中，也有几个基因的表达受到抗终止作用的调控。在受控基因的转录起始点和终止子间存在抗终止蛋白的识别序列，当RNA聚合酶抵达该识别序列时，抗终止蛋白与RNA聚合酶的相互作用改变了转录延伸复合体的性质，使其能够通读转录终止子。

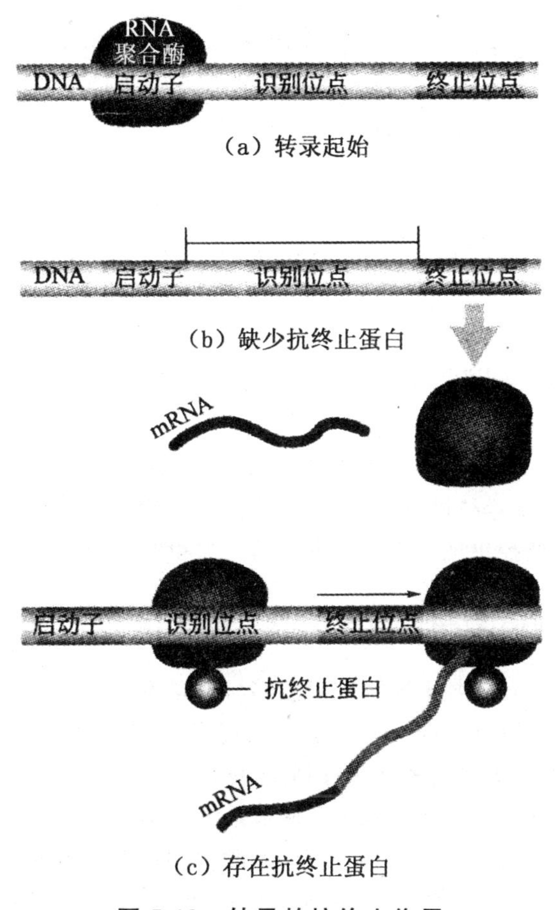

图 5-10 转录的抗终止作用

5.2.3 转录后水平的调控

5.2.3.1 RNA 干扰的影响

RNA 干扰(RNA interference)最开始发现于对反义 RNA 技术的研究中,它与反义 RNA 的作用既有联系又有一定的差别。反义 RNA 是利用完全互补的 RNA 与同源性 mRNA/DNA 杂交,封闭 mRNA/DNA,以阻断基因的表达。RNA 干扰是外源或内源性双链 RNA(dsRNA)触发同源 mRNA 的特异性降解,从而使相应基因表达沉默。因 RNA 干扰所致的基因沉默发生在转录后水平,亦称为转录后基因沉默。

5.2.3.2 RNA 编辑的影响

RNA 编辑发生在转录后的 mRNA 中,其编辑区出现碱基插入、删除或转换等变化,从而改变了初始物的编码特性。RNA 编辑同人们已知的 hnRNA 选择剪接一样,使得一个基因序列有可能产生几种不同的蛋白质。但二者也存在着明显的区别:剪接是在切除内含子后得到成熟的 mRNA,其编码信息都存在于所转录的原初基因中;经过编辑的 mRNA 其编码区所发生的碱基数量变化,改变了初始基因的编码特性,翻译生成不同于 DNA 模板规定的氨基酸序列,也就合成了不同于基因编码序列的蛋白质分子。

目前,已知的 RNA 编辑基因有两种不同情况。在哺乳动物细胞中,常常是由于 mRNA 中个别碱基替换而改变了密码子的含义,导致了蛋白质中氨基酸序列的改变;而在像锥虫线粒体的 RNA 编辑中,则是由于某些基因转录物中碱基系统地插入或删除,引起 mRNA 较广泛的改变。

5.2.4 翻译水平调控

原核生物转录水平的调控是最主要的,也是最经济、最有效的方式,但转录生成 mRNA 以后,再在翻译或翻译后水平进行微调,是对转录调控的有效补充。由于存在翻译水平的调控,使得原核生物基因表达调控更加适应生物本身的需求和外界条件的变化。

5.2.4.1 反义 RNA 对翻译的调控

E. coli 编码许多小分子调控 RNA,它们能够与不同的 mRNA 结合,从而在翻译水平上起正调控或负调控的作用。可能封闭 SD 序列,也可能释放 SD 序列。由于这些小分子通过与靶 RNA 进行碱基配对结合的方式行使功能,因此被称为反义 RNA。

细胞感应渗透压变化的体系属于双组分调节系统。*envZ* 基因编码的感应器激酶,负责感受环境中渗透压的变化。当渗透压增加时,EnvZ 激活 OmpR 的产物(一种正调节蛋白),它可以激活 OmpF 和 *mic*F 的转录,这两个基因相互连锁,但反向转录,调控区位于两个基因之间。

如图 5-11 所示,*mic*F 的产物是一条长 174 nt 的 RNA,它可以和 OmpF mRNA 上的 RBS 互补结合,形成双链区。*mic*F RNA 和 OmpF mRNA 结合后阻止其翻译。当渗透压增加时会导致 *mic*RNA 的合成,关闭 OmpF mRNA 的翻译。

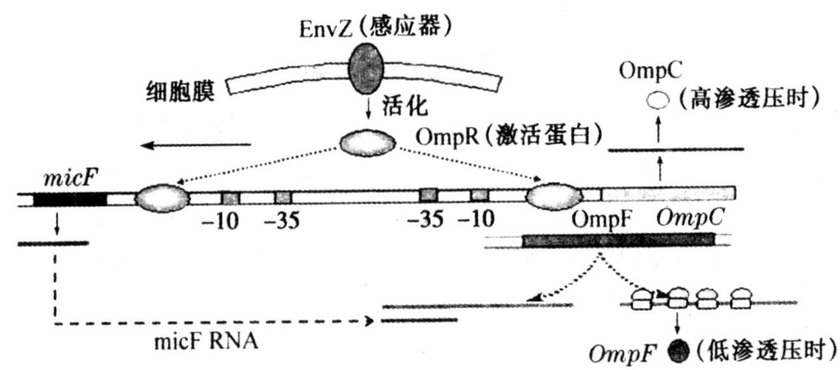

图 5-11 反义 RNA 对 OmpF 基因表达的调控

5.2.4.2　翻译水平的自体调控

翻译水平的自体调控是指一个基因的表达产物蛋白质或者 RNA 反过来控制自身基因的翻译表达。这种调控的机制即通过阻遏蛋白与 mRNA 的特定区域结合，阻止核糖体识别区以达到阻遏翻译的功能(图 5-12)。这是一种和转录调控类似的形式，在翻译水平进行调控通常是核糖体蛋白。无论编码区的起始位点是否对核糖体有利，调节分子直接或间接地决定翻译起始。自体调控的特点是每个自体调控专一，调控蛋白只作用于负责指导自身合成的 mRNA。

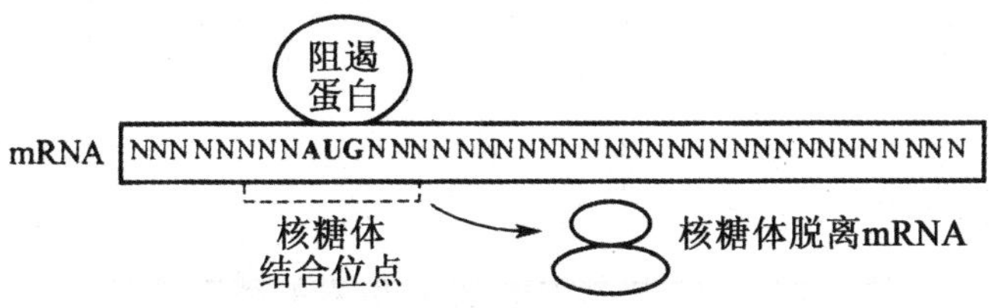

图 5-12　阻遏蛋白与核糖体结合位点结合阻遏翻译

一个典型的例子是 *E. coli* 编码核糖体蛋白质的基因分布，如图 5-13 所示。其中一半分布在紧密相邻的 4 个操纵子中，它们是 *str*、*spc*、S10 和 α，其余两个操纵子 *rif* 和 *L*11 位于其他位置上，每个操纵子都含多个基因，还可能含有非核糖体蛋白基因。*str* 操纵子包括编码核糖体小亚基的一些蛋白质以及 EF-Tu 和 EF-G 的基因；*spc* 和 *S*10 操纵子具有编码组成核糖体大亚基和小亚基的蛋白质的基因；α 操纵子中有编码组成核糖体大亚基和小亚基的蛋白质的基因，同时还具有编码 *RNA pol*α 亚基的基因；*rif* 操纵子含有编码核糖体大亚基的蛋白质及 *RNA pol* 的 β 和 β' 亚基的基因。

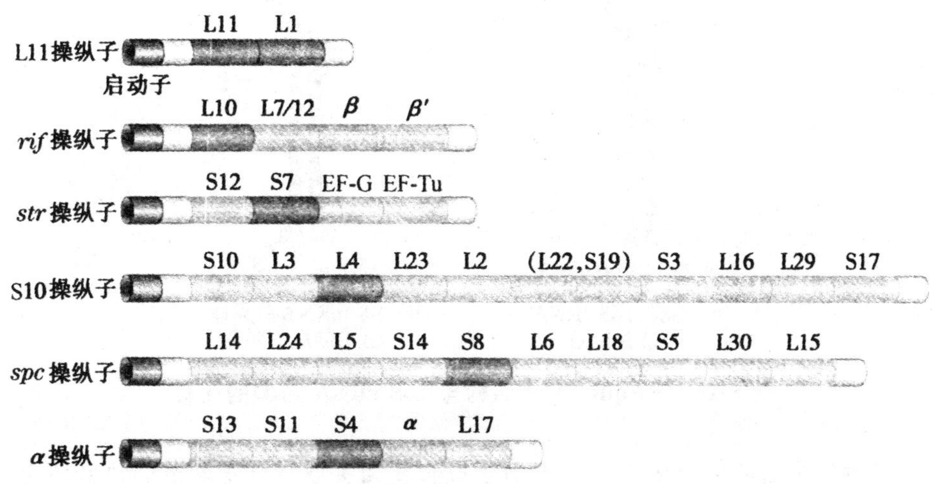

图 5-13　不同的核糖体蛋白形成的操纵子结构

对于每一个操纵子来说，一个或者两个核糖体蛋白能够与操纵子第一个基因靠近RBS的位点结合，从而阻止核糖体的结合或者核糖体沿着mRNA的移动，从而导致翻译受阻(图5-14)。

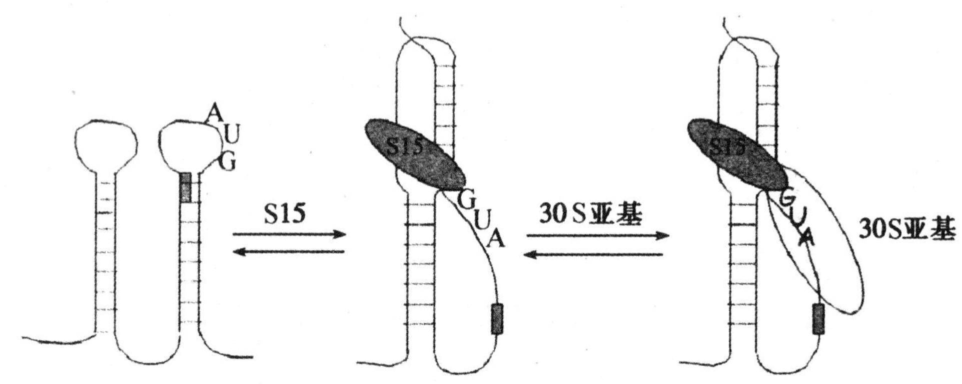

图5-14 S15与其RBS结合引发的翻译受阻

然而，一种核糖体蛋白如何既能作为核糖体的组分，又能作为自身翻译的调节物？将与这种核糖体蛋白质结合的rRNA的结构与该核糖体蛋白的mRNA结构进行比较也许能找到答案：如图5-15所示，对于S8来说，其mRNA在RBS周围的二级结构和与它结合的16S rRNA的结构十分相似。这种相似为S8与自身mRNA的结合提供了结构基础。

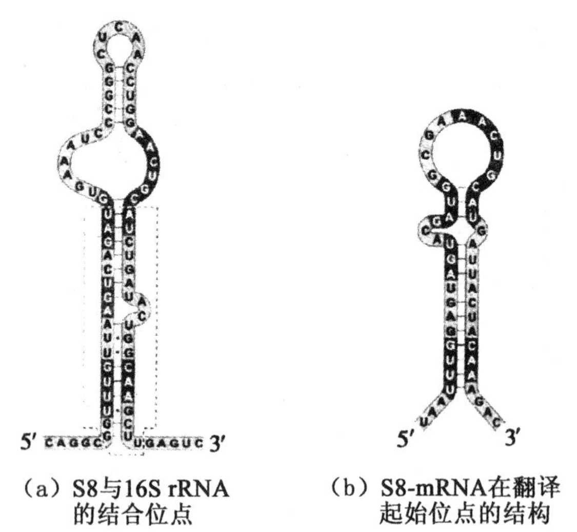

(a) S8与16S rRNA的结合位点　　(b) S8-mRNA在翻译起始位点的结构

图5-15 S8-mRNA的结构与16S rRNA结构的比较

因此，核糖体蛋白质的合成与rRNA的合成直接相关联。自身调节的核糖体蛋白质与rRNA的结合能力大于和mRNA的结合能力。因此，凡有核糖体蛋白合成出来必定首先与rRNA结合以装配成核糖体。例如，r-蛋白的合成调控rRNA的合成。由于自体调控物r-蛋白与rRNA上结合位点结合的程度比其与tuRNA上结合位点结合的程度强，所以当存在游离 rRNA 时，最新合成的 r-蛋白与 rRNA 结合开始装配核糖体。此时没有游离的 r-蛋白与 mRNA 结合，mRNA 的翻译继续。一旦 rRNA 合成减慢或停止，游离 r-蛋白富集，就能与它们的 mRNA 结合，阻止其继续翻译。这一回路保证了每一个 r-蛋白操纵子反应同样水平的 rRNA。只要相对于 rRNA 有多余的 r-蛋白，r-蛋白的合成就会被阻止(图 5-16)。然而操纵子中另外的蛋白质则可按照其自身需要的速度合成，而不受核糖体蛋白质翻译的束缚，这就使同一操纵子中的不同蛋白质以不同的水平适应于细胞的生长速度。

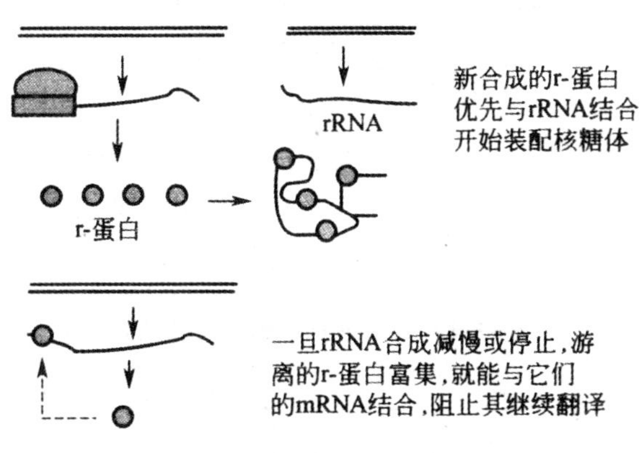

图 5-16　mRNA 合成的自体调控

5.2.4.3　严谨反应

细菌在饥饿条件下生长，特别是缺乏氨基酸时，将关闭大部分的代谢活动，主要表现是 rRNA 和 tRNA 合成大量减少(10～20 倍)，使 RNA 的总量下降到正常水平的 5%～10%，部分种类的 mRNA 减少，mRNA 总合成量减少约 3 倍，而蛋白质降解的速度增加称为严谨反应。严谨反应是细菌抵御不良条件，保存自己的一种机制。

细胞缺乏任何一种氨基酸，或引起任何一种氨酰-tRNA 合成酶失活的突变都能导致应急反应，产生 ppGpp，可在很大范围内做出应急反应，如抑制核糖体和其他大分子的合成，活化某些氨基酸操纵子的转录表达，抑制与氨基酸运转无关的转运系统，活化蛋白水解酶等。整个应急反应的触发器是位于核糖体 A 位点上的未装载氨基酸的 tRNA(空载 tRNA)。正常情况下，由 EF-Tu 将氨酰-tRNA 放在核糖体 A 点上，但是当缺乏相应的氨酰-tRNA 时，空载 tRNA 占据这个空位，核糖体上的蛋白质合成被阻断，引发空转反应。

通过空转反应，细胞能合成两种特殊的核苷酸(ppGpp 和 pppGpp)，再由它们诱导严谨反应。这两种核苷酸最初因其电泳的迁移率和一般的核苷酸不同，被称为“魔斑Ⅰ”和“魔斑Ⅱ”。后来发现魔斑Ⅰ是 ppGpp，魔斑Ⅱ便是 pppGpp。

空转反应受 RelA 催化，RelA 又称为严谨因子。RelA 催化 ATP 将焦磷酸加到另一个 GTP 或 GDP 的 3′-OH 上，产生 ppGpp 和 pppGpp。ppGpp 通常是严谨反应的效应物。但因为用 GTP 作为底物的频率更高，所以通常 pppGpp 的产生占优势，再由 pppGpp 通过去磷酸化转变成 ppGpp。(p)ppGpp 合成引起空载 tRNA 从 A 位点释放(图 5-17)。

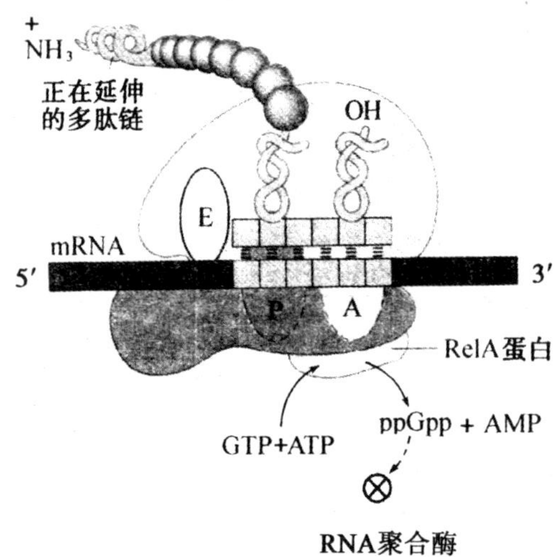

图 5-17 严谨反应的分子机制

5.3 真核生物基因表达调控

真核生物和原核生物，在基因表达调控上存在着很大差别，这是由两者基本生活方式的不同决定的。真核基因表达调控可分为两大类：一是瞬时调控，或称可逆性调控，相当于原核生物基因对环境变化所做出的反应，例如，细胞周期中不同阶段酶活性的调节；二是发育调控，或称为不可逆调控，是真核基因调控的特征所在，决定了真核生物生长、分化和发育的全部进程。

5.3.1 DNA 水平的调控

DNA 水平调控的本质是改变 DNA 和染色体的结构，这种调控稳定持久。

5.3.1.1 染色体结构改变

染色体由 DNA 与组蛋白、非组蛋白、少量 RNA 等结合而形成。

(1)组蛋白与 DNA 的结合与解离是真核生物基因表达调控的主要环节之一。组蛋白是碱性蛋白，其赖氨酸和精氨酸含量达 25%。组蛋白 N 端保守的丝氨酸的磷酸化及赖氨酸和精氨酸的乙酰化均使组蛋白所带正电荷减少，从而降低组蛋白与 DNA 的亲和力，解除其对基因表达的抑制。

(2)染色体的活化状态是基因激活的前提。染色体有两种状态：活化状态和异染色质化状态。染色质活化时，基因组 DNA 与组蛋白的结合变得相对松散，从而有利于双链 DNA 解链和转录因子结合，促进基因的转录；而异染色质化状态时，染色质凝集形成致密结构，不利于双链 DNA 解链，也排斥转录因子，因此抑制基因的转录。可见，基因的转录伴随着染色质结构的动态变化，核小体结构为染色质结构提供了便利，改变核小体在基因启动子区的排列就可增加启动子的可接近性。基因活化蛋白主要通过启动组蛋白的乙酰化修饰和核小体重塑等途径活化相关基因转录调控区染色质的结构，促进基因转录起始(图 5-18)。

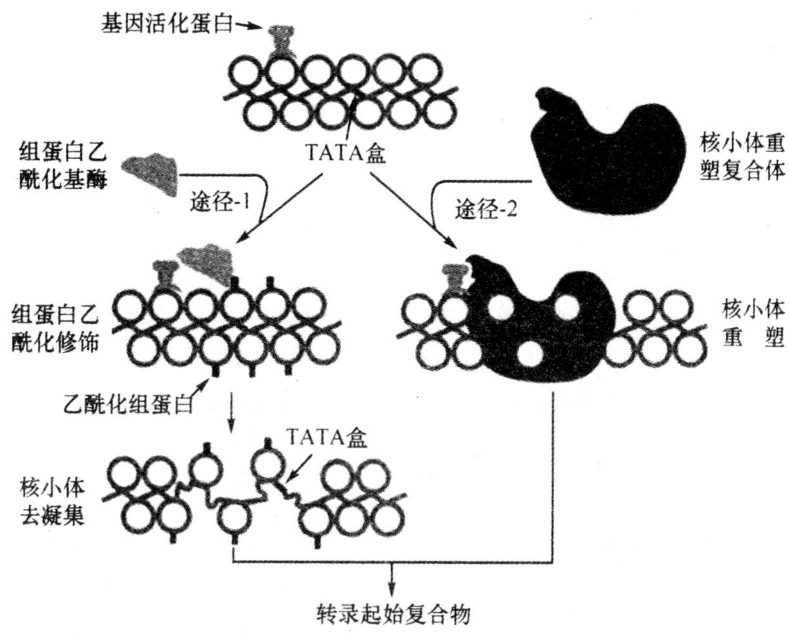

图 5-18　组蛋白的乙酰化修饰与核小体重塑

5.3.1.2　DNA 甲基化

真核生物 DNA 的碱基可以被甲基化，而且甲基化程度与基因表达呈负相关，即甲基化程度低或不甲基化的基因表达效率高，而甲基化程度高的基因表达效率低。激素或致癌物可以作用于低表达基因的调控序列，使其脱甲基，从而激活基因。DNA 甲基化主要是特定 GC 序列中的胞嘧啶被甲基化，形成 5-甲基胞嘧啶；另有少量腺嘌呤也被甲基化，形成 N^6-甲基腺嘌呤。甲基化调控基因表达的机制是改变染色体结构、DNA 构象、DNA 稳定性以及 DNA 与蛋白质的相互作用方式。

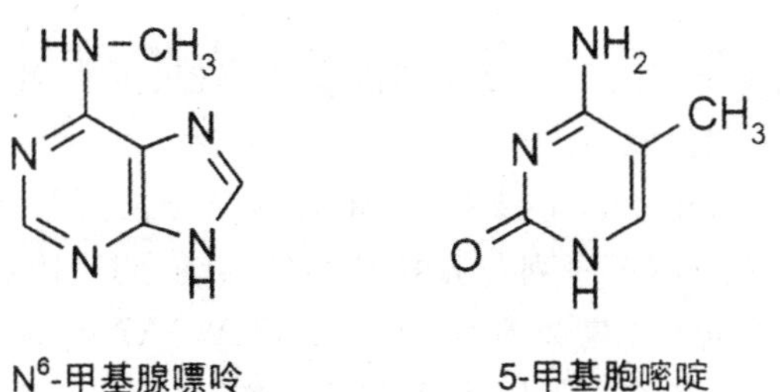

5.3.1.3 基因重排

基因重排是指基因片段相互换位，组合成新的基因表达单位。基因重排不仅可以形成新的基因，还可以调控基因表达。B细胞免疫球蛋白(Ig)基因重排就是Ig基因V、D、J片段在DNA水平上经过删除和连接形成新的DNA排列顺序的过程，是在DNA水平上对基因表达调控的一个典型例证。

5.3.1.4 基因扩增

基因扩增是细胞内某一特定基因获得大量单一拷贝的现象，是细胞在短时间内大量表达某一基因产物的一种有效方式，可以满足生长发育的需要。基因扩增是真核生物基因表达的普遍现象。例如，氨甲蝶呤抑制肿瘤细胞二氢叶酸还原酶的活性，使dTMP合成减少，从而杀死细胞；但在氨甲蝶呤培养基中培养一段时间后，一些肿瘤细胞会产生抗药性，可以抵抗更高浓度氨甲蝶呤的杀伤作用，原因是二氢叶酸还原酶基因扩增，拷贝数增加了200～250倍。基因扩增也是在DNA水平上对基因表达水平进行调控，但这种机制是通过在基因组上扩增基因的拷贝数量而上调基因的表达产物，这种情况在肿瘤细胞更多见。

5.3.1.5 染色体丢失

某些低等真核生物在细胞发育过程中丢失染色体或染色体片段。在丢失这些片段之前，某些基因并不表达，丢失之后才表达。因此，这些片段的存在可能抑制了一些基因的表达。高等生物也有染色体丢失，例如红细胞在成熟过程中丢失整个细胞核。染色体丢失属于不可逆性调控。

5.3.2 转录水平的调控

真核生物转录水平的调控实际上是对DNA聚合酶活性的调节。真核生物含有三种RNA聚合酶，其中RNA聚合酶Ⅱ是转录调控的核心。真核生物在转录水平的调控主要是通过顺势作用元件、反式作用因子和RNA聚合酶的相互作用来实现的。

5.3.2.1 顺式作用元件

顺式作用元件是指位于基因前后，参与基因表达调控、可影响转录速率的DNA特异序列。主要有启动子、增强子和沉默子。

(1)启动子。启动子(promoter)是指RNA聚合酶结合位点及其周围的一组转录调控组件，每个组件含7～20 bp的DNA序列。真核基因的启动子往往含有TATA盒。TATA盒是真核基因启动子的核心元件，其共有序列为TATA—AAA，通常位于转录起始点上游－30～－25 bp，TATA盒是基本转录因子TFⅡD的结合位点，控制基因转录起始的准确性与频率。除TATA盒外，在真核基因的启动子中，还经常见到GC盒(GGGCCGG)和CAAT盒(GCCAAT)，通常位于转录起始点上游－110～－30 bp区域，故又被称为上游启动子元件。

但 TATA 盒和转录起始点即可构成最简单的启动子。典型的启动子由 TATA 盒以及上游的 GC 盒和 CAAT 盒组成，这类启动子通常含有一个转录起始点及较高的转录活性。不典型的真核基因的启动子有时不含 TATA 盒，这些启动子可分两类：一类为富含 GC 的启动子，常见于管家基因，这类启动子一般含数个分离的转录起始点；另一类启动子既不含 TATA 盒又没有 GC 富含区，这类启动子可有一个或多个转录起始点，大多数转录活性很低或根本没有转录活性，只是在胚胎发育、组织分化或再生中被激活。

(2)增强子。能结合反式作用因子，明显增强某些启动子转录效率的 DNA 序列称为增强子(enhancer)。增强子与启动子可以相邻、重叠。增强子发挥作用的方式与方向和距离无关，通常可距离转录起始点 1～4 kb，在基因的上游或下游、正向或反向都能发挥作用，如图 5-19 所示。增强子的作用依赖于启动子，只有在启动子存在下，增强子才能发挥作用。增强子对启动子没有严格的专一性，同一增强子可以增强不同类型启动子的转录活性。由于增强子必须与调节蛋白结合才能发挥增强转录的作用，因此具有组织或细胞特异性。增强子和启动子在基因表达中相互依存，相互作用，决定基因表达的空间特异性。

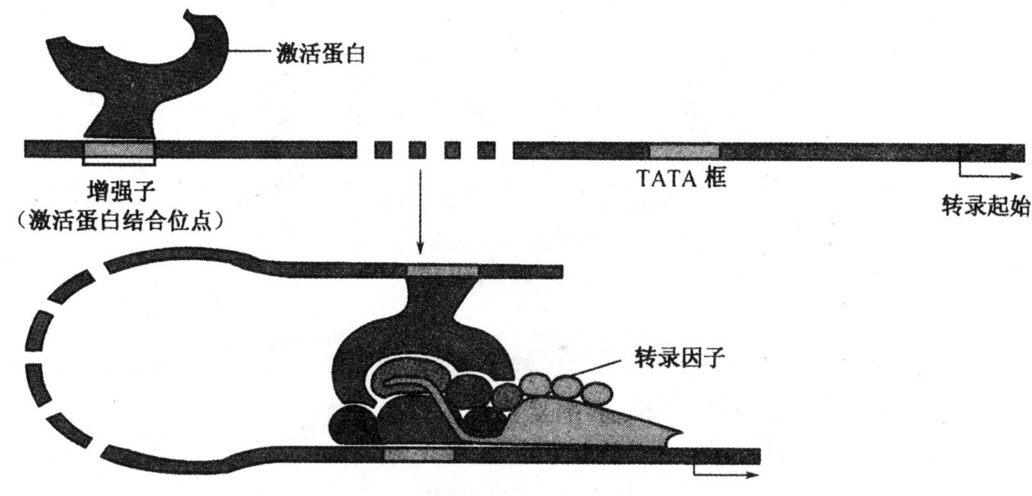

图 5-19　基因远端的增强子促进转录符合体的装配

(3)沉默子。沉默子(silencer)是 20 世纪 80 年代末才被证实的一类负性转录调控元件。与增强子的作用恰好相反，当沉默子结合特异蛋白因子时，对基因的转录发挥抑制作用。然而，需要指出的一点是，同一 DNA 元件，有时表现增强子的活性，有时又表现沉默子的活性，这取决于该元件与之结合的蛋白质的性质。

5.3.2.2　反式作用因子

由一种基因表达的蛋白质因子，能结合并调节另外基因表达的称为反式调节作用。反式作用因子是一类能分别特异识别并结合于 DNA 特定序列，激活或阻遏基因表达的蛋白质因子，通常把以反式作用影响转录的因子统称为转录因子。

(1)反式作用因子的分类。

①基本转录因子。基本转录因子是RNA聚合酶结合启动子所必需的一组因子,大部分为所有mRNA转录启动所共有,故称为基本转录因子,如RNA polⅡ的转录因子包括TFⅡD、TFⅡA、TFⅡB、TFⅡE及TFⅡF等,这些因子对TATA盒的识别及转录起始是必需的。

②转录激活因子。凡是通过蛋白质-DNA、蛋白质-蛋白质相互作用起正性转录调节作用的因子均属此范畴。增强子结合因子就是典型的转录激活因子。

③转录抑制因子。转录抑制因子包括所有通过蛋白质-DNA、蛋白质-蛋白质相互作用产生负性调节效应的因子,多数为沉默子结合蛋白。

(2)反式作用因子的结构。

反式作用因子具有三个功能域:DNA结合域、转录激活域和二聚化结合域。DNA结合域通常由60~100个氨基酸残基组成。锌指结构是DNA结合域中最常见的一种形式,该结构含有30个氨基酸残疾,其中4个氨基酸残基(2个Cys和2个His)与一个锌离子相结合。两对氨基酸之间的多肽链呈环状突出并折叠呈指形结构,锌指结构中含有1个β-折叠与1个α-螺旋单位,如图5-20所示。

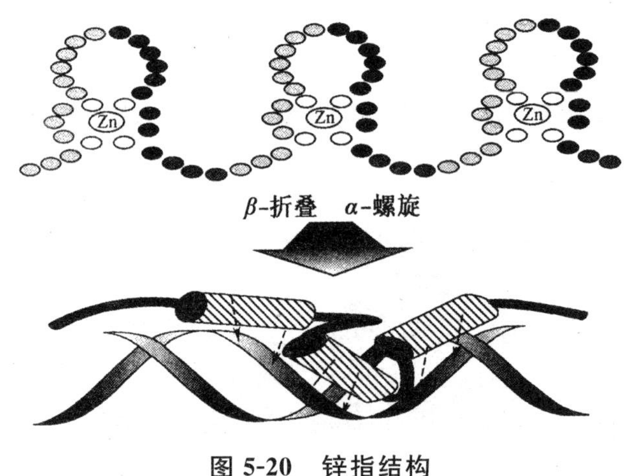

图5-20 锌指结构

类似的DNA结合域还见于螺旋-回折-螺旋(helix-turn-helix,HTH)和亮氨酸拉链。

前者是由60个左右氨基酸组成的区域,简称同源异型域。尽管螺旋-回折-螺旋是原核基因转录调节蛋白中常见的DNA结合域,但在真核基因的转录调节蛋白中也较多被发现。HTH是由两个α-螺旋被一个短的伸展的氨基酸链回折连接而成。两个α螺旋通过侧链间的相互作用,维持固定的角度。C末端的α-螺旋是识别螺旋,与DNA大沟相匹配,在识别特异DNA序列中发挥作用。而N末端的α-螺旋则是辅助螺旋,主要在识别螺旋与相应DNA序列结合的准确定位中发挥辅助作用,如图5-21(a)所示。

含有HTH结构域的各种转录因子在这一结构域外的构造差别很大,提示这类转录因子有着自己独特的作用方式。需要特别强调的是,大多数这类转录因子的螺旋-回折-螺旋结构域外的多肽链的一部分,对于与DNA的接触甚至结合也是十分重要的,有助于精细的蛋白质-DNA间的相互作用。有些转录因子的DNA结合域是一段由大约60个氨基酸组成的保守序列，构成 3 个 α-螺旋，第 2 个和第 3 个 α-螺旋构成 HTH 结构域，第 3 个 α-螺旋结构起识别作用，与 DNA 分子的大沟紧密接触。而第 1 个 α-螺旋的 N 末端则与 DNA 分子小沟的特异碱基相互作用，如图 5-21(b)所示。上述这种结构即是同源异型域(homeodomain，HD)。在从酵母、植物到人类等的真核细胞中发现了许多含同源异型域的转录因子，构成同源异型域蛋白家族，在发育过程中发挥关键作用。

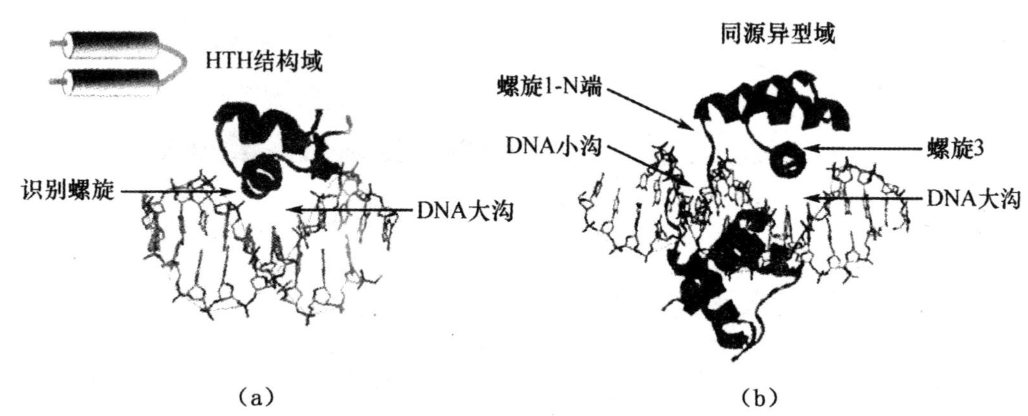

图 5-21 HTH 结构域(a)同源异型域(b)及其与 DNA 的相互作用

亮氨酸拉链是由两个相同 α-螺旋序列靠亮氨酸残基疏水侧链的相互作用彼此缠绕形成的二聚体区。此外还有螺旋-环-螺旋(helix-loop-helix，HLH)结构，是由一个短的 α-螺旋通过一个环与另一个长的 α-螺旋组成的。转录激活结构域，通常由 30～100 个氨基酸残基组成，包括酸性激活域、谷氨酰胺富含域和脯氨酸富含域。

除了上面介绍的最典型、常见的结构形式外，尚有一些其他的独特结构模型。

5.3.2.3 mRNA 转录激活及调节

真核 RNA 聚合酶Ⅱ不能单独识别和结合启动子，必须先形成前起始复合物。复合物是由通用转录因子 TFⅡD 的组成成分 TBP 识别 TATA 框，在 TBP 结合因子(TAF)协助下，形成 TFⅡD。启动子复合物在其他通用转录因子 TFⅡA—F 和 RNA 聚合酶Ⅱ作用下，形成前起始复合物。这种前起始复合物转录的效率低，而且稳定性差，只有在特异转录因子和激活蛋白的协助下，RNA 聚合酶Ⅱ和 TFⅡD 才能形成稳定的起始复合物。有些基因转录的起始需要中介因子也称为辅激活因子的作用，如图 5-22 所示。

真核基因转录激活调节是复杂多样的。不同顺式作用元件组合可产生多种类型的转录调控方式，多种转录因子又可与相同或不同的顺式元件结合。在与顺式元件结合前，特异转录因子常需通过蛋白质-蛋白质相互作用形成二聚体。组成二聚体的单体不同，其与顺式元件结合的能力也不同，对转录激活过程可产生正调控或负调控的效果。这样，基因调节元件不同，存在于细胞内的反式作用因子种类、性质及浓度不同，所发生的 DNA-蛋白质、蛋白质-蛋白质相互作用类型不同，从而产生协同、竞争或拮抗，以调节基因的转录激活方式。

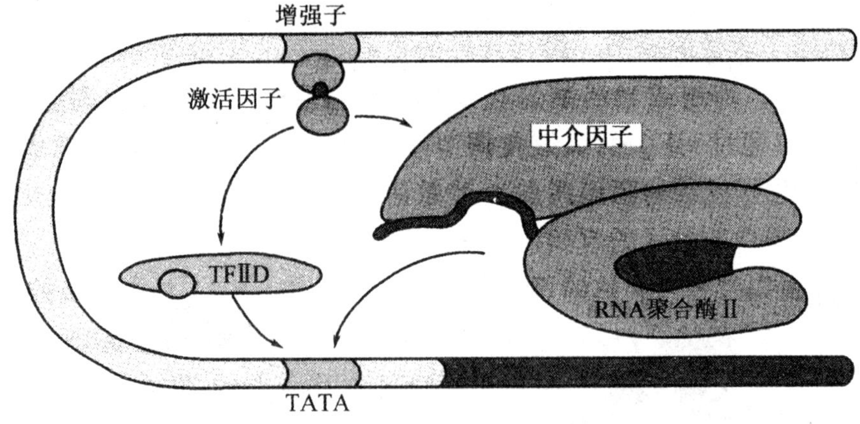

图 5-22　转录起始复合物的形成

5.3.3　转录后水平的调控

虽然转录水平的调控是真核生物决定 mRNA 种类和数量的主要方式，但由于基因转录后形成的初级转录产物包括编码序列和内含子等非编码序列在内的不成熟 RNA，即前体 RNA (pre-RNA)或不均一核 RNA(heterogeneous nuclear RNA，hnRNA)，它们在被加工剪接后才能作为成熟 mRNA 进入细胞质并作为蛋白质翻译的模板。从 hnRNA 到成熟 mRNA 的调节过程主要包括 5′-端加帽、3′-端加尾、RNA 剪接、RNA 编辑、定向转运等多个环节。

5.3.3.1　5′-端加帽(capping)

5′-端加帽结构的主要作用包括：保护 mRNA 免受 5′-外切核酸酶的降解，从而增加 mRNA 的稳定性；为核糖体和翻译起始因子识别 mRNA 提供信号，没有 5′-端加帽结构的 mRNA 不能进行有效的翻译；促进 MRNA 分子从细胞核运送到细胞质；协助 mRNA 前体分子的剪接，在剪接体的形成中需要 5′-端加帽结构的参与。

5.3.3.2　3′端加尾(tailing)

poly(A)尾具有稳定 mRNA 的作用，并为 mRNA 从细胞核进入细胞质提供信号。原因在于 3′-端 poly(A)尾结构可结合一种或多种特殊的蛋白质，以避免 mRNA 分子被核糖核酸酶过早降解，而与此同时，在翻译过程中也会发挥某种作用。另外，需要特别指出的是，一些原核 mRNA 分子也含有 poly(A)尾，但是原核 mRNA 分子的 poly(A)尾的功能与上述真核 mRNA 的情况恰恰相反，不是保护 mRNA，而是促进它的降解。

5.3.3.3　RNA 剪接

许多真核 mRNA 初始转录体可以通过一种以上的选择性剪接方式，去除不同的内含子而被加工形成不同的成熟 mRNA 分子。真核 mRNA 的初始转录体中含有选择性剪接加工所需要的信号，而且往往有多种途径可供选择。一种细胞偏好何种选择性剪接加工途径，主要取决于所存在的选择性剪接加工因子——RNA结合蛋白的特异性。许多高等生物经由选择性剪接方式，单一基因有时可以产生数十种之多的不同的成熟的mRNA分子，进而翻译合成出相应的具有不同功能的蛋白质。就人类而言，估计有1/3以上的基因存在着选择性剪接方式。另外，选择性剪接本身也存在着正负调节机制。

5.3.3.4 RNA编辑

某些真核细胞成熟的mRNA在翻译前曾经被编辑，这可以丰富mRNA分子信息的内涵。有研究发现，在原生生物线粒体中编码细胞色素氧化酶亚基Ⅱ基因的初级转录本的序列，与其蛋白产物羧基端按遗传密码反推的序列并不完全一致。通过转录后的编辑，在靠近该基因mRNA分子3′-端的某位点插入了4个尿嘧啶核苷酸，从而改变了转录本的读码框。尚未完全研究清楚这种编辑的功能与机制究竟是什么？有研究人员发现，线粒体转录一类长度在40～80个碱基的特殊的RNA分子，其3′-端有一段poly(U)。该RNA分子的5′-端序列与mRNAs被编辑的部分区域互补，被称为引导RNA(guide RNA)。引导RNA可能作为编辑的模板，并将其3′-端的U转移给了被编辑的mRNAs。

很多植物细胞的线粒体都有mRNA分子的编辑功能，甚至几乎每个mRNA分子都受到不同程度的编辑，但这种编辑是RNA分子部分碱基由C到U的变化，而不是碱基的插入与缺失。上述的由C到U的编辑只能导致个别氨基酸密码的改变，但有时蛋白质的结构与功能会发生很大变化。其他的高等生物RNA的编辑比较少见。

5.3.3.5 输出

估计有1/5的在核内成熟的mRNAs分子，通过核膜被输出进入细胞质，而留在核内的mRNAs分子约在1 h内被降解。mRNA分子通过核膜输出的过程是一个主动的过程，需要借助核输出受体才可穿过9 nm的核孔通道。目前，调控mRNA分子从核内输出至细胞质的机制还不完全清楚；但核内的mRNA加工过程没有完成或加工不完全的mRNA分子不能被输出到核外。

5.3.3.6 定位

一些mRNA分子所携带的信息，可以帮助它在翻译开始前自我导向定位于细胞内的特定位置。推测这样做的好处主要在于，可以使mRNA分子靠近其编码蛋白产物发挥功能的部位，充当翻译的模板，免除了蛋白分子的远距离运输。导向信号通常位于mRNA分子的3′-端非翻译区(3′-untranslated region，3′-UTR)。一个很好的例证是，发育中果蝇卵细胞bicoid基因调节蛋白的mRNA被发现固定于细胞的前极顶端的胞骨架上。受精引发的该调节蛋白的翻译，可产生bicoid蛋白的浓度梯度，在引导胚胎前极部分的发育中发挥关键作用。很多体细胞的mRNA以同样的方式定位。例如，肌动蛋白的mRNA依赖其3′-UTR定位于哺乳类成纤维细胞质膜下的肌动蛋白丝丰富区。

mRNA分子的特殊区域定位存在于包括真菌、植物与动物在内的许多真核生物的细胞中。这样就可以在细胞的特殊部位集中快速产生细胞所需要的大量的蛋白质。现已发现至少三种不同的mRNA定位过程，如图5-23所示。

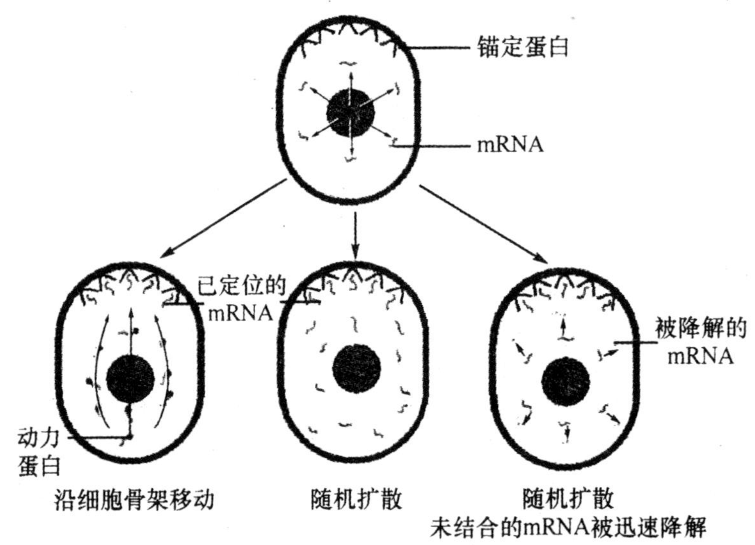

图 5-23　mRNA 分子的三种不同的定位过程

这些过程都需要 mRNA 分子 3′-UTR 上的特殊的定位信号。一种情况是 mRNA 分子被连接在动力蛋白上，而动力蛋白又附着于细胞骨架上。利用动力蛋白水解 ATP 所提供的能量，mRNA 分子沿着细胞骨架朝目的方向移动，最终在目的地被锚蛋白固定；第二种情况是 mRNA 分子通过在细胞质中的随机扩散，在特定区域被锚蛋白捕捉、固定；第三种情况是 mRNA 分子在细胞质中随机扩散并被不断地降解，只有碰上锚蛋白才能够得到保护，同时被固定。

5.3.4　翻译水平的调控

翻译水平的调控主要表现在控制 mRNA 的稳定性、翻译因子活性和选择性翻译。mRNA 的 5′-非翻译区和 3′-非翻译区是主要调节位点。

5.3.4.1　mRNA 的稳定性

真核 mRNA 的稳定性差异很大，半衰期从 20 min 到 24 h 不等，也有不足 1 min，或长达数周。真核 mRNA 的 polyA 尾是增加 mRNA 稳定性的重要因素，polyA 尾逐步削减到完全消失，常常是 mRNA 开始降解的先兆。失去或无 polyA 尾的 mRNA，加尾后可大大提高半衰期。mRNA 的降解首先从 3′-端开始。降解模式可分为两种类型：mRNA3′-端非翻译区链内剪切引起降解、去 polyA 引发 mRNA 降解。

5.3.4.2　mRNA 结合蛋白对翻译的调控

铁是细胞必需的营养元素，是很多蛋白质的辅因子，然而铁过量会产生有害的自由基。因此，细胞内铁离子的浓度必须受到严格的控制。哺乳动物通过两种方式来调节细胞内铁离子的浓度：

(1)调节细胞内铁蛋白的含量。铁蛋白的作用是储存细胞内多余的铁离子。在真核细胞中，铁蛋白是一种由 20 个亚基组成的、中空的球形蛋白质。多达 5 000 个铁原子以羟磷酸复合体的形式储存在球形的铁蛋白中。

(2)调节细胞表面转铁蛋白受体(Tfr)的含量。携带铁离子的转铁蛋白通过细胞表面的转铁蛋白受体进入细胞。当细胞需要更多的铁离子时,就会增加转铁蛋白受体的数量,使更多的铁离子进入细胞,同时降低铁蛋白的含量,减少被储存的铁离子,增加游离的铁离子的数量。当细胞内铁离子浓度过高时,则会降低转铁蛋白受体的数量,提高铁蛋白的含量。

在动物细胞内铁蛋白的水平依赖于翻译调节,动物的铁蛋白 mRNA 的 5′-非翻译区具有一个呈茎环结构的铁应答元件(IRE)(图 5-24)。当铁稀少时,铁调节蛋白(IRP)结合铁应答元件,阻止核糖体小亚基与 mRNA 的帽子结构结合,抑制 mRNA 的翻译。多余的铁原子会导致 IRP 离开 mRNA,解除其对翻译的抑制作用。在植物中,铁蛋白的表达调控发生在转录水平;细菌则是通过反义 RNA 来调节 *bfr*mRNA 的翻译。

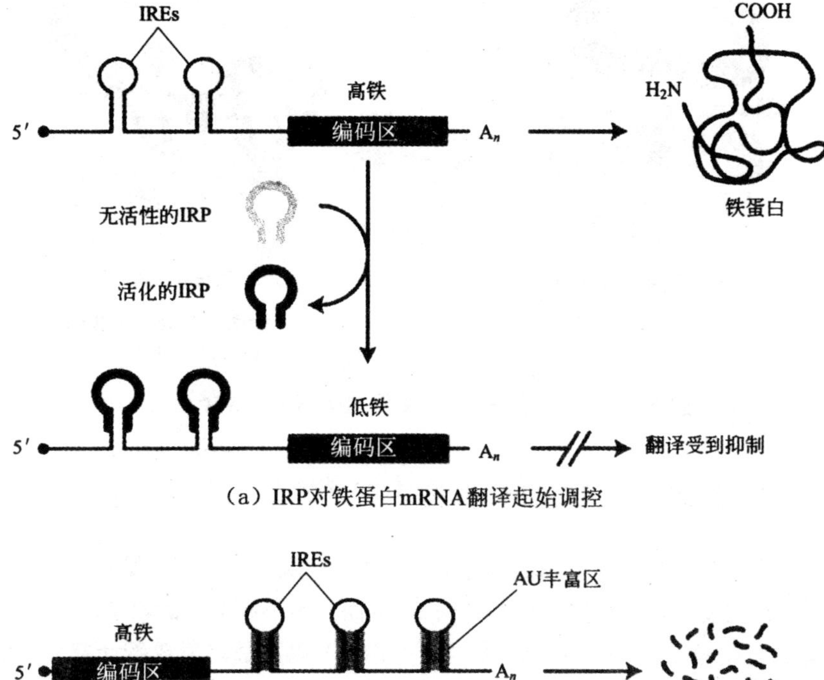

(a) IRP对铁蛋白mRNA翻译起始调控

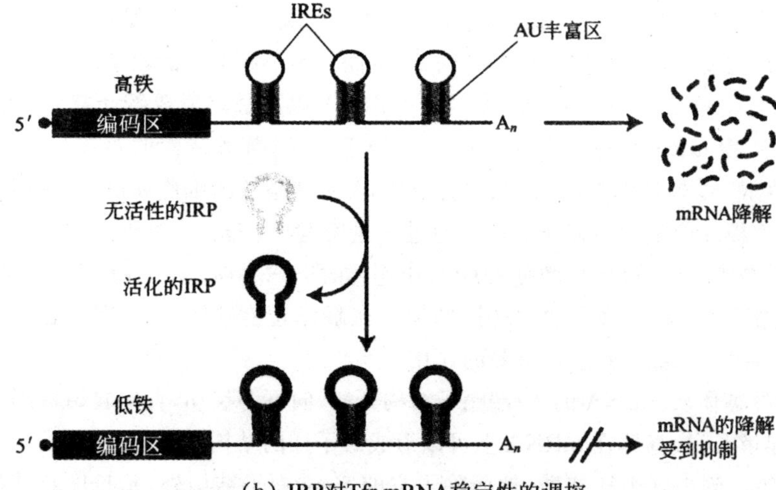

(b) IRP对Tfr mRNA稳定性的调控

图 5-24　铁调节蛋白对铁蛋白和转铁蛋白受体的调节作用

铁离子是通过调控转铁蛋白受体 mRNA 的稳定性来调节 *Tfr* 基因的表达。*Tfr*mRNA 的 3′-UTR 会形成 5 个茎环结构，这些茎环结构，包括环上的碱基序列，与铁蛋白 mRNA 5′-UTR 中的铁应答元件非常相似，同样介导铁离子对 *Tfr* 表达的调控。如果细胞缺乏铁离子，IRP 与 IRE 结合，保护 *Tfr*mRNA 不被降解，增加 *Tfr*mRNA 的稳定性。

细胞质中游离的铁离子浓度由铁调节蛋白直接监控。IRP1 是一种主要的铁调节蛋白，含有一个 Fe_4S_4 簇（图 5-25）。当细胞内铁稀少时，有一个铁原子从 Fe_4S_4 簇中脱落下来；当细胞中的铁离子充足时，IRP1 是三羧酸循环中的顺乌头酸酶，催化柠檬酸转化为异柠檬酸。顺乌头酸酶失去其酶活性，并且改变其构象暴露出 RNA 结合位点，能够和 IRE 结合。

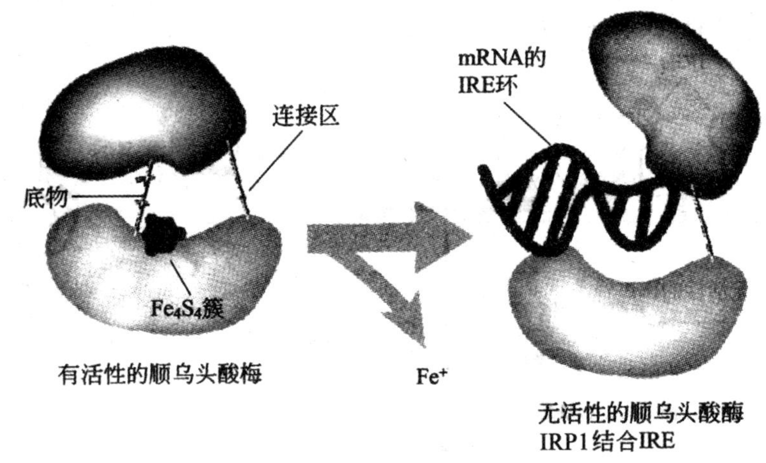

图 5-25　IRP 的顺乌头酶活性与 IRE 结合活性

5.3.4.3　5′-非翻译区对翻译的调控

几乎所有的真核生物和真核生物的病毒 mRNA 的 5′-端都具有帽子结构（m^7G-ppp-N），甲基转移酶可使帽子结构发生程度不同的甲基化修饰，从而产生不同类型的帽子。

帽子结构是起始因子 elF-4F 识别并结合于 mRNA 以及最终形成翻译起始复合体所必需的。大多数真核生物 mRNA 的翻译起始活性依赖于 5′-端帽子结构的存在。5′-端帽子结构可保护 mRNA 免遭 5′-外切酶的降解，从而为 mRNA 由细胞核向细胞质的输出提供转运信号，而且能提高翻译模板的稳定性和翻译效率。通过大量实验已经证实，对于通过滑动搜索起始的翻译过程来说，5′-端帽子结构具有增强翻译的作用，如图 5-26 所示。当 mRNA 同时具有 3′-ploy(A) 和 5′-端帽子结构时，翻译效率协同增加。在翻译起始过程中，在保证翻译准确的起始和保证翻译的效率中 5′-端帽子起着重要的作用。

真核生物的核糖体从 mRNA 的 5′-端帽子结构开始，向下游移动，直到起始密码子。若 mRNA 的 5′-UTR 足够长，核糖体在 mRNA 上可以形成辫子样的结构。

5′-UTR 一般不到 100 个核苷酸，然而除了它的 5′-端帽子结构外，其长度及其特殊的二级结构的形成都会影响蛋白质翻译起始的精确性和翻译效率，成为 mRNA 翻译水平的调控机制之一。

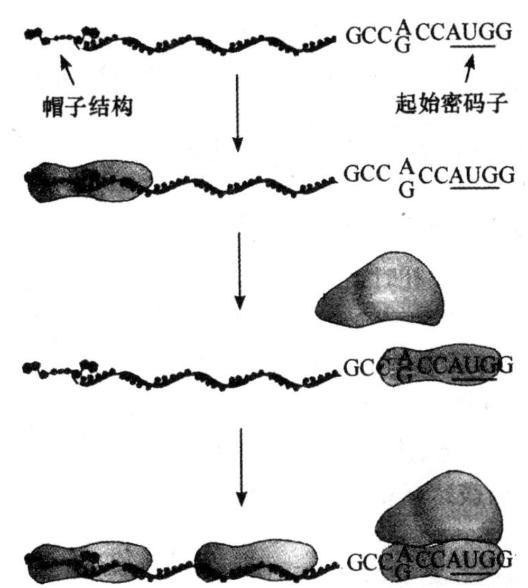

图 5-26 真核生物翻译起始的滑动搜索模型

当起始 AUG 距 5′-端帽子的位置太近时，此时不易被核糖体 40S 亚基识别。即使核糖体结合到 mRNA 上，也会有一半以上的核糖体 40S 亚基滑过起始 AUG。当起始 AUG 与 5′-端帽子之间的距离在 17～80 个核苷酸之间时，翻译效率与其长度成正比。然而如果此距离加长至 20 个核苷酸，那么此时则可防止核糖体滑过现象。

5.3.4.4 3′-非翻译区对翻译的调控

从终止密码子到 mRNA 的 3′-末端这一段序列，包含 ploy(A)在内，即为 mRNA 的 3′-UTR。mRNA 的 3′-UTR 对提高翻译效率具有重要作用。

mRNA 的 3′-ploy(A)尾可调节 mRNA 的翻译效率。蛙卵母细胞和网织红细胞提取物实验表明，带有 3′-ploy(A)尾的 mRNA 与应脱尾的 mRNA 相比翻译效率明显要高，3′-ploy(A)尾对翻译效率的影响与其长度呈正比关系。3′-ploy(A)越长，mRNA 作为模板的使用的半寿期就越长，随着翻译次数的增加 3′-ploy(A)逐步缩短。所以，3′-ploy(A)可看作是翻译的计数器。

mRNA 与前起始复合物的结合同样也会受到 mRNA 的 3′-ploy(A)尾巴的影响。该过程需要 ploy(A)结合蛋白结合在 3′-ploy(A)上。在酵母和植物中，ploy(A)结合蛋白与 eIF-4G 借助 mRNA 自身弯曲而彼此联合。正常情况下，帽子结构和 ploy(A)尾是一起作用的。3′-ploy(A)尾可通过提高核糖体的有效循环来加强翻译的水平，如图 5-27 所示。

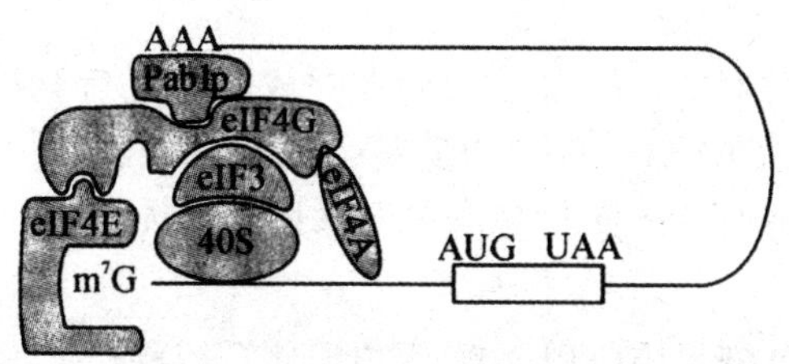

图 5-27 真核起始复合物

每一次翻译后，随着 PABP 的脱落而 ploy(A)被缩短，当 ploy(A)缩短到小于 12 个核苷酸时，此时 PABP 不能与 ploy(A)结合而位移至 ARE，从而加速了 mRNA 的降解。

5.3.4.5 翻译激活因子对翻译的激活作用

在叶绿体内，核基因编码的翻译激活因子能够与叶绿体编码的 mRNA 结合，促进 mRNA 的翻译。PsbA 是叶绿体光系统Ⅱ的一个组分。光照能够使翻译激活因子——叶绿体多聚腺苷酸结合蛋白(cPABP)结合到 PsbA mRNA 5′-UTR 中一段富含腺嘌呤的序列上，并激活翻译。在黑暗中，cPABP 不与 mRNA 结合，mRNA 形成一种不利于翻译的二级结构。cPABP 以两种构象形式存在，但是只有其中的一种构象能够结合 RNA。cPABP 在两种形式之间的相互转变受到光的控制。来自光系统Ⅰ的高能电子通过一个短的电子传递链传递给 cPABP，使 cPABP 的二硫键还原，导致其构象发生改变。还原型的 cPABP 结合至 mRNA，激活转录。

5.3.5 翻译后水平的调控

新合成的多肽链要想成为有活性的蛋白质则需要经过加工、折叠。加工过程包括：切除起始氨基酸、共价修饰、蛋白质拼接、多肽链折叠等。

蛋白质定位或者运输，是指活性蛋白质需要转运到细胞的特定部位行使各自的功能。不同蛋白的稳定性不同，有些会很快被降解，有些则高度稳定。蛋白质的稳定性由蛋白质中的特殊信号序列决定，对蛋白质稳定性的控制也是真核生物基因表达调控的方式之一。

泛素-蛋白酶体系统由泛素化系统和蛋白酶体组成，是基因和蛋白质功能的重要调节者和终结者。

5.3.5.1 降解过程

泛素-蛋白酶体系统降解蛋白质过程分为两个阶段。

(1)靶蛋白多泛素化。单泛素化尚不足以介导靶蛋白降解，细胞内有两种方式对其进一步多泛素化：①靶蛋白泛素多泛素化，例如其 Lys48 泛素化，形成多聚泛素链；②靶蛋白多泛素化，即在靶蛋白的多个赖氨酸上结合泛素。

(2)蛋白酶体降解。靶蛋白一旦多泛素化，则由 26S 蛋白酶体识别、募集，降解成含 7～8 个氨基酸的寡肽，而泛素则释放并再利用。

5.3.5.2 生理意义

(1)严格控制功能蛋白水平。例如，cyclin 在完成使命之后会被磷酸化，暴露出泛素化系统识别序列“降解盒”，被 SCF/APC 介导的泛素-蛋白酶体系统标记、降解。

(2)清除修饰错误的蛋白质。这些蛋白质因修饰错误而暴露出疏水序列，被泛素-蛋白酶体系统标记、降解。

(3)参与免疫应答。免疫系统应用泛素-蛋白酶体系统将病毒蛋白标记、降解，产生的抗原肽运到内质网，与内质网膜上的Ⅰ类主要组织相容性复合体(MHC-I)结合成 MHC-抗原复合体，转运到细胞膜，激活细胞毒性 T 细胞，杀死被病毒感染的细胞。

维持蛋白质合成与降解的动态平衡对生命活动至关重要。阐明泛素-蛋白酶体系统对研究基因表达调控、疾病发生机制和开发新药具有重要意义。

5.4　基因表达调控异常与疾病

基因表达是一个由众多因素共同决定的复杂过程，必须精确调控，即在特定的发育阶段、特定的组织器官表达特定的基因，以满足机体生长发育的需要。一旦表达出现异常，就会导致疾病发生。

5.4.1　调控序列变异

奢侈基因通常具有复杂的表达调控模式，其调控离不开相关调控序列。调控序列变异会引起基因表达异常，导致遗传病。已经发现调控序列突变、染色质结构改变、结构基因与调控序列分离三种形式的调控序列变异。

5.4.1.1　调控序列突变

调控序列突变位于人类 *Shh* 基因上游 1 Mb 的增强子元件 ZRS 的功能是促进 *Sbb* 基因在肢体前端表达，限制在肢体后部表达。通过对部分肢体内侧多趾症（PPD）患者的 ZRS 进行序列分析，已经发现多个点突变。

5.4.1.2　染色质结构改变

调控序列所在染色质区域的空间结构改变，会引起相关基因表达异常，导致遗传病的发生。例如，人类染色体中存在一种串联重复序列，重复单元称为 D4Z4，正常人有 11～150 个 D4Z4 拷贝。面肩肱肌营养不良（FSHD，一种常染色体显性遗传的神经肌肉性疾病）患者的 D4Z4 拷贝数少于 10 个，并且拷贝数越少，病情越严重，发病年龄也越早。

5.4.1.3　结构基因与调控序列分离

由结构基因之外的染色体结构畸变引起的遗传病称为位置效应遗传病。染色体结构畸变（例如缺失、易位、倒位）导致调控序列破坏或与结构基因分离，是这类遗传病发生的根本原因。例如，无巩膜是由 PAX6 基因表达不足引起的常染色体显性遗传病。PAX6 编码一种转录因子。然而，在一些患者基因组中检测不到 PAX6 突变，却发现其 PAX6 下游存在染色体重排，重排位点全部位于组成型基因 ELP4（编码组蛋白乙酰转移酶的一个亚基，与 Rolandic 癫痫连锁）的最后三个内含子中，其中含 PAX6 增强子，重排导致这些增强子丢失或易位，引起 PAX6 表达不足，从而导致与 PAX6 编码区突变相同的临床表型。

5.4.2 翻译后修饰与靶向转运障碍

突变或翻译后修饰异常等会造成蛋白质构象异常，这种蛋白质不仅没有活性，反而会被降解，导致大量降解片段积累，引发某些退行性疾病，特征是在肝脏、大脑等形成不溶性斑块。

一些神经退行性疾病的标志是脑组织形成纤维缠结斑块，如阿尔茨海默病、帕金森病、牛海绵状脑病。形成这些结构的淀粉样蛋白纤维来自大量天然蛋白质，例如，嵌膜的淀粉样前体蛋白(APP)、微管结合蛋白(Tau)、朊病毒蛋白(PrP)。受未知因素影响，这些含 α 螺旋的蛋白或其降解片段构成含 β 折叠的构象，然后形成聚集稳定的纤维。一些疾病与蛋白质靶向转运异常有关。CFTR 基因编码的囊性纤维化跨膜转导调节因子(CFTR，一种膜蛋白)存在 Phe508 缺失，不能转运到细胞膜，导致囊性纤维化。

一些疾病与蛋白质降解异常相关：

(1)人类 PARK2 基因编码 Parkin 蛋白，它的一个功能是参与构成泛素连接酶 E3，介导泛素-蛋白酶体系统降解底物蛋白。PARK2 基因突变导致常染色体隐性青少年型帕金森病。

(2)抑癌蛋白 p53 通过抑制细胞周期促进细胞衰老和细胞凋亡，在抑制肿瘤发生方面起着至关重要的作用。p53 在细胞内的水平受泛素-蛋白酶体系统控制。

(3)人类 BIRC6 基因编码是一种抗凋亡蛋白 Birc6，它的 C 端具有泛素结合酶 E2 活性，介导泛素-蛋白酶体系统降解促凋亡蛋白，抑制凋亡。

泛素-蛋白酶体系统为药物设计提供了一条新思路：

(1)硼替佐米(商标名称 Velcade)是第一种被批准上市的蛋白酶体抑制剂，用于治疗复发性多发性骨髓瘤和套细胞淋巴瘤。

(2)中药雷公藤的抗肿瘤成分雷公藤红素也是一种蛋白酶体抑制剂，它能通过抑制蛋白酶体活性诱导肿瘤细胞凋亡。

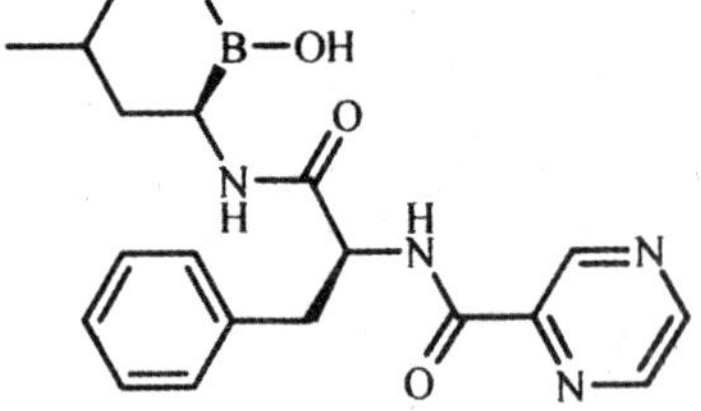

硼替佐米

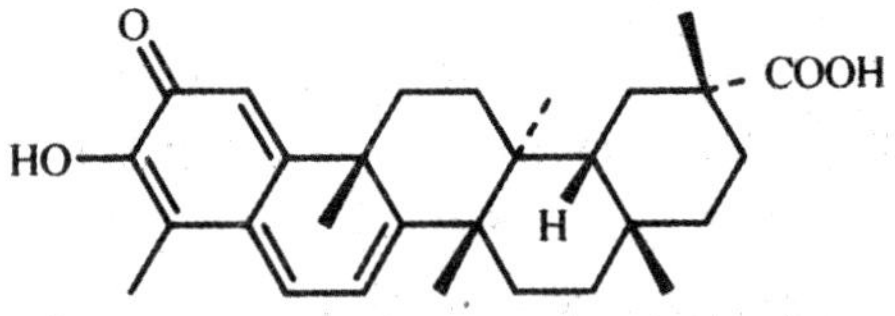

雷公藤红素

第 6 章　基因和基因组

6.1 基　因

自 20 世纪以来，基因的概念随着生命科学的发展而不断完善，同时随着对基因功能认识的深入，人们所知的基因种类也日益增多。从 1865 年 Mendel 提出遗传因子的概念，到 1953 年 Watson 和 Crick 发现 DNA 的双螺旋结构模型，基因由当初的抽象符号逐渐被赋予了具体的内容。随着对基因研究的深入以及基因学科的发展，人们对基因的认识也越来越不同。

6.1.1　对基因的认识和研究

对基因的认识和研究大体上可以分为三个阶段：

(1)在 20 世纪 50 年代以前，主要从细胞的染色体水平上进行研究，属于基因的染色体遗传学阶段。

(2)20 世纪 50 年代以后，主要从 DNA 大分子水平上进行研究，属于基因的分子生物学阶段。

(3)最近 20 多年来，由于重组 DNA 技术的完善和应用，人们改变了从表型到基因的传统研究途径，而能够直接从克隆目的基因出发，研究基因的功能及其与表型的关系，使基因的研究进入了反向生物学阶段。反向生物学是指利用重组 DNA 技术和离体定向诱变的方法研究结构已知基因的相应功能，在体外使基因突变，再导入体内，检测突变的遗传效应，即以表型来探索基因的结构和功能。

6.1.1.1　基因的染色体遗传学阶段

Mendel 以豌豆为材料进行了大量的杂交实验，提出了“遗传因子”的概念。不过他当时所指的“遗传因子”只是代表决定某个遗传性状的抽象符号。

1909 年，丹麦生物学家 W. Johannsen 根据希腊文“给予生命”之义，创造了“基因(gene)”一词，代替了 Mendel 的“遗传因子”。不过，这里的“基因”并不代表物质实体，还没有涉及具体的物质概念，而是一种与细胞的任何可见形态结构毫无关系的抽象单位。

Morgan 及其助手通过对果蝇的研究发现，一条染色体上有很多基因，一些性状的遗传行为之所以不符合 Mendel 的独立分配定律，是因为代表这些特定性状的基因位于同一条染色体上，彼此连锁而不易分离。这样，Morgan 首次将代表某一特定性状的基因，同某一特定的染色体联系起来。他指出："种质必须由某种独立的要素组成，这些要素我们叫作遗传因子，或者更简单地叫作基因"。基因不再是抽象的符号，而是在染色体上占有一定空间的实体。因此基因被赋予了一定的物质内涵。

6.1.1.2 基因的分子生物学阶段

尽管 Morgan 的出色工作使遗传的染色体理论得到普遍认同，但是人们对于基因的理解仍缺乏准确的物质内容。早期研究曾认为遗传物质是蛋白质，直到 1944 年，Avery 等人通过肺炎链球菌转化实验证明，控制某些遗传性状的物质不是蛋白质，而是 DNA 分子，即基因的化学本质是 DNA。

1953 年，Waston 和 Crick 提出了 DNA 分子的双螺旋结构模型，阐明了 DNA 自我复制的机制，推测 DNA 分子中的碱基序列贮存了遗传信息。1961 年，法国科学家 F. Jacob 和 J. Monod 以及其他科学家相继发表了他们对调控基因的研究，证实了 mRNA 携带者从 DNA 到蛋白质合成所需要的信息；后来，Crick 提出中心法则，认为 DNA 通过转录和翻译控制蛋白质的合成，从而将 DNA 双螺旋与 DNA 功能联系起来。

在基因研究的分子生物学阶段，对基因的理解是：基因是编码功能性蛋白质多肽链或 RNA 所必需的全部核酸序列（通常是 DNA 序列），负载特定的遗传信息并在一定条件下调节、表达遗传信息，指导蛋白质合成。一个基因包括编码蛋白质多肽链或 RNA 的序列、为保证转录所必需的调控序列、内含子以及相应编码区上游 5′-端和下游 3′-端的非编码序列。

6.1.1.3 基因的反向生物学阶段

长期以来，生物学家都是根据生物的表型去研究其基因型。随着我们对基因本质的认识越来越深刻，这种间接的研究方法已经不能满足科学发展的要求了。因此，客观上有必要将有关的基因分离出来，以便能够直接研究基因的结构、功能和调节等一系列问题。

1969 年，R. Beckwith 等人应用核酸杂交技术，分离得到了大肠杆菌乳糖操纵子 β-半乳糖苷酶基因。从此激发了人们从不同角度、用不同方法分离基因的积极性，加速了基因研究工作的进展。目前可以采用多种方法分离特定的基因，例如核酸杂交、核酸限制性酶切以及聚合酶链式反应等。随着分子生物学的发展，我们不仅能够分离天然的基因，而且还能应用化学的方法，在实验室合成有关的基因。人工合成的基因可以是生物体内已经存在的，也可以是按照人们的愿望和特殊需要设计的。因此，它为人类操作遗传信息、校正遗传疾病，创造新的优良的生物新类型，提供了强有力的手段，是基因研究的一个富有成效的飞跃。

6.1.2 基因的概念与结构

基因是遗传物质核酸的一些特定碱基序列构成的表达遗传信息的功能单位。其功能为：通过其表达产物 RNA 和蛋白质来执行各种生命活动，从而控制生物个体的性状。

从不同的角度,可以对基因的概念有不同的看法。从遗传学的角度看,基因是生物的遗传物质,是遗传的基本单位——突变单位、重组单位和功能单位;从分子生物学的角度看,基因是负载特定遗传信息的 DNA 分子或 RNA 片段,在一定条件下能够表达这种遗传信息,调控特定的生理功能。我们通常所说的基因也包括基因两侧的调控区域,因为它是基因起始和终止(某些情况)表达所必不可少的。

一个基因除了含功能产物的编码序列之外,还含各种非编码序列,其中包括表达编码序列所需的调控序列。真核生物断裂基因的编码序列是不连续的,被内含子分割成外显子。

如图 6-1 所示为构成基因的一组序列,包括它们在 DNA 序列中的位置关系。

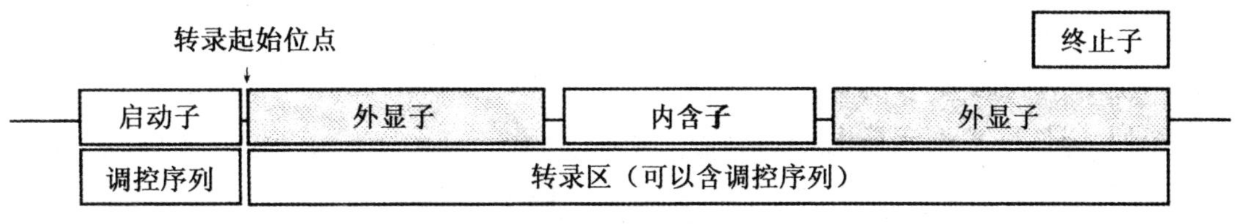

图 6-1　基因的结构

6.1.2.1　编码序列和非编码序列

真核生物的基因中一些区段为编码的,一些区段为非编码的。不连续基因具有外显子和内含子交替排列的结构。

编码序列是转录区内编码成熟 RNA 碱基序列的 DNA 碱基序列,包括外显子。

非编码序列是基因组 DNA 中除了编码序列之外的所有序列,包括内含子。

6.1.2.2　启动子

启动子是一段 DNA 序列,通常位于基因(或操纵子)转录区的上游,是 DNA 在指导合成 RNA 时被 RNA 聚合酶识别、结合并启动转录的碱基序列,具有方向性,属于调控序列。

6.1.2.3　转录起始位点

转录起始位点是转录区在指导合成 RNA 时被转录的第一个碱基。

6.1.2.4　转录区

转录区是编码初级转录产物碱基序列的 DNA 序列,即 RNA 聚合酶转录的全部 DNA 序列,与调控序列组成转录单位。

6.1.2.5　外显子

外显子是真核生物基因转录区的初级转录产物经过转录加工之后保留于成熟 RNA 中的序列和转录区内的对应序列,属于编码序列。

外显子序列在进化中一直保持相对保守。

人类基因的外显子序列占转录区长度的10%，占基因组序列的1.5%。

6.1.2.6 内含子

内含子是真核生物基因转录区内位于相邻外显子之间的序列及初级转录产物中的对应序列。在初始转录产物hnRNA加工生成熟的mRNA时，被切除的非编码序列即为内含子。内含子又分为Ⅰ、Ⅱ、Ⅲ类三种不同的类型，Ⅰ类内含子存在于细菌、低等真核生物rRNA基因中，在真菌线粒体内也广泛存在；Ⅱ类内含子不如Ⅰ类内含子普遍；Ⅲ类内含子存在于广大的真核生物蛋白质基因中。

内含子序列在进化中变化迅速，差异性很大。内含子具有多重功能，如含有可阅读框架、含有各种剪接信号码、对基因表达有影响等。

人类基因的内含子序列占转录区长度的90%，占基因组序列的28.5%。研究发现，假基因往往缺少正常的内含子，提示内含子可能参与基因表达调控。

6.1.2.7 终止子

终止子是位于转录区下游的一段DNA序列，是转录的终止信号。其转录产物可通过形成发夹结构或其他二级结构使转录终止。

6.1.3 基因的类型

6.1.3.1 结构基因、调节基因和操纵基因

根据功能划分，基因可分为结构基因、调节基因和操纵基因。其中，结构基因与调节基因的表达产物都可以是RNA和蛋白质，但具有不同的功能：结构基因表达产物的功能是参与代谢活动或维持组织结构；调节基因表达产物的功能是调节其他基因的表达。

结构基因是指编码蛋白质或RNA的基因，它的突变可导致蛋白质或RNA一级结构发生改变。结构基因的5′-非编码区（5′-UTR）包括启动子及原核生物mRNA起始密码子上游的核糖体结合位点（RBS），或SD序列（以发现者的名字命名）。结构基因的3′-非编码区（3′-UTR）包括促使转录终止的终止子序列和真核生物的加尾信号等。

调节基因的功能是产生调控蛋白，调控结构基因的表达。调节基因编码阻碍物，调节基因的活动。

操纵基因的功能是与调控蛋白质结合，控制结构基因的表达。调节基因和操纵基因的突变会影响一个或多个基因的表达活性。

6.1.3.2 移动基因

移动基因又称为转座因子。由于它可以从染色体基因组上的一个位置转移到另一个位置，甚至在不同染色体之间跃迁，因此也称为跳跃基因。

转座和易位是两个不同的概念。易位是指染色体发生断裂后，通过同另一条染色体断端连接转移到另一条染色体上。此时，染色体断片上的基因也随着染色体的重接而移动到新的位置。转座则是在转座酶的作用下，转座因子或是直接从原来位置上切离下来，然后插入染色体新的位置；或是染色体上的 DNA 序列转录成 RNA，随后反转录为 cDNA，再插入染色体上新的位置。这样，在原来位置上仍然保留转座因子，而其拷贝则插入新的位置，也就是使转座因子在基因组中的拷贝数又增加一份。

转座因子本身既包含了基因，如编码转座酶的基因，同时又包含了不编码蛋白质的 DNA 序列。

6.1.3.3　断裂基因

在 20 世纪 70 年代之前，人们一直以为基因的遗传密码是连续不断地排列在一起，形成一条没有间隔的完整的基因实体。1977 年，Roberts 和 Sharp(1993 年诺贝尔生理学或医学奖获得者)发现真核生物基因的编码序列是不连续的，即一个基因被不编码蛋白质的 DNA 分割成几个不连续的部分，因此称为断裂基因。断裂基因由外显子和内含子交替构成。

断裂基因最早发现于腺病毒。事实上，除了少数的真核生物基因(如组蛋白和干扰素的基因等没有内含子)，绝大多数真核生物的基因是以断裂基因的形式存在的。Chambon 及其同事最早证明真核生物鸡的卵清蛋白基因是断裂基因。此外，一些比较简单的生物如海胆、果蝇甚至大肠杆菌 T_4 噬菌体基因中也都存在内含子序列。内含子序列在不同生物中表现出不同的长度和数目。

断裂基因在表达时首先转录成初级转录产物，即前体 mRNA；然后经过后加工除去无关的 DNA 内含子序列的转录物，成为成熟的 mRNA 分子，这种删除内含子、连接外显子的过程，称为 RNA 拼接或剪接(图 6-2)。

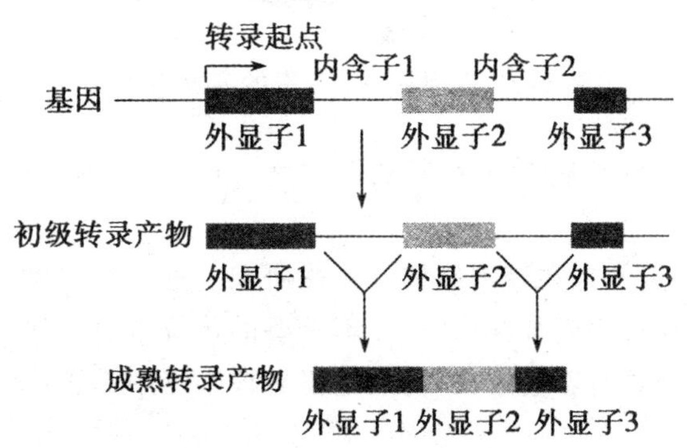

图 6-2　RNA 拼接的示意图

断裂基因的发现不仅表明蛋白质的遗传密码可以是不连续的，而且还是对中心法则中 DNA→RNA→蛋白质中线性关系的概念又一次的修正和更新。这一发现在分子生物学的基础研究和肿瘤等疾病的医学研究中具有重要意义。

6.1.3.4 重叠基因

基因不仅仅是断裂的，而且在基因之间还存在重叠性。如果两个或两个以上的基因共用一段 DNA 序列，它们就是重叠基因。重叠基因不仅存在于细菌、病毒、原核生物中，而且在一些真核生物及线粒体 DNA 中也存在。

重叠基因之间有多种重叠方式：(1)大基因包含小基因；(2)两个基因首尾重叠，有的甚至只重叠一个碱基；(3)多个基因形成多重重叠；(4)反向重叠；(5)重叠操纵子。重叠序列中不仅有编码序列也有调控序列，说明基因重叠不仅是为了充分利用碱基序列，还可能参与基因表达调控(图 6-3)。

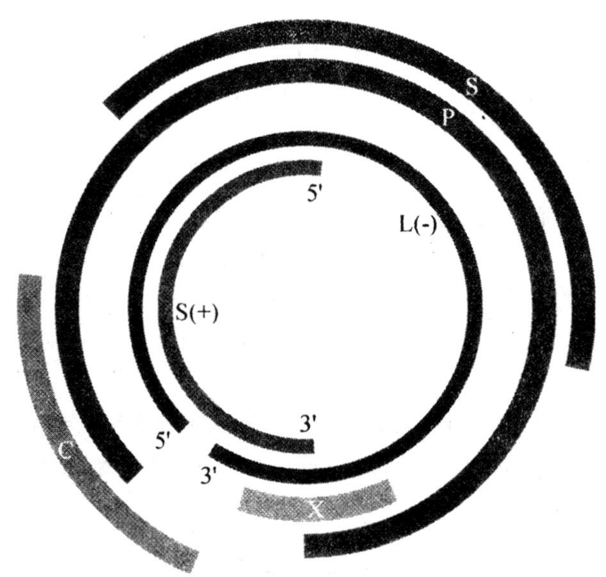

图 6-3 乙型肝炎病毒的基因重叠

重叠基因虽然共用一段碱基序列，但是转录产物 mRNA 的阅读框不同，因而翻译合成的蛋白质分子不同。

可以说，重叠基因是近年来在基因结构与功能研究上的一个非常有意义的发现。它修正了关于各个基因的多核苷酸序列彼此分立、互不重叠的传统观念。而有关它的研究还在不断地进行当中，例如，它是否具有普遍意义，特别是在真核生物中是否广泛存在等都需要科学家不断的探索。

6.1.3.5 基因家族

基因家族也称为多基因家族，是指基因组中来源相同、通过某一个祖先基因的复制和变异传递下来的具有相似结构、相关功能的一组基因。同一基因家族的成员具有同源性，表现在碱基序列、编码产物的氨基酸序列、空间结构和功能的相似性，其中完全相同的称为多拷贝基因。例如，编码以下 RNA 和蛋白质的基因组成各自的基因家族：rRNA、组蛋白、珠蛋白、人生长激素、肌动蛋白、丝氨酸蛋白酶、主要组织相容性抗原。

(1)基因超家族。基因超家族也称为超基因家族,指的是祖先基因经过分阶段的连续倍增产生的一组相关基因。各成员在进化上有亲缘关系,但关系较远,所以同源性较低,功能也不一定相同,不过其编码产物含相同的基序或结构域。例如,编码以下蛋白质的基因组成各自的基因超家族:免疫球蛋白、细胞因子、细胞因子受体、G 蛋白、G 蛋白偶联受体。

(2)假基因。同一基因家族的成员,不是所有的都会表达,而那些不表达的则为假基因。假基因与基因家族其他成员同源,其祖先基因本来是有功能的,但由于发生突变导致序列异常,不能转录,或者转录产物不能翻译,所以假基因功能缺失。假基因普遍存在于哺乳动物基因组中,可以视为进化的遗迹。

许多假基因与具有功能的"亲本基因"连锁,而且其编码区及侧翼序列具有很高的同源性。这类基因被认为是由含有"亲本基因"的若干复制片段串联重复而成的,称为重复的假基因。例如,珠蛋白基因家族中的假基因。

(3)基因簇。有些基因家族成员结构相同或相似,功能相同或相关,而且丛集在同一染色体上,彼此紧密连锁,它们称为基因簇。基因簇可以应用于研究物种的进化关系,甚至鉴定人类血统。

基因家族可以按照不同的复杂程度分为如下几种类型:简单的多基因家族;复杂的多基因家族;不同场合表达的复杂的多基因家族。如图 6-4 所示为基因家族的不同类型。

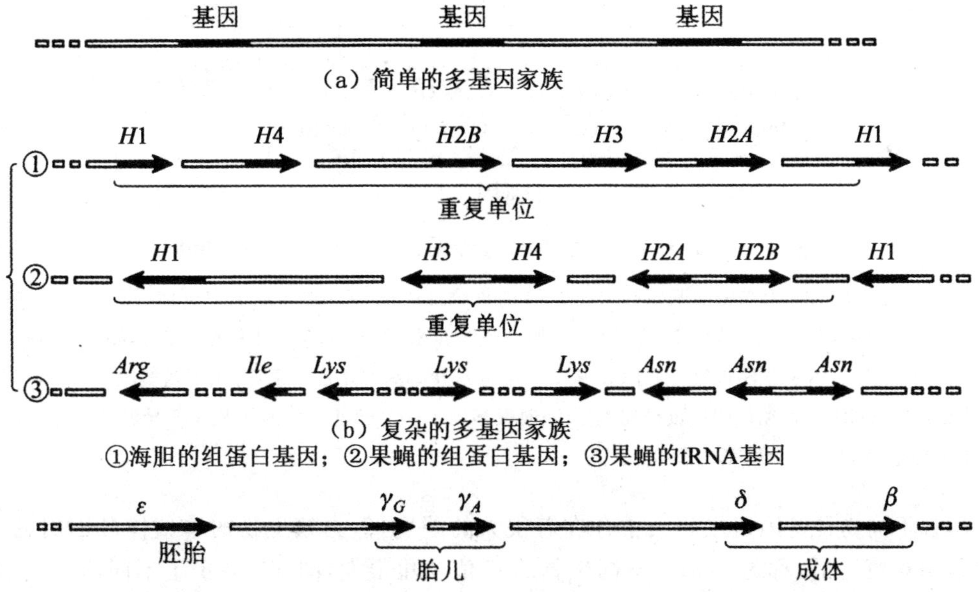

图 6-4　基因家族的几种类型

6.2 基因组

6.2.1 基因组的概念

20 世纪 70 年代,DNA 测序技术的出现为大规模的测序计划的顺利实现提供了可能。分子生物学家能够获得整个基因组的碱基序列。基因组是指一种生物染色体内所携带的全部遗传物质的总和,包括所有的基因和基因之间的间隔序列。不同生物基因组的大小、复杂性都是不同的。

第一个完成基因组测序的是 ΦX174 噬菌体,它是一个极为简单的基因组,包含 5386 bp,编码 11 个基因,如图 6-5 所示。随后,流感嗜血杆菌、酿酒酵母、拟南芥、稻瘟病菌等的基因组先后测序成功,尤其人类基因组计划更是受到全世界的瞩目。

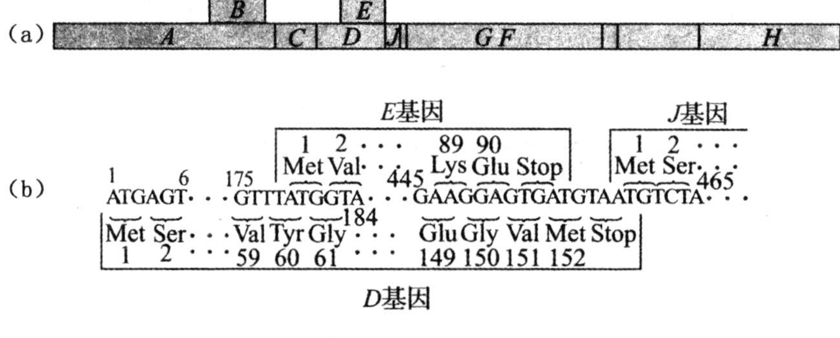

图 6-5 Φ X174 噬菌体的遗传图谱(引自 Weaver,2009)

(a)每个字母代表一个噬菌体基因;(b) ΦX174 的重叠可读框。基因 *D* 从图中所标的 1 号碱基开始一直到 459 号碱基结束,对应于氨基酸 1～152 位,外加一个终止密码子 TAA。图中的点表示未标出的碱基或氨基酸,而且该图只显示了非模板链。基因 *E* 从 179 位碱基开始到 454 位结束,对应于氨基酸 1～90 位,外加一个终止密码子 TGA。基因 *E* 的可读框比基因 *D* 向后移动了一个碱基。基因 *J* 从 459 号碱基开始,其可读框只在左边与基因 *D* 有一个碱基的重叠。

尽管不同物种基因组之间大小存在着很大的差别,但真核生物的单倍体基因组的 DNA 总量是相对恒定的,称为 *C* 值。不同生物的 *C* 值变化很大,图 6-6 展示了不同门类生物的 *C* 值变化范围。

从图 6-6 中可以看出,随着生物的进化,生物体的结构和功能越来越复杂,*C* 值也越来越大,如最小的支原体是 10^6 bp,而两栖动物可达 10^9 bp。从原核生物到哺乳动物,每一生物门类中的基因组最小值依次增加。但是,有时基因组大小并非随着遗传复杂程度的增加而上升。例如,爪蟾的基因组大小与人类相似,但是人类在遗传发育上要比爪蟾复杂得多,甚至百合花一个细胞所含的 DNA 量比人类细胞多 100 倍!

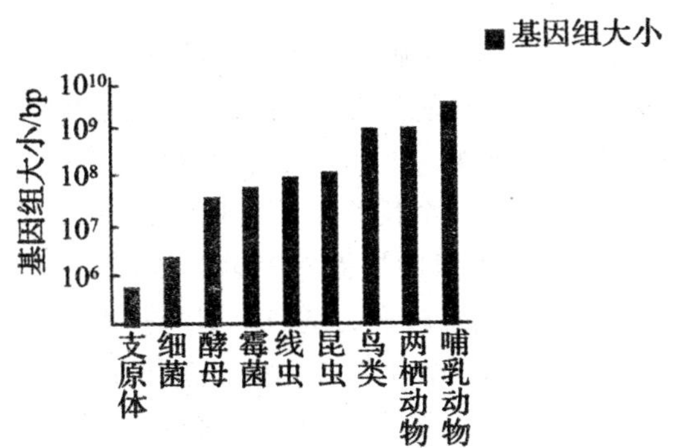

图 6-6　不同物种中基因组的最小值(引自卢因,2007)

上述真核生物的 C 值与生物体复杂性之间对应关系的反常现象称 C 值矛盾,又称 C 值悖论。C 值的生物体具有大量多余的、非编码的 DNA,或许就目前而言这是对于 C 值矛盾最为合理也最为可信的解释。

6.2.2　病毒基因组

6.2.2.1　病毒基因组的结构特点

病毒是一种极其简单的生物,是由蛋白质外壳包裹着遗传物质核酸而组成的,它的基因组也与其他生物不同,只能是 DNA 或 RNA。相对真核生物和独立生活的微生物而言,病毒的基因组非常简单。病毒核酸的相对分子质量为 $1.6\times10^7\sim1.6\times10^8$,大小仅为细菌基因组的 0.1%～10%。因此,病毒所携带的信息量及可编码的蛋白质比细菌少得多,但它们都含有病毒复制、转录等所需的基因或开放阅读框。研究病毒基因组开放阅读框的位置和功能,以及调节元件在基因组复制和表达的作用,能够帮助人们更深入地了解病毒基因组的结构和功能。

病毒基因组具有以下结构特点:

(1)病毒基因组大小相差较大,与细菌或真核细胞相比,病毒的基因组很小,只能编码少数蛋白质。如乙肝病毒 DNA 只有 3 kb,只能编码 4 种蛋白质;痘病毒的基因组则有 300 kb,能够编码几百种蛋白质。此外,病毒基因组通常含有重叠基因,即同一段 DNA 片段能够编码两种或两种以上蛋白质。重叠基因使用共同的核苷酸序列,但转录成的 mRNA 具有不同的开放阅读框。有些重叠基因使用相同的开放阅读框,但它们的起始密码子或终止密码子不同。病毒基因组的这种结构使较小的基因组能够携带较多的遗传信息。重叠基因现象的发现,修正了各个基因的核苷酸链彼此分离的传统观念。

(2)病毒基因组可以由 DNA 或 RNA 组成。每种病毒颗粒中只含有一种核酸,为 DNA 或 RNA,两者一般不共存于同一病毒颗粒中。组成病毒基因组的 DNA 或 RNA 可以是单链或双链、闭合环状或线形分子。一般说来,大多数 DNA 病毒的基因组为双链 DNA 分子,而大多数 RNA 病毒的基因组是单链 RNA 分子。

(3)病毒基因组的大部分可编码蛋白质,只有非常小的部分不被翻译,并且基因之间的间隔序列非常短。因此,非编码区只占病毒基因组的很少部分。

(4)在病毒基因组 DNA 序列中,功能上相关的基因一般集中成簇,丛集在基因组的一个或几个特定部位形成一个功能单位或转录单元。它们可被一起转录成多顺反子 mRNA,然后再加工成各种 mRNA;或者先翻译成一个长肽链,再切割成不同的蛋白质。

(5)多数 RNA 病毒的基因组由连续的核糖核酸链组成,但也有些病毒的基因组 RNA 由不连续的几条核糖核酸链组成。如流感病毒的基因组 RNA 分子是节段性的,由 8 条 RNA 分子构成。目前还没有发现节段性 DNA 分子构成的病毒基因组。

(6)噬菌体的基因是连续的,而大多数真核细胞病毒的基因是不连续的,具有内含子。有趣的是,有些真核病毒基因组的内含子或其中一部分内含子,对某一个基因来说是内含子,而对另一个基因却是外显子。

(7)除了逆转录病毒以外,一切病毒基因组都是单倍体,每个基因在病毒颗粒中只出现一次,而逆转录病毒基因组一般存在两个拷贝。

6.2.2.2 病毒基因组的类型

目前已知病毒基因组的结构类型多种多样,可能是 DNA 或 RNA,也可能是单链的或是多链的,可能是闭环分子或线性分子。这里基本上可以将其分成如下 6 种类型。

(1)双链 DNA 病毒基因组。人和动物 DNA 病毒的基因组多数是双链 DNA(dsDNA)。多数情况下,双链 DNA 病毒在细胞核内合成 DNA,在细胞质中合成病毒蛋白。只有痘病毒例外,DNA 和蛋白质的合成都在细胞质中进行。

一种为双链线状 DNA。例如,疱疹病毒科(Herpesviridae)、痘病毒科(Poxviridae)、虹彩病毒科(Iridoviridae)和腺病毒科(Adenoviridae)等的病毒基因组。在这些双链线状 DNA 中一般都有特殊的结构序列,如虹彩病毒、疱疹病毒的基因组 DNA 有末端冗余序列,其 5′-端用外切酶部分消化,可产生黏性末端,再经过变性退火,能够形成环状双链 DNA 分子;线病毒的基因组 DNA 有末端反向重复序列,直接经过变性和退火,每条 DNA 链可各自形成柄环状分子。

另一种为双链环状 DNA。例如,乳头瘤病毒科(Papillomaviridae)、多瘤病毒科(Polyomaviridae)、嗜肝 DNA 病毒科(Hepadnaviridae)、杆状病毒科(Baculoviridae)和多 DNA 病毒科(Polydnaviridae)等的病毒基因组。其中乳头瘤病毒、多瘤病毒、多 DNA 病毒和杆状病毒基因组的环状双链 DNA 还可以超螺旋的形式存在。植物病毒仅发现花椰菜花叶病毒科(Caulimoviridae)的基因组是环状双链 DNA,但其单链上有缺刻,为不完全双链环状 DNA 分子。

双链 DNA 病毒的复制表达的基本过程:首先,利用宿主核内的依赖 DNA 的 RNA 聚合酶从病毒基因组 DNA 转录早期 mRNA;然后,在细胞质的核糖体上翻译早期蛋白,早期蛋白主要是用于合成子代 DNA 分子;随后,以子代 DNA 分子为模板,大量转录晚期 mRNA;最后,在细胞质核糖体上翻译病毒结构蛋白,主要为衣壳蛋白,装配病毒颗粒。双链 DNA 病毒基因组的复制按半保留复制形式进行。

(2)单链 DNA 病毒基因组。一种为线状单链 DNA(ssDNA)。例如,动物 DNA 病毒中的细小病毒科(Parvoviridae)等的病毒基因组,其 5′-端和 3′-端均有回文序列,可形成发夹结构。细小病毒的另一个重要特征是它们能够产生两种不同极性的单链 DNA,在成熟的病毒粒子中或含有正链 DNA，或含有负链 DNA，来源于同种病毒的不同病毒粒子的正、负 ssDNA 能够退火形成双链 DNA 分子。

另一种为环状单链 DNA。例如，丝杆噬菌体科（Inoviridae）、微噬菌体科（Microviridae）的基因组。噬菌体 ΦX174 基因组为环状正链 DNA，并在 DNA 分子中存在基因重叠现象。ΦX174 DNA 进入细胞后，在宿主的 DNA 聚合酶的作用下，产生互补链，形成称为复制型（RF）的双链 DNA，即±dsDNA，然后以复制型为模板按半保留复制方式进行复制和转录，产生更多的复制型、mRNA 和子代＋DNA 基因组。

（3）正链 RNA 病毒基因组。正链 RNA 病毒的基因组均为线状分子，具有 mRNA 的活性（反转录病毒例外），因而具有侵染性。例如，黄病毒科（Flaviviridae）、小 RNA 病毒科（Picornaviridae）等。

这类病毒可直接翻译成蛋白质，再经宿主和病毒编码的蛋白质水解酶切割产生不同的病毒蛋白质。病毒 RNA 复制是由新合成的病毒复制酶以基因组＋RNA 为模板合成-RNA，再以-RNA 为模板合成新的＋RNA 病毒基因组（＋ssRNA）。

（4）负链 RNA 病毒基因组。大多数有包膜的 RNA 病毒都属于负链 RNA（-ssRNA）病毒，例如副黏病毒科（Paramyxoviridae）、丝状病毒科（Filoviridae）、正黏病毒科（Orthomyxoviridae）等。

这类病毒含有依赖 RNA 的 RNA 聚合酶。病毒 RNA 在该酶的作用下，首先转录出互补的正链 RNA，形成复制型 RNA，再以其正链 RNA 为模板，转录出互补的子代负链 RNA，同时翻译出病毒结构蛋白和酶。

（5）双链 RNA 病毒基因组。双链 RNA（dsRNA）病毒基因组，例如，呼肠孤病毒科（Reoviridae）中的动物病毒和植物病毒的基因组。

这类病毒基因组在依赖 RNA 的 RNA 聚合酶作用下转录 mRNA，再翻译出蛋白质。双链 RNA 病毒基因组的复制是由负链复制出正链，正链再复制出新负链，因此子代 RNA 全部为新合成的 RNA。

（6）反转录病毒基因组。反转录病毒科（Retroviridae）的病毒的基因组虽为正链 RNA，但没有 mRNA 的翻译模板活性，因而缺少侵染性。

这类病毒基因组的 RNA 首先必须在自身的反转录酶的作用下，以病毒基因组的 RNA 为模板，反转录形成 RNA:DNA 中间体。该中间体中的 RNA 由反转录酶的 RNaseH 组分降解，在 DNA 聚合酶作用下，以 DNA 为模板复制成双链 DNA。该双链 DNA 环化后整合于宿主细胞的染色体上，成为原病毒，再在宿主的 RNA 聚合酶作用下转录产生 mRNA 和新的＋RNA 基因组。该 mRNA 在细胞质核糖体上翻译出子代的病毒蛋白质。

反转录病毒的基因组是单链 RNA。如图 6-7 所示为反转录病毒基因组的结构特点图。一个典型的反转录病毒含 3 或 4 个基因（编码区），它们是病毒核心蛋白基因（*gag*）、反转录酶基因（*pol*）和包膜糖蛋白基因（*env*）。此外，某些还会有癌基因。

6.2.2.3　几种病毒的基因组

（1）SV40 病毒基因组。在真核生物病毒中，猴空泡病毒 SV40 是第一个完成基因组 DNA 全序列分析的动物病毒。SV40 病毒对于研究真核生物基因表达，了解病毒致癌机制而言是一个不错的选择。因为 SV40 病毒基因组只有 5 个基因，完全需要依靠哺乳动物细胞内的机构进行它的DNA复制和基因表达。此外,它的启动子和增强子被广泛地用于真核生物基因表达性载体的构建。

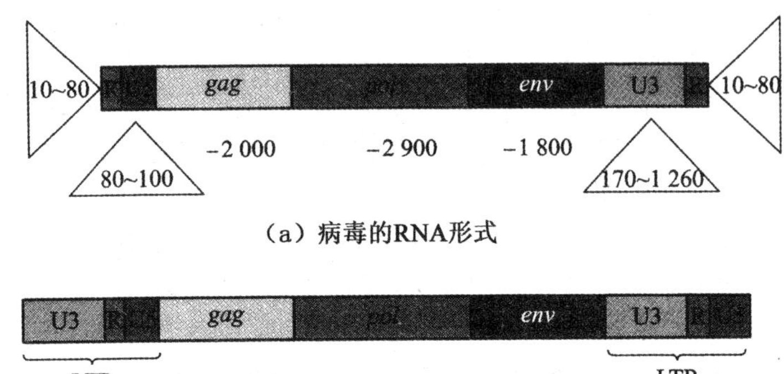

(a) 病毒的RNA形式

(b) 病毒的线状DNA形式

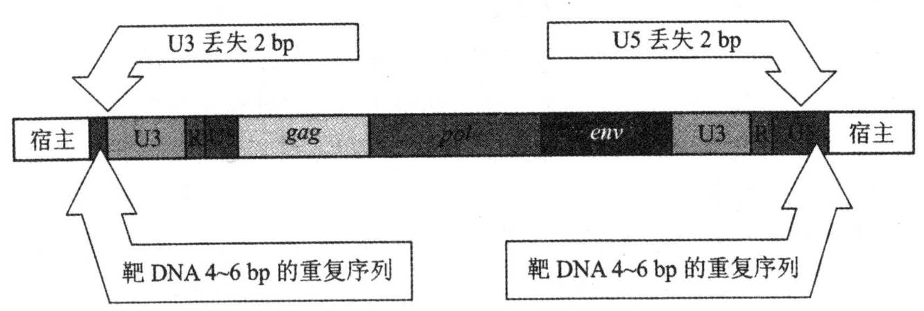

(c) 病毒整合进宿主DNA的形式反应,说明它还有DNA聚合酶活性。而且反转录酶还有必需的RNaseH酶活性,具有降解RNA和DNA杂交分子中RNA链的功能

图 6-7 反转录病毒基因组的结构特点(引自 Lewln,2006)

SV40病毒的结构是这样的:外壳为二十面对称体的球状颗粒,中心包含有全长5243 bp的双链环状DNA。该DNA在体外如果与组蛋白相连,可以形成24个核小体,称为微小染色体,是真核细胞染色质的最小模型。

如图6-8所示,SV40病毒基因组分为大小相近的两个基因区域,转录方向相反。大T和小t基因以逆时针方向转录,发生在DNA复制之前,称为早期基因以及早期转录。Vp1、Vp2、Vp3基因以顺时针方向转录,发生在DNA复制之后,称为晚期基因和晚期转录。在早期和晚期基因之间是SV40病毒基因组的调控区,约400 bp,在体外构建核小体时,处于微小染色体的无核小体内。在这个区域内,早期和晚期基因的调控序列以及DNA复制起始位点等大部分是重叠使用的。

(2)乙肝病毒基因组。乙肝病毒的外壳蛋白由s基因和前s基因表达产物组成。如ayw亚型的外壳蛋白有3组,分别如下:第1组分子量为$2.4\times10^4\sim2.7\times10^4$ D,是主要成分(占总蛋白质的70%~90%),呈糖基化形式,由表面抗原基因s表达;第2组分子量为$3.3\times10^4\sim3.5\times10^4$ D,由前s2基因表达;第3组分子量为$3.9\times10^4\sim4.2\times10^4$ D,由前s1基因表达。在外壳蛋白包裹下,内有呈多面体的核衣粒,其表层是分子量为2.1×10^4 D的碱性蛋白组成的核心抗原,核衣粒中心是病毒基因组DNA。DNA有5个翻译阅读框架。

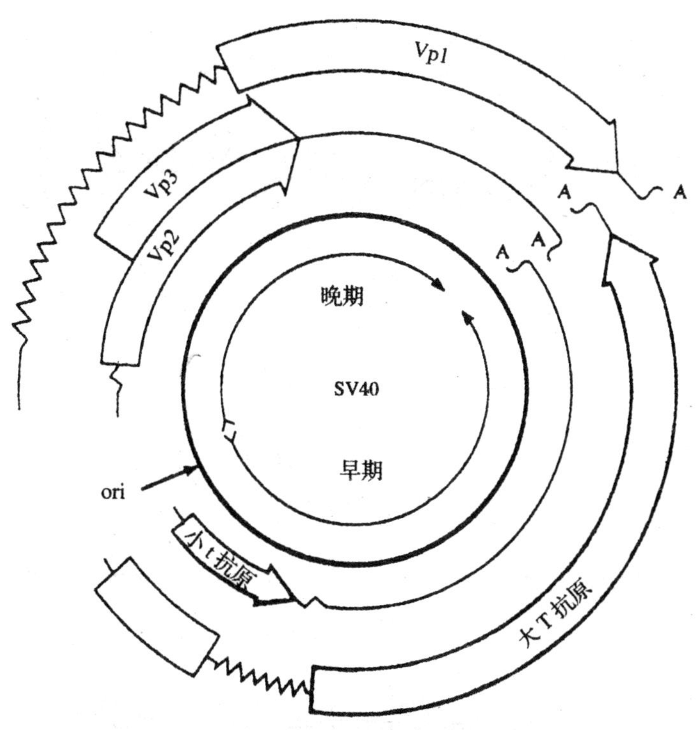

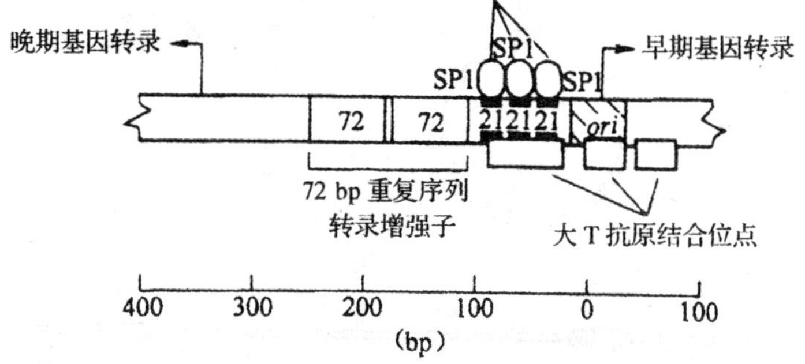

图 6-8 SV40 病毒基因组

(3)逆转录病毒(HIV)基因组。人类免疫缺陷病毒(human immunodeficiency virus,HIV)是至今发现的最复杂的逆转录病毒。其基本形态和其他逆转录病毒相似,如图 6-9(a)所示。HIV 有核心部分、核衣壳和包膜等 3 种结构。核心内还含有病毒本身编码的逆转录酶、整合酶和蛋白酶,核衣壳由 P17、P24、P9、P7 等蛋白组成。最外面的包膜由病毒编码的糖蛋白 GP120 和 GP41 及类脂组成。HIV 病毒基因组是两条相同的正链 RNA,每条 RNA 长 9.2～9.8 kb。两端是长末端重复序列(long terminal repeats,LTR),含顺式调控序列,控制前病毒的表达。

基因排列顺序为 5′LTR-gag-pol-env-3′LTR,在 5′-端有帽子结构,3′-端有 poly(A)。除了上述 3 个结构基因外,还有 6 个调节基因,即 *tat*、*rev*、*nef*、*vif*、*vpr* 和 *vpu* 基因,编码 6 种调控蛋白。这在逆转录病毒中是少见的。HIV 的基因编码区域有许多重叠,大多数基因不含内含子,最大限度地利用了有限的编码序列。基因 *tat* 和 *rev* 两侧含有内含子。

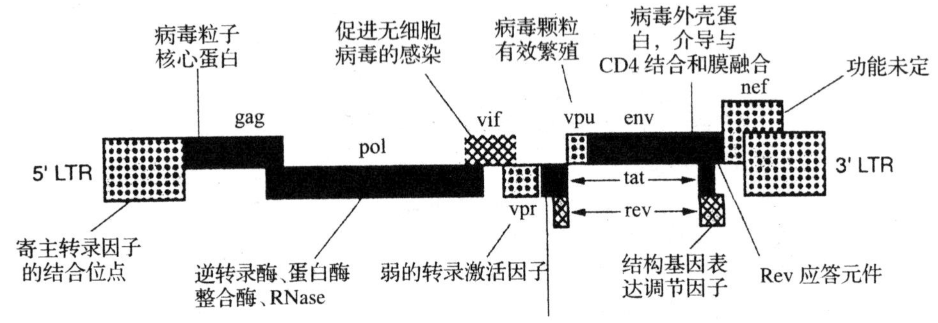

vif, vpr, vpu, tat, rev, nef – 有调控功能的基因

gag, pol, env – 病毒复制必要的基因

（a）HIV病毒的基因组结构

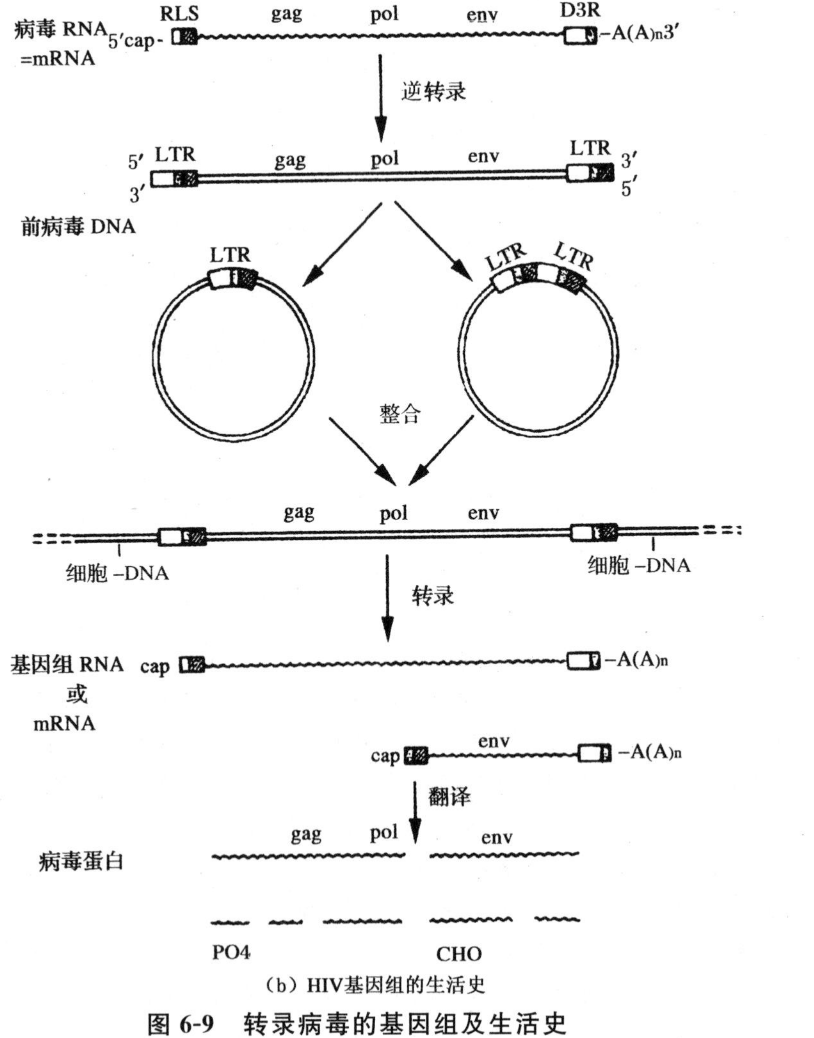

（b）HIV基因组的生活史

图 6-9 转录病毒的基因组及生活史

病毒感染细胞后，在自身逆转录酶作用下，以单链 RNA 为模板，合成双链线状及环状 DNA，最后在整合酶催化下，整合到宿主细胞 DNA 的特殊位置。这个前病毒 DNA 的整合形式，可以最大限度地合成病毒 RNA。这些 RNA 既可以大量包装成成熟的病毒颗粒，又可以作为 mRNA，指导合成病毒特异性的蛋白质。病毒的逆转录酶就是由它的 mRNA 直接翻译而成，如图 6-9(b)所示。

6.2.3　原核生物基因组

据估计，细菌占地球生物总量的 60%，是典型的原核生物。原核生物的细胞内没有明显的细胞核形态，遗传物质均为 DNA，DNA 与蛋白质结合形成类核，类核无核膜，中央部分由 RNA 和支架蛋白组成，外围是双链闭环的 DNA 超螺旋。

原核生物的基因组大小在 10^6 bp 以上，在双链 DNA 的两条链上均有基因的编码序列。除类核构成的主基因组外，原核生物还有许多独立的 DNA 小分子，称作质粒。例如，布氏疏螺旋体的线性染色体长 910 kb，至少含 853 个基因。此外，还有 17 个线形或环形的质粒，共长 53 kb，含有 430 个基因，其中对宿主细胞有必要的基因也属于基因组的成分。

原核生物一般以细菌为代表，这类生物可以进行自我繁殖，具有复杂的细胞结构和代谢过程，细菌基因组比病毒大得多，更复杂，本节主要介绍细菌的染色体基因组。

6.2.3.1　细菌基因组的特点

细菌的染色体基因组具有以下基本特征：

(1)基因组通常仅有一条环形或线形双链 DNA 分子，与蛋白质结合形成类核。

(2)只有一个复制起始点。

(3)有操纵子结构，即数个相关的结构基因(其表达产物一般参与同一个生化过程)串联在一起，受同一调控区调节，合成多顺反子 mRNA。如大肠杆菌的色氨酸操纵子由 5 个相关酶蛋白结构基因(*A*、*B*、*C*、*D* 和 *E*)串联在一起，受共同的启动子(*P*)和操纵基因(*O*)调节(图 6-10)。

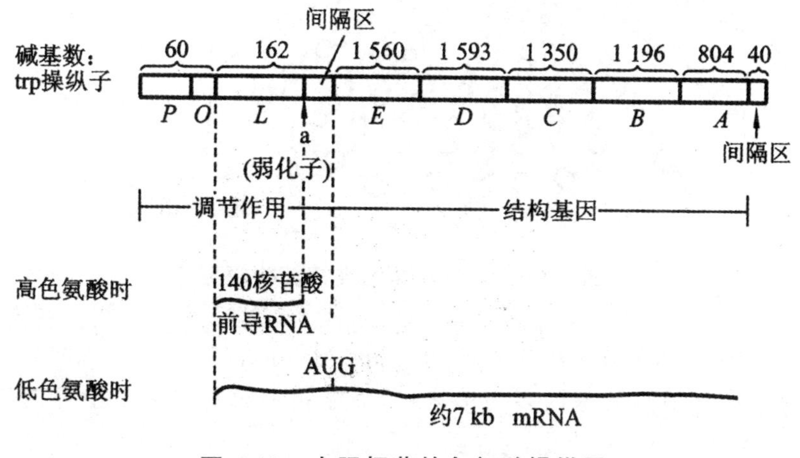

图 6-10　大肠杆菌的色氨酸操纵子

(4)非编码 DNA 所占比例很少,编码蛋白质的结构基因为单拷贝的,但 rRNA 基因一般是多拷贝的。

(5)基因组 DNA 具有多种调控区,如复制起始区、复制终止区、转录启动子、转录终止区等特殊序列,还有少量重复序列,比病毒基因组复杂。

(6)具有与真核生物基因组类似的可移动 DNA 序列。

6.2.3.2 细菌的染色体基因组

细菌的类核约占细胞体积的 1/3,其中央由骨架蛋白和 RNA 组成,外围是双链闭环的 DNA 超螺旋。DNA 与细胞膜相连,连接点数目随生长周期而变化。细胞分裂时无纺锤丝形成,DNA 随着生长的细胞膜分配到两个子细胞中。

大肠杆菌 *E. coli* 是分子生物学研究中重要的模式生物。大肠杆菌染色体 DNA 聚集在一起在细胞内形成一个较为致密的区域,称为类核或拟核(图 6-11)。这种结构由蛋白质和一条超螺旋 DNA 组成,其中还含有一些 RNA 成分。由于每个小结构域相对独立,不同小结构域内的启动子对基因表达的调控有不同的敏感。可以把类核完整地从细菌细胞中分离出来。用蛋白酶或 RNA 酶处理,可使类核由致密变得松散,表明蛋白质和 RNA 起到了稳定类核的作用。

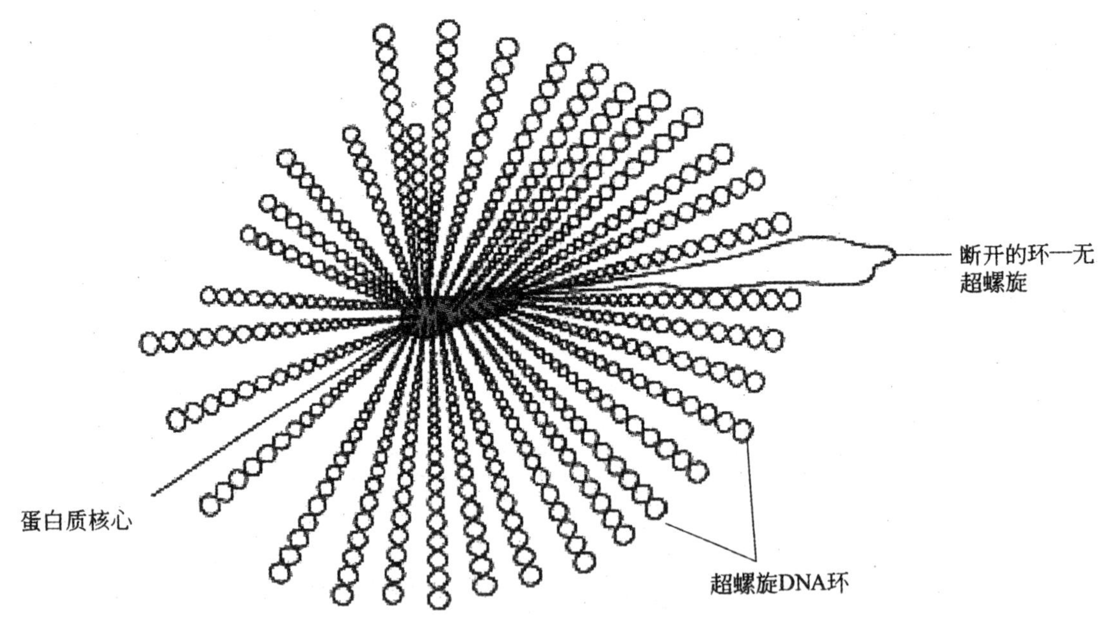

图 6-11 大肠杆菌的类核结构模型

E. coli 染色质的 DNA 分子约含 4.2×10^6 bp, M_r 为 2.67×10^9,有 3000～4000 个基因(图 6-12)。为蛋白质编码的基因多为单拷贝,功能相关的基因多集中排列组成操纵子。*E. coli* 基因组大约有 600 个操纵子,每个操纵子含有 2～5 个基因,并有一种或几种特定调控蛋白控制基因的表达。*E. coli* 的 rRNA 以 16S rRNA、23S rRNA、5S rRNA 的顺序基因串联

在一起，共形成7个拷贝，存在于基因组DNA的不同部位。多个重复基因能够增加基因剂量，以适应大量装配核糖体的需要。在7个rRNA操纵子中，有6个位于DNA复制起始点附近。位于复制起始点附近的基因表达量，几乎是复制终点处相同基因表达量的2倍。rRNA操纵子中还含有某些tRNA的基因，各个操纵子先被转录成为30S rRNA前体，之后通过剪切，除去内部的一些间隔序列。在细菌染色质上也有重叠基因，如*E. coli*的*trp*操纵子由5个结构基因(*trp E-D-C-B-A*)组成，其中*trpE*和*trpD*之间，*trpB*和*trpA*之间有部分重叠。细菌基因组中与复制和转录有关的酶和蛋白质的基因，分散排列在整个染色体的不同区域中，具有多种调控区，如复制起始区、复制终止区、转录启动区、终止区等。调控区具有特殊的序列，如反向重复序列等。

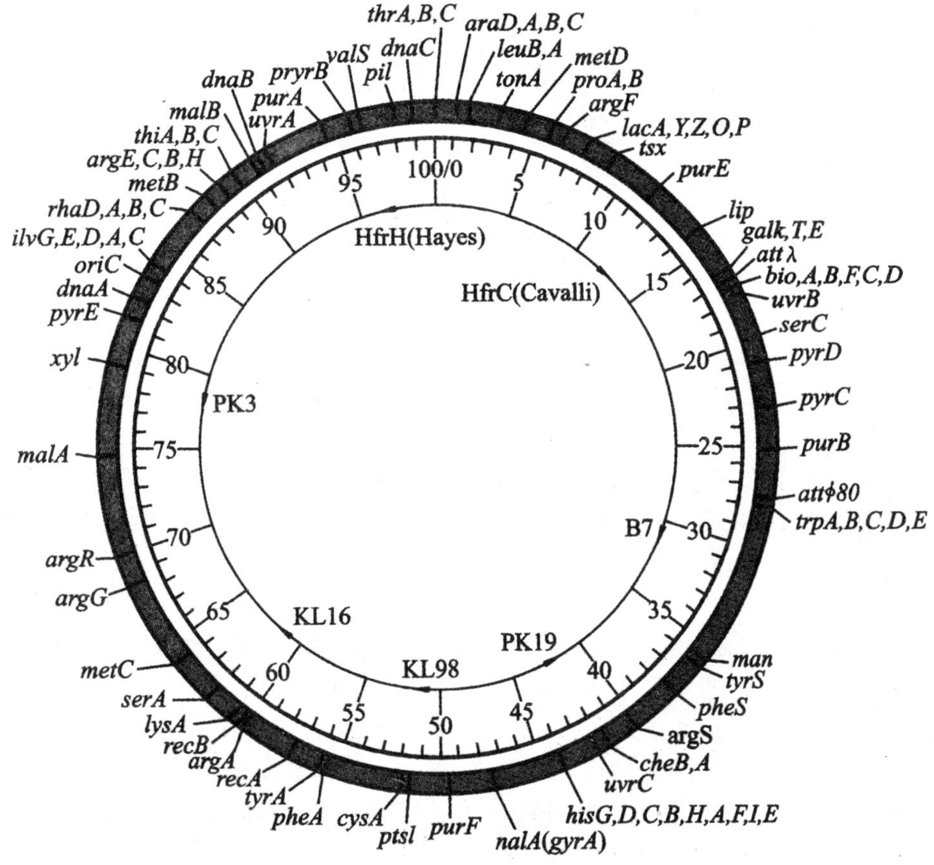

图6-12 大肠杆菌的基因组结构

从大肠杆菌中已经分离到几种类似于真核细胞染色体蛋白质的DNA结合蛋白，被称为类组蛋白。含量最多的HU蛋白二聚体，是一种能使DNA密集凝缩的DNA结合蛋白，可将DNA绕成串珠状结构。在大肠杆菌中，HU蛋白还参与λ噬菌体的整合、切割等特异性重组反应。另一种二聚体蛋白质是宿主整合因子(IHF)，其复合物能使有活性的DNA序列定位在细胞内的特异位点。H1蛋白是一种中性的单体蛋白质，能与DNA序列非共价结合,但更倾向于结合到弯曲的DNA链上,参与DNA的拓扑异构化和各种基因表达的调控。研究发现,缺失以上某种蛋白质时,并未对大肠杆菌的核样结构造成严重影响,除非所有这些蛋白质都缺失才会干扰核样结构,或许它们的专一性不太强,不同蛋白质间可以互相替代。

6.2.3.3 细菌的自主遗传物质——质粒

质粒是指独立于细菌或真核生物细胞(如酵母等)的染色体外,一种由共价闭合环状DNA分子(cccDNA)组成的、能自主复制的最小遗传单位,如图6-13所示。

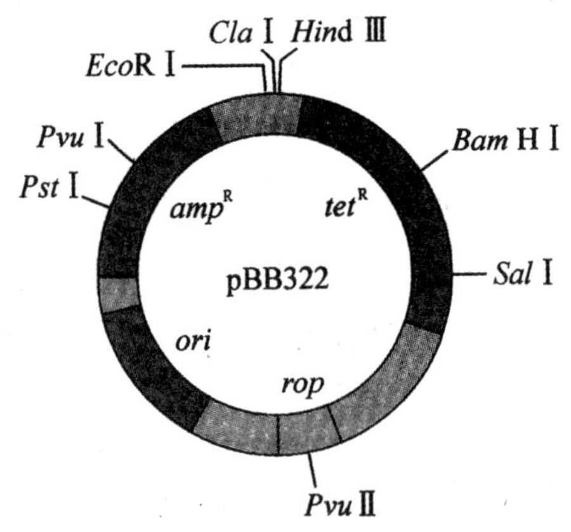

图6-13 质粒pBR322结构

质粒的自主复制并非是任意的,它只有在宿主细胞内才能够完成,一旦离开宿主就无法复制和扩增。但是,质粒对宿主细胞的生存却不是必需的,宿主细胞丢失了质粒依然能够存活。尽管质粒不是细菌生长、繁殖所必需的物质,它所携带的遗传信息能赋予宿主细胞特定的遗传性状。

不同质粒在宿主细胞中表现出不同的拷贝数。质粒按其复制机制可以分为两种:

(1)严紧型质粒。有些质粒,如F质粒,在一个细胞中存在1个或2个拷贝,这种类型的质粒即为严密性质粒,也称为低拷贝数质粒。其复制受宿主细胞的严格控制。

(2)松弛型质粒。有些质粒,如ColE质粒,在一个细胞中存在很多拷贝,这种类型的质粒即为松弛型质粒,也称为高拷贝数质粒。其复制不受宿主细胞的严格控制,每个细胞可含10~200个拷贝。

实际上,一种质粒属于松弛型还是严紧型主要取决于宿主的状况,这种划分并非绝对的,也就是说,同一种质粒在不同的宿主细胞中可能具有不同的复制型。这说明质粒的复制不仅受到自身的制约,同时还受到宿主的影响。

此外,还可以按照转移方式、寄主范围和不相容性等特性对质粒进行分类。

利用天然质粒的特点、性质,在基因工程中加以改造,保留所需成分,去除非必需的成分,这种质粒可作为良好的载体在克隆技术中被广泛应用。

6.2.4　真核生物基因组

6.2.4.1　真核生物基因组的特点

真核生物的细胞结构和功能远比原核生物复杂，其基因组也比原核生物复杂得多。真核生物是具有由膜包被的核结构和细胞骨架的单细胞或多细胞生物。真核生物的基因组比较庞大，并且不同生物物种间差异很大，如人的单倍体基因组有 3.16×10^9 bp。与原核生物相比，其基因组具有如下特点。

(1)基因组大。低等真核生物的基因组为 $10^7\sim10^8$ bp，比原核细胞大 10 倍以上。而高等真核生物可以达到 $5\times10^8\sim10^{10}$ bp，有些植物和两栖类可达到 10^{11} bp。哺乳动物基因组大于 2×10^9 bp，编码约 3 万个基因。这些基因分布在多个染色体上，结构复杂，且具有许多复制起点。

(2)真核生物的绝大多数结构基因都含有内含子，属于断裂基因，基因组转录后的绝大部分前体 RNA 必须经过剪接才能形成成熟的 mRNA。

(3)含有大量重复序列和可移动序列。真核细胞基因组 DNA 含有很多重复序列，且重复序列的单位长度不一，从几个至几千个碱基对不等，重复次数从几次到几百万次不等。高度重复序列通常不转录，为 rRNA 和 tRNA 编码的基因属于中度重复序列。为个别蛋白质编码的基因也属于中度重复序列，但大部分为蛋白质编码的基因是单拷贝序列，转录产物为单顺反子 mRNA。此外，与原核生物相比，真核生物基因组中的可移动 DNA 序列比例较高。

(4)基因的调控复杂，基因表达的各个阶段都有特定的调控机制。真核细胞被核膜分隔成细胞核和细胞质，在基因表达中，转录和翻译在时间和空间上被分隔，基因表达的各个阶段均有特定的调控机制。真核生物的功能上密切相关的基因通常分散存在于染色体的不同位置，甚至不同的染色体上。基因表达的调控不采取原核生物的多顺反子形式，而是具有更复杂的调节形式，有数目众多的调控因子，对功能上密切相关而又分离很远的基因表达进行调控。

6.2.4.2　真核生物基因组的重复序列

在对生物的基因组进行大规模测序之前，人们主要是通过基因组 DNA 复性动力学来认识基因组序列的组成，从而估计真核生物的总体特征。

DNA 复性过程遵循二级反应动力学，可用 Cot 曲线来描述。据复性动力学可以鉴定出真核生物基因组有两种类型的序列：非重复序列和重复序列。非重复序列是指基因组中只有一份拷贝的序列；重复序列是指在基因组中的不止一份拷贝的序列。

不同生物基因组中非重复序列所占比例变化较大，图 6-14 总结了一些有代表性生物的基因组组成。

真核生物基因组 DNA 由重复不等的序列组成，有些重复序列成簇集中在染色体 DNA 的某些部位，如染色体的着丝粒或异染色质。有些重复序列分散存在于基因组的各个部位。

(1)单拷贝序列。绝大多数编码蛋白质的基因都是单拷贝序列。基因组中的基因在某一时空条件下并不同时全都表达。除了脑细胞外，一个细胞中大约只有 1×10^4 种不同的蛋白质，其中 80%是维持生命所必需的基本蛋白质。一般将生物体内所有细胞所共同具有的蛋白质称为持家蛋白质。人体至少有 250 种不同的细胞，每种细胞一般表达 300～400 种自身特有的蛋白质，这些蛋白质的基因大多数都是单拷贝的。

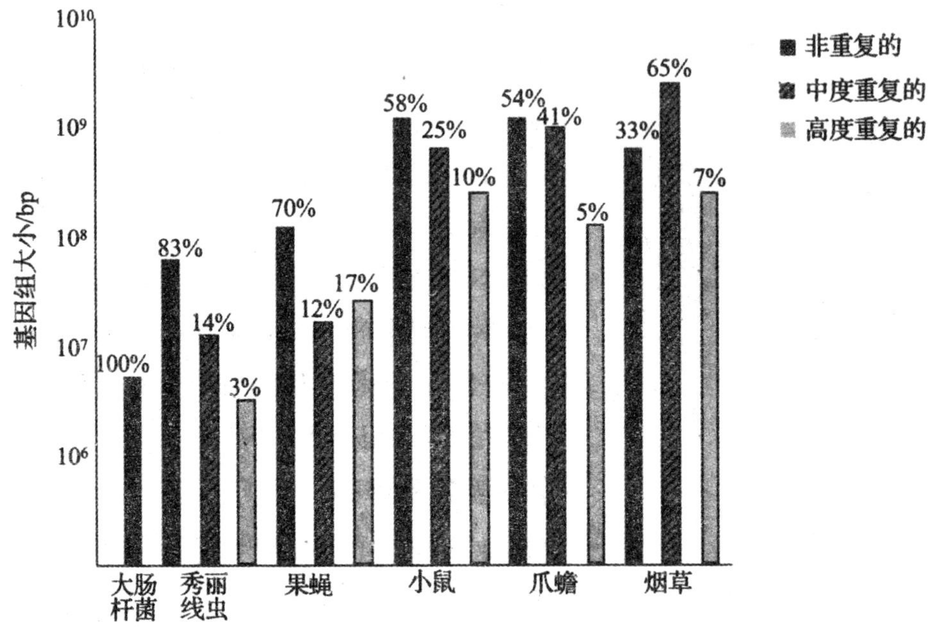

图 6-14　不同生物的基因组组成(引自卢因，2007)

图 6-15 显示了人类基因组 DNA 的各种序列类型，框内数字表示该种序列的大约碱基对数，真核生物基因组中各种序列的排列如图 6-16 所示。

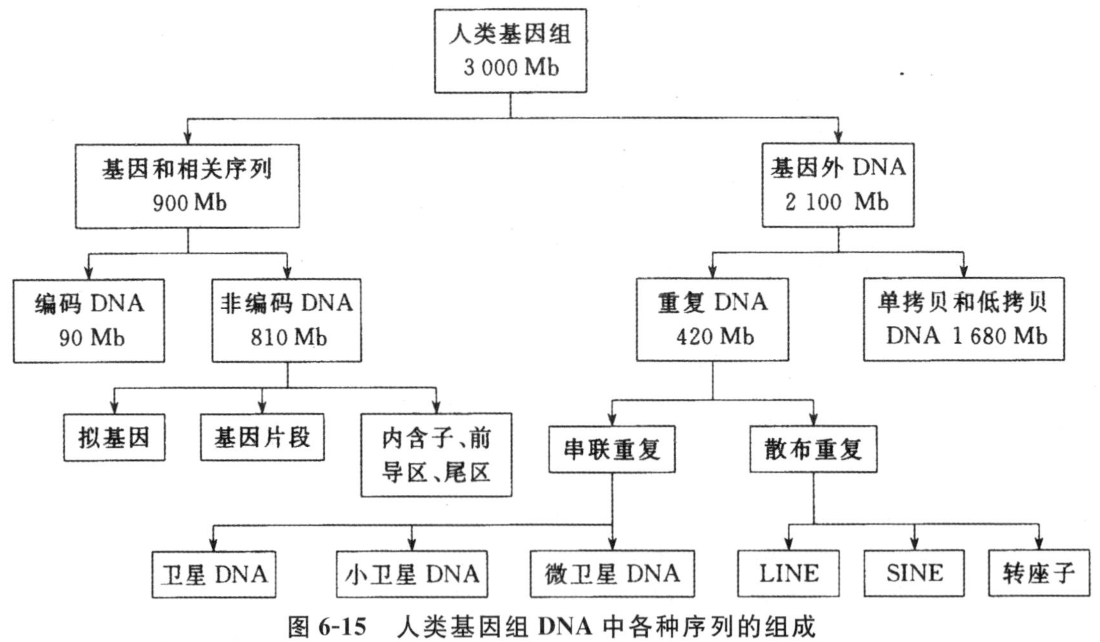

图 6-15　人类基因组 DNA 中各种序列的组成

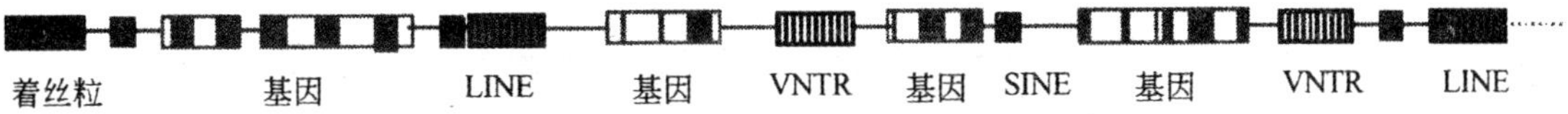

着丝粒　基因　LINE　基因　VNTR　基因　SINE　基因　VNTR　LINE

图 6-16　真核生物的基因和各种重复序列的排列

(2)低度重复序列。低度重复序列在基因组中一般有2～10个拷贝，通常是一些编码蛋白质的基因，其氨基酸序列具有很高的同源性。例如，tRNA基因和一些组蛋白基因。

(3)中度重复序列。中度重复序列在基因组内重复数十次至数十万次，平均长度6×10^5 bp，通常是非编码序列，分散存在于基因组内。目前认为，大部分的非编码中度重复序列与基因表达的调控相关。

大多数中度重复序列与其他序列间隔排列，称作分散重复序列。少数中度重复序列成串排列在一定的区域，称作串联重复序列。

分散重复序列分为两类。短分散元件(short interspersed elements，SINEs)的典型代表是Alu序列，其长度约为300 bp。如图6-17(a)所示，Alu序列由两个130 bp的串联重复顺序组成，其中一个重复顺序有30 bp的插入序列，这个插入序列来自7SL RNA，在170 bp处有一个AluⅠ的酶切位点(AGCT/TCGA)，因此而得名。分散重复序列的生物学功能目前研究并不详细，但在基因组学研究中，可以作为分子标记，用于染色体作图。

串联重复序列包括小卫星DNA和微卫星DNA，编码组蛋白、per-rRNA、5S rRNA及各种tRNA家族的基因，有人将着丝粒序列和端粒序列(卫星DNA)也看作串联重复序列。

小卫星DNA通常由大约15 bp的串联重复序列组成，大多位于邻近染色体末端的区域，也有一些分散存在于基因组的多个位置上。小卫星DNA的拷贝数存在很大的个体差异，长度多态性以孟德尔方式遗传。因此，小卫星DNA可用于DNA的指纹图谱分析，亲子鉴定，基因定位和遗传病的诊断分析。

微卫星DNA是由更简单的串状重复单位组成的，重复单位只有2～5 bp，分散存在于基因组中。大多数重复单位是二核苷酸，也有少量三核苷酸或四核苷酸的重复单位。由于重复单位比小卫星序列更短，因而称为微卫星序列，也可被称作短串联重复(short tandem repeats，STR)。可以作为基因组作图的遗传和物理标记。

(4)高度重复序列。它是指在基因组中重复频率高达10^6以上的DNA序列。其特点为复性速度很快。例如，人类的Alu家族约有30万种类型，而其他物种的Alu类似家族共有50万种。高度重复序列大多数都集中在异质染色区，尤其在着丝粒和端粒附近。这类重复序列较为简单，不具备转录的能力。

6.2.4.3　细胞器基因组

细胞器主要包括线粒体和叶绿体。线粒体在真核细胞中普遍存在，它是一个非常重要的细胞器。叶绿体是植物细胞中重要的一种半自主性细胞器。

(1)线粒体基因组。线粒体是细胞的半自主性细胞器，有自己的基因组DNA，编码细胞器的一些蛋白质。在真核生物中，线粒体基因组也叫作线粒体DNA(mitochondrial DNA，mtDNA)，是除了核基因组之外非常重要的遗传物质。

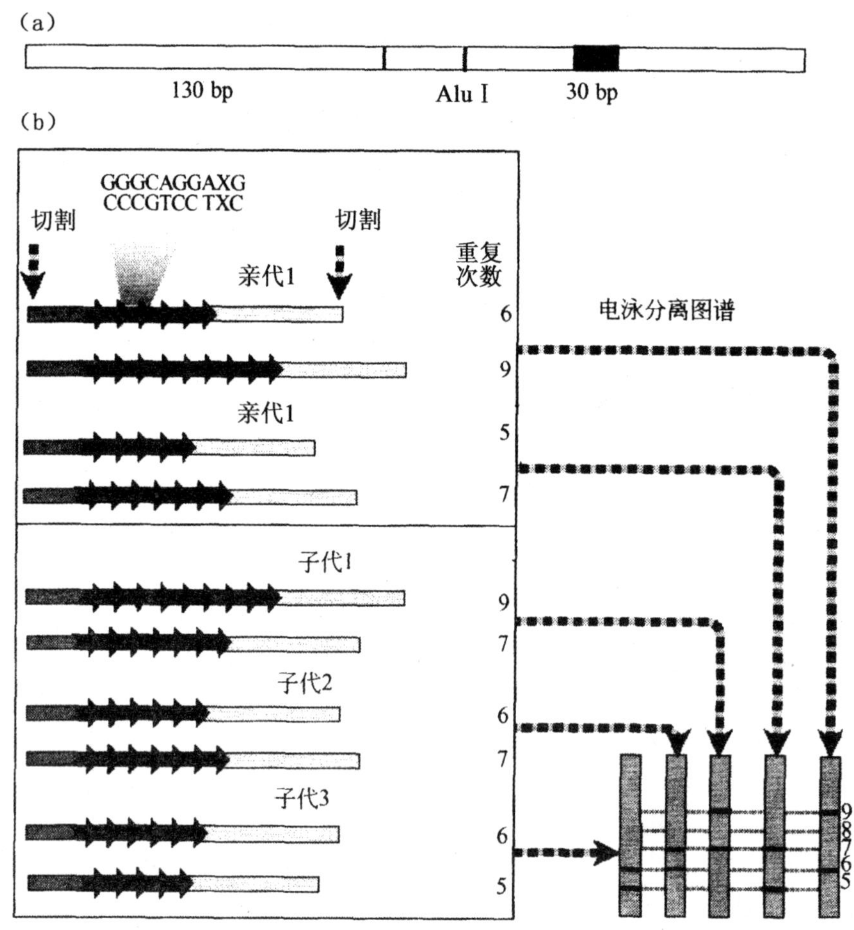

图 6-17　Alu 序列的结构及小卫星 DNA 用于亲子的鉴定图解

线粒体基因组包含多种基因或基因簇，主要有 rRNA 基因、tRNA 基因、ATPase 基因和细胞色素氧化酶基因等。线粒体基因组只能编码部分所需的蛋白质，许多重要的多亚基蛋白质复合物由核基因组与线粒体基因组各自编码部分亚基。

线粒体基因组编码 13 种呼吸链中的蛋白质亚基，这些亚基与核基因编码的亚基一起，共同构成了呼吸链上的电子传递体蛋白质，包括：复合体Ⅰ的 7 个亚基，复合体Ⅲ的 1 个亚基，复合体Ⅳ的 3 个亚基，复合体Ⅴ的 2 个亚基。但线粒体基因组自身编码的蛋白质只占呼吸链组分的一小部分，大部分仍是由核基因编码，在细胞质内合成后运输到线粒体内发挥作用。

不同物种的线粒体基因组的大小相差悬殊，一般在 $1\times10^6\sim2\times10^8$ bp。已知哺乳动物的线粒体基因组最小，果蝇和蛙的稍大，酵母的更大，而植物的线粒体基因组最大。人线粒体基因组排列得非常紧凑，其 DNA 仅由 16 569 bp 组成，共包含 37 个基因，其中有 22 个基因编码 tRNA，2 个基因分别编码 12S rRNA 和 16S rRNA，13 个基因编码多肽（图 6-18）。tRNA 基因位于编码 rRNA 和蛋白质的基因之间。多数基因之间无间隔，一个基因的最后一个碱基与下一个基因的第一个碱基相邻，位于顺反子中间区域中的序列可能不超过 87 bp。存在重叠，以一个碱基的重叠为最多，即一个基因最后的碱基作为下一个基因的第一个碱基。

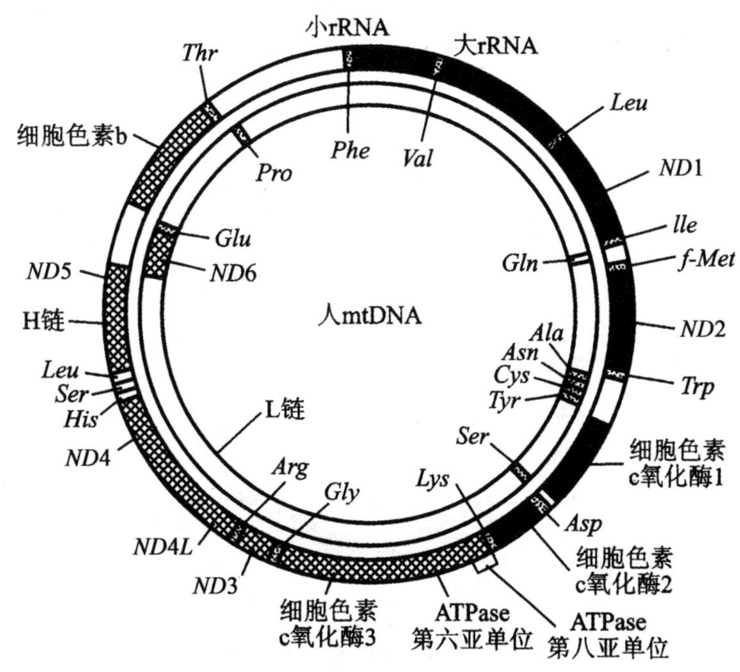

图 6-18　人线粒体基因组的结构

外环为重链，内环为轻链，ND：NDDH-CoQ 为还原酶复合物。

如图 6-19 所示为酵母线粒体基因组结构。酵母线粒体基因组最显著的特征是图上座位比较分散。两个最主要的座位是 *oxi*3（编码细胞色素氧化酶的亚基 1）和断裂基因 *box*（编码细胞色素 b）。这两个基因加起来与哺乳动物线粒体基因组的总长度相当。这些基因中大多数较长的内含子具有与第一个外显子一致的开放阅读框，在某些情形下，内含子可以被翻译，使这两个基因可以生成多个蛋白质产物。其余的基因是非断裂基因，编码细胞色素氧化酶的另外两个亚基，ATP 酶的亚基以及线粒体核糖体蛋白质。酵母线粒体基因组中大约 24%的 DNA 由富含 A-T 碱基对的短序列（图中空白处）构成，这些序列尚未发现编码功能。

人类 mtDNA 中的蛋白质编码基因与酵母相同的有细胞色素 b，细胞色素氧化酶的 3 个亚基，ATP 酶的一个亚基。与酵母不同的是，哺乳动物线粒体编码 NAD H 脱氧酶的 7 个亚基（或相关蛋白质）。其中有 5 个阅读框缺乏标准的终止密码，终止密码为 AGA 或 AGG，在标准的遗传密码表中，这两个密码编码精氨酸。

虽然 mtDNA 基因组是存在于细胞核染色体之外的基因组，也没有与组蛋白组装而成的染色质结构。但由于其具有遗传上的半自主性，因此具有自我复制、转录和编码蛋白质等物质的功能。

线粒体基因组具有很高的突变率，比核 DNA 高 5～10 倍。可能的原因是：线粒体内 DNA 修复机制很少；mtDNA 缺少组蛋白的保护；线粒体内进行着大量的生物氧化过程，所产生的自由基对其 DNA 有损伤作用。mtDNA 的变异有点突变、缺失和由于核 DNA 缺陷引发的 mtDNA 缺失或数量减少等类型。这些变异都能以细胞质遗传的方式传递到子代。线粒体 DNA 的突变与衰老有关，研究发现，mtDNA 的变化随着年龄增加而增加，从而能导致老年退化性疾病，如多种神经性病变和肌肉疾病等。

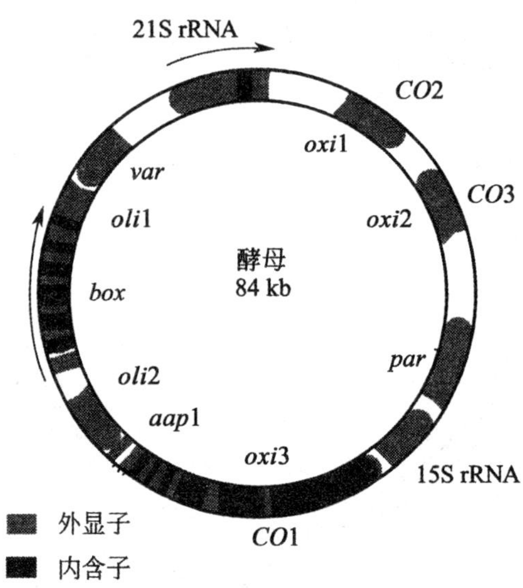

oli*,*aap：ATP酶的寡酶素敏感亚基；***oli***细胞色素c的亚基；***box***：细胞色素b；***par***：未知功能 ***var***：小核糖体亚基蛋白。

图 6-19　酵母线粒体基因组结构

(2)叶绿体基因组。叶绿体是植物细胞中重要的一种半自主性细胞器，20 世纪 60 年代初期发现叶绿体含有自己的 DNA，即叶绿体基因组 DNA(chloroplast DNA，ctDNA)。一般地，一个叶绿体中会包含一个到几十个叶绿体基因组。

叶绿体基因组通常为闭合环状双链 DNS 分子，长度为 37～45 μm。每一个叶绿体中一般含有多拷贝 DNA，其拷贝数目在 20～900 之间，因物种而异。DNA 分子存在于叶绿体的基质中，常以 10～20 个分子聚成一簇，与叶绿体的内被膜或类囊体膜结合。叶绿体中的 DNA 量占叶片中全部 DNA 的 10%～20%。

叶绿体基因组具有如下特点：

①叶绿体基因组有大有小，并且差别也比较大。例如，高等植物叶绿体基因组 DNA 的长度一般在 120～150 kb。小球藻叶绿体 DNA 只有 150 kb，伞藻的叶绿体基因组则高达 2000 kb，是目前发现的最大的叶绿体 DNA 分子。

②叶绿体基因组可编码多种蛋白和结构 RNA，包括转录所需的 RNA 聚合酶，翻译所需的 tRNA、rRNA、核糖体蛋白以及与光合作用直接相关的蛋白质等。但是叶绿体中所需要的绝大部分多肽是由核基因组编码产生，再转运至叶绿体中的。

③叶绿体基因至少具有 3 种不同类型的启动子，由两种或两种以上 RNA 聚合酶催化转录：

一种 RNA 聚合酶由叶绿体编码，称为 PEP(Hp 一种由质粒编码的 RNA 聚合酶)。PEP

与细菌中的 RNA 聚合酶很相似，含有核心酶 α、β 和 β' 亚基，由 σ 因子识别原核型启动子。它主要负责与光合作用有关的基因的转录。

另一种 RNA 聚合酶由核基因编码，称为 NEP（即一种由核编码的 RNA 聚合酶）。NEP 与 T7 噬菌体 RNA 聚合酶相似，主要负责持家基因的表达，包括 rRNA 基因、tRNA 基因、PEP 聚合酶基因和一些与代谢有关的酶的基因的转录。

④大多数叶绿体基因初始转录产物要想成为成熟的 RNA 都需要经过加工的过程。叶绿体内有许多基因都含有内含子，例如，衣藻的 23S rRNA 基因，高等植物的 6 种 tRNA 基因等，转录后的前体 RNA 需要切除内含子，拼接外显子。

⑤叶绿体具有自己独立的一套蛋白质翻译系统，涉及叶绿体的 tRNA、rRNA、核糖体蛋白以及多种因子。在叶绿体中，有些 mRNA 的 SD 序列具有正常的功能；有些 mRNA SD 序列没有功能；有些 mRNA 根本就没有 SD 序列。对于缺乏类 SD 序列的 mRNA，核糖体仍然能够正确结合到它们的起始区，这也从另一个角度说明叶绿体很可能还有另外的翻译起始机制。

第 7 章　基因工程工具酶

7.1　酶的基础知识

7.1.1　工具酶的定义

基因工程的基本技术涉及核酸分子的切割、连接、扩增和转移等几个过程，不同的过程要求有一定功能的酶类。基因是一段具有一定功能的 DNA 分子，要把不同基因的 DNA 线形分子片段准确地切出来，需要各种限制性内切核酸酶；要把不同片段连接起来，需要 DNA 连接酶；要结合基因或其中的一个片段，需要 DNA 聚合酶等。不同的酶类在基因克隆的过程中发挥着不同的作用，它是基因克隆中必不可少的工具。

基因工程的操作是分子水平上的操作，它是依赖一些重要的酶（如限制性内切核酸酶、连接酶、聚合酶等）作为工具来对基因进行人工切割和拼接等操作，这些涉及酶统称为工具酶。工具酶是指能用于 DNA 和 RNA 分子的切割、连接、聚合、反转录等有关的各种酶系统。

7.1.2　常用的工具酶

基因工程常用的工具酶，主要是限制性内切核酸酶、DNA 连接酶和 DNA 聚合酶等（表 7-1）。

表 7-1　基因工程常用的工具酶

工具酶的名称	主要功能
限制性内切核酸酶	在 DNA 分子内部的特异性的碱基序列部位进行切割
DNA 连接酶	把两条以上的线性 DNA 分子或片段催化形成磷酸二酯键连接成一个整体
DNA 聚合酶	通过向 3′-端逐一增加核苷酸以填补双链 DNA 分子上的单链裂口，即 5′→3′DNA 聚合酶活性与 3′→5′及 5′→3′外切酶活性
反转录酶	以 RNA 分子为模板合成互补的 cDNA 链
多核苷酸激酶	催化将把一个磷酸分子加到多核苷酸链的'-OH 末端上
DNA 末端转移酶	将同聚物尾巴加到线性双链或单链 DNA 分子的 3′-OH 末端或 DNA 的 3′-末端标记 dNTP

续表

工具酶的名称	主要功能
核酸外切酶Ⅲ	降解 DNA3′-OH 末端的核苷酸残基
S1 核酸酶	降解单链 DNA 或 RNA，产生带 5′-磷酸的单核苷酸或寡聚核苷酸，同时也可切割双链核酸分子的单链区
核酸酶 Bal 31	降解双链 DNA、RNA 的 5′-及 3′-末端
碱性磷酸酶	去除 DNA、RNA、dNTP 的 λ 磷酸基团
Taq DNA 聚合酶	能在高温(72 ℃)下以单链 DNA 为模板，从 *POP′*方向合成新生的互补链
核糖核酸酶	专一性降解 RNA
脱氧核糖核酸酶	内切核酸酶，水解单链或双链 DNA

7.2　限制性内切核酸酶

7.2.1　限制性内切核酸酶的发现

限制性内切核酸酶是一类识别双链 DNA 内部特定核苷酸序列的。这些 DNA 水解酶以内切的方式水解 DNA，产生 5′-P 和 3′-OH 末端。我们可以注意到这个概念中有一个限定词“限制性”，那么，这个“限制性”到底指的是什么？我们需要从限制性内切核酸酶的研究开始入手，这要追溯到 20 世纪中期。

在 1952—1953 年，Luria、Bertani 分别带领各自的研究团队进行噬菌体研究，在研究过程中他们发现了宿主控制性现象。瑞士人 Arber 的团队采用放射性同位素标记法对噬菌体进行研究的时候，噬菌体在入侵时，自身的 DNA 被降解掉，而宿主自身的 DNA 并不降解。因此，他们提出了限制-修饰(R-M)假说。

限制-修饰系统是一种可以保护自身免予受到外部侵害的一个系统，存在于细菌等一些原核生物体内，从字面描述中我们也可以看出其功能主要包括限制和修饰两个方面。限制是指细菌的限制性核酸酶对入侵 DNA 的降解作用，这就限制了外源 DNA 侵入所造成的危害。修饰是指细菌的修饰酶对于自身 DNA 碱基分子的甲基化等化学修饰作用，经修饰酶修饰后的 DNA 分子可免遭细菌限制酶的降解作用。

我们可以形象地对“限制”和“修饰”进行描述说，所谓的“限制”是对入侵 DNA 的防御；“修饰”就是对自身 DNA 分子的保护。Arber 发现了具有“限制”功能的切割酶，也就是限制性内切核酸酶，这种酶后来被广泛地应用在基因工程的研究中，Arber 也因此获得了 1978 年度诺贝尔奖。

7.2.2 限制性内切核酸酶的类型和命名

限制性内切核酸酶主要有三种类型(表 7-2)：

(1)Ⅰ型限制性内切核酸酶为复合功能酶，完整地具有限制和修饰两种基本功能，但在DNA 链上切点识别特异性差，没有固定的切割位点，不产生特异性片段。

(2)Ⅱ型限制性内切核酸酶，切点识别特异性强，识别序列和切割序列一致，广泛应用于基因工程操作中。

(3)Ⅲ型限制性内切核酸酶与Ⅰ型限制性内切核酸酶相似，但Ⅲ型酶有特异性的切割位点。

Ⅰ型和Ⅲ型酶在基因工程研究中的应用价值不大，通常所说的限制性内切核酸酶都是Ⅱ型酶。

表 7-2 三种限制性内切核酸酶的特点比较

特征	Ⅰ型	Ⅱ型	Ⅲ型
限制修饰活性	单一多功能酶	限制和修饰活性分开	双功能酶
蛋白质结构	三种不同亚基	单一成分	两种不同亚基
限制作用的辅因子	ATP、Mg^{2+}、S-腺苷甲硫氨酸	Mg^{2+}	ATP、Mg^{2+}、S-腺苷甲硫氨酸
切割位点	距特异性位点 1000 bp 外的位置随机切割	特异性位点或附近	距特异性位点 3′-端 24～26 bp 位置
甲基化作用位点	特异性位点	特异性位点	特异性位点
识别来甲基化位点进行核酸内切酶切割	能	能	能
序列特异性切割	否	是	是
在基因工程中应用广泛	否	是	否

根据惯例人们使用限制性内切核酸酶寄主菌的种属名称，来命名限制性内切核酸酶，从字面上来说就是用微生物属名第一个字母(大写)和种名前两个字母(小写)写成斜体三字母，例如，大肠杆菌(*Escherichia coli*)用 *Eco* 表示，流感嗜血菌(*Haemophilus in，fluenzae*)用 *Hin* 表示。菌株名以非斜体在此三字母后，若菌株有几种不同限制性内切核酸酶时，则以罗马字母区分，如 HindⅠ、HindⅡ、HindⅢ等。两种限制性内切核酸酶的名称、来源和剪接方式如下：

限制酶	来源	剪切方式
EcoRI	*Escherichia coli* RY 13	G↓AATTC
*Hind*Ⅲ	*Haemophilus in fluenzae* Rd	A↓AGCTT

7.2.3　限制性内切核酸酶酶切 DNA 的方法

无论是用生物材料制备的天然 DNA，还是化学合成的 DNA，往往需要用限制性内切核酸酶进行酶切，使其成为可用的 DNA 片段，即 DNA 分子的片段化。常用的酶切方法有单酶切、双酶切和部分酶切等。

7.2.3.1　单酶切法

这是 DNA 片段化最常用的方法，用一种限制性内切核酸酶酶切 DNA 样品。如果 DNA 样品是环状 DNA 分子，完全酶切后，产生与识别序列数(n)相同的 DNA 片段，并且 DNA 片段的两末端相同。如果 DNA 样品本来就是线形 DNA 分子(片段)，完全酶切产生 $n+1$ 个 DNA 片段，其中有两个片段的一端仍保留原来的末端。

7.2.3.2　双酶切法

这是用两种不同的限制性内切核酸酶酶切同一种 DNA 分子的方法。DNA 分子无论是环状 DNA 分子，还是线形 DNA 片段，酶切产生的 DNA 片段的两个末端是不同的(用同尾酶酶切除外)。

环状 DNA 分子完全酶切的结果，产生的 DNA 片段数是两种限制性内切核酸酶识别序列数之和。

线形 DNA 片段完全酶切的结果，产生的 DNA 片段数是两种限制性内切核酸酶识别序列数加 1。

若两种酶对盐浓度要求相同，原则上可以将这两种酶同时加入反应体系中进行同步酶切。

对于盐浓度要求差别不大的两种酶，例如，一种酶属于中盐组，另一种酶属于高盐组，一般也可以同时进行反应，只是选择对价格较贵的酶有利的盐浓度，而另一种酶可通过加大用酶量的方法来弥补因盐浓度不合适所造成的活性损失。

对盐浓度要求差别较大的两种酶(如一个高盐，另一个低盐)，一般不宜同时进行酶切反应。理想的操作方法有以下几种：

(1)选择限制性核酸内切酶通用缓冲液。

(2)低盐组的酶先切，然后加热灭活该酶，向反应系统中补加 NaCl 至合适的终浓度，再用高盐组的酶进行切割反应。

(3)一种酶切反应结束后，将反应液中的 DNA 进行沉淀和重溶(纯化处理)后，重新加入另一种酶的缓冲液，再进行第二种酶切反应(这种方法不用考虑使用酶的先后顺序)。

总之，每种方法各有利弊，要根据实验具体情况来选择合适的方法。

若两种限制性内切核酸酶的最适反应温度不同，则应先用最适反应温度较低的酶进行酶切，升温后再加入第二种酶进行酶切。

若两种限制性内切核酸酶的反应系统相差很大，会明显影响双酶切结果，则可以在第一种酶酶切后，经过凝胶电泳回收需要的 DNA 片段，再选用合适的反应系统，进行第二种限制性内切核酸酶的酶切。

7.2.3.3 部分酶切法

部分酶切指选用的限制性内切核酸酶对其在 DNA 分子上的全部识别序列进行不完全酶切。导致部分酶切的原因有底物 DNA 的纯度低、识别序列的甲基化、酶用量的不足及反应缓冲液和温度不适宜等。反应时间不足也会导致酶切不完全。

部分酶切会影响获得需要的 DNA 片段的得率。但是从另一方面说，根据 DNA 重组设计的需要，专门创造部分酶切的条件，可以获得需要的 DNA 片段。当某种限制性内切核酸酶在待切割的 DNA 分子上有多个识别序列，并且其中一个识别序列正好在切割后需要回收待用的 DNA 片段上，若完全酶切，势必将此待用的 DNA 片段从中切断。在此情况下，对 DNA 样品进行部分酶切，经过凝胶电泳，根据待用 DNA 片段的大小，可回收待用的 DNA 片段(图 7-1)。

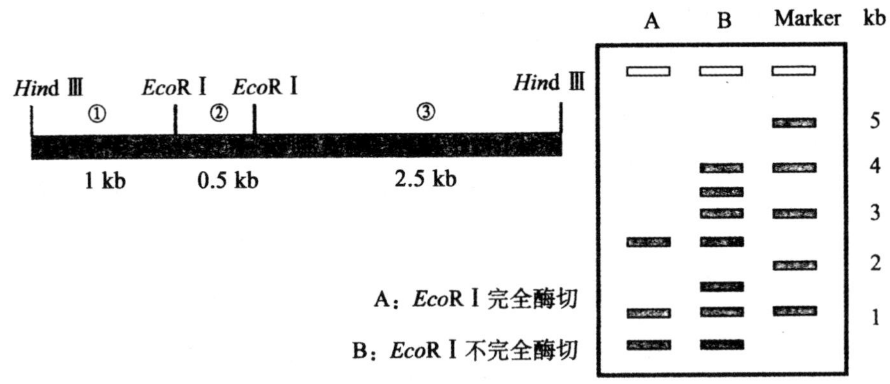

图 7-1 DNA 部分酶切片段凝胶电泳示意图

7.3 DNA 聚合酶

DNA 聚合酶的作用是在引物和模板的存在下，把脱氧核糖单核苷酸连续地加到双链 DNA 分子引物链的 3′-OH 末端，催化核苷酸的聚合作用。分子克隆中依赖于 DNA 的 DNA 聚合酶，主要包括大肠杆菌 DNA 聚合酶Ⅰ(全酶)、大肠杆菌 DNA 聚合酶Ⅰ大片段(Klenow 片段)、T4 噬菌体和 T7 噬菌体编码的 DNA 聚合酶、经修饰的 T7 噬菌体 DNA 聚合酶(测序酶)和耐热 DNA 聚合酶等。

7.3.1 大肠杆菌 DNA 聚合酶Ⅰ

从大肠杆菌中分离纯化可以得到 3 种类型的 DNA 聚合酶——DNA 聚合酶Ⅰ(DNA*Pol*Ⅰ)、DNA 聚合酶Ⅱ(DNA*Pol*Ⅱ)、DNA 聚合酶Ⅲ(DNA*Pol*Ⅲ)，其中 DNA 聚合酶Ⅰ在分子克隆中最为常用。

DNA 聚合酶Ⅰ是著名的基因工程学家 Kornberg 等于 1956 年首次在大肠杆菌中发现的，因此也有一部分人称其为 Kornberg 酶。它是由大肠杆菌 *pol*A 基因编码的单一多肽，含 1 000 个氨基酸残基，相对分子质量约为 109 000。该酶具有 3 种活性（图 7-2）：（1）5′→3′DNA 聚合酶活性；（2）3′→5′外切酶活性；（3）5′→3′外切酶活性。

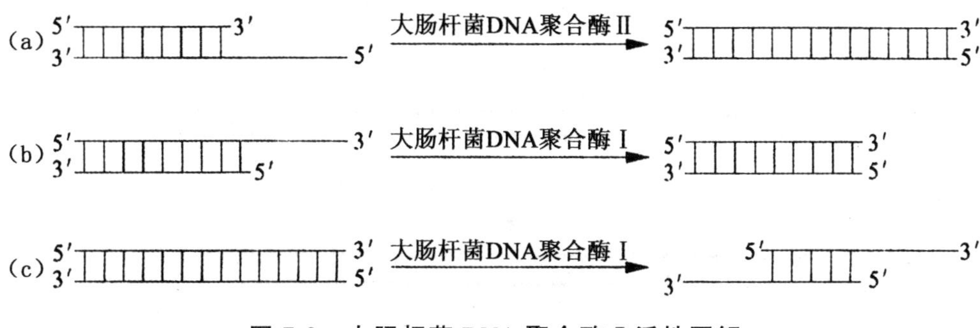

图 7-2　大肠杆菌 DNA 聚合酶Ⅰ活性图解

7.3.1.1　5′→3′聚合酶活性

大肠杆菌 DNA 聚合酶Ⅰ的聚合酶活性是以 DNA 为模板，利用体系中的 4 种脱氧核糖核苷（dNTP），催化单核苷酸分子加到引物的 3′-OH 末端，沿 5′→3′合成与模板互补的另一条 DNA 链。聚合作用需要 Mg^{2+} 存在。模板 DNA 可以是单链或双链 DNA 分子。双链 DNA 只有在其一条链上有一个或数个断裂时才可以作为有效模板。

7.3.1.2　3′→5′外切酶活性

大肠杆菌 DNA 聚合酶Ⅰ的 3′→5′外切酶活性是沿 3′→5′方向识别和切除不配对的 DNA 生长链末端的核苷酸，这种外切酶活性在体内 DNA 复制时主要起校对作用。当 DNA 复制中掺入的核苷酸与模板不互补而游离时就会被其 3′→5′外切酶切除，以便重新在这个位置上聚合对应的核苷酸。这种校对功能保证了 DNA 复制的真实性，从而降低突变率。

7.3.1.3　5′→3′外切酶活性

大肠杆菌 DNA 聚合酶Ⅰ的 5′→3′外切酶活性，是从 5′-端降解双链 DNA 分子。它也可以降解 DNA：RNA 杂合体中的 RNA 分子，即具有 RNA 酶 H 的活性。

这种酶外切活性特点是：

（1）待切除的核酸分子必须具有 5′-端游离磷酸基团。

（2）核苷酸分子被切除前位于已配对的 DNA 双螺旋区段上。

（3）被切除的可以是脱氧核苷酸，也可以是非脱氧核苷酸。

分子克隆中，大肠杆菌 DNA 聚合酶Ⅰ的一个重要用途是用于切口平移法制备核酸杂交探针。在 Mg^{2+} 存在时，用低浓度的 DNA 酶Ⅰ（DNaseⅠ）处理双链 DNA，使之随机产生单链断裂。然后利用 DNA 聚合酶Ⅰ的 5′→3′外切酶活性从断裂处的 5′端除去一个核苷酸，而其聚合酶活性则将一个单核苷酸添加到断裂处的 3′端。由于大肠杆菌 DNA 聚合酶Ⅰ不能使断裂处的 5′-P 和 3′-OH 形成磷酸二酯键重新连接，所以随着反应的进行，5′-端核苷酸不断去除，而 3′-端核苷酸同时掺入，导致断裂形成的切口沿着 DNA 链按合成的方向移动，这种现象称为切口平移(nick translation)。如果在反应体系中加入带标记的核苷酸，那么这些标记的核苷酸将取代原来的核苷酸残基，产生带标记的 DNA 分子，用作 DNA 分子杂交探针(图 7-3)。此外，大肠杆菌 DNA 聚合酶Ⅰ还可用于 cDNA 第二链的置换合成 3′突出末端的 DNA 分子的末端标记等。

5′
3′
5′
3′
3′
5′
dNTP
大肠杆菌DNA聚合酶Ⅰ
5′
3′
3′
5′
大肠杆菌DNA聚合酶Ⅰ
5′
3′
3′
5′

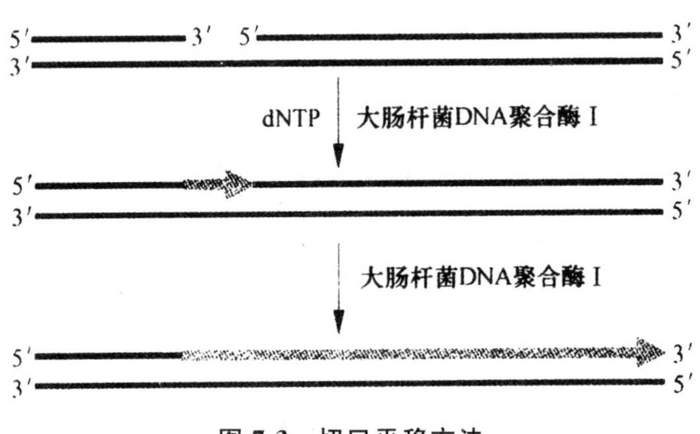

图 7-3 切口平移方法

7.3.2 大肠杆菌 DNA 聚合酶Ⅰ大片段

大肠杆菌 DNA 聚合酶Ⅰ大片段又称为 Klenow 酶或 Klenow 大片段酶。不具有 5′→3′核酸外切酶活性，DNA 链在聚合后不会被 5′→3′方向进行降解，所以可以使用大肠杆菌 DNA 聚合酶Ⅰ大片段对 DNA 链进行有效的标记，与大肠杆菌聚合酶Ⅰ相比，其在标记 DNA 分子方面更为常用。

大肠杆菌 DNA 聚合酶Ⅰ大片段在基因克隆过程中的用途如下：

(1)标记 DNA 链。

(2)合成 cDNA 的第二链。

(3)补平限制性内切核酸酶切割双链 DNA 分子形成的黏性末端(图 7-4)。

(4)其他功能，如进行 DNA 序列的分析测定。

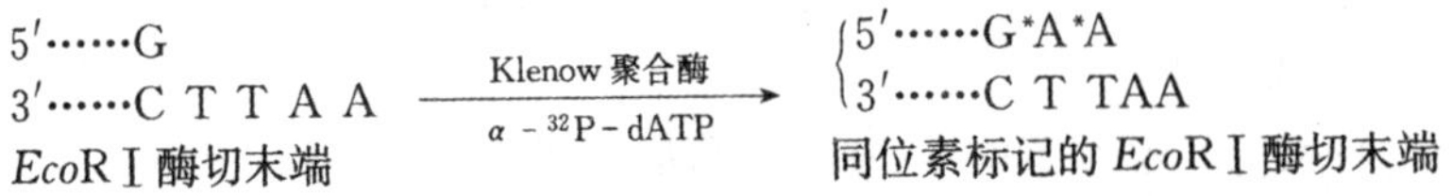

5′……G
3′……C T T A A
*Eco*RⅠ酶切末端
Klenow 聚合酶
α - ³²P - dATP
5′……G*A*A
3′……C T TAA
同位素标记的 *Eco*RⅠ酶切末端

图 7-4 DNA 分子的 3′末端标记

* 表示同位素标记

7.3.3 T4 DNA 聚合酶

T4 DNA 聚合酶是从 T4 噬菌体中分离获得的 DNA 聚合酶，相对分子质量为 1 140。T4

DNA 聚合酶是由大肠杆菌噬菌体基因 43 所编码的，其具有 5′→3′ 聚合酶活性和 3′→5′ 外切酶活性。其中 3′→5′ 外切酶活性要比大肠杆菌 DNA 聚合酶Ⅰ大片段的活性强 200 倍。

T4 DNA 聚合酶的用途如下：

(1)限制性内切核酸酶的末端进行补平。

(2)对 DNA 的末端进行标记。

(3)标记用于分子杂交的探针。

(4)切平双链的 DNA 末端。

与 DNA 聚合酶Ⅰ大片段所不同的是，T4 DNA 聚合酶强大的 3′→5′ 外切酶活性能够保证将含有 3′ 端突出的 DNA 末端切割掉，这对于那些不能够进行补平反应的双链 DNA 分子要形成一条平头末端的 DNA 非常重要。

7.3.4 T7 DNA 聚合酶

T7 DNA 聚合酶是从 T7 噬菌体中分离获得的 DNA 聚合酶，是所有已知的 DNA 聚合酶中持续合成能力最强的一个酶。此外，T7 DNA 聚合酶还具有很强的对单链和双链 DNA 的 3′→5′ 外切酶活性，其活性约为大肠杆菌 DNA 聚合酶Ⅰ大片段的 1000 倍。

T7 DNA 聚合酶在分子克隆中主要用于催化大分子模板(如 M13 噬菌体)的引物延伸反应，它可以在同一引物模板上有效地合成数千个核苷酸且不受二级结构的影响；也可以类似 T4 DNA 聚合酶应用于 DNA 分子的 3′ 末端标记。

7.3.5 *Taq* DNA 聚合酶

Taq DNA 聚合酶是一种依赖 DNA 的 DNA 聚合酶并且具有很强的耐热性，*Taq* DNA 是 1976 年从水生栖热菌(*Thermus aquaticus*)中首次分离得到的。由于 *Taq* DNA 聚合酶具有耐高温的特性，Saiki 等于 1988 年将该酶成功地用于 PCR(聚合酶链式反应)，从而极大地促进了 DNA 离体扩增技术的飞速发展。

Taq 基因全长 2496 bp，编码 832 个氨基酸，相对分子质量约为 94 000。该基因已被克隆，并在大肠杆菌中高效表达。*Taq* DNA 聚合酶催化合成 DNA 的最适反应温度为 75～80 ℃，在此温度下，每个酶分子每秒钟可延伸约 150 个核苷酸，酶活性半衰期在 95 ℃时为 40 min、在 92.5 ℃时为 130 min。反应需要 Mg^{2+}，当 $MgCl_2$ 浓度为 2.0 mmol/L 时，该酶的催化活性最高。

Taq DNA 聚合酶除具有 5′→3′聚合酶活性外，还有 5′→3′外切酶活性，但没有 3′→5′外切活性，因而无 3′→5′方向的校正功能。体外使用的 Taq DNA 聚合酶在典型的一次 PCR 反应中，核苷酸错误掺入的概率大约是 $1/(2\times10^4)$。

另外，普通 *Taq* DNA 聚合酶在聚合链末端不依赖模板多聚合出一个腺苷酸，其机理不明。人们根据这种性质，设计出了一种线型克隆载体——T 载体，其 5′-末端有一个突出的 T，正好与 PCR 产物 3′-端突出的 A 互补，这样就可以方便地将 PCR 产物直接连接到载体上。

7.3.6 逆转录酶

逆转录酶是一种依赖于RNA单链通过DNA聚合作用形成复合双链cDNA的聚合酶类。逆转录酶具有5′→3′聚合酶活性和RNaseH活性。聚合作用所需模板可以是RNA，也可以是DNA，引物是带3′-羟基的RNA或DNA。RNaseH活性是可以特异性地降解RNA-DNA杂交链中的RNA链。

目前分离克隆的RNA反转录酶主要有两种，它们都具有反转录的活性，没有3′→5′的外切酶活性。一种是从禽类骨髓细胞瘤病毒(AMV)分离获得的，另一种是能够从表达小鼠白血病病毒(M-MLV)反转录酶的大肠杆菌中分离获得的。RNA反转录酶在基因克隆过程中具有重要作用。AMV与M-MLV是两种不同的酶类，在反应温度、活性以及反应的pH等方面都存在比较大的差异。AMV的反应温度通常为42 ℃，而M-MLV的最佳反应温度为37 ℃，在42 ℃的条件下会迅速失活。通常，AMV反应缓冲液的pH为8.3，而后者在7.6左右。利用AMV来进行小片段的cDNA的反转录是十分有效的，而M-MLV可以反转录的cDNA片段可达5 kb。

逆转录酶在分子克隆中的最主要用途是在体外以真核mRNA为模板合成cDNA，用以构建cDNA文库，进而分离筛选特定蛋白质的编码基因。这为真核生物的基因工程以及真核基因在原核细胞的表达开拓了一条通路。此外，将mRNA反转录与PCR偶联建立的反转PCR(RT—PCR)技术使分离真核基因更加高效，还可以用来对有5′突出末端的DNA片段作末端标记(补平反应)、用于双脱氧法测序以及以DNA(或RNA)为模板合成核酸探针(图7-5)。

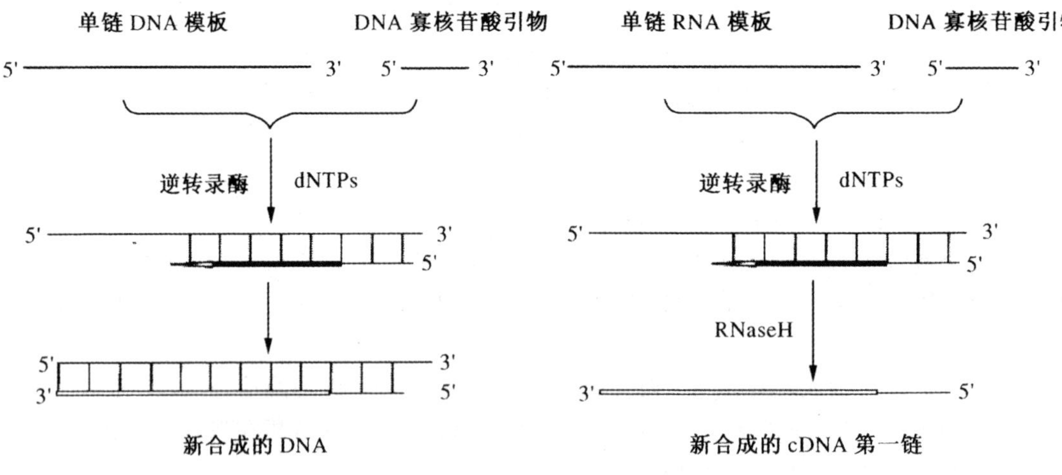

图7-5 反转录酶以DNA(或RNA)为模板合成探针

7.4　DNA 连接酶

同限制性内切核酸酶一样，DNA 连接酶的发现与应用对于 DNA 重组技术的创立和发展具有极其重要的意义。DNA 连接酶被誉为基因工程“缝合”基因的“分子针线”。DNA 连接酶是体外构建重组 DNA 分子必不可少的基本工具酶。

7.4.1　DNA 连接酶的发现

1967 年世界上几个实验室同时发现了一种能将两段核酸连接起来的酶，即 DNA 连接酶。DNA 连接酶广泛存在于各种生物体内，通过催化双链 DNA 片段靠在一起的 3′-羟基末端与 5′-磷酸基团末端之间通过形成磷酸二酯键而使两末端连接起来，形成重组 DNA。在 DNA 复制、DNA 修复以及体内、体外重组过程中发挥重要作用。

需要注意的是，DNA 连接酶并不能够连接两条单链的 DNA 分子或环化的单链 DNA 分子，被连接的 DNA 链必须是双螺旋的一部分，即 DNA 连接酶是封闭双螺旋 DNA 骨架上的切口，而非缺口。对于双链 DNA 分子，在一条链上失去一个磷酸二酯键称为切口，失去一段单链片段称为缺口。连接作用还要求双链 DNA 切口处的 3′-端有游离的羟基(3′-OH)，5′-端有磷酸基团(5′-P)，只有当两者彼此相邻时，连接酶才能在两者之间形成磷酸二酯键，以共价键相连(图 7-6)。

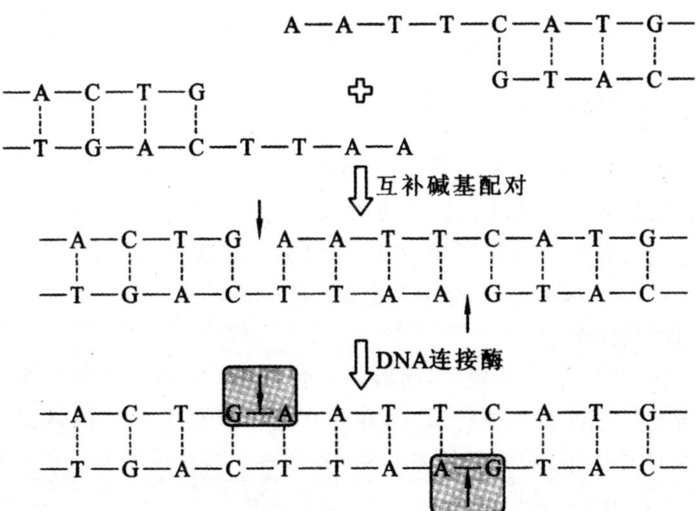

图 7-6　DNA 连接酶催化 DNA 切口的连接

7.4.2 DNA 连接酶的分类

DNA 连接酶是能将两段 DNA 拼接起来的酶，其形成共价键的连接反应需要提供能量。按反应时所需能量辅助因子不同分为两类：一类是依赖 ATP 的 DNA 连接酶；另一类是依赖 NAD^+ 的 DNA 连接酶。按其来源，目前已经知道的 DNA 连接酶主要有三类：大肠杆菌 DNA 连接酶、T4 DNA 连接酶和热稳定 DNA 连接酶。DNA 连接酶催化 DNA 相邻的 5′-磷酸基和 3′-羟基末端之间形成磷酸二酯键，使 DNA 单链缺口封合起来。

大肠杆菌 DNA 连接酶催化相邻 DNA 链的 5′-端磷酸基团和 3′-端羟基以磷酸二酯键结合的反应，需 NAD 参与催化，不需要 ATP 作为能量。该酶只能催化突出末端 DNA 之间的连接，但如果在 PEG 及高浓度一价阳离子存在的条件下，也能连接平滑末端的 DNA，但不能催化 DNA 的 5′-磷酸末端与 RNA 的 3′-羟基末端以及 RNA 之间的连接。

T4 DNA 连接酶是从 T4 噬菌体中分离得到的，连接修复 3′-端羟基和 5′-端磷酸基团，脱水形成 3′→5′-磷酸二酯键，可连接双链 DNA 上的单链缺口，也可连接限制内切酶所产生的黏性末端，连接 RNA 模板上的 DNA 链缺口。但连接平头双链 DNA 速度很慢，在高浓度的底物和酶的作用下方可进行，这属于分子之间的连接。需 NAD 参与催化，同时需要 ATP 作为能量。

热稳定 DNA 连接酶是从嗜热高温放线菌中分离得到，它能够在高温下催化两条寡核苷酸探针的连接反应。热稳定 DNA 连接酶以 NAD^+ 为辅助因子，经过多次热循环后依然保持活性，因此被广泛应用于检测哺乳类 DNA 突变的扩增反应中。

7.4.3 端 DNA 片段的连接

7.4.3.1 相同黏性末端的连接

在 DNA 分子连接操作中，相同黏性末端最适合于 DNA 片段的连接，可以有效地提高连接的成功率。部分限制性内切酶在识别位点处交错切割 DNA 分子，使 DNA 端部生成 3′-或 5′-黏性末端。为了更好地发现科学规律，基因工程实验通常情况下会选择同一种限制性内切酶切割载体和 DNA 插入片段，或者采用同尾酶处理载体和 DNA 插入片段，因为这样做可以保证两者具有相同的黏性末端。

在处理好载体和 DNA 插入片段后，实验人员会将两者加入到连接体系中，载体和插入片段会很自然地按照碱基配对关系进行退火，并且在这个过程中互补的碱基会以氢键相结合。在 T4 DNA 连接酶的作用下，载体和外源 DNA 片段相结合出的裂口会以磷酸二酯键相连接，形成重组的新的 DNA 分子。

在进行这个实验的过程中需要注意，在使用一种限制性内切酶切割载体 DNA 后，载体的两个末端碱基序列也是互补的。那么在连接反应时，会发生线性的载体 DNA 的自身环化，形成空载体，影响到外源 DNA 序列与载体的连接效率，导致 DNA 重组体的比例下降。因此，限制性内切酶切割后的载体需要用碱性磷酸酶处理一下，防止载体自身环化。

外源 DNA 片段若是只被单一的限制性内切酶处理，那么其与具有相同黏性末端的载体相连形成的重组分子可能存在正反两种方向，而经两种非同尾酶处理的外源 DNA 片段只有一种方向与载体 DNA 重组。在这两种情况下，重组分子均可以用相应的限制性内切酶重新切出外源 DNA 片段和载体 DNA。

7.4.3.2　不同黏性末端的连接

具有不同黏性末端的 DNA 序列并不能像具有相同黏性的 DNA 序列一样，进行直接连接，必须将两者转变成平末端后才能实现。虽然不同黏性的 DNA 序列可以通过平末端的转换实现相互之间的连接，但是这种做法存在以下几个：

(1)使重组的 DNA 分子增加或减少几个碱基对。

(2)破坏原来的酶切位点，使已重组的外源 DNA 片段无法回收。

(3)如果连接位点在基因编码区，那么连接后会改变阅读框，使相关基因无法正确表达。

不同黏性末端 DNA 片段的连接并没有统一的方式，应该根据具体情况选择不同的连接方法，主要有以下四种情况：

(1)待连接的 DNA 片段都有 5′-单链突出末端。在这种情况下，可以在连接反应前使用 S1 核酸酶将两者 5′-单链突出末端切除，或使用 Klenow 酶补平，然后对两平末端进行连接。前一种方法产生的重组 DNA 会少掉几对碱基，而后一种产生的重组 DNA 较连接前没有发生碱基对的变化。实验中多采用 Klenow 酶补平法，因为 S1 核酸酶若是反应条件不合适，容易造成双链 DNA 的降解。

(2)待连接的 DNA 片段都有 3′-单链突出末端。可使用 T4 DNA 聚合酶将两者的 3′-单链突出末端切除，然后将产生的平末端相连接。这种方法产生的重组 DNA 较连接前会减少几对碱基。另外需要指出的是，Klenow 酶不具有补平 3′-单链突出末端的活性。

(3)一种待连接的 DNA 片段具有 3′-单链突出末端，另一种具有 5′-单链突出末端。可以使用 Klenow 酶补平 5′-单链突出末端，同时用 T4 DNA 聚合酶切除 3′-单链突出末端，然后将产生的平末端相连接。

(4)待连接的两种 DNA 片段均含有不同的两个黏性末端。可以首先用 Klenow 酶补平 DNA 片段的 5′-单链突出末端，再用 T4 DNA 聚合酶切除其 3′-单链突出末端。两种 DNA 片段可以混合在一起，同时处理。

7.4.4　A 片段的连接

像 *Hae* Ⅲ、*Pvu* Ⅱ、*Sma* Ⅰ等限制性内切酶切割过 DNA 后，可产生平末端的 DNA 片段，而 cDNA 和采用机械力切割的 DNA 等也都是平末端的。平末端 DNA 片段之间的连接既可以采取直接连接的方法，也可以采取同聚物加尾法、接头连接等方法。

7.4.4.1　平末端 DNA 片段的直接连接

这里先介绍直接连接的方法。T4 DNA 连接酶既可催化黏性末端 DNA 的连接，也可催化平末端 DNA 分子间的直接连接,其缺陷是连接效率比较低。黏性末端 DNA 的连接在退火条件下属于分子内的反应;而平末端 DNA 分子间的连接则属于分子间的反应,从反应的过程和步骤来看更为复杂,速度也慢得多。由于一个平末端的 3′-羟基或 5′-磷酸基团与另一平末端的 5′-磷酸基团或 3′-羟基同时相遇的概率较低,因此平末端的连接速度比黏性末端要慢一到两个数量级。

欲提高平末端之间的连接效率,可在连接实验时采取以下措施:

(1)增加 T4 DNA 连接酶浓度,使之达到黏性末端连接酶浓度的十倍,这时要注意防止酶量加大而导致反应体系中甘油浓度的提高,因为高浓度的甘油会影响或抑制连接酶活性,可以利用高浓度的连接酶原液以减少甘油在体系中的体积比。

(2)增加平末端 DNA 的浓度,提高平末端之间的碰撞概率。

(3)选择适当反应温度,因为较高的反应温度可以促进 DNA 平末端之间的碰撞,增加连接酶的反应活性,因此一般选择 20～25 ℃。

(4)向反应系统中加入适量的一价阳离子(如 150 mmol/L 的 NaCl)和低浓度的聚乙二醇(如 8%～16%的 PEG8000)。人们经营会有一个这样的错误认识,即提高 ATP 浓度也有利于平末端 DNA 分子的连接。需要指出的是,高浓度的 ATP 对平末端的连接是不利的。平末端 DNA 片段间的连接同大多数连接反应一样,采用 0.5 mmol/L 的 ATP 浓度是较合适的。

7.4.4.2 同聚物加尾法

同聚物加尾法也是促进平末端连接的一种有效方法,同聚物加尾法的核心是利用末端转移酶催化脱氧核苷酸加入 DNA 的 3′-OH 末端的活性。暴露出来的 3′-OH 末端是末端转移酶的底物,当反应体系中只有一种类型的脱氧核苷酸存在时,末端转移酶可以将单一的脱氧核苷酸连续添加到 DNA 链的 3′-OH 上,生成某一脱氧核苷酸的同聚物尾巴,从而形成同聚物黏性末端(图 7-7)。比如反应混合物由 3′-OH 平末端 DNA 分子、dATP、末端转移酶构成,则会由末端转移酶催化 DNA 分子的 3′-OH 末端形成具有腺嘌呤核苷酸组成的 DNA 单链延伸,这种由单一的腺嘌呤核苷酸组成的 DNA 单链延伸称为 poly(dA)尾巴。同样地,如果反应体系由 3′-OH 平末端 DNA 分子、dTTP、末端转移酶构成,DNA 分子的 3′-OH 末端将会出现 poly(dT)尾巴。分别具有 poly(dA)和 poly(dT)黏性末端的 DNA 分子,可以相互连接起来。这种连接 DNA 分子的方法叫作同聚物加尾法。同聚物加尾法也适用于不同黏性末端的改造和连接,要视具体情况而定。

7.4.4.3 接头连接

对于不易连接的 DNA 片段,采用人工合成的接头进行连接是比较有效的。接头是指用化学方法合成的一段由 8～16 个核苷酸组成、具有一个或数个限制性内切酶识别位点的平末端的双链寡核苷酸片段。首先,使用多核苷酸激酶处理接头的 5′-末端和外源 DNA 片段的 5′-末端,使两者发生 5′-末端磷酸化,然后通过 T4 DNA 连接酶将两者连接起来。接头与平末端的外源 DNA 片段连接后,再用相应的内切酶将接头的酶切位点进行切割,就可以将平末端的外源 DNA 变成具有黏性末端的 DNA 分子。同时用同一种限制性内切酶或同尾酶切割载体分子,并进行去磷酸化处理,使载体产生出与外源 DNA 片段互补的黏性末端。这时就可以按照常规的黏性末端连接法,将待克隆的 DNA 片段同载体分子连接起来(图 7-8)。

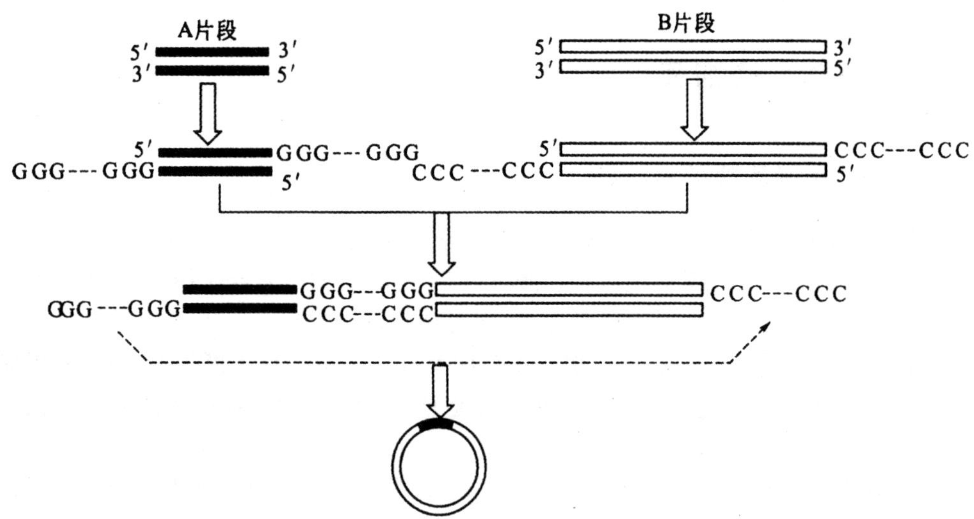

图 7-7　同聚物加尾连接示意图

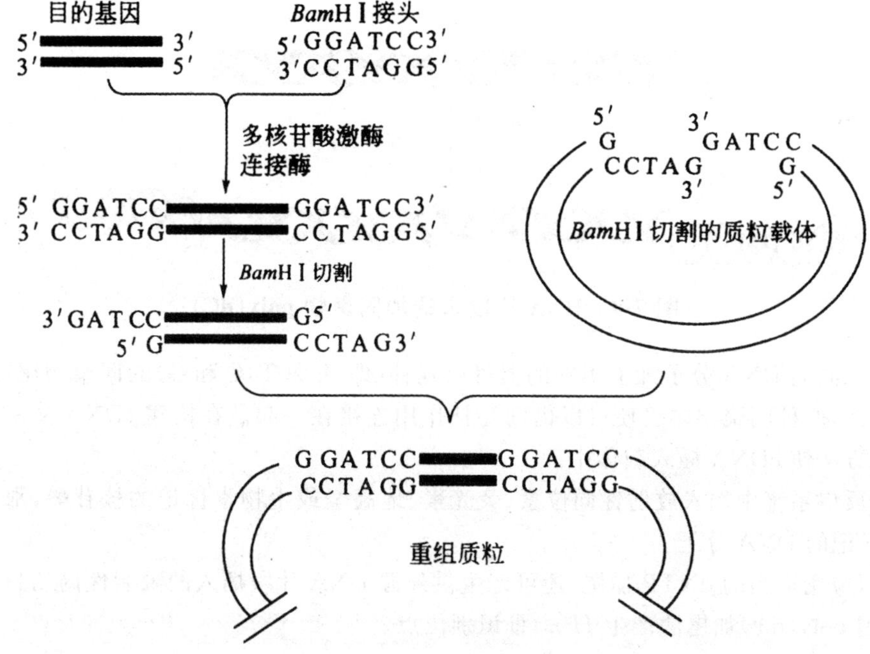

图 7-8　利用接头分子的连接示意图

7.5 基因工程的其他工具酶

7.5.1 DNA 修饰酶

7.5.1.1 末端转移酶

末端转移酶(末端脱氧核糖核酸转移酶)是从小牛胸腺中分离纯化得到的。在含二甲胂酸的缓冲液中,能够催化 5′-三磷酸脱氧核苷酸进行 5′ → 3′ 方向的聚合作用,将脱氧核苷酸分子一个一个地加到 DNA 片段的 3′-OH 端上,最多可加数百个。

末端转移酶与 DNA 聚合酶不同,催化核苷酸聚合作用不依赖于模板 DNA。其反应起始物可以是具 3′-OH 端的单链 DNA 片段,也可以是具 3′-OH 凸出末端的双链 DNA 片段,最好的是单链 DNA。

若在反应液中用 CO^{2+} 代替 Mg^{2+},平末端 DNA 片段也可以作为反应起始物,而且 4 种 dNTP 中任何一种都可以作为反应的前体。当反应混合物中只有某一种 dNTP 时,就可以形成仅由一种核苷酸组成的 3′尾巴,即同聚物尾巴。利用此性质,可以给平末端 DNA 片段 3′-OH 加上同聚物 poly(dC)、poly(dG)、poly(dT)或 poly(dA)(图 7-9)。

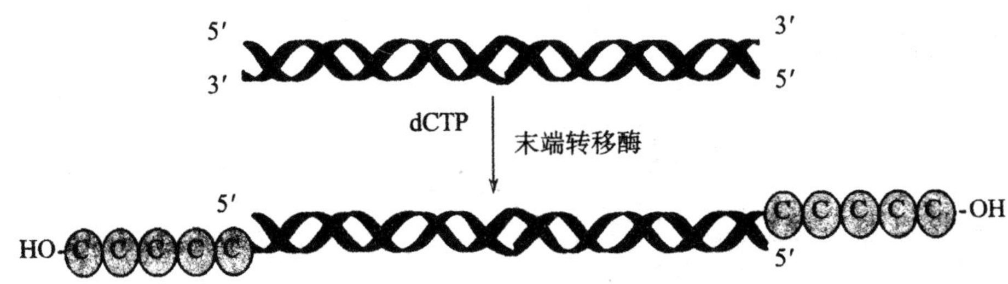

图 7-9 DNA 片段末端加同聚物 poly(dC)

两种不同的 DNA 分子加上不同的但可以互补(即 A 和 T,C 和 G)的同聚物尾巴后,经过退火或复性,两种同聚物尾巴便可以借助互补作用连接在一起。在构建 cDNA 文库时常采用这种加尾方法使 cDNA 插入载体中。

若在反应系统中加入放射性同位素、荧光素、地高辛或生物素标记的核苷酸,那么便可得到 3′-端标记的 DNA 分子。

此外,应用适当的 dNTP 加尾,还可产生供外源 DNA 片段插入的限制性内切核酸酶识别位点,如用 poly(dT)加尾法产生 *Hind* Ⅲ识别位点。

7.5.1.2 T4 多聚核苷酸激酶

T4 多聚核苷酸激酶具有两种活性,正向反应活性的效率高,可催化 ATP 的磷酸转移至 DNA 或 RNA 的 5′-OH,用来标记或磷酸化核酸分子的 5′-端(图 7-10)。逆向反应是交换反应，活性很低，催化 5′-磷酸的交换，在过量 ADP 存在下，T4 多核苷酸激酶催化 DNA 的 5′-磷酸转移给 ADP，然后 DNA 从 λ-^{32}P ATP 中获得放射性标记的 γ-磷酸而被重新磷酸化。

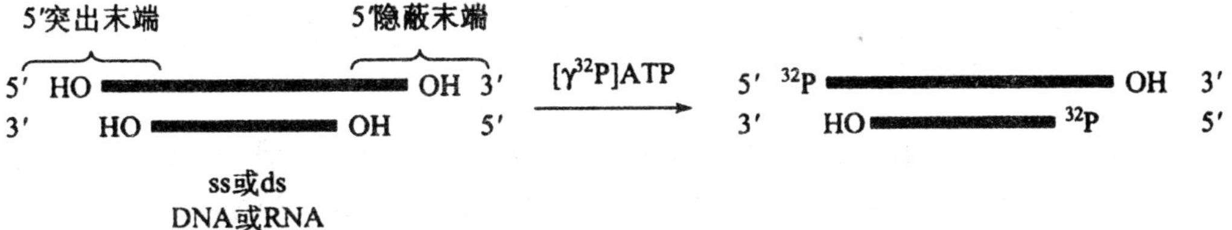

图 7-10 L 多核苷酸激酶的活性与 DNA 分子 5′-端的标记

T4 多聚核苷酸激酶在基因工程中的作用有：

(1)使 DNA 或 RNA 的 5′-磷酸化，保证随后进行的连接反应正常进行。

(2)利用其催化 ATP 上的卜磷酸转移至 DNA 或 RNA 的 5′-OH 上用作 Southern、Northern、EMSA 等试验的探针、凝胶电泳的 marker、DNA 测序引物、PCR 引物等。

(3)催化 3′-磷酸化的单核苷酸进行 5′-的磷酸化，使该单核苷酸可以和 DNA 或 RNA 的 3′-末端连接。

应该明确一点，PEG 可促进磷酸化反应速率和效率，并且铵盐沉淀获得的 DNA 片段不适用于 T4 多聚核苷酸激酶的标记反应，这是因为铵盐强烈抑制该酶的活性。

7.5.1.3 碱性磷酸酶

碱性磷酸酯能催化从单链或双链 DNA 和 RNA 分子中除去 5′-磷酸基，即脱磷酸作用(图 7-11)。细菌碱性磷酸酶(BAP)和小牛肠碱性磷酸酶(CIP)都有此作用，它们都依赖于 Zn^{2+} 。CIP 可在 70 ℃加热 10 min 灭活或通过酚抽提灭活，而且活性比 BAP 高 10～20 倍，因此，CIP 更常用。在基因工程中常用碱性磷酸酯酶处理限制性内切酶切割后的载体 DNA，防止载体自连。

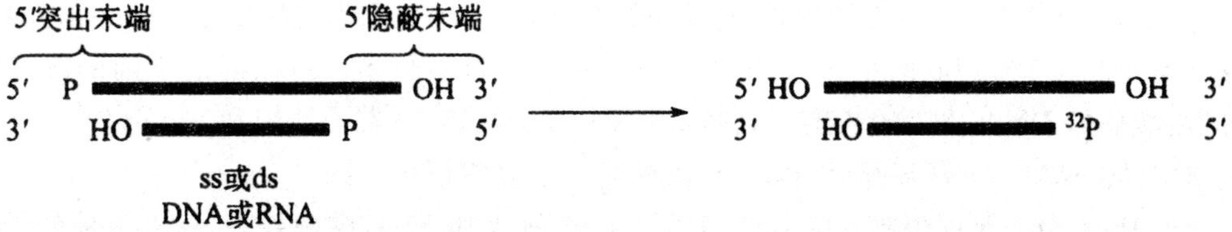

图 7-11 碱性磷酸酶的脱磷酸作用

基因工程中常用到的碱性磷酸酶主要有牛小肠碱性磷酸酶(calf intestinal alkalinephosphatase，CIP)、细菌的碱性磷酸酶(bacterial alkaline phosphatase，BAP)和虾的碱性磷酸酶(shrimp alkaline phosphatase，SAP)。在使用后的灭活方面，CIP 可用蛋白酶 K 消化灭活，或在 5 mmol/L EDT 条件下，65％处理 10 min，之后用酚-氯仿抽提，纯化去磷酸化的 DNA，除去 CIP 的活性。SAP 在去除残留活性方面最具优势，将反应液在 65 ℃处理 15 min 即可使其完全、不可逆地失去活力。

7.5.2 核酸内切酶

7.5.2.1 S1 核酸酶

S1 核酸酶是从稻谷曲霉(*Aspergillus oryzae*)中纯化来的一种酶,它是一种高度单链特异的核酸内切酶,在最适的酶催化反应条件下,降解单链 DNA 的速率要比双链 DNA 快 75 000 倍(图 7-12)。这种酶的活性表现需要低水平的 Zn^{2+} 的存在,并且对 pH 值有着比较大的要求,这个范围是 4.0～4.3。

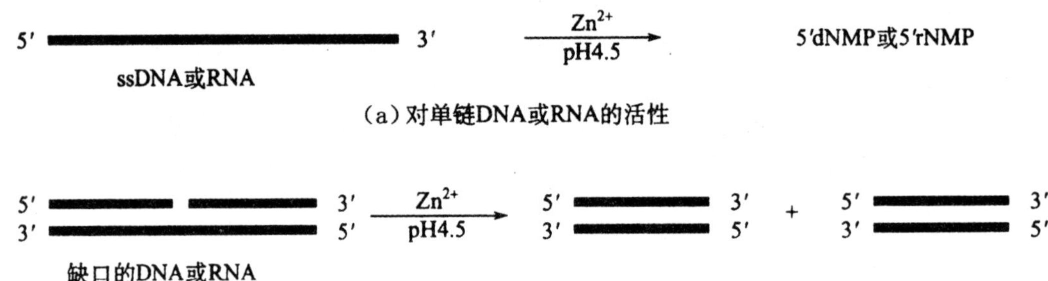

图 7-12 S1 核酸酶的活性

S1 核酸酶的主要功能是,催化 RNA 和单链 DNA 分子降解成为 5′-单核苷酸。同时它也能作用于双链核酸分子的单链区,并从此处切断核酸分子。

S1 核酸酶在分子生物学研究中的最主要的功能就是给 RNA 分子进行定位。例如,一个 RNA 分子(或剪辑的 RNA 的一个表达子区段)是由其 DNA 模板中的 400～1400 的核苷酸序列编码的。如果这条 RNA 分子同包括核苷酸 400～1400 的 DNA 编码链(图 7-13 的片段 A)杂交,然后再用 S1 核酸酶处理,那么 RNA-DNA 杂种分子中的单链尾巴便会被降解掉,形成一条长度为 1000 bp 的平末端的 RNA-DNA 杂种双链分子。可以通过不同的方法测定抗 S1 核酸酶的 DNA 片段的长度。真核 mRNA 分子具有 5′-帽子结构和 3′poly(A)末端,当这些结构同 DNA 分子碱基配对时,S1 核酸酶是无法将它们移走的。

如果 RNA 分子是同限制片段 B 的编码链杂交,那么用 S1 核酸酶处理,移去杂种分子中的单链 RNA 和 DNA 尾巴后,所形成的抗 S1 核酸酶的 RNA 和 DNA 杂种分子的长度为 200 bp。RNA 分子同限制片段 C 的编码链杂交,经 S1 核酸酶消化之后产生的抗 S1 核酸酶的 RNA～DNA 平末端双链杂种分子的长度是 800 bp。这些结果无疑表明,这个 RNA 分子是定位在距限制位点 *Endo* RX 左边 200 bp 和右边 800 bp 之间的 DNA 序列区内(图 7-12)。

7.5.2.2 *Bal* 31 核酸酶

Bal 31 核酸酶来源于埃氏互生单胞菌 Bal 31 培养物,Bal 31 的主要活性为 3′-外切核酸酶

活性。它可以从线性 DNA 两条链的 3′端去除单核苷酸。Bal 31 还是一个内切核酸酶，因此利用其 3′-外切酶活性连续去除 3′端单核苷酸后形成的单链 DNA，可被 Bal 31 的内切酶活性所降解。

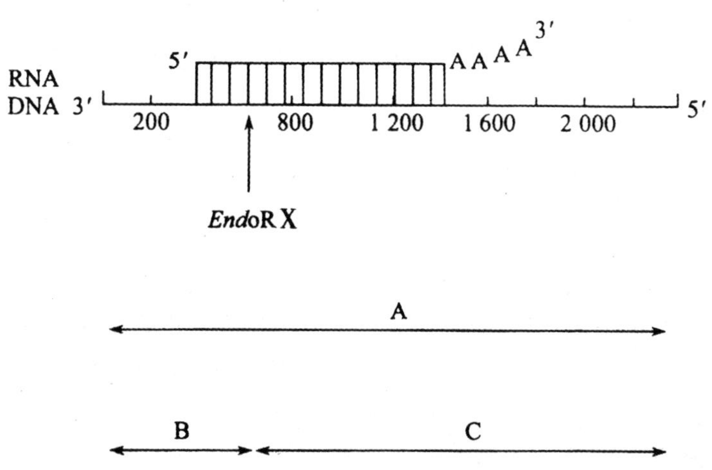

图 7-13　同模板 DNA 有共同线形关系的 RNA 分子的定位

当底物是双链环形的 DNA 时，*Bal* 31 的单链特异的核酸内切酶活性，通过对单链缺口或瞬时单链区的降解作用，将超盘旋的 DNA 切割成开环结构，进而成为线性双链 DNA 分子。而当底物是线性双链 DNA 分子时，*Bal* 31 的双链特异的核酸外切酶活性，又会成功地从 3′和 5′两末端移去核苷酸，并且能够有效地控制此种 DNA 片段逐渐缩短的速度(图 7-14)。

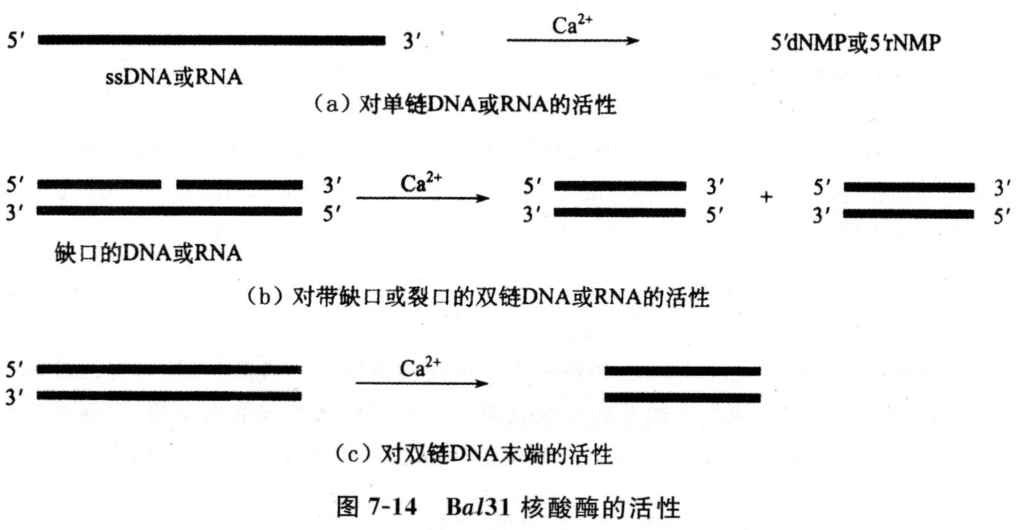

图 7-14　*Bal*31 核酸酶的活性

Bal 31 核酸酶的主要用途包括：

(1)诱发 DNA 发生缺失突变。

(2)定位测定 DNA 片段中限制位点的分布。

(3)研究超盘旋 DNA 分子的二级结构,并改变因诱变剂处理所出现的双链 DNA 的螺旋结构,如 B-DNA 和 Z-DNA 间的结合部位或双链 DNA 中共价与非共价修饰的位点。

(4)在制备重组 RNA 时,从双链 RNA 上去除核苷酸。

(5)通过可控方式去除双链 DNA 的末端核苷酸。从功能上来说,缩短后的分子具有的作用更多,如产生缺失、调控序列附近进行定位、将合成接头插入 DNA 上的某一目标位点。

(6)DNA 的限制酶切作图。

7.5.2.3 核糖核酸酶 A

核糖核酸酶 A(RNase A)是一种被详细研究和具有广泛应用的核酸内切酶。RNase A 对核糖核酸有水解作用,但对脱氧核糖核酸则不起作用。它可以特异地攻击 RNA 上嘧啶残基的 3′-端,切割嘧啶与相邻核苷酸形成的磷酸二酯键。反应终产物是嘧啶 3′-磷酸及末端带嘧啶 3′-磷酸的寡核苷酸。无辅助因子及二价阳离子存在时,核糖核酸酶 A 的作用可被胎盘 RNA 酶抑制剂或氧钒-核糖核苷酸复合物所抑制。

在基因克隆中,RNase A 主要用于:

(1)从 DNA-RNA 或 RNA-RNA 杂合体中去除未杂合的 RNA 区。

(2)可以用来去除 DNA 制品中的污染 RNA。

(3)确定 DNA 或 RNA 中单碱基突变的位置。

(4)在核糖核酸酶保护分析中,与 RNase T1 联合使用,对 RNA 进行定量分析和作图。

确定 RNA 或 DNA 的碱基突变在此方法中,RNA-DNA 或 RNA-RNA 杂合体上的单碱基错配可被 RNase A 识别并切割。通过凝胶电泳分析切割产物的大小即可确定错配的位置。在所有各种可能的单碱基错配中,大约 50%可用此法确定。

7.5.2.4 核糖核酸酶 T1

核糖核酸酶 T1(RNase T1)是一种核糖核酸内切酶,它特异地攻击鸟苷酸 3′侧的磷酸基团并切割与其相邻的核苷酸的 5′-磷脂键,终产物为含 3′-磷酸鸟苷末端的寡核苷酸或 3′-磷酸鸟苷。在分子克隆中主要用于去除 DNA-RNA 杂交体中未杂交的 RNA 区。

7.5.2.5 核糖核酸酶 H

核糖核酸酶 H(RNase H)是从小牛胸腺中发现而被分离的一种酶,该酶现在已经广泛存在于哺乳动物细胞、酵母、原核生物及病毒颗粒中。它是一种核糖核酸内切酶,它能够特异性地水解杂交到 DNA 链上的 RNA 磷酸二酯键,故能催化 DNA-RNA 杂合体的 RNA 部分的核内降解,产生不同链长的带 3′-羟基和 5′-磷酸末端的寡核糖核酸。但不能水解单链或双链 DNA 和 RNA 分子中的磷酸二酯键。

7.5.3 核酸外切酶

核酸外切酶是一类能从 DNA 或 RNA 链的一端开始按顺序催化水解 3′,5′-磷酸二酯键,产生单核苷酸(DNA 为 dNTP,RNA 为 NTP)的核酸酶。

只作用于 DNA 的核酸外切酶称为脱氧核糖核酸外切酶,只作用于 RNA 的核酸外切酶称为核糖核酸外切酶。也有一些核酸外切酶专一性较低,既能作用于 DNA,又能作用于 RNA,因此统称为核酸酶。

核酸外切酶从 3′-端开始逐个水解核苷酸时,称为 3′→5′核酸外切酶,水解产物为 5′-核苷酸;核酸外切酶从 5′-端开始逐个水解核苷酸时,称为 5′→3′核酸外切酶,水解产物为 3′-核苷酸。

核酸外切酶按其作用特性的差异,核酸外切酶可以分为单链的核酸外切酶和双链的核酸外切酶。

7.5.3.1　单链的核酸外切酶

单链的核酸外切酶包括大肠杆菌核酸外切酶Ⅰ(*Exo* Ⅰ)和核酸外切酶Ⅶ(*Exo* Ⅶ)等。

核酸外切酶Ⅶ包括两个亚单位,它们分别为 *xseA* 和 *xseB* 基因的编码产物。它能够从 5′-末端或 3′-末端呈单链状态的 DNA 分子上降解 DNA,产生寡核苷酸短片段,而且是唯一不需要 Mg^{2+} 的活性酶,是一种耐受性很强的核酸酶(图 7-15)。

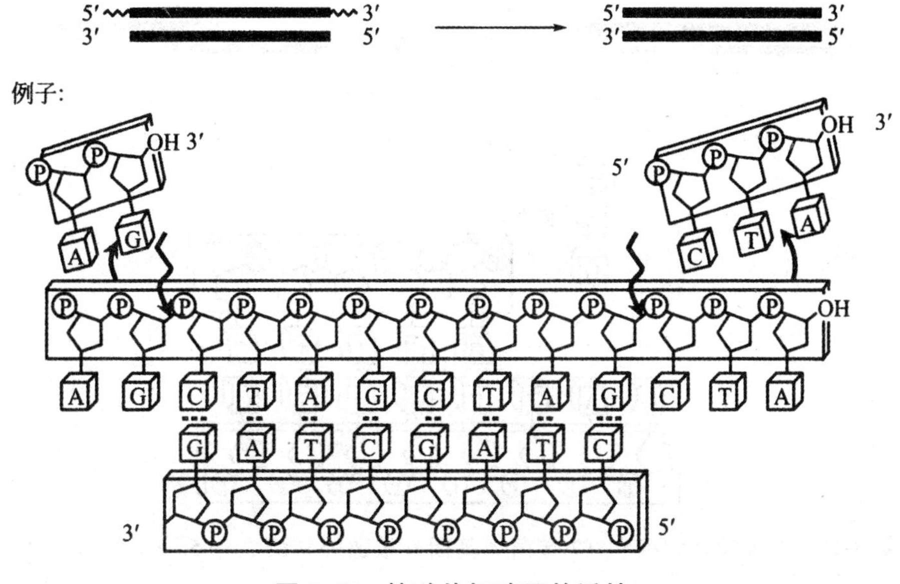

图 7-15　核酸外切酶Ⅶ的活性

核酸外切酶Ⅶ可以用来测定基因组 DNA 中一些特殊的间隔序列和编码序列的位置。它只切割末端有单链突出的 DNA 分子。

7.5.3.2　双链的核酸外切酶

双链的核酸外切酶有大肠杆菌核酸外切酶Ⅲ(*Exo* Ⅲ)、λ 噬菌体核酸外切酶(λ*Exo*)、T7 噬菌体基因 6 核酸外切酶等。

(1)大肠杆菌核酸外切酶Ⅲ。它具有多种催化功能,可以降解双链 DNA 分子中的许多类型的磷酸二酯键。其中主要的催化活性是催化双链 DNA 按 3′→5′ 的方向从 3′-OH 末端释放 5′-单核苷酸(图 7-16)。

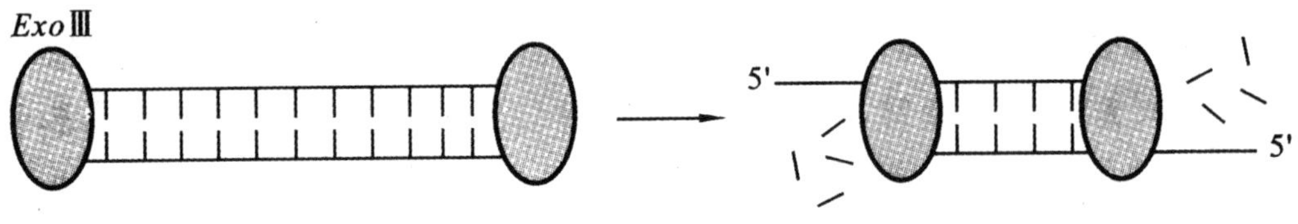

图 7-16 大肠杆菌核酸外切酶Ⅲ的活性

大肠杆菌核酸外切酶Ⅲ通过其 3′→5′ 外切酶活性使双链 DNA 分子产生出单链区,经过这种修饰的 DNA 再配合使用 Klenow 酶,同时加进带放射性同位素的核苷酸,便可以制备特异性的放射性探针。

(2)λ 噬菌体核酸外切酶。它最初是从感染了 λ 噬菌体的大肠杆菌细胞中纯化出来的,这种酶催化双链 DNA 分子从 5′-P 末端进行逐步地水解,释放出 5′-单核苷酸(图 7-17),但不能降解 5′-OH 末端。

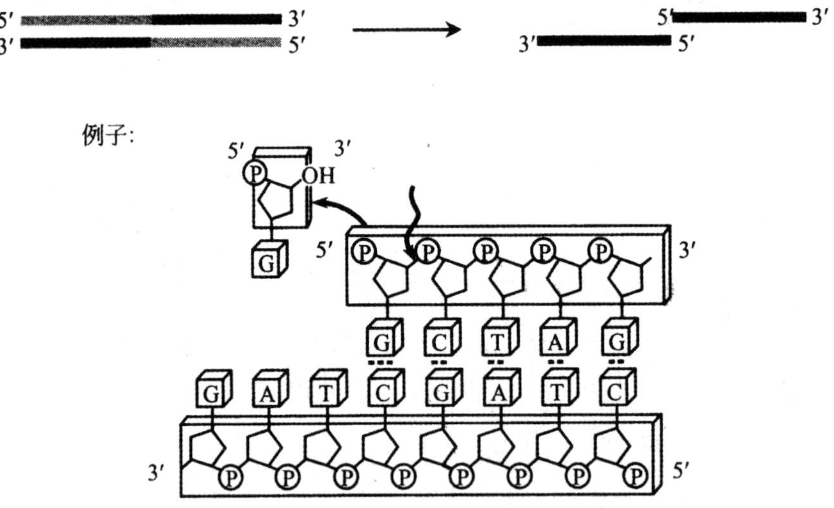

图 7-17 λ 核酸外切酶和 T7 噬菌体基因 6 核酸外切酶之一 5′→3′外切酶活性

λ 噬菌体核酸外切酶主要用于将双链 DNA 转变成单链 DNA,供双脱氧法进行 DNA 序列分析用;还可以用于从双链 DNA 中移去 5′-突出末端,供末端转移酶进行加尾。

(3)T7 噬菌体基因 6 核酸外切酶。它是大肠杆菌 T7 噬菌体基因 6 编码的产物。同 λ 噬菌体核酸外切酶一样,可以催化双链 DNA 从 5′-P 末端逐步降解释放出 5′-单核苷酸(图 7-17)。

但与 λ 噬菌体核酸外切酶不同,它可以从 5′-OH 和 5′-P 两个末端移去核苷酸。T7 噬菌体基因 6 核酸外切酶同 λ 噬菌体核酸外切酶具有同样的用途。但是由于它的加工活性要比 λ 噬菌体核酸外切酶的低,因此主要用于从 5′端开始的有控制的匀速降解。

第 8 章　基因工程载体

8.1　基因工程载体概述

基因工程的目的是按人们的意愿去修饰和改造生物体的遗传特性，从而获得所需要的新的遗传特性或新的物质。然而，实际工作中所分离或改建的目的基因自身往往不能够在细胞中独立存在，需要借助载体的携带才能在合适的宿主细胞中复制和表达。这种携带外源基因或 DNA 片段进入宿主细胞进行复制和表达的运载工具称之为载体，其本质是 DNA（少数为 RNA），如质粒 DNA、病毒 DNA、cos 质粒等载体。

基因工程应用的载体通常需要具有如下特性：

（1）在宿主细胞中能自我复制，即本身是复制子。

（2）容易从宿主细胞中分离纯化。

（3）载体 DNA 分子中有一段不影响它们扩增的非必需区域，插在其中的外源基因可以像载体的正常组分一样进行复制和扩增。

（4）有限制性酶切的克隆位点，以便于目的基因的组装。

（5）能赋予细胞特殊的遗传标记，以便于对导入的重组体进行鉴定和检测。

（6）用于表达目的基因的载体还应具有启动子（强启动子）、增强子、SD 序列、终止子等表达元件。

载体按功能可分为克隆载体和表达载体两种基本类型。克隆载体是最简单的载体，主要用来克隆和扩增 DNA 片段，有一个松弛的复制子，能带动外源基因在宿主细胞中复制扩增。克隆载体可分为：质粒载体、噬菌体载体、人工染色体载体等。表达载体除具有克隆载体的基本元件外，还具有转录、翻译所必需的 DNA 元件，才能使外源基因在宿主细胞中有效地表达。

8.2　质粒载体

在各种生命形态中，质粒是一类特别引人注目的亚细胞有机体。它的结构比病毒简单，既没有蛋白质外壳，也没有细胞外生命周期，但是它能够在宿主细胞内独立增殖，并随着宿主细胞的分裂被遗传下去。作为一种广泛存在的、裸露的、能自主复制的简单 DNA，质粒非常适合于在基因克隆中作为外源 DNA 的载体，在相应的宿主细胞内复制并传递和表达遗传信息，于是它就成为基因克隆操作中不可缺少的重要工具。

8.2.1 质粒的概念与性质

8.2.1.1 质粒的概念

质粒是存在于细胞质中的一类独立于染色体的可自主复制的遗传成分，绝大多数质粒为共价闭合环状 DNA(covalent closed circular DNA，cccDNA)，少数是线性。

质粒不仅仅存在于原核生物中，也存在于真核生物及其细胞器中。除了酵母的杀伤质粒是一种 RNA 分子外，其他所有质粒均为 DNA 分子。不同质粒分子的大小在 1～200 kb 不等，多数在 10 kb 左右，为细菌基因组 DNA 的 0.5%～3%。

质粒分子是含有复制功能的遗传结构，其本身带有的某些遗传信息会赋予宿主细胞一些遗传性状。它的自我复制能力及所携带的遗传信息在重组 DNA 操作，如扩增、筛选过程中都是极其有用的。

8.2.1.2 质粒的性质

(1)分子特性。大多数质粒 DNA 是环状双链的 DNA 分子，具有三种不同的构型(图 8-1)：

①若质粒 DNA 经过适当的核酸内切限制酶切割之后，发生双链断裂形成线性分子(linear DNA，LDNA)，通称 L 构型。

②若两条多核苷酸链中只有一条保持着完整的环形结构，另一条链出现有一至数个缺口时，称之为开环 DNA(open circles DNA，ocDNA)，此即 OC 构型。

③若两条多核苷酸链均保持着完整的环形结构时，通常呈现超螺旋构型(supercolied DNA，SCDNA)，即 SC 构型。

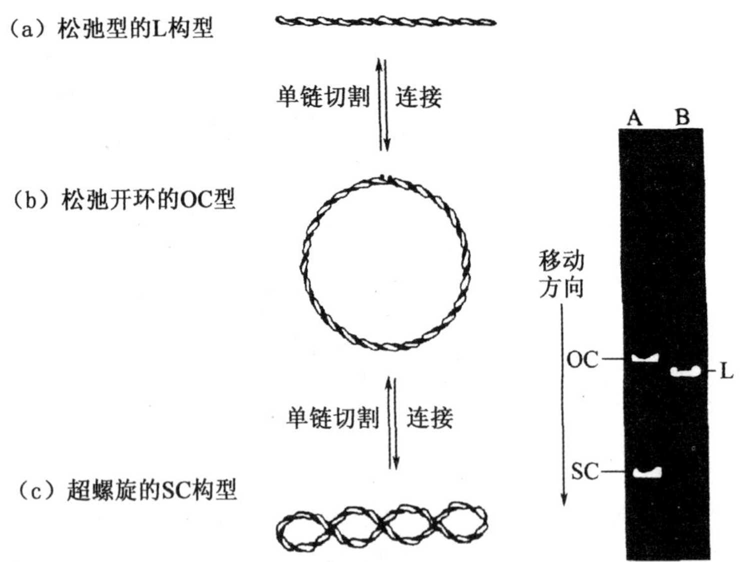

图 8-1 质粒 DNA 的分子构型及其琼脂糖凝胶电泳图

(引自 Old&Primrose，1980)

在琼脂糖凝胶电泳中，同一种质粒 DNA，尽管分子量相同，由于空间构象不同，因而具有不同的电泳迁移率，其中 SCDNA 的迁移速度最快、ocDNA 迁移速度最慢、LDNA 居中。

(2)质粒的复制性和可扩增性。质粒复制受到质粒和宿主细胞双重遗传系统的控制。质粒在细胞内的复制方式一般有两种：严紧控制型和松弛控制型。

由于质粒具备在细菌细胞内自主复制的能力，因此每种质粒至少有一个复制起始点。某种质粒在一个细菌细胞内的数目称为这种质粒的拷贝数。

严谨型质粒通常是一些具有自身传递能力的大质粒，它们的复制与宿主菌密切相关。这种质粒在宿主菌内只有 1 到数个质粒拷贝存在，当宿主菌蛋白合成停止时，质粒 DNA 的复制也随之停止。

松弛型质粒通常是分子量较小，不具传递能力的质粒，它在宿主菌内通常可含 10～200 个拷贝，而且不受宿主菌蛋白合成的影响。当宿主菌蛋白质合成停止时(如在细菌培养液中加入氯霉素)，质粒 DNA 的复制仍可继续进行，直到细胞内达到 2 000 或 3 000 个拷贝。因此，通常选用松弛型质粒作为基因工程载体，在质粒内插入外源基因后，可在子代细菌的重组质粒中获得较高产量的目的基因。

(3)质粒的可转移性。部分质粒含有 *tra* 基因，指令宿主细胞产生菌毛、合成细胞表面物质，促使宿主细胞与受体细胞接合，使质粒从一个细胞转移到另一个细胞中，这种类型质粒称为接合型质粒。通常来说，接合型质粒的分子比较大，拷贝数比较少，并且宿主广，比较不安全。

不含 *tra* 基因的质粒则不具备转移性，它们的分子质量小，拷贝数多，不会自动转移，比较安全。用于构建克隆载体的质粒一般是非接合型质粒(如 ColE1 等)。

部分质粒虽不含 *tra* 基因，但含有 bom 位点(oriT 位点)，当宿主细胞内同时存在含有 *mob* 基因的辅助质粒时，*mob* 基因的产物可打开非接合型质粒的 oriT 位点，借助接合型质粒 *tra* 基因的产物，使非接合型质粒被动迁移到受体细胞中，这种现象称为迁移作用。

(4)质粒的不亲和性。不同质粒有的可共存于同一细胞之中，但有的不行。能同寓于一个细胞中的不同质粒称为亲和性质粒，不能同寓于一个细胞中的不同质粒称为不亲和性质粒或不相容性质粒。

亲缘关系密切的不同质粒一般属于不亲和性质粒，野生型质粒与其衍生的重组质粒往往属于不亲和性质粒。因此，当质粒载体承载目的基因转化受体细胞时，就需要考虑受体细胞内原有的质粒与作为克隆载体的质粒是否属于亲和性质粒。作为受体的细胞最好不含内源质粒。

对质粒不亲和性机制的解释有以下两种。

①质粒的不亲和性是由于质粒上的 *inc* 基因可指令宿主细胞合成一种阻遏物，从而调节内源质粒复制。成熟的细胞中内源质粒都处于相对稳定的饱和状态，*inc* 基因指令产生的阻遏物多。因此，亲缘关系密切的质粒由于受同一阻遏物的制约，即使被引入细胞内也不能再复制，就自行消失了。

②质粒复制必须同细胞质膜结合，各种质粒有各自的结合位点，而亲缘密切的质粒有相同的结合位点，当其中一种质粒已占满结合位点后，亲缘密切的另一种质粒即使进入细胞内已无立足之地，也就自行消失。

上述两种解释均尚有许多需要完善的地方以及实验的证据不足。

8.2.2 构建质粒载体的基本策略

基因工程的目标就是实现基因的无性繁殖，并且得到最大量的某一基因或基因产物，因此一般要求用松弛型的质粒作为载体。天然质粒尽管在理论上和遗传学研究中有重要作用，但作为基因工程的载体实有困难，因此必须对其进行如下必要的改造。

(1)去掉非必需的 DNA 区域。除保留质粒复制相关的区域等必要部分外，尽量缩小质粒的相对分子量，以提高外源 DNA 片段的装载量。

(2)减少限制性内切酶的酶切位点的数目。这个问题是在早期载体改造中经常碰到的问题，这是因为一个质粒含有某一限制性内切酶的酶切位点越多，则该酶酶切后的片段也越多，这会给克隆工作带来很多的变故。当然随着技术的发展和进步，这个问题现在已经得到了解决，比如机械破碎和质粒之间的重组。

(3)加入易于检出的选择性标记，便于检测含有重组质粒的受体细胞。大多数情况下，在进行基因改造过程中，所要扩增的基因不便于选择，因此作为载体的质粒必须要具备选择性标记，并且通过技术手段可以实现质粒之间的重组，使质粒带上合适的选择标记。抗生素抗性是绝大多数载体使用的最好标记之一，目前常用的主要有氨苄青霉素抗性(Amp^r)、四环素抗性(Tet^r)、新霉素抗性(Neo^r)、氯霉素乙酰转移酶(CAT)等。此外，组织化学染色法和荧光法也是目前在构建载体中常用的方法。

(4)关于质粒安全性能的改造。从安全性考虑，克隆载体应只存在于有限范围的宿主内，在体内不发生重组和转移，不产生有害性状，并且不能离开宿主进行扩散。

(5)改造或增加表达基因的调控序列。外源基因的表达需要启动子，启动子有强弱之分，也有组织细胞专一性。在重组 DNA 操作中，根据不同研究目的可以改造或选择不同特点的载体。

8.2.3 质粒载体的构建

8.2.3.1 pt3R322 质粒

pt3R322 质粒是发现的时间比较早，但至今仍是被广泛应用的克隆载体，因为它具备一个好载体的所有特征。从图 8-2 的质粒图谱可见，在其上有多个单一的限制性内切酶位点，其中包括 *EcoR* Ⅰ、*Hind* Ⅲ、*EcoR V*、*Bam*H Ⅰ、*Sal* Ⅰ、*Pst* Ⅰ、*Pvu* Ⅱ 等常用酶切位点，而 *Bam*H Ⅰ、*Sal* Ⅰ 和 *Pst* Ⅰ 分别处于四环素和氨苄青霉素抗性基因上。这个载体的最方便之处是当将外源 DNA 片段在 *Bam*H Ⅰ、*Sal* Ⅰ 或 *Pst* Ⅰ 位点插入时，可引起抗生素基因的失活，由此可筛选重组体。如一个外源 DNA 片段插入到 *Bam*H Ⅰ 位点时，由于外源 DNA 片段的插入使四环素抗性基因(*Tet*)失活，这样可以通过 $Amp^r Tet^s$ 来筛选重组体。利用氨苄青霉素和四环素这样的抗性基因既经济又方便。pBR322 是利用 Col E1 的复制子，所以在细胞内是多拷贝，也可以通过加氯霉素使质粒的拷贝数进一步扩增。pBR322 也曾经被用做表达载体。当外源基因以正确的读码框插入处于氨苄青霉素抗性基因(β-内酰胺酶基因)的 *Pst* Ⅰ 限制性内切酶位点时，

外源蛋白与 β-内酰胺酶 N 端序列形成融合蛋白而得以表达。

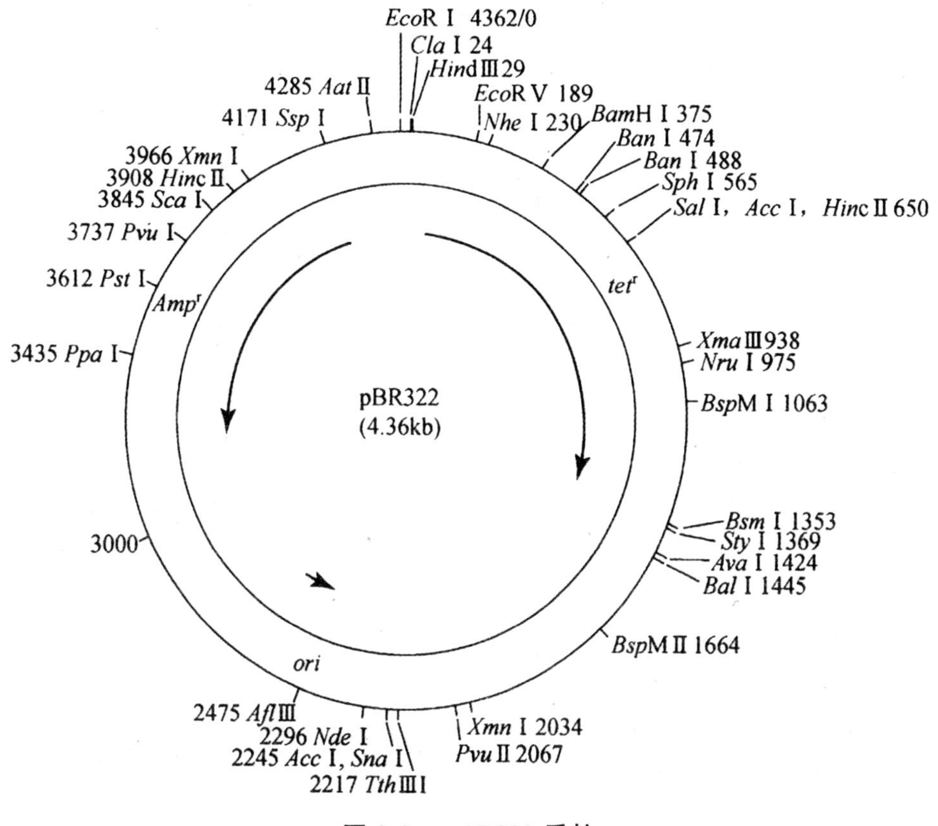

图 8-2　pt3R322 质粒

8.2.3.2　pUC18/pUC19 质粒

pUC18/pUC19 质粒是一对可用组织化学方法鉴定重组克隆的质粒载体。这对载体由 2686 bp 组成，其在细胞中的拷贝数可达 500～700 个。它有来自 *E. coli* 的 *lac* 操纵子的 DNA 区段，编码 β-半乳糖苷酶氨基端的一个片段。异丙基-β-D-硫代半乳糖苷（IPTG）可诱导该片段的合成，而该片段能与宿主细胞所编码的缺陷型 β-半乳糖苷酶实现基因内互补（α-互补）。当培养基中含有 IPTG 时，细胞可同时合成这两个功能上互补的片段，使含有这种质粒的上述受体菌在含有生色底物 5-溴-4-氯-3-吲哚-8-D-半乳糖苷（X-gal）的培养基上形成蓝色菌落。当外源 DNA 片段插入质粒上的多克隆位点时，可使 β-半乳糖苷酶的氨基端片段失活，破坏 α-互补作用。这样，带有重组质粒的细菌将产生白色菌落。人们可从菌落颜色的变化来选择重组体。值得指出的是，当插入的外源 DNA 片段较小，而不破坏 β-半乳糖苷酶的 N-端片段的读码框时，重组体菌落可表现出浅蓝色。图 8-3 给出 pUC18/pUC19 的图谱及多克隆位点。由于 pUC 质粒含有 Amp^r 抗性基因，可以通过颜色反应和 Amp^r 对转化体进行双重筛选。

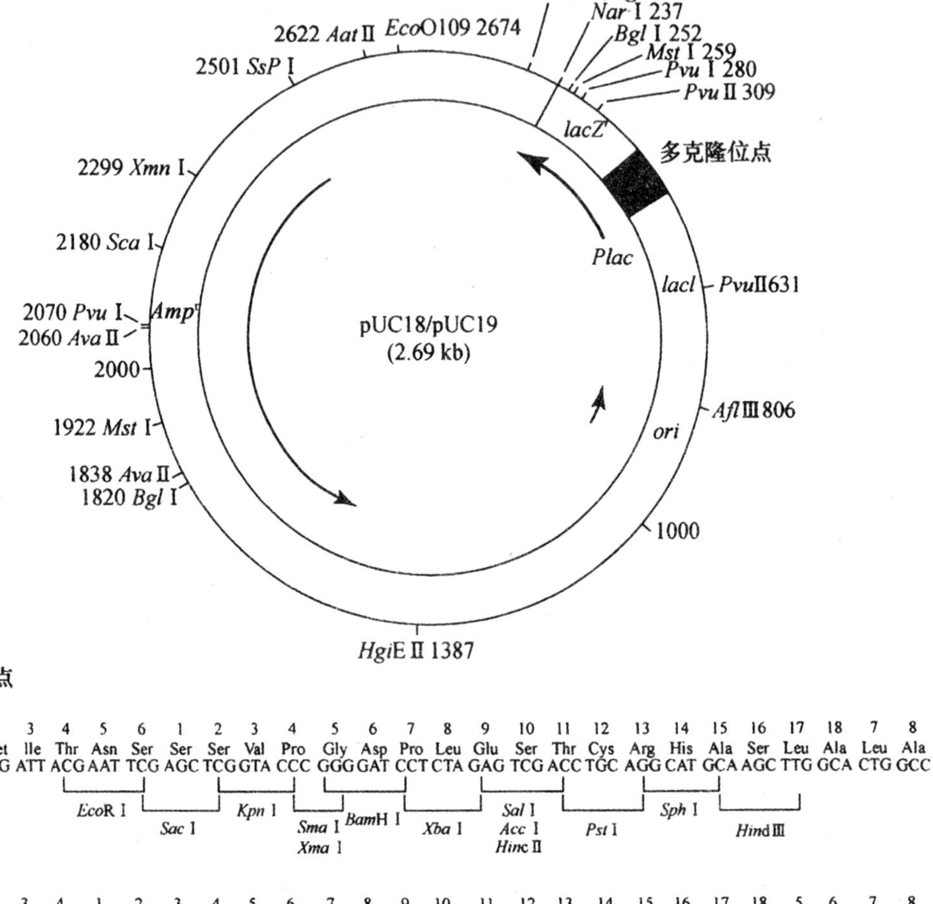

图 8-3 pUC18/pUC19 的限制性内切酶图谱及多克隆位点

8.2.3.3 pGEM 系列多功能载体

PGEM 系列载体是由 pUC 质粒衍生而来，它们都含有由不同噬菌体编码的依赖于 DNA 的 RNA 聚合酶转录单位的启动子。此系列可从 Promega 公司买得各类衍生质粒。现以 pGEM-3Zf 为例予以介绍。从图 8-4 可见，此类载体含有 T7 及 SP6 RNA 聚合酶启动子及转录起始位点，多克隆位点，lac 启动子调控区及编码 LacZα 肽的基因，Amp^r 基因，噬菌体 f_1 的复制起始区（f_1ori）以及 pUC/M13 正、反向序列分析引物的结合位点。因此，这类载体具有的功能比较多样，并且如果实验者有一个载体在手可以根据需要进行体外转录、分子克隆、对重组体进行组织化学筛选、测序以及基因表达等一系列实验。

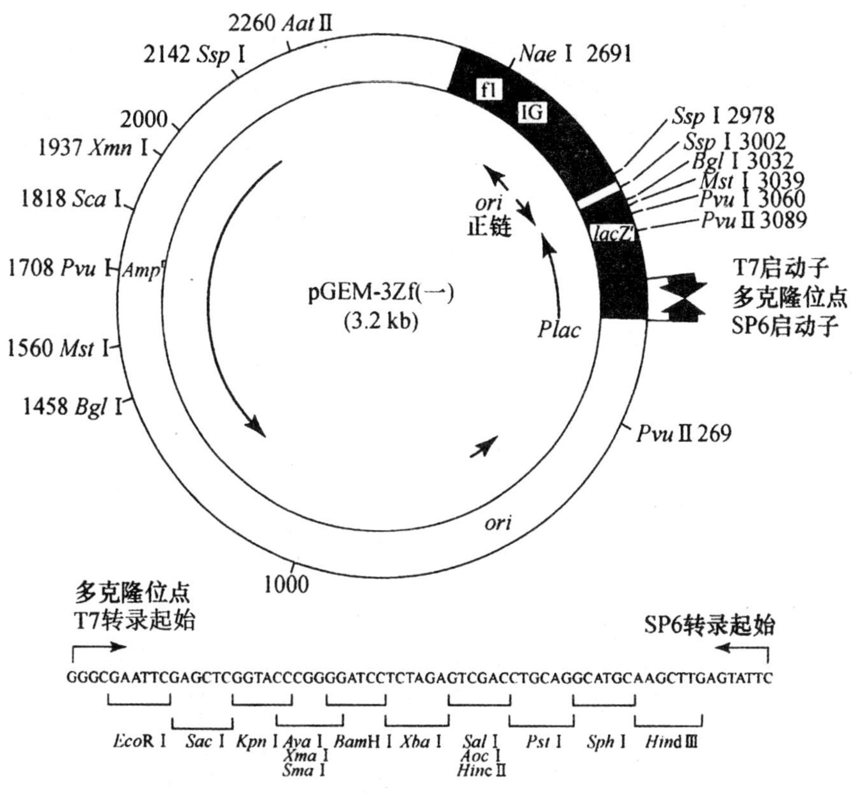

图 8-4　pGEM-3Zf 图谱

8.2.3.4　*E. coli* 中所用的表达载体

下面以 *E. coli* 中所用的表达载体作为原核细胞表达载体来介绍。表达载体和克隆载体的区别在于，表达载体必须含有：

(1)强的启动子，一个强的可诱导的启动子可使外源基因有效地转录。

(2)在启动子下游区和 ATG(起始密码子)上游区有一个好的核糖体结合位点序列(SD)。

(3)在外源基因插入序列的下游区要有一个强的转录终止序列，保证外源基因的有效转录和质粒的稳定性。

在 *E. coli* 中常用的启动子有 *lac*、*Trp*、*Tac* 以及来自 λ 噬菌体的强启动子 P_L、P_R 以及来自 T7 噬菌体的 T7 启动子(T7 启动子是一个组成性的强启动子)等。前几类启动子可被 *E. coli* 的 RNA 聚合酶所识别而起始转录，而 T7 启动子必须由 T7 噬菌体来源的 T7 RNA 聚合酶所识别而起始转录。因此，在表达载体中用 T7 启动子时，必须要用能产生 T7 RNA 聚合酶的受体菌作宿，如 JM109(DE3)菌株。

pBV221/pBV220 表达载体(图 8-5)是我国科学家构建的表达载体。本载体利用 λ 噬菌体的 P_L、P_R 作为串联启动子，一个温度敏感的转录阻遏蛋白 cI 857 的基因位于其上游；在多克隆酶切位点(MCS)的下游区有一强的转录终止序列 rrnBT_1T_2，在多克隆酶切位点与启动子之间有 SD 序列。当外源基因插入后，其表达处于为 cI 857 阻遏蛋白紧密控制下的 P_R、P_L

启动子的双重调控之下。cI 857 阻遏蛋白是一个温度敏感的转录调控蛋白。在 30 ℃时其同启动子紧密结合，阻止转录起始；当培养温度升到 42 ℃时，阻遏蛋白失活，从启动子上解离，RNA 聚合酶与启动子结合起始转录。这种可诱导的启动子使得基因能高效表达。pBV221/pBV220 是胞内表达载体，其表达产物位于细胞质中。

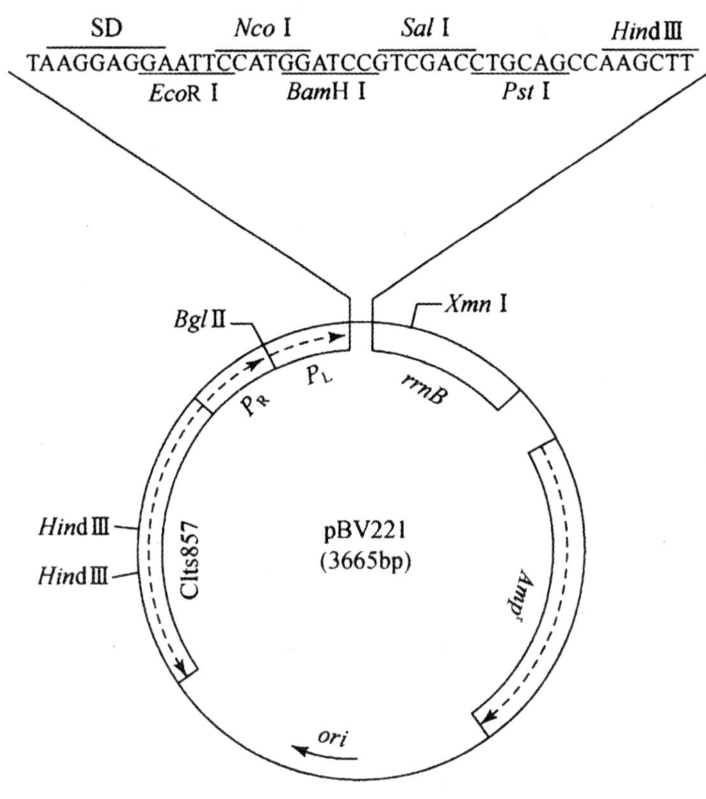

图 8-5　pBV221 限制性内切酶图谱

pTA1529(图 8-6)是分泌表达载体的例子，其同细胞内表达载体的区别是在启动子之后有一信号肽编码序列。外源基因插入到信号肽序列后的酶切位点，使外源基因的第一个密码子正好同信号肽最后一个密码子相接。外源基因连同信号肽基因一起转录，然后翻译成带有信号肽的外源蛋白。当蛋白质分泌到位于 *E. coli* 细胞内膜与细胞外膜之间的周质时，信号肽被信号肽酶所切割，得到成熟的外源蛋白。pTA1529 是用 *E. coli* 碱性磷酸酯酶(phoA)启动子及其信号肽(由 21 个氨基酸组成)基因构建而成。在磷酸盐饥饿的状态下，在这一启动子及信号肽序列指导下，使在其后的外源蛋白表达并分泌到细胞周质中。在 *E. coli* 中常用的介导分泌的信号肽，除了 phoA 的信号肽外，还有 *E. coli* 外膜蛋白(omp)类的信号肽等。目前质粒载体的发展很快，并且很多种类的载体已经实现了商品化，不同的实验室和研究机构也根据研究的实际需要构建各自的特色载体，可以说只要掌握了载体应具备的基本特征，可以举一反三，构建出最适合自己研究所需的载体。

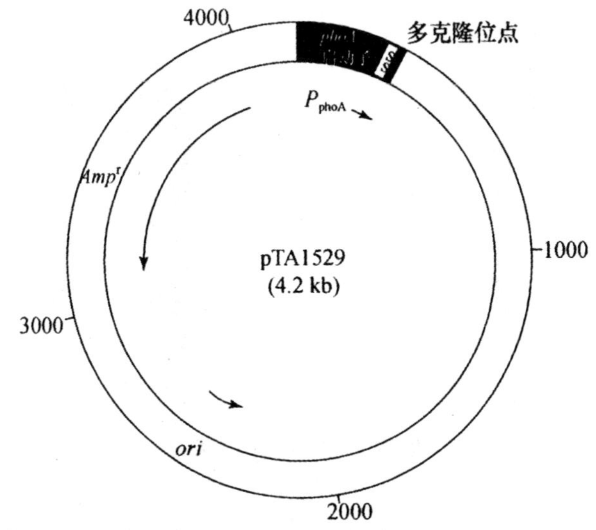

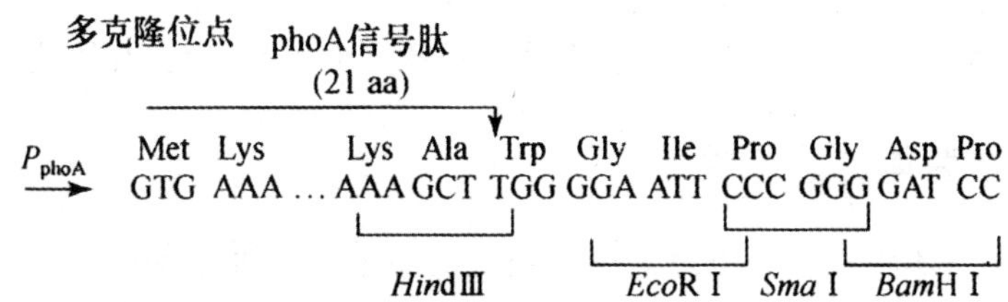

图 8-6 pTA1529 含 *E. coli phoA* 基因的启动子和信号肽序列(SS)

8.3 噬菌体载体

噬菌体是一类细菌病毒的总称。与质粒相比,噬菌体结构要复杂些,病毒颗粒主要由DNA(或 RNA)和外壳蛋白组成。DNA 上除了具有复制起点外,还有编码外壳蛋白质的基因。通过感染,病毒颗粒进入宿主细胞,利用宿主细胞的合成系统进行 DNA(或 RNA)复制和壳蛋白的合成,实现病毒颗粒的增殖。通常把感染细菌的病毒专门称为噬菌体,由此构建的载体则称为噬菌体载体。

8.3.1 噬菌体的生物学特性

8.3.1.1 噬菌体的结构和类型

不同种类的噬菌体颗粒在结构上差别很大,大多数的噬菌体多呈带尾部的 20 面体型,如 λ 噬菌体,还有相当部分为线状体型(图 8-7)。

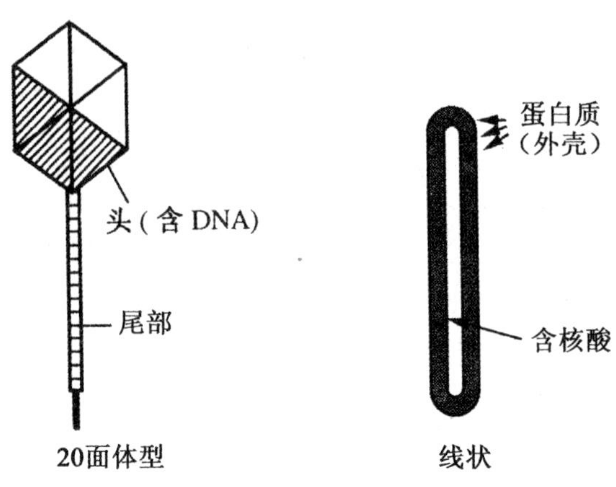

图 8-7　噬菌体的类型

噬菌体中的核酸多数种类为DNA，少量为RNA，如烟草花叶病毒（TMV）、SARS病毒等。含DNA的病毒中，最常见的是双链线性DNA，也有双链环形DNA、单链环形DNA、单链线形DNA等多种形式。核酸的相对分子质量不同种类中相差很大，有的达上百倍。

8.3.1.2　噬菌体的感染性

噬菌体的感染效率很高。一个噬菌体的颗粒感染了一个细菌细胞之后，便可迅速地形成数百个子代噬菌体颗粒，每一个子代颗粒又各自能够感染一个新的细菌细胞，再产生数百个子代颗粒，如此只要重复4次感染周期，一个噬菌体颗粒便能够使数亿个细菌细胞致死。

如果是在琼脂平板上感染了细菌，则是以最初被感染的细胞所在位置为中心，慢慢地向四周均匀扩展，最后在琼脂平板上形成明显的噬菌斑即受感染的细菌被噬菌体裂解后留下的空斑。

8.3.1.3　噬菌体的生命周期

如图8-8所示是一种典型的烈性噬菌体的生命周期过程。

在溶菌周期中，噬菌体DNA注入细菌细胞后，噬菌体DNA大量复制，并合成出新的头部和尾部蛋白质，头部蛋白质组装成头部，并把噬菌体的DNA包裹在内，然后再同尾部蛋白质连接起来，形成子代噬菌体颗粒，最后噬菌体产生出一种特异性的酶，破坏细菌细胞壁，子代噬菌体颗粒释放出来，细菌裂解死亡。这种具有溶菌周期的噬菌体被称为烈性噬菌体。

在溶源周期中，噬菌体的DNA进入细菌细胞后，并不马上进行复制，而是在特定的位点整合到宿主染色体中，成为染色体的一个组成部分，随细菌染色体的复制而复制，并分配到子细胞中而不会出现子代噬菌体颗粒。但是，这种潜伏的噬菌体DNA在某种营养条件或环境条件的胁迫下，可从宿主染色体DNA上切割下来，并进入溶菌周期，细菌同样也会因裂解而致死，释放出许多子代噬菌体颗粒。把这种既能进入溶菌周期又能进入溶源周期的噬菌体称为温和噬菌体。

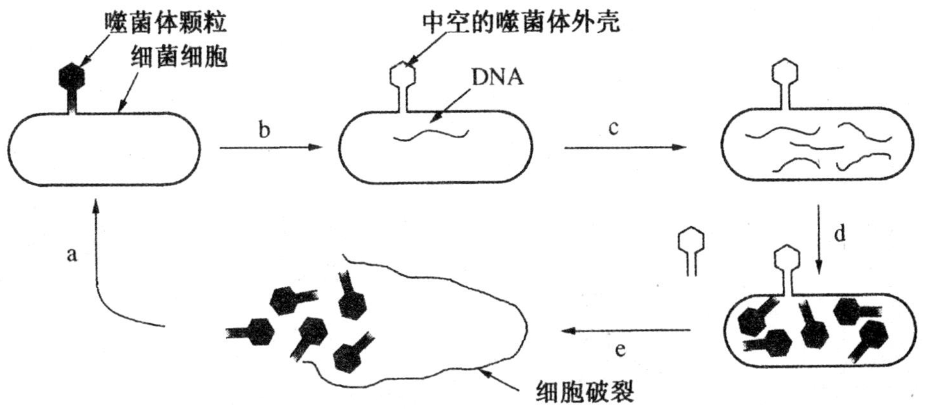

图 8-8　一种典型的烈性噬菌体的生命周期过程

(a)噬菌体颗粒吸附到细胞的表面;(b)噬菌体 DNA 注入寄主细胞;(c)噬菌体 DNA 复制及头部蛋白合成;(d)子代噬菌体颗粒的组装;(e)寄主细胞溶菌释放出子代噬菌体颗粒噬菌体的生活周期,有溶菌周期和溶源周期两种不同类型

温和噬菌体溶源生命周期和溶菌生命周期间的转化过程如图 8-9 所示。

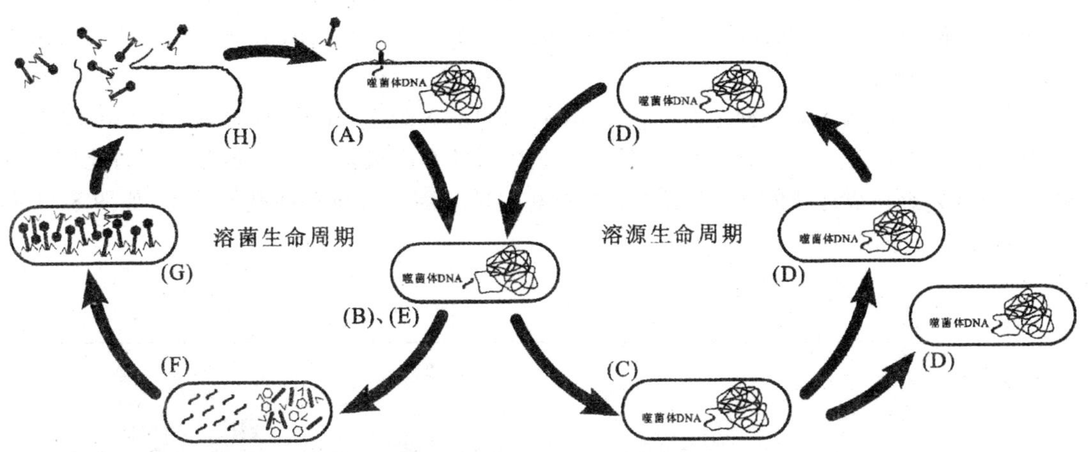

图 8-9　λ 噬菌体溶源生命周期和溶菌生命周期之间的转化

(A)噬菌体感染宿主细胞,将 DNA 注入宿主细胞;(B)噬菌体 DNA 转录合成 DNA 整合及溶源生长所需要的酶类;(C)噬菌体 DNA 和宿主基因组整合;(D)噬菌体 DNA 伴随宿主细胞的分裂而进行复制和分离;(E)环境条件导致细胞内噬菌体进入溶菌生命周期,噬菌体 DNA 从宿主基因组卸载下来,噬菌体进入溶菌生命周期;(F)噬菌体利用宿主细胞内的资源合成子代噬菌体 DNA、头部和尾部;(G)子代噬菌体各种结构在宿主细胞内组装为成熟噬菌体;(H)宿主细胞被裂解,大量子代噬菌体被释放出来,感染邻近的宿主细胞温和型噬菌体感染细胞后,也可能直接进入溶菌生命周期,但有时会进入溶源生命周期。

8.3.2 λ噬菌体载体

λ噬菌体的宿主菌为大肠杆菌，通常有溶源和溶菌两种不同的生长途径(图 8-10)。

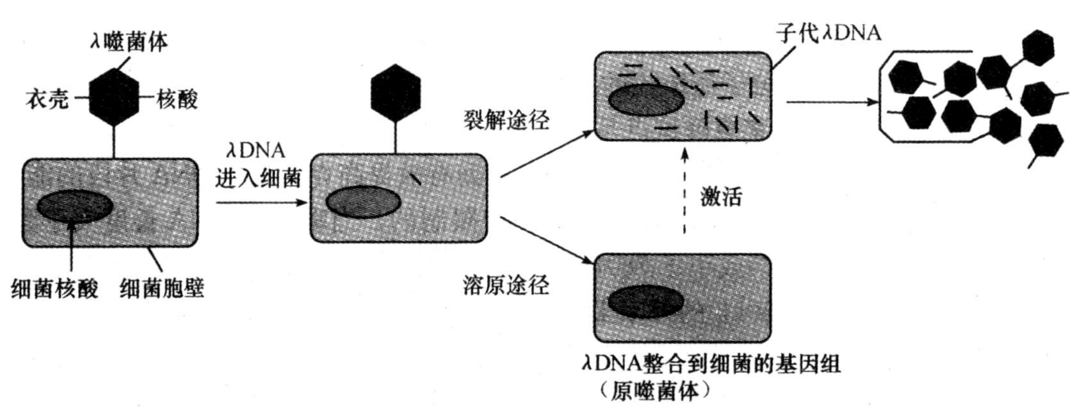

图 8-10　λ噬菌体的溶菌和溶原繁殖方式

λ噬菌体具有极高的感染能力，可以通过 POP' 基因的位点专一性地重组整合在大肠杆菌的染色体上，以原噬菌体的形式长期潜伏在大肠杆菌中，随着大肠杆菌繁殖进行不断的复制，所以λ噬菌体可以在低温的情况下长期保存。λ噬菌体在一定的条件下能够转入溶菌状态，进行大量增殖。

野生型的λ噬菌体是一种全长大约为 48 kb 的 DNA 分子，在其两侧具有 2 个由 12 个核苷酸所组成互补的黏性末端，称为 cos 位点。黏性末端在噬菌体进入大肠杆菌以后能够通过碱基配对而结合形成环状的 DNA 分子。功能相关的基因成簇排列在基因组上，如图 8-11 所示，包括以下几个部分：

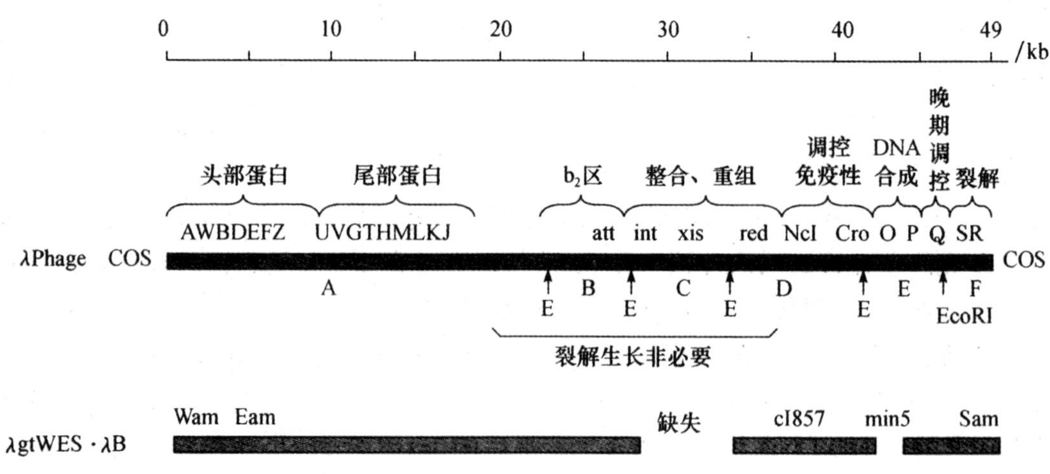

图 8-11　野生型λ噬菌体 DNA 及相应的λ噬菌体 DNA 图谱

(1)噬菌体头部合成基因、噬菌体的尾部合成基因、与λ噬菌体的整合重组等功能有关的基因。

(2)与λ噬菌体的表达调控有关的基因。

(3)其他与λ噬菌体合成有关的基因。

在以上的这些基因中,有部分基因缺失不会影响噬菌体的基本功能。因此野生型的λ噬菌体在改造成为噬菌体载体时,为了装载更多的外源片段,要剔除掉大量非必需区段。剔除后使得λ噬菌体载体的可装载外源基因片段的总长度达到λDNA分子大小的75%～105%,实际插入的外源片段的总长度可以高达20 kb左右。

野生型的λ噬菌体DNA对大多数目前在基因克隆中常用的限制性内切核酸酶来说,都具有过多的限制位点,因而其本身不适合作为基因克隆的载体。

据目前所知,野生型的λ噬菌体染色体上有50多个限制性内切核酸酶位点。因此构建λ噬菌体载体时,应考虑尽可能消去一些多余的限制位点,同时切除非必要的区段,这样才有可能将其改造成适用的克隆载体。其改造方面还包括引入可供筛选的标记基因,在有些情况下还可以通过其他方式来确定是否为重组噬菌体;载体片段的连接等。

λ噬菌体载体主要用于构建cDNA文库。某种生物体的某个组织的cDNA分子与λ噬菌体载体相连接,通过体外包装,直接转导受体细胞。通过体外转导作用,1 μg的cDNA分子可以获得10^6以上个噬菌斑。这些不同的噬菌体中都携带有一条外源cDNA分子。此噬菌体cDNA文库就可以用于基因的克隆。

8.3.3　丝状噬菌体载体

大肠杆菌单链丝状噬菌体包括M13、f1和fd等。这几种噬菌体基因组的组织形式相同,病毒颗粒的大小与形状相近,复制起点相似,DNA序列的同源性在98%以上。三种噬菌体的互补现象十分活跃,相互间很容易发生重组。

M13噬菌体的全基因组大小为6407 bp,是单链DNA。病毒颗粒只能感染具有性纤毛的F^+细菌菌株。其基因组是正链,在细菌胞内DNA聚合酶的作用下转变成双链环状DNA——复制型DNA(RF DNA)。RF DNA在细菌中可达100～200拷贝/细胞,可以像质粒一样制备和转染大肠杆菌感受态细胞,然而被感染的细菌并不裂解,只是生长速度减为原来的1/2～3/4,在平板上呈半透明的混浊型噬菌斑。

丝状噬菌体并不在细胞内包装噬菌体颗粒,在噬菌体基因*V*蛋白和噬菌体DNA所形成的复合物移动至细菌细胞膜的同时,基因*V*产物从DNA上脱落,而病毒基因组从感染细胞的细胞膜上溢出时被衣壳蛋白所包被,因此对包装的单链DNA的大小无严格限制,可获得比天然病毒基因组长6倍以上的外源DNA插入片段和克隆。

8.4　人工染色体载体

常规载体是在保持质粒或噬菌体基本特性的同时,又不影响其复制功能的基础上装载外源DNA片段的,其装载容量受到一定限制。利用染色体的复制元件来驱动外源DNA片段复制的载体称为人工染色体载体,能容纳长达1000 kb甚至3000 kb的外源DNA片段。因此,人工染色体载体在染色体图谱的制作、基因组测序和基因簇的克隆等方面发挥了重要作用,推动了分子生物学、遗传学等学科的飞速发展。

8.4.1 酵母人工染色体

酵母人工染色体(yesat artificial chromosome,YAC)是在酵母细胞中用于克隆外源DNA大片段的克隆载体。YAC是用人工方法由酵母染色体中不可缺少的主要片段组建而成的。这些片段包括染色体末端的端粒(telomeres,TEL)、中间的着丝粒(centromeres,CEN)、酵母ARS序列和酵母选择标记。这些选择标记包括氨苄青霉素标记,色氨酸和尿嘧啶核苷营养表性筛选标记等。YAC载体本身的体积和容量并不大,大约只有10 kb,但却可以接受高达2 Mb的外源DNA的插入,这也正是人类基因组计划中物理图谱绘制采用的主要载体。

8.4.1.1 YAC载体的结构和用途

目前已经开发的YAC载体有好几种,它们都是按照一样的思路所构建的。譬如,pYAC3是以pBR322为基础的,插入了一些酵母基因。其中有两个基因URA3和TRP1分别是YRp5和YRp7的筛选标记。在pYAC3中,除了包含TRP1和复制起点,还包含了称为CEN4的一段DNA,即酵母第四号染色体的着丝序列。还有一部分就是端粒,由TEL的两段序列提供。SUP4是该基因的筛选标记,是克隆试验中新的DNA插入的位点。

用pYAC3进行克隆,策略如下:

(1)把载体用*BamH*I和*SnaB*I双酶切为形成三个片段。

(2)移去*BamH*I位点之间的片段,留下的另外两段,两端分别是TEL序列和*Sna*I位点。

(3)将被克隆的DNA两段必须切成平齐末端。

(4)把三段连接起来。

(5)用原生质体转化等方法将其转入酿酒酵母。

(6)在基本培养基平板上培养,筛选出转化子。

在这个过程中是否有外源DNA插入,可由SUP4的插入失活判断,即可以很简单地由菌落的颜色看出:白色的菌落是重组体,红色的菌落则不是。

图8-12所示为pYAC4,它与pYAC3的差别体现在SUP4基因上的克隆位点不同,pYAC3是*SnaB*I,pYAC4是*EcoR*I。

8.4.1.2 YAC载体的应用

一些重要的哺乳动物如果它们的基因长度超过了100 kb,那么就可以判断其绝大多数大肠杆菌克隆体系都鞭长莫及,但对于酵母人工染色体却可以很容易对付。因此我们有必要根据研究或者应用的需求对他们进行重组,YAC技术为YAC的应用提供了一种方法,用来研究一些以前DNA重组技术不能处理的基因的功能和表达模式。我们知道在某些环境下,酵母人工染色体会在动物的细胞内进行繁殖,因此酵母人工染色体同样对构建高等生物基因文库具有十分重要的意义。在大规模的 DNA 测序工作中，YAC 因可以提供长片段的克隆 DNA 而具有巨大的价值。

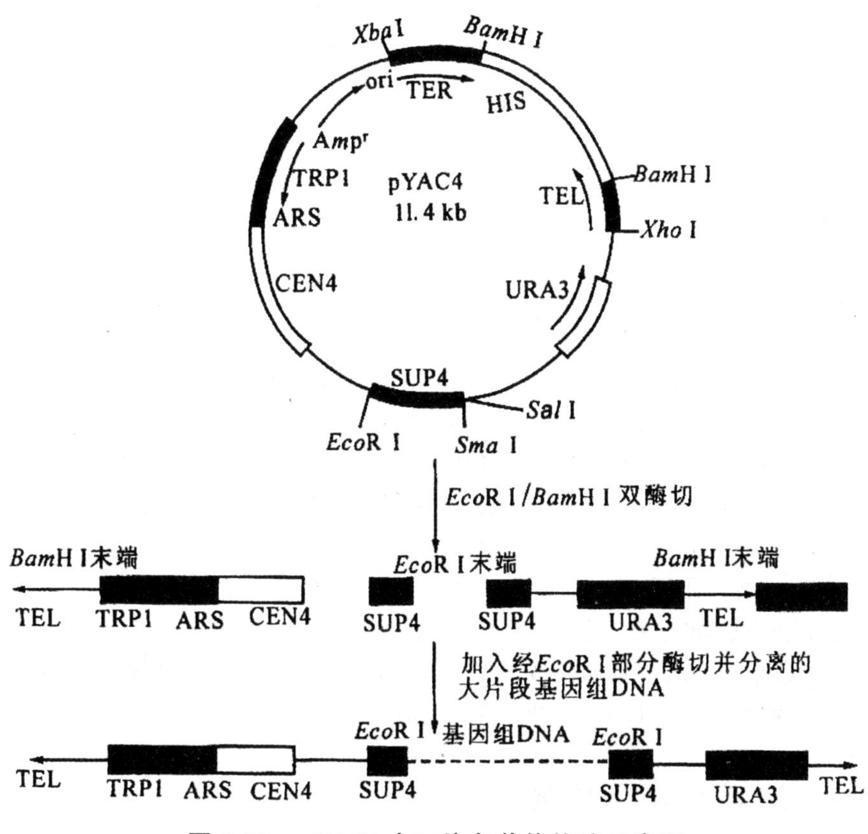

图 8-12 pYAC4 人工染色载体构建示意图

8.4.1.3 其他酵母载体

对于其他种类的酵母来说，相关的基础分子生物学研究需要的相应的克隆载体，也可以增加酵母在生物技术领域中可能的用途。基于酿酒酵母 2 μm 质粒构建的游离型质粒可以在其他几种酵母中复制，但适用范围不大。在很多情况下，整合型质粒能更好地满足生物技术领域的需要，因为它们可以提供稳定的重组体，可以在生物反应器中长时间生长。

8.4.2 细菌人工染色体

细菌人工染色体(bacterial artificial chromosome，BAC)是 20 世纪 90 年代构建出来的一种新型的克隆载体，尽管 BAC 克隆容量(350 kb)较 YAC 要小很多，但是具有很多 YAC 所不具备的特点，具体如下：

(1)BAC 的复制子来源于单拷贝质粒 F 因子，因此其拷贝数极少，可稳定遗传；

(2)BAC 以 *E. coli* 为宿主，转化效率较高；

(3)常规方法(碱裂解)即可分离 BAC;

(4)采用蓝白斑、抗生素、菌落原位杂交等均可用于目的基因筛选;

(5)可对克隆在 BAC 的 DNA 直接测序等。

上述特点使得 BAC 与 YAC 系统相得益彰,从植物到小鼠乃至人类系统都得到广泛应用,成为目前转基因研究的热点和发展方向之一。

BAC 构建的基础是 *E. coil* 中的 F 因子。研究表明,F 因子在 *E. coli* 中的复制由于受到严格控制而一直保持着低拷贝的状况,一般为每细胞单拷贝或两个拷贝。此外,F 因子具有携带 1 Mb 插入片段的潜能,这就使得以此为基础、构建具有大容量克隆能力的 BAC 载体成为可能。20 世纪 80 年代末,Connor 等首次用"染色体建造"的方法,利用 F 因子构建载体 pMB0131 来克隆大片段 DNA。3 年后以 pMB0131 载体为基础,Shizuya 等将 T7、SP6 启动子序列,含 cosN 及 loxP 位点的 λ 噬菌体和 P1 噬菌体片段分别引入 pMB0131 载体,首次构建 DNA 插入片段达 300 kp 以上的 pBAC108L 载体,该载体即使传代 100 代后,仍可稳定遗传,尚未检出缺失,重组及嵌合现象。第一代 BAC 载体的选择标记基因为氯霉素抗性基因,为进一步方便克隆的筛选,许多在常规质粒载体中已成熟使用的选择性标记基纷纷被引入第一代 BAC 载体。1997 年,Mejfa 将 β-半乳糖苷酶 *LacZ* 基因及抗新霉素 neo 基因插入 pBAC108L 载体,转染人类 6-brosarcoma 细胞系,在含 λgal 和 IPTG 的平板上生长 48 h 后,出现 4.5%~10%的蓝色细胞;在 G418 存在下培养 10 d,直径为 10 cm 的培养皿中出现 10~20 个抗性克隆;同年,Baeer 构建了含萤光素酶或绿色萤光蛋白 GFP 的 BAC 载体,以此载体克隆 70~170 kb 的人类基因组 DNA 并转染 HeLa 细胞和成纤维细胞后,便利地筛选出表达 GFP 的克隆。至此,具有快速筛选克隆能力的第二代 BAC 载体业已构建完成。

8.4.3 P1 人工染色体载体

P1 人工染色体(P1 artificial chromosome,PAC)载体是在 P1 噬菌体载体的基础上构建的,其克隆容纳量可达 300 kb,比 P1 噬菌体载体大。

PAC 载体具有 BAC 载体的一些特征。例如,插入的外源 DNA 没有明显的嵌合和缺失现象,可以稳定遗传和高效扩增等。但是,PAC 载体自身片段较大(约 16 kb),构建文库时没有 BAC 载体(约 7~8 kb)效率高。

PAC 载体的多克隆位点位于蔗糖诱导型致死基因 *sacB* 上,加入蔗糖和抗生素的培养基上筛选得到的克隆子都是含有插入片段的重组子。

以 PAC 载体 pCYPAC1 为例,其结构如图 8-13 所示。

pCYPAC1 载体含有噬菌体 P1 的质粒复制子和裂解性复制子,并且在 *sacB* 基因(枯草杆菌果聚糖蔗糖酶基因)内插入了 pUC19 的多克隆位点(用作克隆外源 DNA 片段)。

sacB 基因表达产物是一种有毒的代谢物,可以阻止大肠杆菌对蔗糖的吸收,因此,*sacB* 可以用作阳性选择标记。

pCYPAC1 载体只保留了一个 *loxP* 重组位点,构建基因文库时,重组 DNA 分子不能通过体外包装的方式感染宿主细胞,而只能通过电转化的方式将其导入宿主细胞,并保持单拷贝质粒的状态。

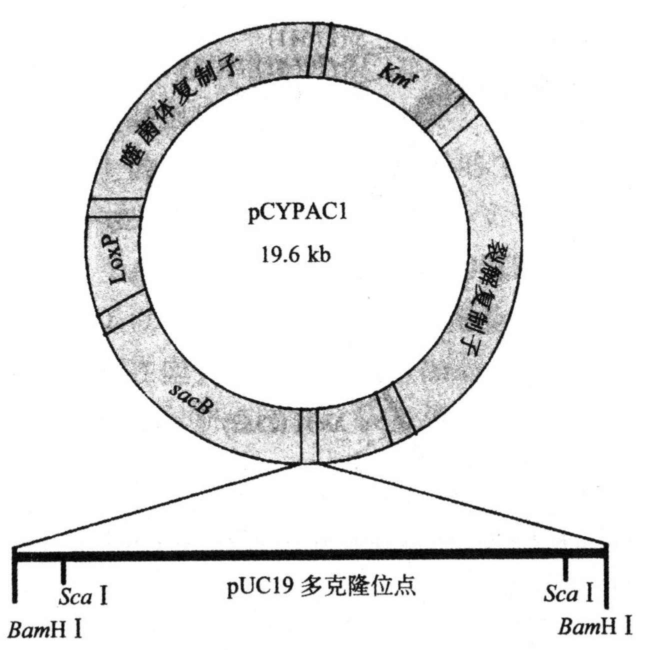

图 8-13　pCYPAC1 载体的遗传结构图

在 PAC 载体的基础上，构建了可转化人工染色体（transformation-cornpetent artificial chromosome，TAC）载体。TAC 载体具有 P1 复制子和 Ri 质粒复制子，能在大肠杆菌和农杆菌中穿梭复制。其次，TAC 载体中具有 P1 裂解子，可以在 IPTG 的诱导下产生 5～20 个拷贝，提高了载体的产量。

8.4.4　哺乳动物人工染色体载体

如果能从哺乳动物细胞中分离出复制起始区、端粒以及着丝粒，就可以构建成哺乳动物人工染色体（mammalian artificial chromosome，MAC），它可以克隆大于 1000 kb 的外源 DNA 片段。

MAC 有广泛的应用领域，可以研究哺乳类细胞中染色体的功能，也可以用于体细胞基因治疗，原因是由于 MAC 能在宿主细胞中自主复制，可以将整套的基因，甚至将有一串与特定遗传病有关的基因及其表达调控序列转入受体细胞中，不会将 DNA 插入到病人基因组而引起插入突变，使基因治疗变得更有效。

8.4.5　人类人工染色体载体

人类人工染色体（human artificial chromosome，HAC）是 YAC 理念和技术在高等真核生物中的发展和创新。

1997 年，Harringotn 等利用来源于人类 17 号染色体的卫星 DNA 体外连接构建成了长约

1Mb 的人工着丝粒，并将其和端粒序列以及部分基因组 DNA 相连构建了第一个人类人工染色体，将其转化到人类癌细胞中发现转化出的微小染色体能够在有丝分裂中稳定地存在。

目前有 4 种不同的 HAC 构建策略：从头合成组装法、端粒介导的截短法、天然微小染色体改造法和从头染色体诱导合成法。目前科学家利用端粒介导截短法和从头染色体诱导合成法成功构建了 HAC，然后通过同源重组等方法向 HAC 中插入各种用途的基因序列，现已经用于基因治疗和医疗蛋白的生产。然而，由于很低的转染效率和纯化技术，严重阻碍了 HAC 在临床上的应用。

8.4.6 植物人工染色体载体

与 HAC 相比，植物人工染色体（plant artificial chromosome，PAC）的研究起步较晚，仅在玉米、水稻和拟南芥中有相关的报道。

玉米中的开创性工作为未来 PAC 发展指明了一个方向，然而重组效率较低、截短染色体在转基因植株后代的稳定性、多个抗性优质基因同时向截短染色体的定向转移等仍然是目前存在于 PAC 研究中的主要问题。

和 HAC 一样，植物人工染色体本身的大小影响着其在有丝分裂和减数分裂过程中的传递率。根据酵母中研究推断，人工染色体至少具有生物体内最小的自然存在染色体的 1/15 才能在有丝分裂中稳定传递。因此 PAC 构建过程中发生端粒截短的位置是很关键的，所产生的 PAC 长度不能太短，否则无法正常传递。

此外，如何向已经获得的 PAC 中导入目标基因也是目前应用的一个难点。由于植物内同源重组率非常低，目前以 Cre/lox 等为代表的定向重组系统和以锌指核蛋白为代表的同源重组系统的研究受到广泛关注，不久的将来，向 PAC 中定向转移目标基因将成为现实。

当然，PAC 可能作为下一代转基因的主要载体，在改造转基因作物或者生产医药用途的抗体蛋白中具有巨大潜力。

8.4.7 人工染色体载体的应用

8.4.7.1 构建基因组文库

人工染色体克隆载体最主要的一个优点是可容纳比其他克隆载体大得多的外源 DNA 片段，因此我们不仅可以将其作为克隆的载体使用，还可以将其作为基因序列的存储容器使用。因此，它可以用于构建人类和高等生物的基因组文库，减少了克隆子的数目。构建的 YAC 文库比 Cosmid 文库等有更高的覆盖率，可以使不能连接的重叠群连接起来。经过 10 多年的发展和研究，人们已经利用 YAC 克隆载体相继建立了人类基因组的一系列 YAC 文库，并且还建立了玉米、大麦、番茄、水稻等植物的 YAC 文库。

8.4.7.2 基因治疗

构建的 MAC 或 HAC 载体连同克隆的外源 DNA 片段组成人工染色体可在受体细胞内

自主复制，从而不会像诱变剂(如 DNA 片段)那样插入到病体染色体 DNA 中。此类克隆载体克隆的巨大外源 DNA 片段能容纳完整的基因家族，从而有可能校正由多个突变位点引起的致病突变。MAC 或 HAC 载体不会像病毒载体那样产生细胞毒害、免疫原等负面效应。此外，可以根据需要构建不同的人工染色体。因此，人工染色体克隆载体是用于基因治疗的极好途径。

8.4.7.3 基因功能鉴定

人工染色体载体可以容纳大片段 DNA，不仅包含编码区，还包含内含子和调控区，并且人工染色体载体克隆的基因同样可以同各种酶类、转录因子等作用，其基因表达和复制机制在理论上同正常染色体上的基因相似。因此，利用人工染色体载体有助于基因功能的鉴定。

8.5 病毒表达载体

病毒表达载体是以病毒基因组序列为基础，插入必要的表达载体元件所构建成的真核基因转移工具。不同的病毒载体具有不同的特点，其用途也各有侧重。

8.5.1 SV40 病毒载体

猿猴空泡病毒(simian vacuolating virus，SV40)是迄今为止研究得最为详尽的众多空泡病毒之一。SV40 的基因组是一种环形双链 DNA，其大小仅有 5234 bp，从大小上来说，它很适用于基因操作。SV40 也是第一个完成基因组 DNA 全序列分析的动物病毒，而且人们对其复制及转录方面的特性也有了相当多的了解。

8.5.1.1 SV40 病毒的生命周期

根据 SV40 病毒感染作用的不同效应，可将其寄主细胞分成三种类型。SV40 病毒在感染 CV-1 和 AGMK 猿猴细胞之后，便产生感染性的病毒颗粒，并使寄主细胞裂解，这种效应称为裂解感染，而该猿猴细胞称为受体细胞。但如果感染的是啮齿动物的细胞，就不会产生感染性的病毒颗粒，此时的病毒基因组整合到寄主细胞的染色体上，于是细胞便被转化，此时的啮齿动物的细胞成为 SV40 病毒的非受体细胞。而人体细胞是 SV40 病毒的半受体细胞。

8.5.1.2 SV40 病毒的分子生物学特性

SV40 病毒外壳是一种小型的 20 面体的蛋白质颗粒，由三种病毒外壳蛋白质 VP1、VP2 和 VP3 构成，中间包裹着一条环形病毒基因组 DNA(图 8-14)。感染之后的 SV40 基因组，输送到细胞核内进行转录和复制。SV40 病毒基因组按表达时间顺序分为早期表达区和晚期表达区：早期表达产物是大 T 抗原和小 t 抗原，T 抗原的功能与 SV40 基因的复制相关；晚期表

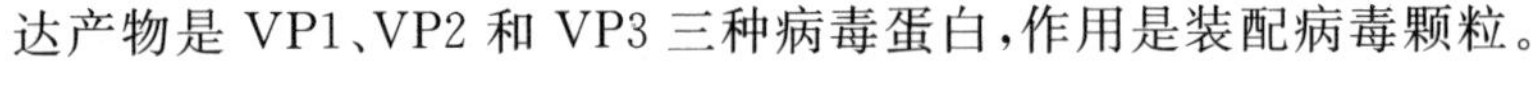

达产物是VP1、VP2和VP3三种病毒蛋白，作用是装配病毒颗粒。

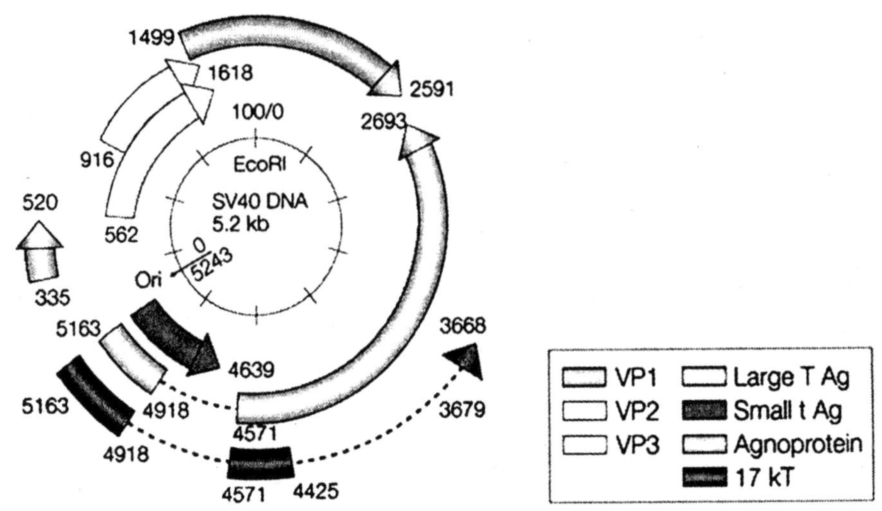

图 8-14　SV40 病毒基因组结构图谱(引自 A. Gazdar, 2002)

SV40病毒基因组表达的另一个特点是，它的RNA剪切模式非常复杂。SV40病毒基因组存在着一个增强子序列，它的主要功能是促进病毒DNA发生有效地早期转录。因此SV40增强子在哺乳动物的基因操作中是相当有利的，此外还可以有效地激发基因的转录活性。

8.5.1.3　SV40载体的类型

(1)取代型载体。野生型SV40的取代型载体，有晚期区和早期区取代类型。外源DNA取代SV40的晚期区DNA，重组子在宿主细胞内复制，但不能形成病毒颗粒。这类载体只有在辅助病毒与它一起感染的情况下，才能包装成病毒颗粒，其辅助病毒为早期区缺乏、只有晚期区表达的SV40突变种。早期区取代型载体使外源DNA取代SV40的早期区，该重组子可以复制，但也要辅助病毒同时感染才能形成重组的病毒颗粒。它的辅助病毒为晚期缺乏、能表达早期区的大T抗原，或早期区取代型SV40重组子感染cos细胞。cos细胞依靠整合与染色体的SV40 DNA，可以表达大T抗原。

(2)穿梭质粒载体。利用SV40元件构建穿梭质粒可以克服容量小的缺陷。所谓穿梭载体(shuttle vectors)，是指含有不止一个Ori、能携带插入序列在不同种类宿主细胞中繁殖的载体。如SV40元件的pEUK-C1，它由pBR322的复制起始点、筛选标记Amp^r、SV40的复制起始信号、晚期启动子、SV40 VP1的内含子、SV40晚期区mRNA poly(A)加尾信号和多克隆位点构成，适于在哺乳动物细胞中瞬时表达克隆的外源基因。再如pSVK3质粒由噬菌体、质粒和SV40元件构成的穿梭质粒，也可以在哺乳动物细胞中表达外源基因。

8.5.2　CaMV病毒载体

花椰菜花叶病毒组(caulimoviruses)是唯一的一群以双链DNA作为遗传物质的植物病毒，该组共有 12 种病毒，每一种病毒都有比较窄的寄主范围。花椰菜花叶病毒(CaMV)是花椰菜花叶病毒组中研究最为详细和深入的最典型代表。目前，很多实验室和研究机构对 CaMV40 DNA 分子已进行了全序列测定，在此基础上绘制了限制性核酸内切酶的限制性图(图 8-15)。

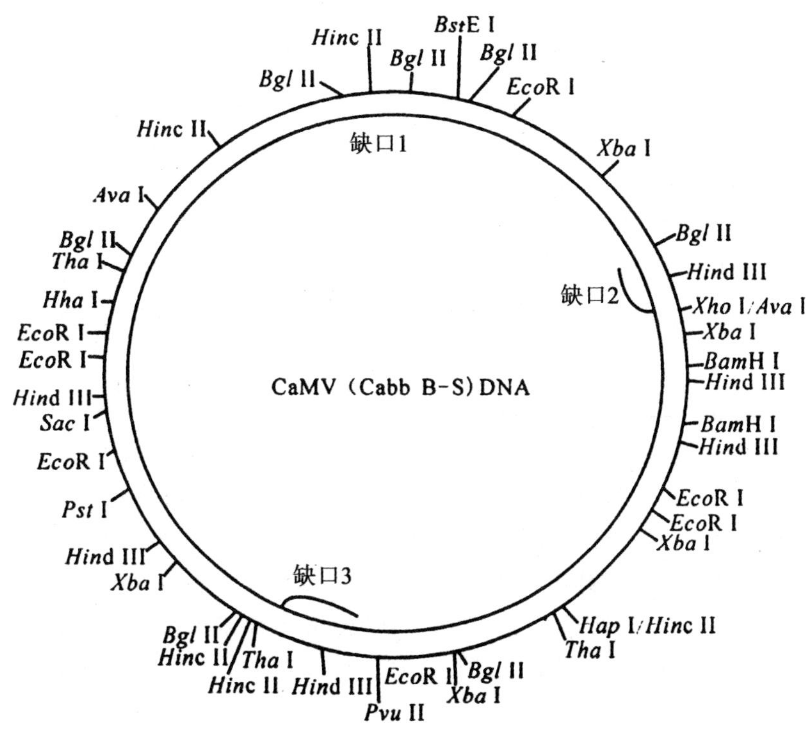

图 8-15　CaMV(Cabb B-S)DNA 的限制性核酸内切酶物理图谱(引自吴乃虎，1999)

根据对图 8-15 的理解可以看出，如果去掉一些 CaMV 的必要基因，我们可以实现更长的 DNA 片段的插入，并且植物不会受到直接感染。这是因为当植物受到感染时，载体 DNA 需要一个正常的花椰菜花叶病毒基因组辅助。这个正常的病毒基因组，为克隆载体提供了包装病毒外壳的基因，并使得它感染整个菌株。由于在它的大多数限制性酶切点中插入外源 DNA 都会导致病毒失去感染性，而且它不能包装具有大于原基因组 300 bp 的重组体基因组。与此同时，按外源 DNA 插入或取代的方法发展 CaMV 克隆载体，存在着难以克服的技术上和理论上的困难。

多年来，有关 CaMV 克隆载体的设计思想，主要集中在以下三个方面：

(1)有缺陷性的 CaMV 病毒分子同辅助病毒分子组成互补的载体系统。

(2)将 CaMV DNA 整合在 Ti 质粒 DNA 分子上，组成混合的载体系统。

(3)构成带有 CaMV 35S 启动子的融合基因，在植物细胞中表达外源 DNA。

用 CaMV40 DNA 构建克隆载体的主要途径如下所示。

8.5.2.1　构建互补载体系统

用有缺陷型的 CaMV 病毒分子同辅助病毒分子组成一种互补体系，可以将外源目的基因导入植物细胞,我们称这类 CaMV 克隆载体系统为辅助病毒载体系统或互补载体系统。一般来说,该载体系统的两种分子均不能够单独感染敏感的植物细胞,只有彼此依赖对方基因组提供的产物,才能发生有效的感染作用。

8.5.2.2 构建混合载体系统

实验证明,克隆在 Ti 质粒载体上的植物病毒基因,能够通过根瘤土壤杆菌导入植物细胞,并表现出典型的病毒感染症状。这种由根瘤土壤杆菌介导的病毒感染现象,称为根瘤菌感染。根瘤菌感染体系已成为分析 T-DNA 转入单子叶植物的灵敏方法,也是发展 CaMV 克隆载体的有效途径,这种途径有以下优点:

(1)扩大了 CaMV 的正常寄主范围,使人们有可能在其他的植物中研究该病毒的行为。

(2)克隆在 Ti 质粒上的 CaMV DNA 可以整合到植物基因组上,避免了不同的 CaMV 突变体之间的重组。

8.5.2.3 CaMV 35S 启动子融合基因载体系统

由于 CaMV 35S 启动子能够在被感染的植物组织中产生出高水平的 35S mRNA,所以它是一种理想的调节因子。目前已有许多分子生物学家都热衷于使用 CaMV 35S 启动子在植物细胞中表达外源目的基因。具体方法是,将 CaMV 35S 启动子同目的基因重组,构成 35S 启动子,目的基因融合体。再通过像 Ti 质粒等其他 DNA 载体转化到植物受体细胞,由 35S 启动子直接指导目的基因进行有效的表达。这种方法既克服了重新出现野生型病毒的麻烦,又没有严格的组织特异性,并且能够高水平地表达。

8.5.3 TMV 病毒载体

烟草花叶病毒(tobacco mosaic virus,TMV)的基因组是一种单链的 RNA 分子。它至少编码四种多肽,其中 130 kD 和 180 kD 这两种蛋白质,是从基因组 RNA 的同一个起始密码子直接翻译而成的;另外两种蛋白质,即 30 kD 蛋白质和外壳蛋白,则是由加工的亚基因组 RNA 转译产生的。130 kD 和 180 kD 这两种病毒蛋白质的功能是参与病毒的复制,而 30 kD 蛋白质则与病毒从一个细胞转移到另一个细胞的运动有关。由此可见,这三种蛋白质是 TMV 可以在被感染的植株中传播繁殖的基本条件。但是,尽管外壳蛋白对病毒增殖并不是必需的,但它对病毒在植株中的远距离传播则是不可或缺的。鉴于外壳蛋白能够大量合成,又不是病毒的繁殖的必要成分,即使外源基因插入导致外壳蛋白失活,对于病毒的繁殖也不会有影响。因此,外壳蛋白基因被认为是表达外源基因的理想位点。

N. Takamatsu 等人在 1987 年发展出一种经过修饰改造且可以在体外转录的具感染性的 TMV RNA 的全长 TMV cDNA 克隆。他把细菌氯霉素乙酰转移酶基因(*Cat*)插入在该克隆紧挨外源蛋白基因起始密码子的下游,构成了 TMV cDNA-*Cat* 重组体分子。然后把此重组体分子体外转录形成的转录物接种烟草植株。结果在被接种的烟草叶片中观察到了 *Cat* 活性。虽然说这种感染并不能够系统地传播到整个植株,但它至少说明 TMV RNA 是可以作为植物基因克隆的载体。

多年来，人们一直企图用它作为植物表达克隆载体，建立植物细胞的外源基因表达体系，并提出了利用 TMV 表达外源基因的多种策略，如图 8-16 所示。

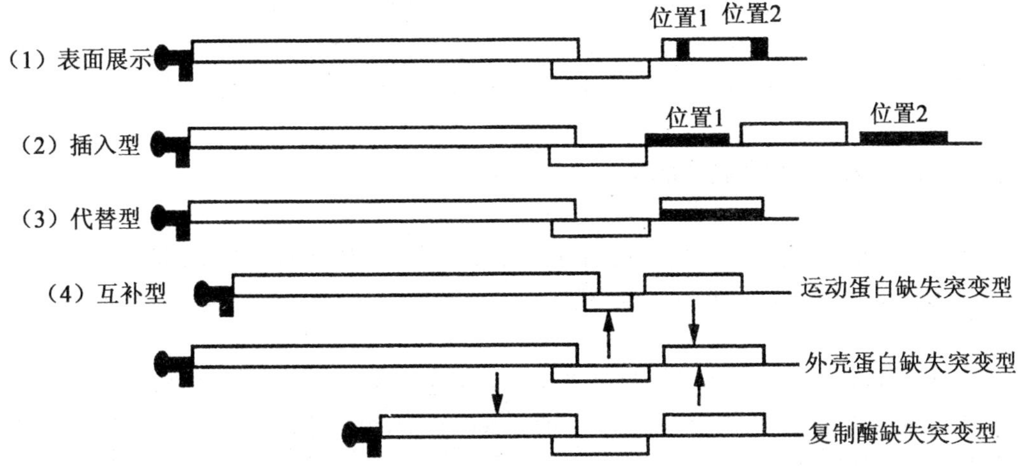

图 8-16　构建 TMV 克隆载体的策略(引自韩爱东，1998)

黑圆点代表帽子结构；黑框代表前导序列；影框代表外源基因或抗原决定簇

8.5.4　痘苗病毒载体

痘苗病毒具有双链 DNA 基因组，同天花的病原体天花病毒的亲缘关系密切。在重组技术发展不久，将外源 DNA 片段插入到痘苗病毒的基因组中，得到了具有生物活性的重组病毒。

痘苗病毒基因组 DNA 分子很大，达 180 kb，编码有 200 种的蛋白质多肽分子。由于其分子量很大，操作不方便，不适合直接用于基因克隆的载体，但它拥有很大的寄主范围，并视其作为预防天花的疫苗。除此之外，痘苗病毒是在细胞质中繁殖的，其基因组能够容纳 25 kb 大小的外源 DNA 片段的插入，具有相当大的克隆能力。

在痘苗病毒早期基因的表达产物中，胸苷激酶(TK)是一种易于鉴定的标记。应用转译分析法已经鉴定出，胸苷激酶的编码基因是位于痘苗病毒基因组 DNA 的 *Hind*Ⅲ-J 片段上。痘苗病毒正常功能的表达并不需要这个片段，当其被外源 DNA 取代之后不会影响病毒基因组的复制能力。由于痘苗病毒基因组 DNA 是非感染性的，所以不能直接用于感染寄主细胞。因此，首先用 TK 痘苗病毒感染寄主细胞，然后通过与磷酸钙共沉淀的办法导入带有腩基因的 DNA 限制片段，以便在体内发生重组。重组反转录病毒或重组腺病毒的构建是以质粒型病毒 DNA 的形式进行的，而构建重组痘苗病毒的形式与它们有所不同。由于痘苗病毒的基因组结构复杂，目前尚无质粒型病毒 DNA 形式存在的痘苗病毒克隆载体，因此重组痘苗病毒的构建必须采用同源重组的方法。需要在重组痘苗病毒表达的外源目的基因两端组装上腑基因 DNA 片段或 HA(血凝素)基因 DNA 片段，通过腑基因 DNA 片段或 HA 基因 DNA 片段与痘苗病毒基因的同源重组，将外源目的基因整合在痘苗病毒基因组上。按此原理已构建了多种痘苗病毒克隆载体。

现在以 pGS20 为例，说明痘苗病毒载体的构建过程及其主要的结构成分。首先将编码了腑基因的痘苗病毒基因组 DNA 的 HindⅢ-J 片段，克隆到大肠杆菌质粒载体 pBR322 分子上；然后把含有另一种痘苗病毒基因缀的启动子和转录起点的 275 bp DNA 片段，插入到腑基因序列中间，于是便构成了痘苗病毒质粒载体 pGS20。应用 pGS20 痘苗病毒载体，已成功地在猿猴细胞中表达乙型肝炎病毒表面抗原 HbsAg 和血细胞凝集素等多种蛋白质。

8.5.5 反转录病毒载体

反转录病毒是一类含单链 RNA 的病毒。它的基因组含有两条相同的正链 RNA 分子，包装成二倍体病毒颗粒。此外，在其病毒颗粒内部还有 tRNA-引物分子、反转录酶、RNase H 和整合酶等组分。

反转录病毒有许多优点，便于发展作为动物基因克隆载体，总结起来主要有：

(1)反转录病毒的导瘤基因能够在正常的细胞中转录，根据这种情况可以把它改造成有用的动物基因的转移载体。

(2)反转录病毒的寄主范围相当广泛，可以在无脊椎和脊椎动物以及人类细胞中表达。

(3)反转录病毒有强启动子，克隆此类载体上的外源基因有可能得到高效的表达。

(4)反转录酶不但感染效率高，而且通常还不会导致寄主细胞死亡，被它感染或转化的动物细胞能够持续许多世代，保持正常生长和形成感染性病毒颗粒的能力。

通过对反转录病毒载体优点的介绍，可以看出利用反转录病毒载体，可以较为简便和快捷地改变动物细胞的基因型，并传到子代细胞。

8.5.5.1 反转录病毒的生命周期

反转录病毒的生命周期由两部分组成。第一部分主要包括感染、复制和整合。反转录病毒感染细胞后，释放出 RNA，在其自身的反转录酶的作用下合成 DNA，形成 RNA-DNA 双链分子，随后反转录酶加工染色体 DNA，成为前病毒，随宿主的染色体 DNA 一起复制。反转录病毒生活史的第二个部分是前病毒 DNA 开始转录，产生病毒 RNA，以翻译产生酶和病毒包装所需要的蛋白，最后在细胞质中包装成病毒颗粒，成熟的病毒颗粒以出芽方式从宿主细胞中游离出去。

8.5.5.2 反转录病毒载体基因组

反转录病毒载体基因组为两条相同的 RNA，长 8～10 kb，两者通过四个氢键结合，5-端是甲基化帽子结构，3′-端为 Poly(A)尾巴。该基因组主要结构如下：

(1)*gag* 基因，编码核心蛋白，该蛋白位于病毒颗粒中心与 RNA 连接；

(2)*pol* 基因，编码反转录酶，整合酶等；

(3)*env* 基因，编码病毒的外壳蛋白。

此外，许多反转录病毒还有一个 *onc* 基因，由它编码的转化蛋白在病毒转化细胞中起作用。在反转录病毒基因组两端还各有一个长末端重复序列(long terminal repeat,LTR),LTR占有一个强启动子。

8.5.5.3 反转录病毒载体的类型

目前已发展出来的以反转录病毒为基础的动物基因转移载体主要有以下几种。

(1)辅助病毒互补的反转录病毒质粒载体。构建辅助病毒互补的反转录病毒质粒载体,其关键的步骤是利用DNA体外重组技术,将克隆在大肠杆菌pBR322质粒载体上的原病毒DNA,移去gag、pol和env等三个基因的大部分或全部序列,保留了5′-LTR序列、PBS+ve和包装位点psi。经过这样体外操作建成的重组的原病毒DNA,因为是克隆在pBR322质粒载体上,故可以在大肠杆菌细胞中增殖。

(2)不需要辅助病毒互补的反转录病毒质粒载体。应用辅助病毒互补的反转录病毒质粒载体转移基因确实也存在一些有待改进的不足之处。由于使用的感染性辅助病毒在感染过程中会与重组病毒竞争细胞表面接收器,从而相对地降低了被重组病毒感染的细胞数量。为了避免这样的麻烦,人们发展出了不需要辅助病毒互补的重组反转录病毒质粒载体系统,这种系统需建立一种特殊的包装细胞株。

包装细胞株的基本特征:在它的染色体DNA的某个位点上整合着一个缺失了psi序列的反转录病毒的原病毒DNA,即5′-LTR-*gag-pol-env*-LTR-33′区段;或是在其染色体DNA的两个位点分别整合着缺失了psi序列的5′-LTR-*gag*-LTR-5′区段和5′-LTR-gag-env-LTR-3′区段。

第 9 章 目的基因克隆

9.1 获得目的基因

目的基因是指待检测或待研究的特定基因。根据不同的研究需要,目的基因可能是具有完整功能的基因,包含编码区、转录启动区、终止区;一个完整的操纵子或基因簇,只具有编码序列的基因区;只含启动子或终止子等部件的 DNA 片段。

目的基因可以来源于原核细胞,也可来源于真核细胞,所克隆分离的目的基因在医学、农业和工业等许多领域有广泛的应用。真核生物染色体基因组,特别是人和动植物染色体基因组中蕴藏着大量的基因,是获得目的基因的主要来源。虽然原核生物的染色体基因组比较简单,但也有几百、上千个基因,也是目的基因来源的候选者。此外,质粒基因组、病毒(噬菌体)基因组、线粒体基因组和叶绿体基因组也有少量的基因,往往也可从中获得目的基因。

根据实验需要,待分离的目的基因可能是一个基因编码区,或者包含启动子和终止子的功能基因;可能是一个完整的操纵子,或者由几个功能基因、几个操纵子聚集在一起的基因簇;也可能只是一个基因的编码序列,甚至是启动子或终止子等元件。而且不同基因的大小和组成也各不相同,因此获得目的基因有多种方法。目前采用的方法主要有酶切直接分离法、构建基因组文库或 cDNA 文库分离法、PCR 扩增法和化学合成法等。

9.1.1 利用限制性核酸内切酶酶切法直接分离目的基因

对于已测定了核苷酸序列的 DNA 分子或者已克隆在载体中的目的基因,根据已知的限制性核酸内切酶识别序列只需要用相应的限制性核酸内切酶进行一次或几次酶切,就可以分离出含目的基因的 DNA 片段。如图 9-1 所示,用 *Bam*H Ⅰ和 *Sal* Ⅰ酶切此质粒,就可获得目的基因。

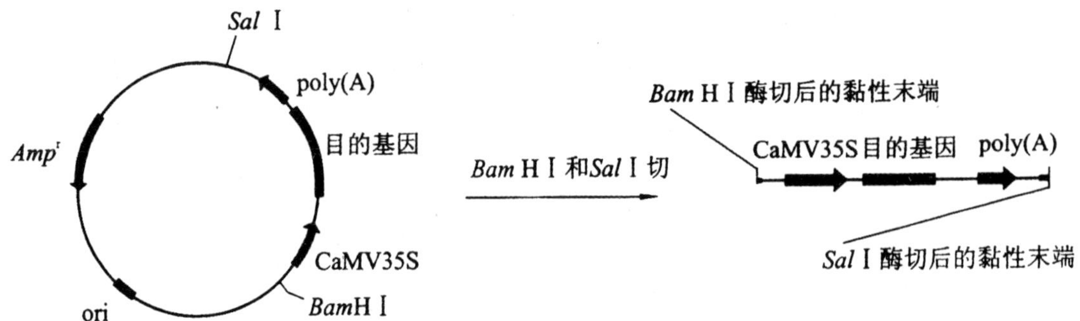

图 9-1 用限制性核酸内切酶 *Bam*H Ⅰ和 *Sal* Ⅰ双酶切得到目的基因 ICEl 示意图

9.1.2　构建基因组文库或 cDNA 文库分离目的基因

现在介绍另一种获得目的基因的策略：构建感兴趣的生物个体的基因组文库或 cDNA 文库，即将某生物体的全基因组分段克隆或将 mRNA 逆转录的 cDNA 克隆，然后建立合适的筛选模型从基因文库中挑出含有目的基因的重组克隆。

9.1.2.1　基因组文库的构建

基因组文库是通过重组、克隆保存在宿主细胞中的各种 DNA 分子的集合体。文库保存了该种生物的全部遗传信息，需要时可从中分离获得。

基因组 DNA 文库的构建方法是：构建基因组文库的程序是从供体生物制备基因组 DNA，并用限制性核酸内切酶酶切产生出适于克隆的 DNA 片段，然后在体外将这些 DNA 片段同适当的载体连接成重组体分子，并转入大肠杆菌的受体细胞中去，如图 9-2 所示。

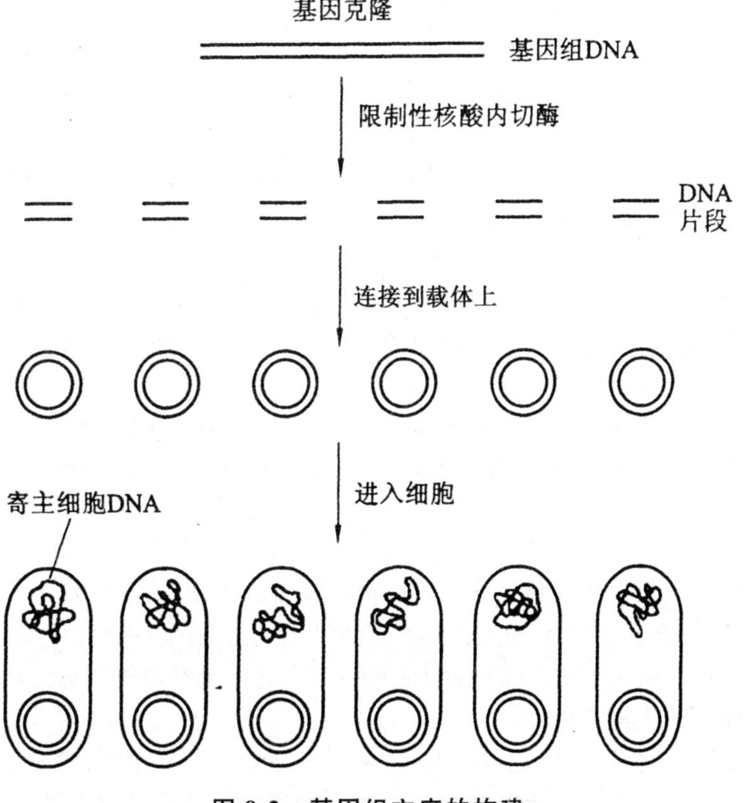

图 9-2　基因组文库的构建

基因组 DNA 片段连接上载体 DNA 后，重组 DNA 分子要在体外导入宿主细胞用来扩增。这一步要求转入的宿主细胞能够接受载体，而且对抗生素敏感，同时一个细胞只能接受一个重组 DNA 分子(对于大多数细胞)。如果使用大肠杆菌，必须事先用化学物质或者电击处理使其能够透过 DNA。然后让细胞在选择性环境中生长，筛选出带有选择性标记的转化细胞。

一个成功的基因组 DNA 文库必须要包括目标基因组的全部 DNA 序列。对于一些大的基因组，完整的文库由成数十万个重组克隆组成。

由于真核生物基因组很大，并且真核基因含有内含子，所以人们希望构建大插入片段的基因组文库，以保证所克隆基因的完整性。另外，作为一个好的基因组文库，人们希望所有的染色体 DNA 片段被克隆，也就是说，能够从文库中调出任一个目的基因克隆。为了减轻筛选工作的压力，重组子克隆数不宜过大，原则上重组子越少越好，这样插入片段就应该比较大。

构建基因组文库常用的载体是 λ 噬菌体和黏粒载体，λ 噬菌体载体能接受的插入片段约为 20～24 kb，黏粒载体能接受的插入片段约为 35～45 kb。由于有的真核基因比较大，如人凝血因子Ⅷ基因长达 180 kb，不能作为单一片段克隆于这些载体之中，所以要用容量更大的载体系统，如酵母人工染色体克隆系统，可以克隆 200～500 kb 的 DNA 片段，对于分离和鉴定哺乳动物基因组大片段，它是一个重要的手段。

黏粒载体本身长 4～6 kb，具有质粒和 λ 噬菌体两种载体的性质，能像质粒一样复制及转化细菌，产生的重组子是菌落而不是噬菌斑，同时也具有 λ 噬菌体的 COS 位点，能与 λ 噬菌体一样在体外被包装成病毒颗粒并感染宿主菌，但是由于在黏粒中克隆基因组文库要比在 λ 噬菌体中困难得多，只有在靶基因过大，不能作为单个 DNA 区段在 λ 噬菌体载体中克隆增殖，才使用黏粒载体。

λ 噬菌体载体是目前使用最多的构建基因组文库的载体，以置换型 λ 噬菌体为载体构建基因组文库有以下几个基本步骤。

(1)载体的制备。λDNA 载体的中央片段是可以被置换的，用 *Bam*HⅠ酶处理 ADNA 载体，可产生左右臂和中间片段。其中的中间片段可用 *Eco*RⅠ酶切为 3 个片段，两侧的寡核苷酸片段有一端为 *Bam*HⅠ黏性末端，用异丙醇可沉淀除去，中间片段不含 *Bam*HⅠ黏性末端，无须除去。所得左右臂可与具 *Bam*HⅠ黏性末端的外源基因构成重组体。

(2)基因组 DNA 的制备。要得到足够大的 DNA 片段，除了整个操作要避免 DNA 酶的污染外，还要注意将机械剪切力控制到最小。得到 M_r 很高的 DNA，一般用 sau3A 或 Mbol 进行酶解。先摸索产生 20 kb 左右 DNA 比例最大的酶解条件，在此条件下酶解得到的 DNA 可以用氯化铯密度梯度离心或低熔点琼脂糖电泳进行分离。

(3)载体与外源 DNA 的连接。首先要用预实验确定载体与外源 DNA 的合适比例，一般用 0.1～1.0 μg 的噬菌体 DNA 两臂，按照载体两臂与插入片段的分子数量之比在 1∶0.5～1∶3 的范围加入不同量的插入片段进行连接反应，用 0.5%琼脂糖凝胶电泳选择最佳的比例，然后用所选的条件完成载体与外源 DNA 的连接。

(4)重组 DNA 的体外包装。重组 λDNA 在体外进行有效包装后，感染 *E. coli* 的效率比 λDNA 直接感染 *E. coli* 的效率要高得多。市场上有制备好的包装提取物出售，将其与重组 λDNA 在适当条件下混合即可完成包装。

(5)文库的检测、扩增和保存。基因组文库所需的克隆数 N 可用公式 $N = \ln(1-p)/\ln(1-f)$ 来估算，其中 p 是希望得到该段 DNA 的概率，f 是插入片段长度与基因组总长度的比值。如果插入片段为 17 kb，哺乳动物染色体的长度为 3×10^9 kb，p 为 99%，可以

算出 $N=8.1\times10^5$，即从 8.1×10^5 个病毒颗粒中得到长度为 17 kb 的 DNA 的概率是 0.99。一般来说，实际克隆要达到理论计算值 3 倍以上，形成的基因组文库才较为完整和有代表性。将包装液适当稀释，转化受体菌，测定噬菌斑，如果能达到合适的滴度(即每毫升包装液可形成噬菌斑的数目)，即得到一个原始的基因组文库。

原始的基因组文库可以扩增放大，但扩增有可能造成某些克隆的丢失或重组，故扩增次数应尽量少一些。包装液或扩增产物离心除去沉淀，上清液中加几滴氯仿，4 ℃可以保存数年。

9.1.2.2 cDNA 文库的构建

真核生物基因组 DNA 十分庞大，其复杂程度是蛋白质和 mDNA 的 100 倍左右，含有大量的重复序列。采用电泳分离和杂交的方法，都难以直接分离到目的基因。这是从染色体 DNA 为出发材料直接克隆目的基因的一个主要困难。然而高等生物一般具有 10^5 种左右不同的基因，但在一定时间阶段的单个细胞或个体中，大约只有 15%的基因得以表达，产生约 15 000 种不同的 mDNA 分子。因此，由 mRNA 出发的 cDNA 克隆，其复杂程度要比直接从基因组克隆简单得多。

以提取组织细胞的 mRNA 为模板，经反转录酶催化合成 DNA，则此 DNA 序列与 mRNA 互补，称为互补 DNA 或 cDNA，再与适当的载体(常用噬菌体或质粒载体)连接后转化宿主菌，则每一个细胞含有一段 cDNA，并能繁殖扩增，这样包含着细胞全部 mRNA 信息的 cDNA 克隆集合即称为该组织细胞的 cDNA 文库。可见，从 cDNA 文库中获得的是已经经过剪切、去除了内含子的 cDNA，所以 cDNA 文库显然比基因组文库小很多，能够比较容易地从中筛选克隆得到细胞特异表达的基因。构建合适的 cDNA 文库，并用适当的方法从文库中筛选目的基因，已成为真核生物细胞分离基因的常用方法。

构建 cDNA 文库主要包括以下几个步骤：细胞总 RNA 的制备及 mRNA 的分离、cDNA 第一条链的合成、双链 cDNA 的合成、双链 cDNA 与载体的连接和噬菌体颗粒的包装及感染宿主细胞等(图 9-3)。

(1)mRNA 的分离。根据研究目标合理选择组织细胞，利用 poly(A)尾巴纯化或直接提取 mRNA。常用的寡聚(dT)纤维素亲和层析柱，可以 Oligo(dT)吸附 mRNA 的 poly(A)尾，其他不具 poly(A)尾的 RNA 自柱中流出，然后将 mRNA 洗脱下来(图 9-4)。

(2)cDNA 第一链的合成。它是以 mRNA 分子为模板，在反转录酶的作用下，采用适当的引物引导合成的。常用是 Oligo(dT)引导的 cDNA 合成法(图 9-5)。该方法是根据真核 mRNA 分子具有的 poly(A)尾巴的结构特点进行设计的。由 12～20 个脱氧胸腺嘧啶核苷酸组成的 Oligo(dT)短片段与纯化的 mRNA 分子混合时会杂交结合到 poly(A)尾巴上，该 Oligo(dT)短片段可作为引物引导反转录酶以 mRNA 模板合成第一链 cDNA，形成 RNA-DNA 杂交分子产物。但是，应用 Oligo(dT)引导 cDNA 合成也有局限性，因为 cDNA 的合成必须从 3′-端开始，而易从模板上脱离下来的反转录酶往往无法到达 mRNA 分子的 5′-端，最后合成的 cDNA 仅包含 mRNA 模板的 3′-端区域的信息。为克服这一困难，随机引物引导的 cDNA 合成法应运而生。

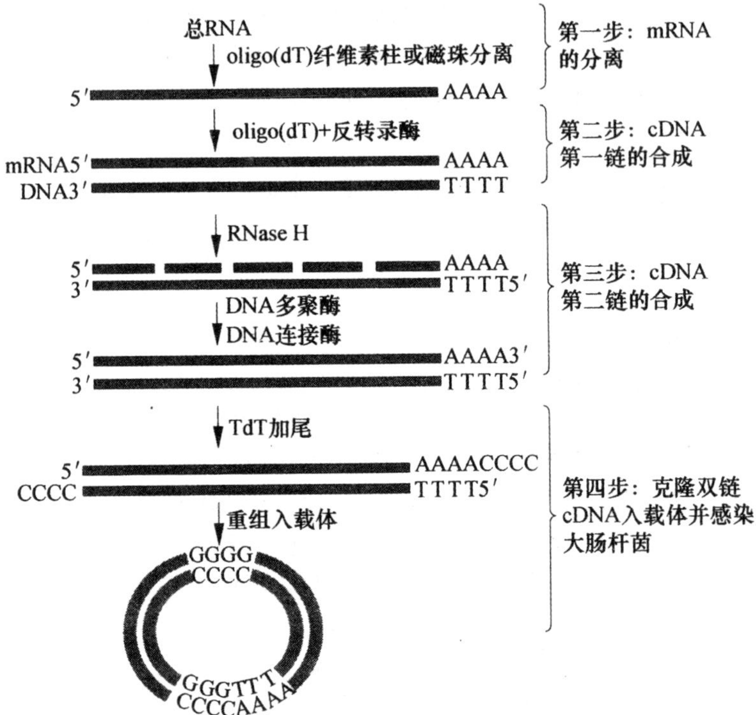

图 9-3　cDNA 文库构建流程

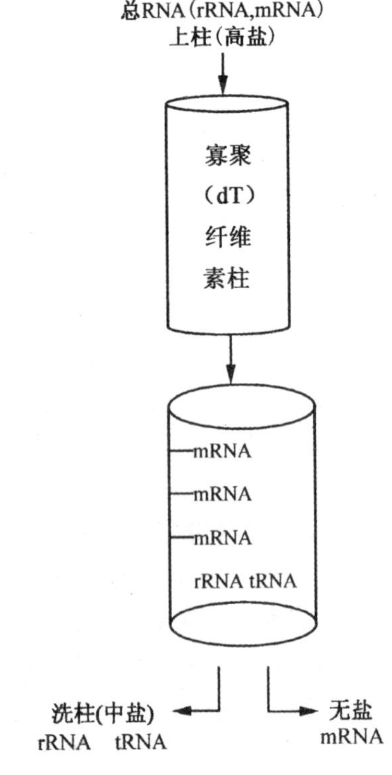

图 9-4　Oligo(dT)纤维素亲和层析法

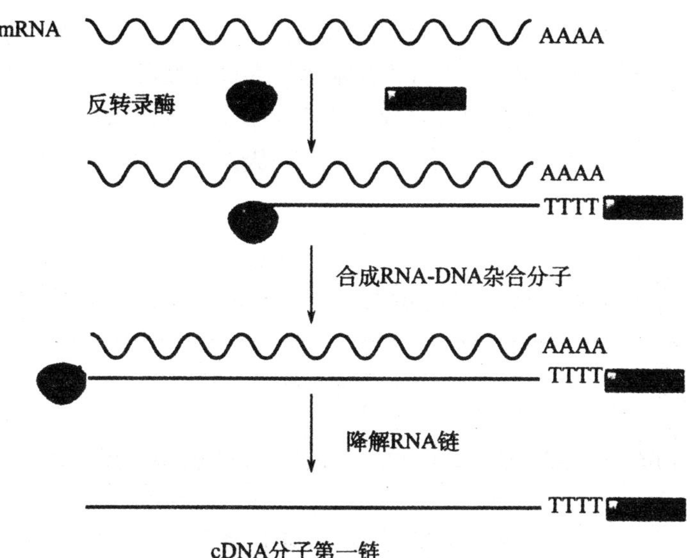

图 9-5　Oligo(dT)引导 cDNA 第一链的合成

(3)cDNA 第二链的合成。合成了 cDNA 第一链以后,一般有多种方法可以合成 cDNA 第二链。

第一种方法称为自身引导法,如图 9-6 所示。用碱处理 mRNA-cDNA 杂交分子,使 mRNA 水解,解离的第一链 cDNA 3′-端回折形成发夹环(hairpin loop)结构,并以此作为合成 cDNA 第二链的引物合成双链 cDNA,用 S1 核酸酶切除发夹环结构形成 cDNA 双链。这种方法由于 S1 核酸酶的切割作用会导致包括发夹环在内的部分 cDNA 序列信息的丢失。

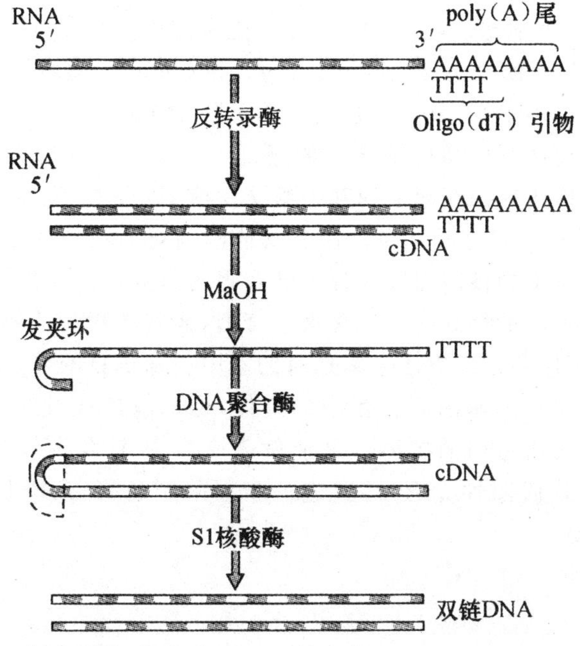

图 9-6　自身引导法合成 cDNA 第二链(Sambrook et al. ,1996)

第二种方法称为置换合成法，如图 9-7 所示。这种方法用大肠杆菌 RNase H 降解 mRNA-cDNA 杂交分子中的 mRNA 链，将其水解为许多短片段。这些短片段 mRNA 作为引物，在大肠杆菌 DNA 聚合酶的作用下合成 cDNA 第二链。剩下的 DNA 片段之间的缺口由 DNA 连接酶连接，形成完整的 cDNA 第二链。该方法不必用 S1 核酸酶处理，提高了 cDNA 的质量。

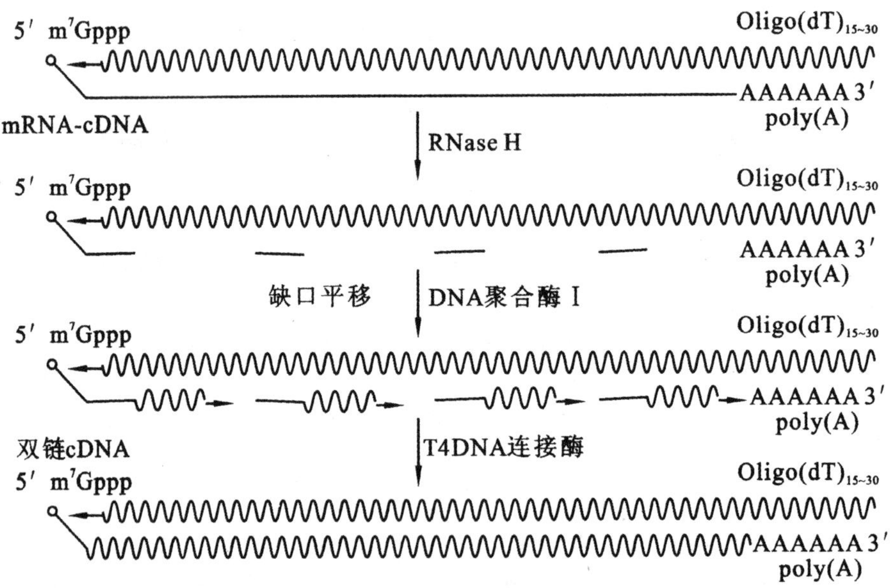

图 9-7 置换合成法合成 cDNA 第二链

第三种方法为同聚物加尾法，如图 9-8 所示。这种方法在合成 cDNA 第一链后，通过碱水解掉 RNA 链，经末端转移酶作用加上若干个单核苷酸（如 dC），随后使用 Oligo（dG）寡核苷酸序列作为引物在反转录酶的聚合催化下合成 cDNA 第二链。

基因文库构建完成就可以从中筛选目的基因了。常用的筛选方法有核酸分子杂交法和免疫学筛选法。将构建好保存起来的基因组文库或 cDNA 文库铺平板，形成含不同外源 DNA 分子的重组转化子菌落或噬菌斑。用菌落或噬菌斑原位杂交法可以筛选出含目的基因的阳性克隆。杂交所用的核酸探针来源于已获得的部分目的基因片段，或目的基因表达蛋白的部分氨基酸序列反推得到的一群寡聚核苷酸，或其他物种的同源基因。如果构建了表达型 cDNA 文库，可用免疫学方法来筛选目的基因。筛选目的基因所用的专一性抗体既可是从生物本身纯化出目的基因表达蛋白的抗体，也可以是从目的基因部分 ORF 片段克隆在表达载体中获得表达蛋白的抗体。由于筛选技术、探针及抗体等方面的原因，筛选得到的克隆还有一部分是假阳性克隆，需要进一步用限制酶酶切、PCR 和测序等方法验证。筛选策略如图 9-9 所示。

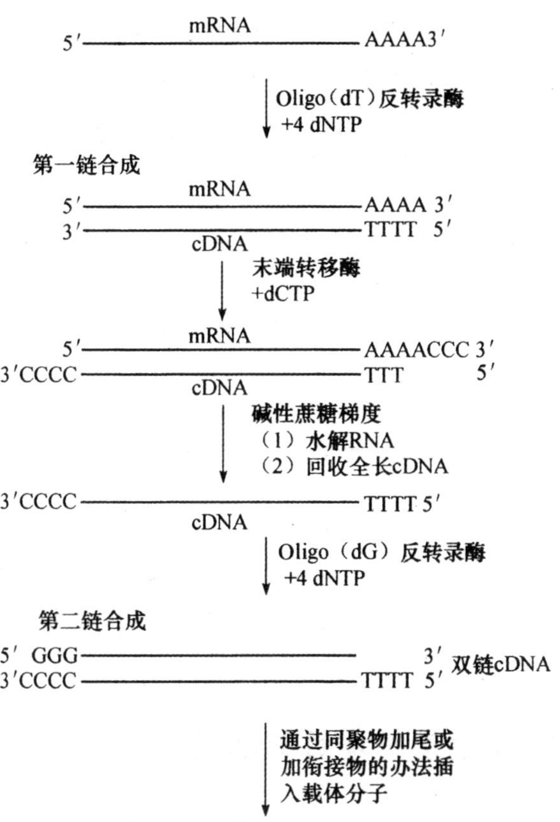

图 9-8　同聚物加尾法合成 cDNA 双链(Sambrook et al. ,1996)

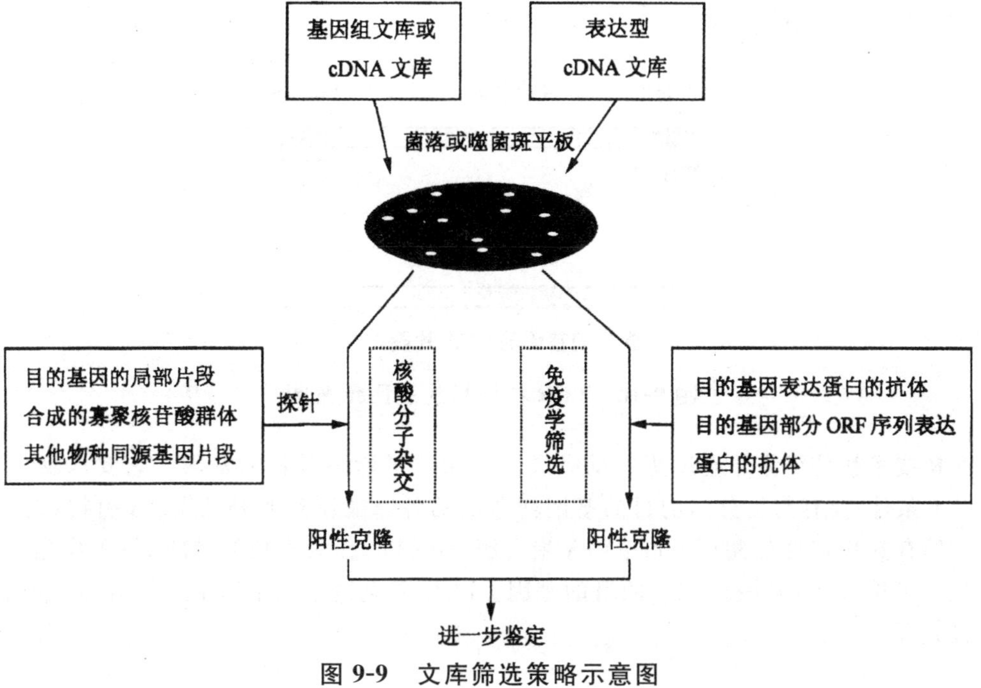

图 9-9　文库筛选策略示意图

cDNA 文库具的优越性：cDNA 文库比基因组文库小得多，容易构建，筛选比较简单；cDNA 克隆可用于在细菌中能进行表达的基因克隆；cDNA 文库可对比研究异常基因。

不过，cDNA 文库也存在一定的局限性：一是受细胞来源和发育时期的影响。cDNA 文库是某一时空条件件下的细胞总 mRNA，是在转录水平上反映该生物特定组织在某一特定发育时期和某种环境条件下的基因表达情况，并不包括该生物的全部基因，表现基因组的功能信息。表达谱的时空动态性决定 cDNA 文库的多样性。二是遗传信息量有限。cDNA 文库包含的信息量远少于基因组文库，cDNA 只反映 mRNA 的分子结构和功能信息，只含有对应于成熟 mRNA 的转录区。cDNA 中不含有真核基因的启动子、内含子、终止子及调控区等，不能直接获得基因的内含子和基因编码区外的大量调控序列的结构和功能信息。三是不同基因的 cDNA 存在丰度上的差异。cDNA 文库中，高丰度 mRNA 的 cDNA 克隆，所占比例较高，基因分离容易；低丰度 mRNA 的 cDNA 克隆，所占比例较低，基因分离困难。

近年来发展了一些新的 cDNA 文库的构建方法和技术，如减数 cDNA 文库、标准化 cDNA 文库和染色体区域性 cDNA 文库的构建及目的 cDNA 的克隆等，从而解决低丰度或稀有 mRNA 不易进行 cDNA 克隆和分离等难题。构建这些文库的原则和目的是使 cDNA 文库具有最大的代表性。

9.1.3 利用 PCR 直接扩增目的基因

多聚酶链式反应(polymerase chain reaction，PCR)技术的出现使基因的分离和改造变得简便得多，特别是对原核基因的分离，只要知道基因的核苷酸序列，就可以就十分有效地扩增出含目的基因的 DNA 片段(图 9-10)。

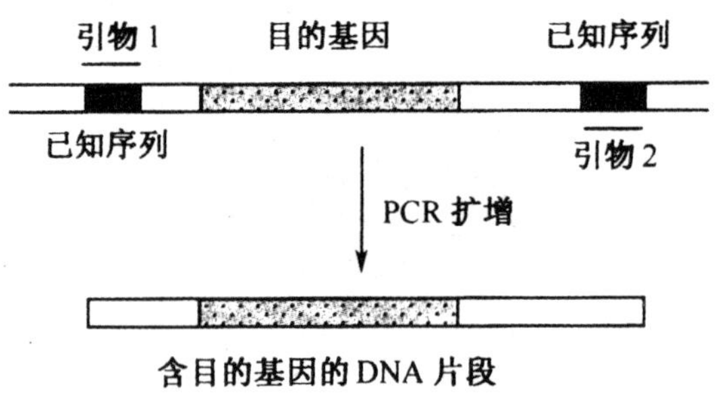

图 9-10 PCR 扩增目的基因示意图

PCR 技术就是在体外通过酶促反应成百万倍地扩增一段目的基因。它要求反应体系具有以下条件：要有与被分离的目的基因两条链的各一端序列互补的 DNA 引物(约 20 个碱基)；具有热稳定性的酶(如 TaqDNA 聚合酶)；dNTP；作为模板的目的 DNA 序列。一般 PCR 反应可扩增出 100～500 bp 的目的基因。PCR 反应过程包括以下三个方面的内容，如图 9-11 所示。

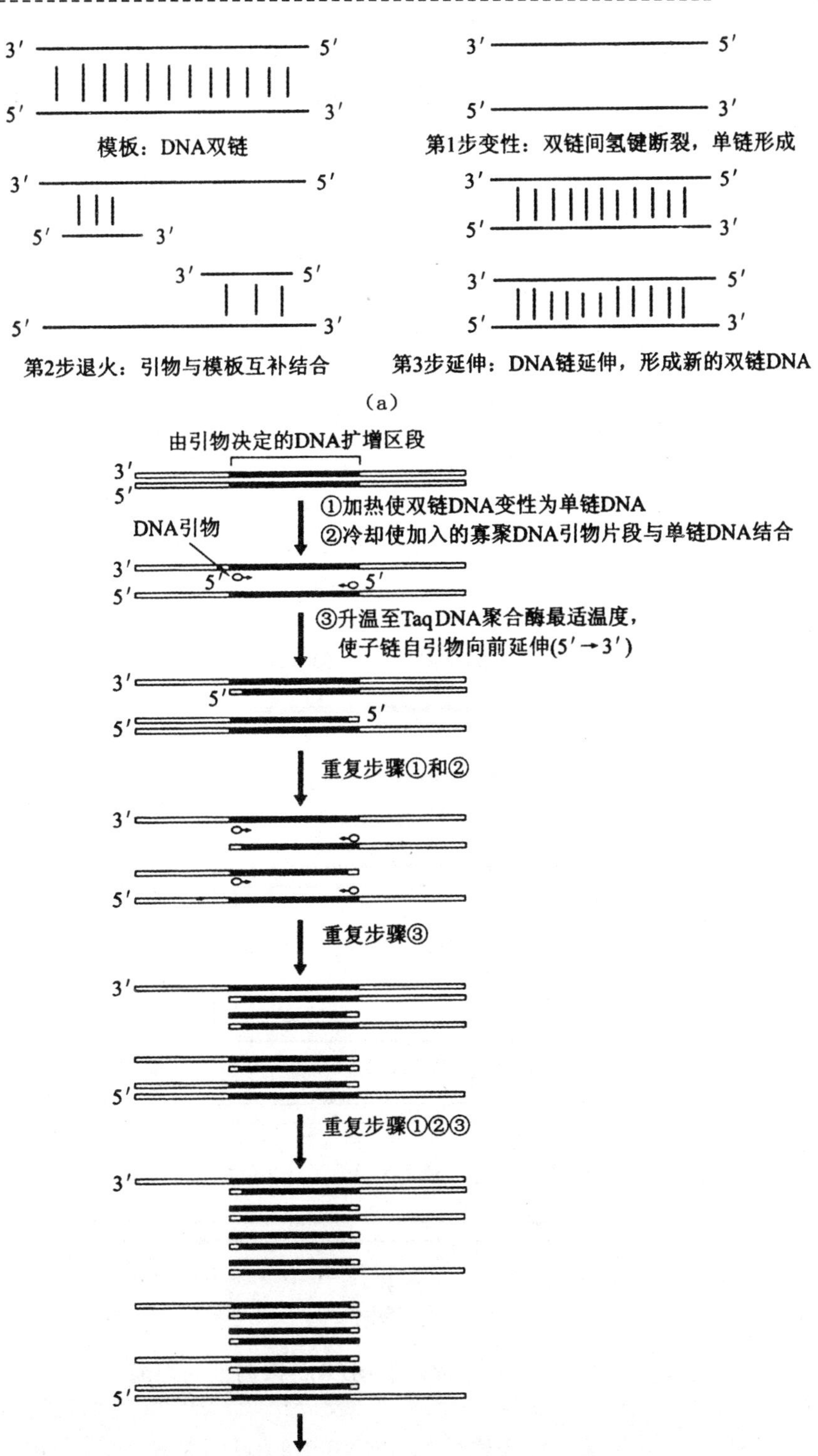

图 9-11　聚合酶链式反应示意图

PCR扩增技术使目的DNA片段在很短的时间内获得几十万乃至百万倍的拷贝。利用PCR技术可以直接从基因组DNA或cDNA中快速、简便地获得目的基因片段，快速进行外源基因的克隆操作。PCR扩增目的基因的前提是必须知道目的基因两侧或附近的DNA序列。如果知道目的基因的全序列或其两端的序列，通过合成一对与模板互补的引物，就可以十分有效地扩增出所需的目的基因。如果大量扩增未知序列的特异DNA片段，或是更长的DNA片段，则需选择特殊类型的PCR策略。

(1)反向PCR。一种根据已知DNA区的序列设计引物，以包含已知区和未知区的环化DNA分子为模板来扩增未知DNA区序列的PCR技术(图9-12)。首先提取基因组DNA，用一种在已知DNA区没有识别位点的限制酶切割，产生含上下游未知区域的DNA片段，然后通过T4 DNA连接酶处理形成首尾相连的双链环状DNA。根据已知区域设计两套巢式引物即外侧引物S1、A1和内侧引物S2、A2进行巢式PCR，直到获得特异PCR产物。两套巢式引物在序列已知区的位置标出。将该产物克隆测序，便获得上下游未知序列。用限制性内切酶消化基因组DNA时应完全消化，以获得较小的环化DNA分子，这样扩增的效率高，且容易获得成功。

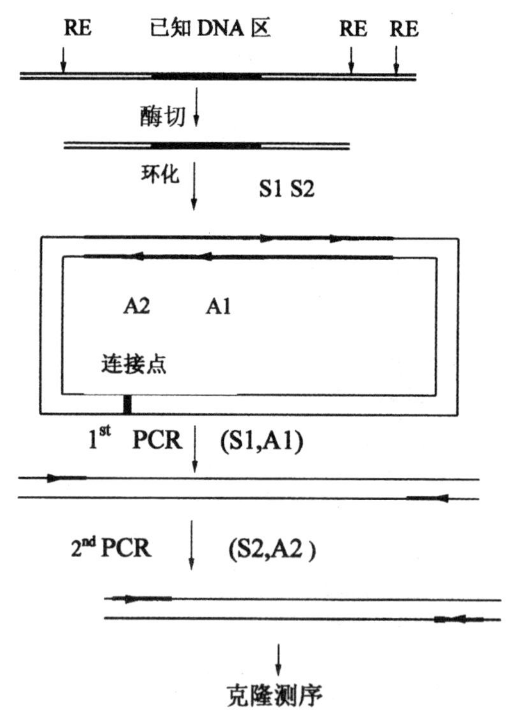

图9-12　反向PCR过程示意图(RE:限制性内切酶)

(2)逆转录PCR。当要从某一已知序列的mRNA克隆cDNA时，可以利用逆转录PCR(reverse transcription PCR，RT-PCR)，即由mRNA通过逆转录反应产生的cDNA链作为模板进行常规PCR扩增以获得特定基因的cDNA片段。由于RT-PCR的放大作用和很高的敏感性，所以它具有显著的优点：首先，该方法不需要纯化mRNA，总RNA就可以作为合成单链

cDNA 的模板，因而避免了纯化过程中 mRNA 的降解以及丢失；其次，该方法中单链 cDNA 合成后其 3′末端要进行同聚物加尾，不会丢失末端的最后几个核酸，可以获得相当于 mRNA 5′末端的比较完整的序列，其中也包含着未知序列的 cDNA 群体。

(3)套式 PCR。指用两对引物扩增同一样品的方法。在两对引物中，一对引物与靶序列的退火结合位点处于另一对引物扩增的 DNA 序列内，前者称为内部引物，后者称为外侧引物。一般先用外侧引物扩增一段较长的靶序列，即外部长片段(longer external fragment)。然后取 1～2 μL 第一次扩增的产物，再用内部引物扩增其中的部分片段，又称内部短片段(shorter internal fragment)。套式 PCR 是为了从一个 DNA 模板的同一区域扩增出不同长度片段而设计的特殊方法，较常规 PCR 灵敏度大大提高，同时也有较强的特异性，假阴性极少。

套式 PCR 的关键是设计合成适宜的外侧引物和内部引物。在设计引物时，必须使外侧引物的 GC%含量高于内部引物，往往还在外侧引物的 5′-端加上多个 GC 钳子(GC clamp)，这样做的目的是使两种引物具有不同的融解温度，由此保证了在 PCR 反应过程中，两种引物交互引导合成两种 DNA 片段。

(4)不对称 PCR。常规 PCR 要求所用的一对引物应等浓度，但当在 PCR 扩增循环中所用的两个引物的浓度不同时，所进行的 PCR 就是不对称 PCR(asymmetric PCR)。不对称 PCR 中，典型的引物浓度比例是 50∶1 或 100∶1。这样在最初的 PCR 循环(15 个循环左右)中，绝大多数的 PCR 产物是双链并以指数式积累。当低浓度的引物被用尽后，进一步进行循环时，则会过量产生两条链中的一条链，此单链 DNA 是以线性方式积累。利用不对称 PCR 可以产生特异性的单链 DNA，用作 DNA 序列分析的模板等。当然，不同浓度引物的使用也可能增加非特异性合成和错配率。

单引物扩增仅仅使用一种引物进行单向 PCR 循环，是不对称 PCR 的一种特殊形式。单向 PCR 循环是线性扩增，产率很低，通常只有增加模板浓度才能提高产率。

(5)锚定 PCR。也被称为单侧特异引物 PCR(single-specific sequence primer PCR，SSPPCR)，是一种根据已知目的基因的一小段序列信息来快速扩增已知序列上游或下游片段的技术。锚定 PCR 的一条引物是根据已知序列设计的基因特异引物，而该已知序列通常是由纯化蛋白的部分氨基酸序列推测出来或从其他材料中获得的部分 mRNA 序列；另一条引物是根据序列的共同特征设计的非特异性引物，非特异性引物所起的作用是在其中一端附着，故被称为锚定引物，与锚定引物结合的序列称为锚定序列。具体有两种情况：

一是目的基因已知序列下游 3′-端未知序列的扩增方法。这种方法与已知序列上游 5′-端未知序列的扩增方法有所不同，其操作相对较为简单，原理如图 9-13 所示。同聚物是锚定 PCR 中常用的锚定引物，由于大多数真核 mRNA 3′-端具有 poly(A)尾，可以利用这一序列特征设计 Oligo(dT)作为锚定引物，以 cDNA 为模板进行扩增。扩增目的基因已知序列下游 3′-端未知序列的基本步骤是：首先，分离细胞总 RNA 或 mRNA；然后，在反转录酶的作用下合成 cDNA；最后，再以基因特异引物和锚定引物 Oligo(dT)扩增得到特定序列。

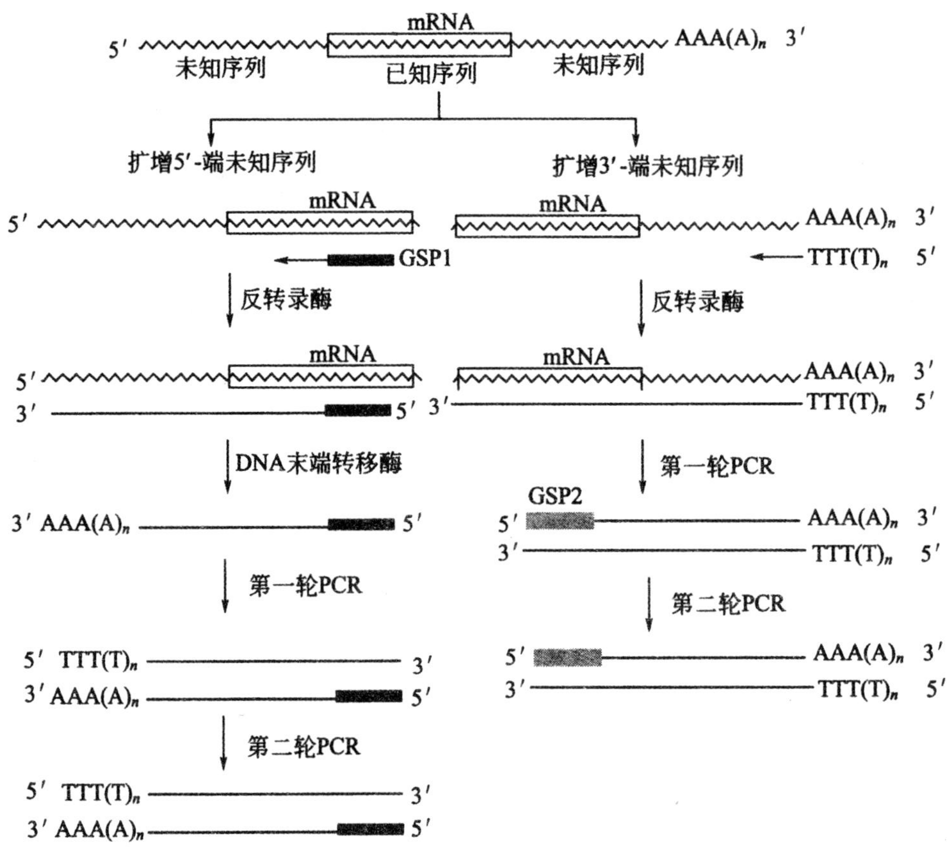

图 9-13 锚定 PCR 原理示意图

二是扩增目的基因已知序列上游 5′-端未知序列的方法。步骤可概括为：以分离到的总 RNA 或 mRNA 为模板，在反转录酶的作用下，以基因特异引物引导合成 cDNA；利用 DNA 末端转移酶，在 cDNA 3′-末端加上 poly(dA)尾，与此 poly(dA)相对应的 poly(dT)即为锚定引物(anchoring pri mer，AP)；最后以基因特异引物和锚定引物 poly(dT)扩增得到 5′-端未知序列，为保证扩增的特异性，锚定引物长度通常都在 12 碱基以上，其 5′-端可带上限制酶序列或其他序列信息。

(6)RACE 技术。cDNA 末端的快速扩增(rapid amplification of cDNA ends，RACE)也是一种根据已知部分 cDNA 序列扩增未知序列的 PCR 技术。这种方法是根据基因编码蛋白的同源性或多个同源基因 cDNA 比较的变异情况，将同源基因 cDNA 的核心区段分析出来，针对核心区段保守性高的位点设计引物，然后运用 RT-PCR 克隆核心序列区。在测定核心序列后，根据核心序列设计新的引物并分别进行 cDNA 3′-端和 5′-端的扩增。最后拼凑成 cDNA 全序列的信息并设计新的一对引物将其 cDNA 全序列 RT-PCR 扩增并克隆(图 9-14)。

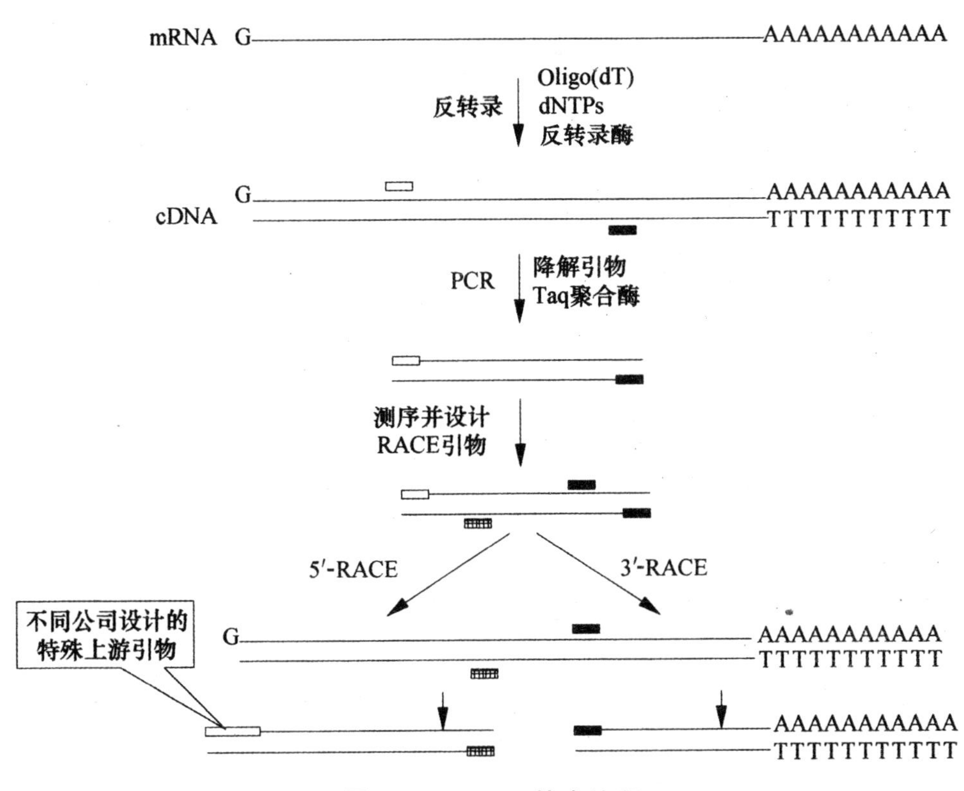

图 9-14　RACE 技术流程

高特异性的 RACE 基于反向 PCR 扩增技术，利用已知序列内部高特异性的嵌套引物进行 PCR 的扩增，故具有较高的特异性。利用 5′-端磷酸化的基因特异引物，对 mRNA 逆转录形成 5′-端磷酸化的 cDNA 第一链。然后以 RNase H 降解掉 mRNA，单链 cDNA 在 T4 RNA Ligase 作用下环化(形成首尾相连物)，最后用已知区域设计的两对特异引物(外侧引物 A1-S1，内侧引物 A2-S2)进行巢式 PCR，获得特异的 5′-端序列(图 9-15)。

(7)Bubble-PCR。也叫 Vectorette-PCR，其特点是用到一段由不配对的序列形成的一个“泡”型接头。具体原理如下(图 9-16)：首先，选择一种限制性内切酶切割基因组 DNA(图中用 *Hind* Ⅲ示例)，得到 5′突出末端的 DNA 片段(*Hind* Ⅲ酶切后得到带有 AGCT 黏性末端的片段)。然后，两条不完全互补的 DNA 退火形成一个“泡”型接头，接头的一端设计为带有上述限制性内切酶的黏性末端，通过 DNA 连接酶将其与酶切好的基因组 DNA 进行连接，这样就在其两端连接上了“泡”型接头。接着，根据基因已知序列的相对保守部位设计一条基因特异引物 GSP，根据上游“泡”型接头的中间部分设计一条 Bubble 引物，这样两个接头中间的未知序列使用 GSP 和 Bubble 引物可扩增得到。由于只有用 GSP 引导合成了“泡”型接头的互补序列后，Bubble 引物才能退火参与扩增，也就是 Bubble 引物只能参与第二轮的 PCR 反应，这样就很大程度地避免了接头引物的单引物扩增。最后 PCR 扩增产物只有单一的目标片段。

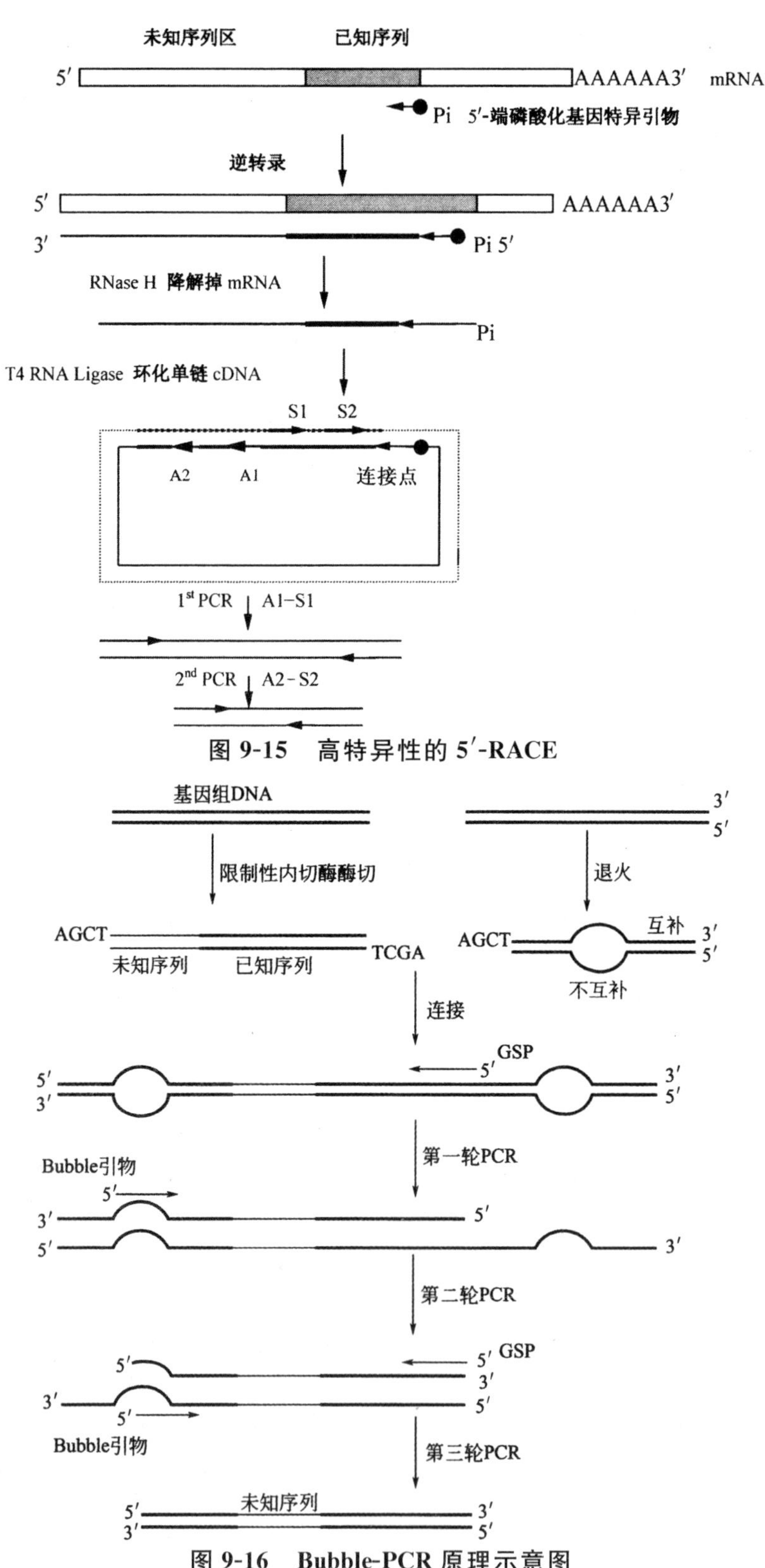

图 9-15　高特异性的 5′-RACE

图 9-16　Bubble-PCR 原理示意图

9.1.4 基因的人工化学合成

化学法合成DNA是指按人们的意愿，通过化学方法人工合成一定长度DNA序列的方法。目前，随着DNA合成技术的发展，由计算机控制的全自动核酸合成仪可以按设计好的序列合成较长的DNA片段。在基因的化学合成中，首先要合成出一定长度的寡核苷酸片段，再通过DNA连接酶连接起来。

9.1.4.1 寡核苷酸化学合成

寡核苷酸片段的化学合成方法有磷酸二酯法、磷酸三酯法、亚磷酸三酯法。多数核酸合成仪选用亚磷酸三酯法与固相技术相结合。

固相亚磷酸三酯法是在固相载体上完成DNA的合成，由引物的3′末端向5′末端合成。所要合成的寡核苷酸链3′末端核苷(N1)的3′-OH通过长的烷基臂与固相载体多孔玻璃珠(controlled pore glass,CPG)共价连接，N1的5′-OH以4,4′-二甲氧基三苯甲基(DMT)保护。然后依次从3′→5′的方向将核苷酸单体加上去，所使用的核苷酸单体的活性官能团都是经过保护的，核苷的5′-OH被DMT保护，3′末端的二丙基亚磷酸酰上磷酸的OH，用β-氰乙基保护。每延伸一个核苷酸需四步化学反应，寡核苷酸链的合成过程如图9-17所示。

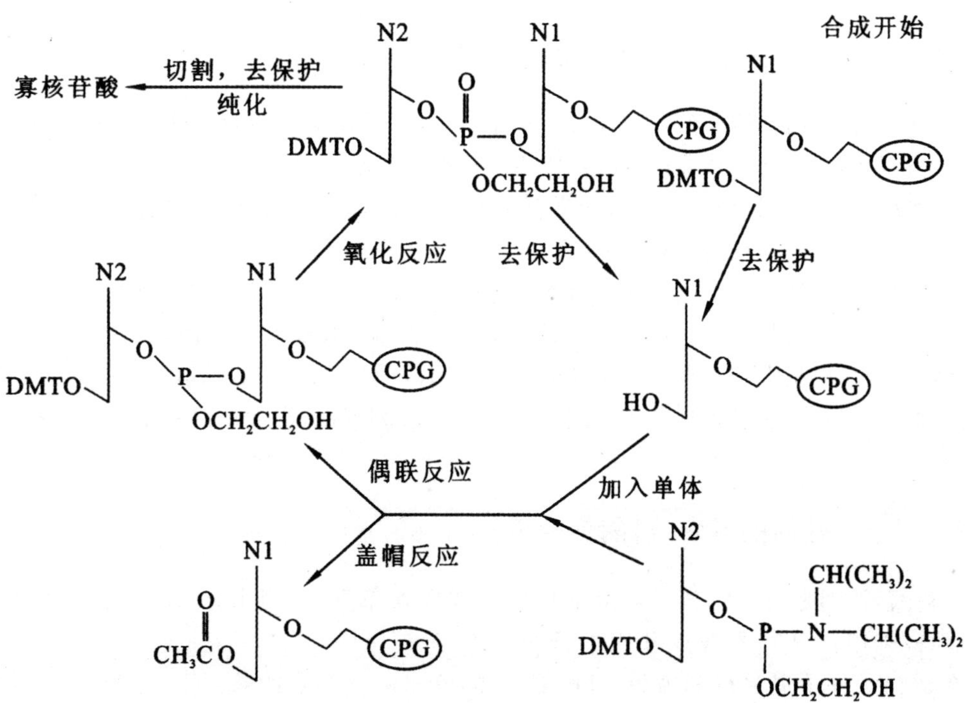

图9-17　固相亚磷酸三酯法合成寡核苷酸片段

合成的每个循环周期包括四个步骤：

(1)去保护(deprotection)。将预先连接在固相载体上带有保护基的末端核苷酸，用二氯乙酸或三氯乙酸溶液处理，脱去和DNA的脱氧核糖环的5′-OH基团偶联的保护基团DMT，游离出5′-OH。

(2)偶联反应(coupling)。合成DNA的原料(亚磷酰胺保护的核苷酸单体)与活化剂四唑混合，得到反应活性很高的核苷亚磷酸活化中间体(其3′末端被活化，5′-OH仍然被DMT保护)，与核苷N1上游离的5′-OH发生偶联反应，迅速形成亚磷酸三酯键。

(3)加帽反应(capping)。缩合反应中可能极少数(小于2%)5′-OH没有参加反应，加帽反应中使用乙酸酐和N-甲基咪唑使这些核苷5′-OH乙酰化，终止其反应而成为短片段，这种短片段在纯化时分离掉。加入醋酐及二甲基氨基吡啶，使未参加反应的寡核苷酸链乙酰化，不参加下一步反应，如此有利于合成全长的DNA片段。

(4)氧化反应(oxidation)。由于DNA和新加入的核苷酸之间形成的3′，5′-亚磷酸三酯键很不稳定，在酸性或碱性条件下容易发生断裂。利用碘液催化，将三价的亚磷酸三酯键氧化成为稳定的五价的3′，5′-磷酸二酯键，最后用乙醇或异丙醇沉淀法初步纯化。

经过以上四个步骤循环一次，核苷酸链向5′-OH方向延伸一个核苷酸，接长的链始终固定在固相载体上，过量的未反应物或分解物则通过洗涤除去。每延长一个核苷酸约需10 min。当整个链达到预定的长度后，从固相载体上切下，氨解脱去保护基，经过分离纯化得到所需要的最后产物。

9.1.4.2 短片段直接连接法组装DNA

如果化学合成的寡核苷酸片段为15 bp左右，可以采用短片段直接连接法连接成完整的基因。先将化学合成的一条寡核苷酸片段用核苷酸激酶激活，使寡核苷酸片段的5′-端带上磷酸基团，然后再与一条部分互补的寡核苷酸片段退火，形成带有黏性末端的双链寡核苷酸片段。由于互补序列的存在，各小片段会自动排序，把这些双链寡核苷酸片段混合并经T4 DNA连接酶催化即可组装成一个完整的基因或基因的一个片段。组装后的基因连接于噬菌体载体或质粒载体并转化大肠杆菌，最后用DNA序列分析法检测所组装的基因(图9-18)。例如，分子质量较大的α-干扰素和牛视紫红质基因就是应用这种基因组装法构建的。化学合成的片段小，回收率高，但是退火时容易发生错配，造成DNA序列混乱，因此最终一定要测序检测合成的基因。

9.1.4.3 基因的半合成(酶促合成)

全基因，特别是较大的基因的全部化学合成成本昂贵，使用半合成的方法可以降低成本，从而被采用。只需要合成基因的部分寡核苷酸片段(3′末端具有10～14个互补碱基)，在适当条件下退火得到模板-引物复合体，在dNTP存在的条件下，通过DNA聚合酶Ⅰ大片段(Klenow酶)或反转录酶的作用，合成出相应的互补链，获得两条完整的互补双链(图9-19)。所形成的双链DNA片段，可经处理插入适当的载体上。

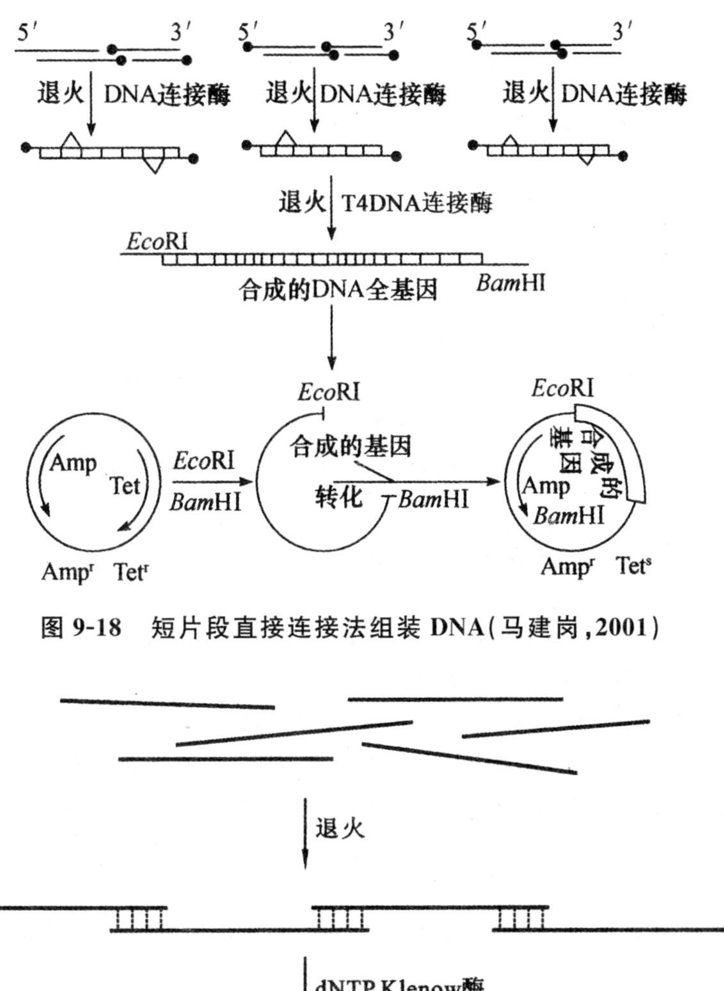

图 9-18　短片段直接连接法组装 DNA(马建岗,2001)

图 9-19　基因的酶促合成方式

采用分步连接、亚克隆的方法时,为便于亚克隆中回收基因片段,应在片段两侧设计合适的酶切位点,每个亚克隆可以分别鉴定,从而可减少顺序错误的可能性。

在合成基因的结构中,应包括有克隆和表达所需要的全部信号及 DNA 顺序,基因密码的阅读框架也应该同表达体系相适应。此外,由于不同种类的生物体或密码子的使用都具有明显的选择性,在基因合成和克隆时必须考虑。选择合适的密码子,以获得高效表达。

随着 DNA 自动化合成技术的发展,人们能简便、快速、高效地合成其感兴趣的 DNA 片段。目前,DNA 合成技术已成为分子生物学研究必不可少的手段,并且已在基因工程、临床诊断和治疗、法医学等各个领域发挥重要的作用。

9.2 构建重组子

含有目的基因的DNA片段,即使进入到宿主细胞内,依然不能进行增殖。它必须同适当的能够自我复制的DNA分子,如质粒、病毒分子等结合之后,才能够通过转化或其他途径导入宿主细胞,并像正常的质粒或病毒一样增殖,从而得到表达。

外源DNA片段分子体外重组,主要是依赖于限制性内切核酸酶和DNA连接酶的作用。一般说来在选择外源DNA同载体分子连接反应程序时,需要考虑到下列两个因素:实验步骤要尽可能地简便易行;连接形成的"接点"序列,应能被一定的限制性内切核酸酶重新切割,以便回收插入的外源DNA片段。连接方法主要有以下四种。

9.2.1 黏性末端连接法

若外源基因与载体都有相同的限制酶识别位点。两者用相同的酶切割后,由于末端碱基互补,缺口直接用连接酶连接,形成重组DNA分子。

大多数的限制性核酸内切酶切割DNA分子后都能形成具有1～4个单链核苷酸的黏性末端。当用同样的限制酶切割载体和外源DNA,或用能够产生相同黏性末端的限制酶切割时,所形成的DNA末端就能够彼此退火,并被T4连接酶共价地连接起来,形成重组DNA分子。当然,所选用的核酸酶对克隆载体分子最好只有一个识别位点,而且还应位于非必要区段内。

根据是否用一种或两种不同的限制酶消化外源DNA和载体,黏性末端DNA片段的连接方法可分为插入式(单酶切)和取代式(双酶切)两种。

9.2.1.1 插入式(单酶切)

采用*Bam*H Ⅰ切割只有一个酶切位点的环状质粒时,环被打开成为线性分子,两端都留下了由四个核苷酸组成的单链,这种末端称为黏性末端。用*Bam*H Ⅰ切割含目的基因的DNA时,所获得的目的基因将具有与质粒完全互补的两个黏性末端。这样,在T4连接酶的催化下,质粒与目的基因的互补末端就能形成共价键,重组质粒重新成为了环状质粒。但这种方法得到的外源DNA片段插入,可能有两种彼此相反的取向,这对于基因克隆是很不方便的。

9.2.1.2 取代式(双酶切)

根据限制性核酸内切酶作用的性质,用两种不同的限制酶同时消化一种特定的DNA分子,将会产生出具有两种不同黏性末端的DNA片段。从图9-20可知,载体分子和待克隆的DNA分子,都是用同一对限制酶(*Hind*Ⅲ和*Bam*H Ⅰ)切割,然后混合起来,那么载体分子和外源 DNA 片段将按唯一的一种取向退火形成重组 DNA 分子。这就是所谓的定向克隆技术，可以使外源 DNA 片段按一定的方向插入到载体分子中。

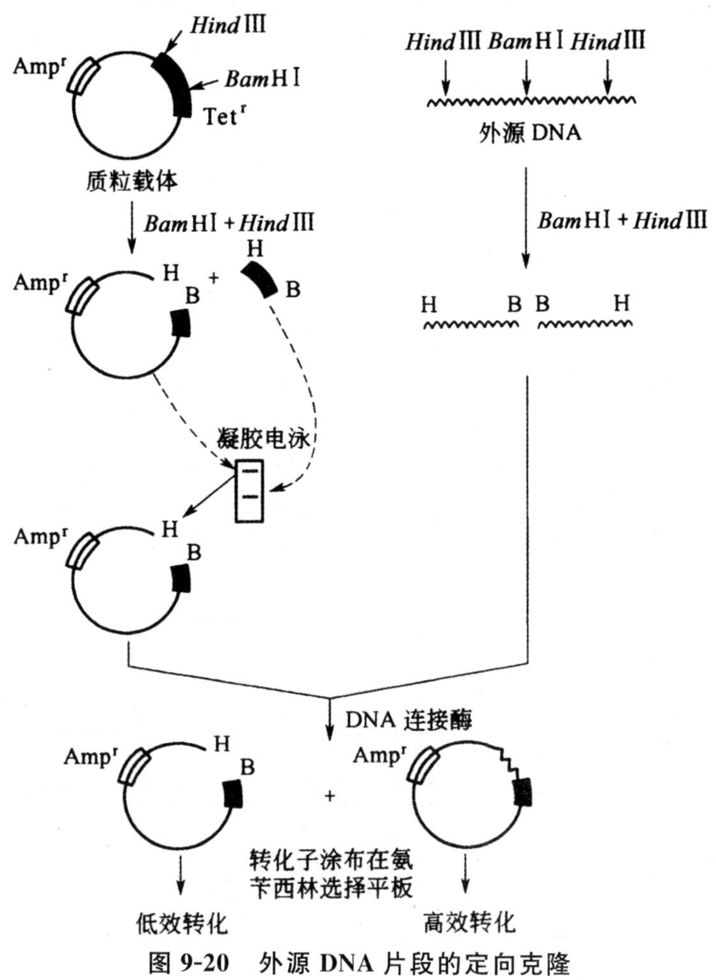

图 9-20　外源 DNA 片段的定向克隆

9.2.2　非互补的黏性末端和平末端连接法

若目的 DNA 片段和载体都是平末端，可以直接用 DNA 连接酶连接，但是比黏性末端连接效率低。

载体分子和供体 DNA 片段经不同的限制酶切割后，并不一定总能产生出互补的黏性末端，有时产生的是非互补的黏性末端和平末端。对于平末端的 DNA 片段，可以用 T4 DNA 连接酶在一定的反应条件下进行连接；而具有非互补黏性末端的 DNA 片段，需要经单链特异性的 S1 核酸酶处理变成平末端后，再使用 T4 DNA 连接酶进行有效连接。平末端 DNA 片段之间的连接效率一般明显地低于黏性末端间的连接作用，而且重组后便不能在原位切除。

常用的平末端 DNA 片段连接法，主要有同聚物加尾法、衔接物连接法及接头连接法。下面只简单介绍接头连接法。

DNA接头(adapter)是一类人工合成的一头具有某种限制酶黏性末端、另一头为平末端的特殊的双链寡核苷酸短片段，当它的平末端与平末端的外源DNA片段连接后，便会使后者成为具有黏性末端的新的DNA分子，而易于连接重组。

为防止各个DNA接头分子的黏性末端之间通过互补配对形成二聚体分子，通常要对DNA接头末端的化学结构进行必要的修饰与改造，使其平末端与天然双链DNA分子一样，具有正常的5′-P和3′-OH末端结构，而其黏性末端5′-P则被修饰移走，被暴露出来的5′-OH所取代。

这样，虽然两个接头分子黏性末端之间具有互补基配对的能力，但因为DNA连接酶无法在5′-OH和3′-OH之间形成磷酸二酯键，而不会产生出稳定的二聚体分子。但它们的平末端照样可以与平末端的外源DNA片段正常连接，只是在连接后需用多核苷酸激酶处理，使异常的5′-OH末端恢复成正常的5′-P末端，就可以得到具有2个黏性末端的DNA片段(图9-21)，从而能够插入到适当的克隆载体分子中，形成重组的DNA分子。

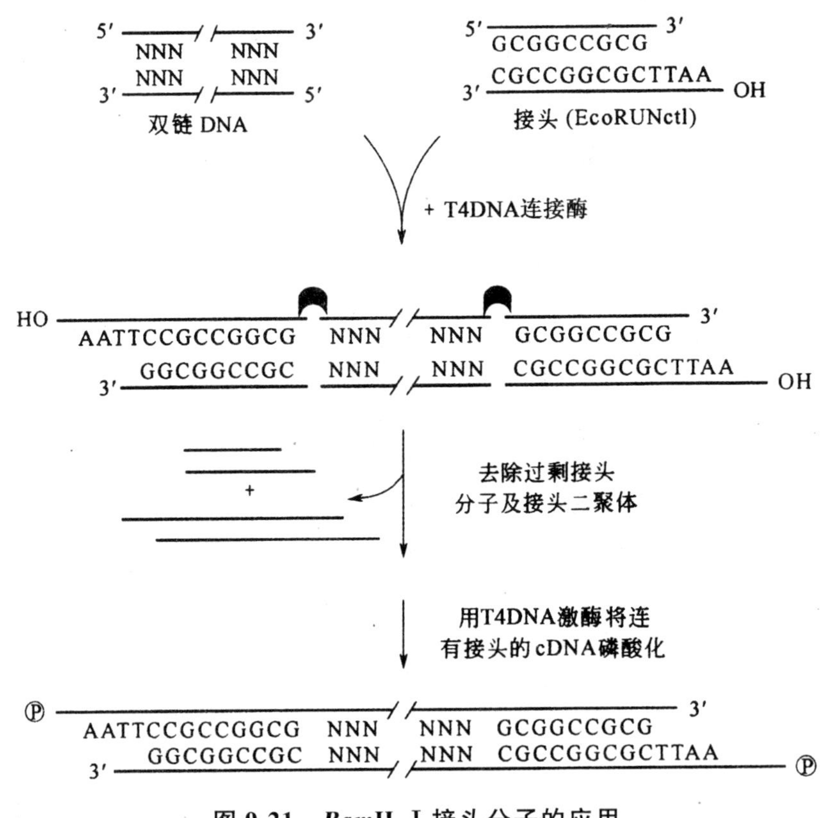

图9-21 *Bam*H Ⅰ接头分子的应用

为了在连接反应中让尽可能多的外源DNA片段能插入到载体分子中形成重组DNA，就必须提高连接反应的效率。为了提高效率，一般可以采用下面几种方法：采用碱性磷酸酶处理、同聚物加尾连接技术或采用柯斯质粒等手段防止未重组载体的再环化，减少非重组体“克隆”的出现；合理正确地配比DNA的总浓度以及载体DNA和外源DNA之间的比例，提高连接反应的效率；根据不同的反应类型控制合理的反应温度和时间，可以大幅度提高转化子数量。

9.3 重组体向宿主细胞的导入

体外重组 DNA 分子若不引入宿主细胞则不能显示其生命活力，仅表现出纯粹试剂性质，若不进行特殊保护，则随时间推移而逐渐降解。因此，需采用适当技术将其引入宿主细胞内。人们根据自然界中遗传物质在生物细胞间传递的原理和方式，已研究出多种转移技术，如转化、转导、转染、杂交、细胞融合及脂质体介导转移等。

9.3.1 受体细胞的选择

野生型的细菌一般不能用作基因工程的受体细胞，因为它对外源 DNA 的转化效率较低，因此必须对野生型细菌进行改造，使之具备下列条件。

(1)高效吸收外源 DNA。宿主细胞能形成感受态细胞，以利于细胞吸收外源 DNA。

(2)转化亲和型。受体细胞必须对重组 DNA 分子具有较高的可转化性，在用 λ 噬菌体 DNA 载体构建的 DNA 重组分子进行转染时用对 λ 噬菌体敏感的大肠杆菌 K12。

(3)重组缺陷型。外源 DNA 分子不与染色体 DNA 发生体内同源重组反应。

(4)限制缺陷型。限制系统缺陷型的受体细胞一般不会降解未经修饰的外源 DNA。

(5)安全性。受体细胞应对人、畜、农作物无害或无致病性。

(6)遗传互补型。受体细胞必须具有与载体所携带的选择标记互补的遗传性状，方能使转化细胞的筛选成为可能。例如，若载体 DNA 上含有氨苄青霉素抗性基因(Ampr)，则所选用的受体细胞应对这种抗生素敏感。

9.3.2 重组 DNA 导入通过转化或转染进入原核细胞

转化是指质粒载体 DNA 分子进入感受态的大肠杆菌细胞的过程；而转染，则指感受态的大肠杆菌细胞捕获和表达噬菌体 DNA 分子的过程。习惯上，人们往往也通称转染为广义的转化。这两个过程都需要制备感受态细胞。经典的感受态细胞制备方法是通过 Ca^{2+} 诱导而产生，然后通过热激处理使外源 DNA 进入细胞。

9.3.2.1 转化

(1)Ca^{2+} 诱导大肠杆菌感受态转化法。在自然条件下，很多质粒都可通过细菌接合作用转移到新的宿主内，但在人工构建的质粒载体中，一般缺乏此种转移所必需的 *mob* 基因，因此不能自行完成从一个细胞到另一个细胞的接合转移。

大肠杆菌是一种革兰阴性菌，自然条件下转化比较困难，转化因子不容易被吸收。如需将质粒载体转移进大肠杆菌受体细菌，需要利用一些特殊的方法(如 $CaCl_2$、RbCl 等化学试剂法)处理受体细胞,使其细胞膜的通透性发生暂时性的改变,成为能允许外源 DNA 分子进入的感受态细胞(compenentcells)。进入受体细胞的 DNA 分子通过复制、表达实现遗传信息的转移,使受体细胞出现新的遗传性状。将经过转化后的细胞在筛选培养基中培养,即可筛选出转化子(transformant,即带有异源 DNA 分子的受体细胞)。$CaCl_2$ 法是目前常用的感受态细胞制备方法,它虽不及 RbCl(KCl)法转化效率较高,但其简便易行,且其转化效率完全可以满足一般实验的要求,制备出的感受态细胞暂时不用时,可加入占总体积 15%的无菌甘油于 −70 ℃保存(半年)。$CaCl_2$ 法制备大肠杆菌(DH5α 或 DH10B)感受态细胞并转化的基本实验步骤如图 9-22 所示。

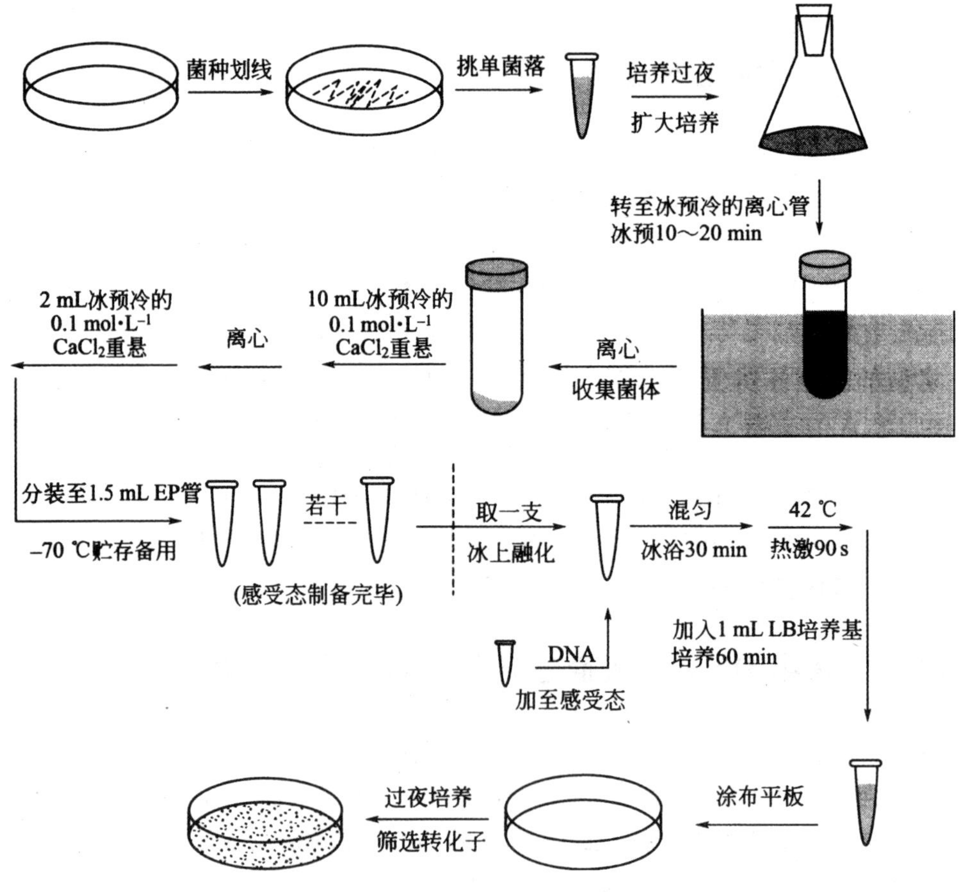

图 9-22　Ca^{2+} 诱导的大肠杆菌感受态的制备及转化

为了提高转化效率,实验中要考虑胞生长状态和密度、质粒的质量和浓度、试剂的质量等几个重要因素,并且还要注意防止杂菌和杂 DNA 的污染。

(2)接合转化法。这是通过细菌供体细胞同受体细胞间的直接接触而传递外源 DNA 的方法。该方法尤其适用于那些难以采用 Ca^{2+} 诱导转化法或电穿孔法等进行重组质粒 DNA 分子直接转化的受体菌,其转化过程是由接合型质粒完成的,它通常具有促进供体细胞与受体细胞有效接触的接合功能以及诱导 DNA 分子传递的转移功能,两者均由接合型质粒上的有关基因编码。在 DNA 重组中，常用的绝大多数载体质粒缺少接合功能区，因此不能直接通过细胞接合方法转化受体细胞。然而，如果在同一个细胞中存在着一个含有接合功能区域的辅助质粒，则有些克隆载体质粒便能有效地接合转化受体细胞。因此，首先将具有接合功能的辅助质粒转移至含有重组质粒的细胞中，再将这种供体细胞与受体细胞进行混合，促使两者发生接合转化作用，将重组质粒导入受体细胞。其操作过程如图 9-23 所示。

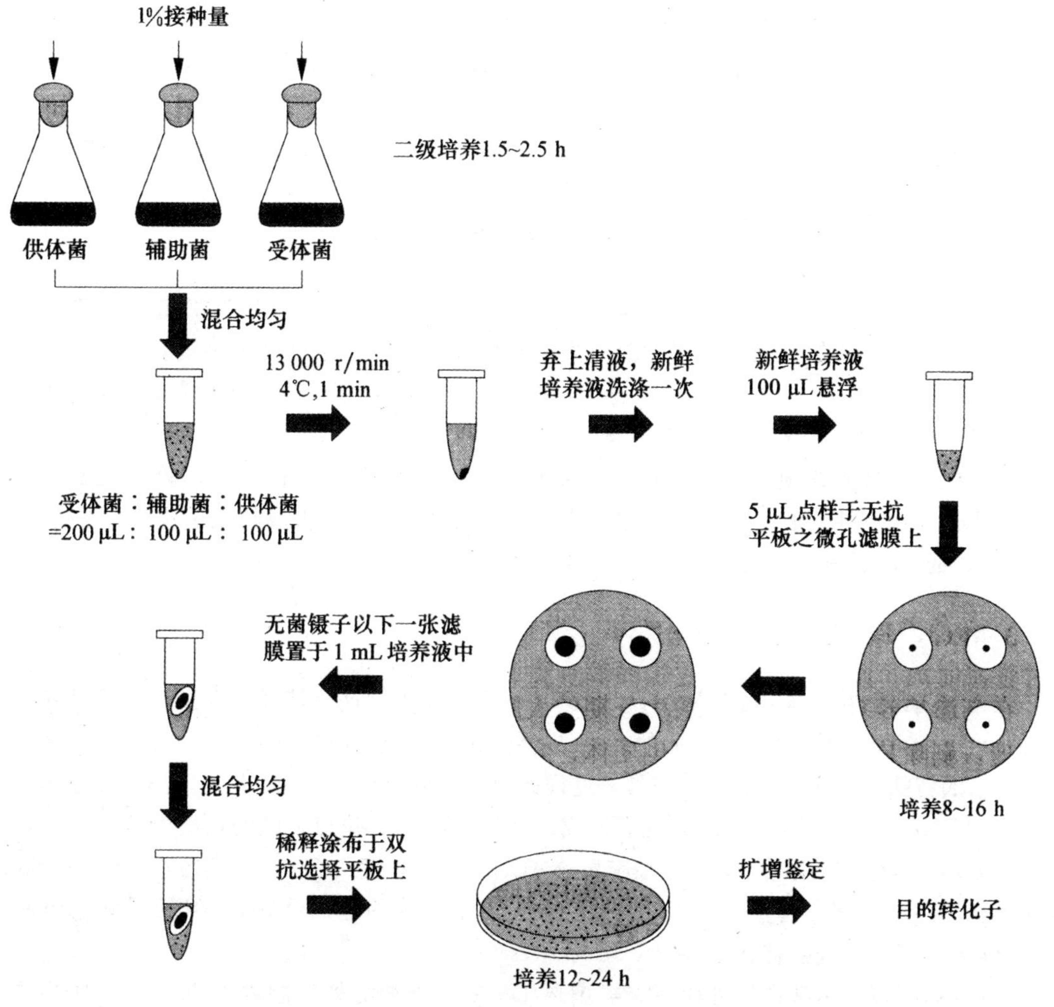

图 9-23　结合转化的操作示意图(张惠展，2005)

由于上述整个接合转化过程涉及 3 种有关的细菌菌株，即待转化的受体菌、含有要转化的重组质粒 DNA 的供体菌和含有接合质粒的辅助菌，因此称为三亲本杂交(tri-parental mating)接合转化法，简称三亲本杂交转移法。

(3)电激穿孔转化法。Dower 等(1988)成功地应用电激穿孔(electro-poration)法进行了大肠杆菌的转化。其基本原理是利用高压电脉冲作用，在大肠杆菌细胞膜上进行电穿孔，形成可逆的瞬间通道，从而促进外源 DNA 的有效吸收。电激穿孔转化法的效率受电场强度、电脉冲时间和外源 DNA 浓度等参数的影响，通过优化这些参数，每微克 DNA 可以得到 10^9～10^{10} 个转化子。电压增高或电脉冲时间延长时，转化率将会有所提高，但同时导致受体细胞存活率降低，转化效率的提高也因此被抵消。电激穿孔转化法的原理如图 9-24 所示。研究表明，当电场强度和脉冲时间的组合方式导致 50%～70%菌体细胞死亡时，转化水平达到最高。

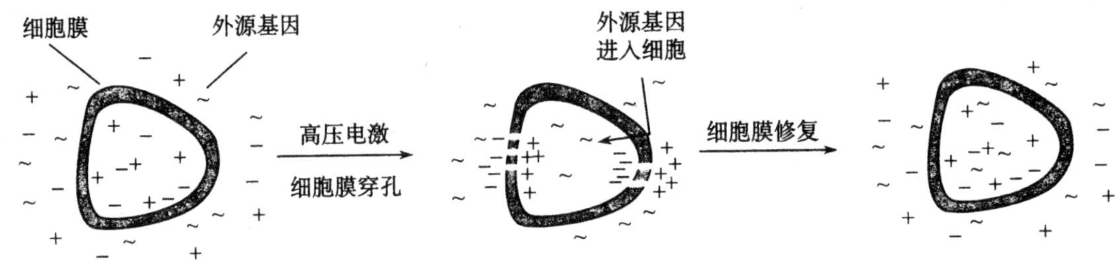

图 9-24　电激穿孔转化法原理

用于电激穿孔转化法的细胞处理要比感受态细胞的制备容易得多，当细菌生长到对数中期后予以冷却、离心，然后用低盐缓冲液充分清洗降低细胞悬浮液的离子强度，并用 10%甘油重悬细胞，使其浓度为 3×10^{10} 个/mL，分装，在干冰上速冻后置于－70 ℃贮存。这样，每小份细胞溶解后即可用于转化，其有效期可达 6 个月以上。

一般电激穿孔转化须在低温下（0～4 ℃）进行，其转化率要比在室温下操作提高约 100 倍。由于细菌细胞相对较小，因此与 DNA 导入真核细胞时相比，大肠杆菌的电转化要求有可靠的场强，而反应体积则相对要小，以 20～40 μL 为宜。

9.3.2.2　转导

根据噬菌体颗粒能将其 DNA 分子有效地注入寄主细胞内这一特性已经设计出了另外一种将外源重组 DNA 分子导入寄主细胞的方法，即体外包装噬菌体颗粒的转导。这是一种使用体外包装体系的特殊的转导技术。转导的具体过程如图 9-25 所示。外源 DNA 片段插入噬菌体载体后，重组 λDNA 分子借助互补的 cos 位点连成连环体，两个 cos 位点之间的重组 λDNA 分子在不超过噬菌体有效包装的限度内（野生型噬菌体 λDNA 分子长度的 75%～105%），用体外提取的噬菌体头、尾、外壳蛋白将重组体 DNA 包装成有浸染活性的噬菌体颗粒，然后感染相应的寄主细胞，经筛选最终获得转化子。

所谓体外包装，是指在体外模拟 λ 噬菌体 DNA 分子在受体细胞内发生的一系列特殊的包装反应过程，将重组 λ 噬菌体 DNA 分子包装为成熟的具有感染能力的 λ 噬菌体颗粒的技术。该技术最早是由 Becker 和 Gold 于 1975 年建立的，目前经过多方面的改进后，已经发展成为一种能够高效地转移大相对分子质量重组 DNA 分子的实验手段。其基本原理是，根据 λ 噬菌体 DNA 体内包装的途径，分别获得缺失 D 包装蛋白的 λ 噬菌体突变株和缺失 E 包装蛋白的 λ 噬菌体突变株。由于不具备完整的包装蛋白，这两种突变株均不能单独地包装 λ 噬菌体 DNA，但将两种突变株分别感染大肠杆菌，从中提取缺失 D 蛋白的包装物（含 E 蛋白）和缺失 E 蛋白的包装物（含 D 蛋白），两者混合后就能包装 λ 噬菌体 DNA。后来，Rosenberg 等于 1985 年建立了一种更为简便的方法，其要点是利用 *E. coli* C 菌株制备的细菌裂解液作为包装物，进行导入噬菌体 DNA 的体外包装。

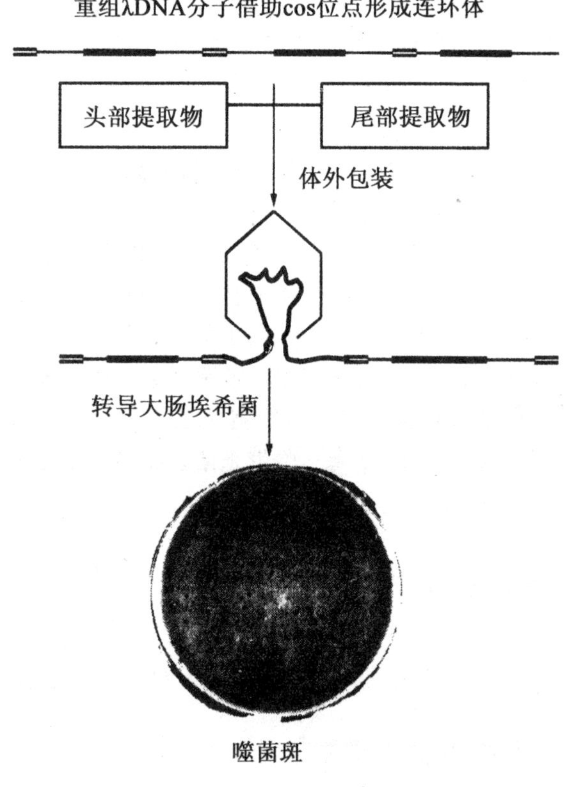

图 9-25　转导过程示意图

为了防止在 λ 原噬菌体的诱发过程中寄主细胞发生溶菌作用，克服内源诱导的 λ 原噬菌体 DNA 进行包装，并避免包装的提取物出现重组作用，保证 λ 原噬菌体能够得到有效的诱发等，已经给这些用来制备体外包装互补提取物的原噬菌体及其寄主菌株引入了另外一些与此相关的突变。这样便有效地提高了体外包装的 λ 噬菌体颗粒的转导效率，并进一步改善了体外包装的使用性能。

经过体外包装的噬菌体颗粒可以感染适当的受体菌，并将重组 λ 噬菌体 DNA 分子高效导入细胞中。在良好的体外包装反应条件下，每微克野生型的 λDNA 可以形成 10^8 以上的噬菌斑形成单位(plaque forming unit，pfu)。但重组的 λDNA 或 cosmid DNA，包装后的成斑率要比野生型的下降 $10^2 \sim 10^4$ 倍。由于构建高等生物的基因文库需要大量的重组体分子，需要成斑率的数量级要远远超过转染反应所能达到的水平。即使在最佳的实验条件下，用重组的 λDNA 分子转染经 $CaCl_2$ 处理的感受态大肠埃希菌细胞，转化率也仅为 $10^2 \sim 10^4$ pfu。经包装后，成斑率可达到 10^6 pfu/μg，完全可以满足构建真核生物基因组文库的要求。

上述外源 DNA 分子通过转化和转导等方法导入大肠杆菌的技术已趋于成熟，用这些方法获得了大量转基因工程菌株。这些方法经适当修改同样可用于蓝藻、固氮菌和农杆菌等原核生物的基因导入。

9.3.2.3 转染

转染(transfection)是采用与质粒 DNA 转化受体细胞相似的方法,将重组 λ 噬菌体 DNA 分子直接导入受体细胞中的过程。λ 噬菌体载体的分子质量较大,再加上导入的外源 DNA 分子,重组 λ 噬菌体 DNA 的分子质量可达 48～51 kb,将重组 DNA 分子直接用于转染时,效率较低。在 DNA 分子的体外连接反应中,λ 噬菌体分子与外源 DNA 片段之间的结合完全是随机进行的,形成的重组 DNA 分子中,有相当的比例是没有活性的,这样的分子不能转染宿主细胞,因而导致转染效率明显下降。完整的、未经任何基因操作处理的 λ 噬菌体 DNA 的转染效率仅为 10^5～10^6,即每微克 λ 噬菌体转染受体细胞产生的噬菌斑数目为 10^5～10^6,而经过酶切、连接等操作处理后的重组 λ 噬菌体 DNA 分子的转染效率下降到只有 10^3～10^4,显然这么低的转染效率很难满足一般的实验要求,如应用 λ 噬菌体载体构建基因文库时,转染效率至少要达到 10^6。当然,如果采用辅助噬菌体对受体细胞作预感染处理,可以明显提高噬菌斑的形成率,但辅助噬菌体的存在又会给基因克隆实验带来诸多不便,因此该方法在实际操作过程中使用较少。

9.3.3 重组 DNA 导入真核细胞

在基因工程中,根据不同的真核细胞特点,而选择不同的方法把重组子导入受体细胞。

9.3.3.1 重组 DNA 导入植物细胞

植物基因转化方法可分为三大类:一是载体介导的转化方法,即将目的 DNA 插入到农杆菌的 Ti 质粒或病毒的 DNA 上,随着载体质粒 DNA 的转移而转移。农杆菌介导法及病毒介导法都属于这一类方法。二是 DNA 直接导入法,指通过物理或化学的方法直接导入植物细胞。物理方法有基因枪法、电击法、超声波法、显微注射法和激光微束法;化学法有 PEG 法和脂质体法。三是种质系统法,包括花粉管通道法、生殖细胞浸泡法和胚囊子房注射法。其中载体介导的转化方法是目前植物基因工程中使用最多、机制最清楚、技术最成熟的一种转化方法,而转化载体中又以 Ti 质粒转化载体最为重要。

(1)农杆菌介导转化法。借助土壤农杆菌把重组 Ti 质粒中 DNA 导入到细胞中,然后通过植物再生体系获得植株。这种方法具有很高的重复性,便于大量常规地培养转化植株。用这种方法所得到的转化体,其外源基因能稳定地遗传和表达,并按孟德尔遗传方式分离。

农杆菌是普遍存在于土壤中的一种革兰氏阴性菌,分根瘤农杆菌和发根农杆菌两种,其细胞中分别含有 Ti 质粒和 Ri 质粒,Ti 质粒可以作为载体。Ti 质粒上有两个区域,一个是 T-DNA 区,这是能够转移并整合进植物受体的区段;另一个是 Vir 区,它编码实现质粒转移所需的蛋白质。如图 9-26 所示为农杆菌介导的 Ti 质粒载体转化法示意图。

农杆菌介导法起初只被用于双子叶植物中,但近年来,农杆菌介导转化在一些单子叶植物,尤其在水稻中也已经得到了广泛应用和认可,是该领域的重大进展。

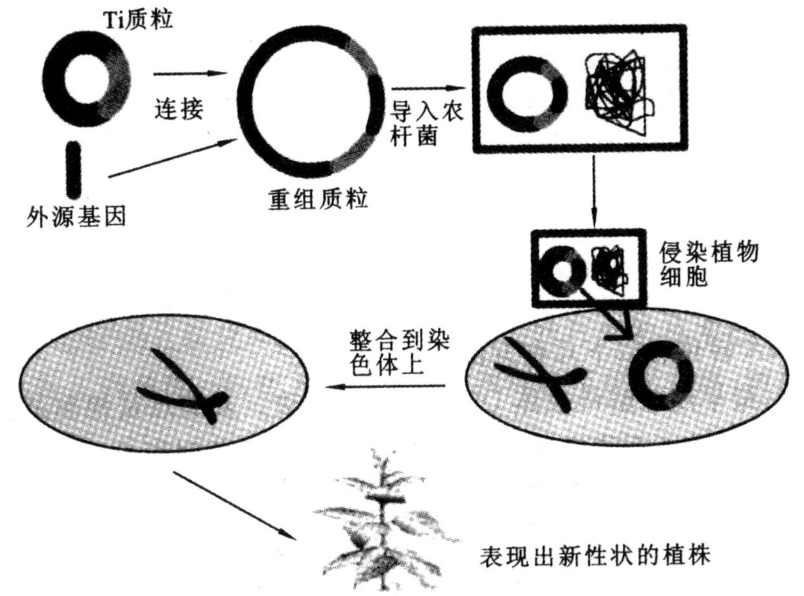

图 9-26　农杆菌介导的 Ti 质粒载体转化法示意图

(2)基因枪介导转化法。基因枪法又称高速微型子弹射击法，是将 DNA 吸附在由钨制作的微型子弹(直径约为 1.2 μm)表面，通过特制的手枪，将子弹高速射入细胞、组织和细胞器内，具有快速、简便、安全、高效的特点。其基本原理是利用火药爆炸或高压气体加速(这一加速设备被称为基因枪)，将包裹了带目的基因的 DNA 溶液的高速微弹直接送入完整的植物组织和细胞中，然后通过细胞和组织培养技术，再生出植株，选出其中转基因阳性植株即为转基因植株，转化率可达 8%～10%。

1987 年，Klein 等首次用基因枪轰击洋葱上表皮细胞，成功地将包裹了外源 DNA 的钨弹射入其中，并实现了外源基因在完整组织中的表达。此外，利用基因枪法已将 DNA 先后送入酵母的线粒体和核、衣藻的叶绿体和核以及玉米悬浮细胞中。

与农杆菌转化相比，基因枪法转化的一个主要优点是不受受体植物种类的限制，而且其载体质粒的构建也相对简单，但进去的 DNA 片段整合效率极低，且设备昂贵。

(3)电激法。其原理是，在很强的电压下，细胞膜会出现电穿孔现象可使 DNA 从小孔中进入细胞，经过一段时间后，细胞膜上的小孔会封闭，恢复细胞膜原有特性。电激法具有简便、快速、效率高等优点。

(4)花粉管通道法。在授粉后向子房注射含目的基因的 DNA 溶液，利用植物在开花、受精过程中形成的花粉管通道，将外源 DNA 导入受精卵细胞，并进一步地被整合到受体细胞的基因组中，随着受精卵的发育而成为转基因新个体。这种方法最早是在 1983 年由周光宇建立，转化率较高，该方法的建立开创了整株活体转化的先例，可以应用于任何开花植物。

9.3.3.2　重组 DNA 导入动物细胞

(1)磷酸钙和 DNA 共沉淀物转染法。这是一种经典而又简单的方法。具体做法大致是：先将需要被导入的 DNA 溶解在氯化钙溶液中，然后在不停地搅拌下逐滴加到磷酸盐溶液中，形成磷酸钙微结晶与DNA的共沉淀物。再将这种共沉淀物与受体细胞混合、保温，DNA可以进入细胞核内，并整合到寄主染色体上。这种方法多数用于单层培养的细胞，也可用于悬浮培养的细胞。

重组DNA是通过内吞作用进入细胞质，然后进入细胞核而实现转染的，这种转染法十分有效，一次可有多达20%的培养细胞得到转染。由于重组载体以磷酸钙-DNA共沉淀物的形式出现，培养细胞摄取DNA的能力将显著增强。在中性条件下形成磷酸钙-DNA共沉淀物的最佳Ca^{2+}浓度为125 mmol/L，最佳DNA浓度为5～30 μg/mL，沉淀反应的最佳时间为20～30 min，细胞在沉淀物中的最佳暴露时间为5～24 h。在转染后增加诸如甘油休克和氯喹处理等步骤，可以提高该法的效率。

(2)病毒介导法。通过病毒载体把外源基因导入细胞中。例如，利用重组杆状病毒感染昆虫，从而把外源基因导入昆虫细胞中。

(3)显微注射法。又称为微注射法。利用极细的毛细玻璃管(外径为0.5～1 μm)将已经线性化的外源DNA，注入受精卵的雄原核，当双亲染色体相遇后，注入的外源基因有可能整合到染色体上。以小鼠为例。该法的基本操作程序如下：通过激素疗法使雌性小鼠超数排卵，并与雄性小鼠交配，然后杀死雌性小鼠，从其输卵管内取出受精卵；借助于显微镜将纯化的转基因溶液迅速注入受精卵中变大的雄性原核内；将25～40个注射了转基因的受精卵移植到母鼠子宫中发育，继而繁殖转基因小鼠子代。显微注射法的实验路线如图9-27所示。转基因进入体内后随机整合在染色体DNA上，有时会导致转基因动物基因组的重排、易位、缺失或点突变，但这种方法应用范围广，转基因长度可达数百kb。

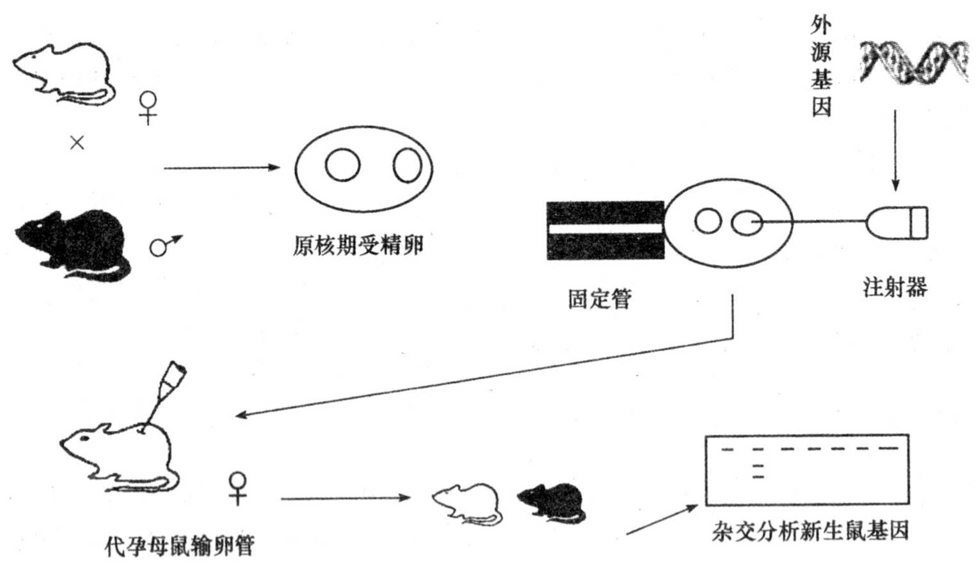

图9-27　显微注射法的实验路线

(4)脂质体法。这种方法即用脂质体包埋核酸分子，然后将其导入细胞。脂质体是一种人工膜，制备方法很多，其中反相蒸发法最适于包装DNA。用于转移DNA较理想的膜成分是带负电荷的磷脂酰丝氨酸。脂质体转染法可能的机理是阳离子脂质体与带负电的基因依靠静电作用形成脂质体基因复合物，该复合物因阳离子脂质体过剩的正电荷而带正电，借助静电作用吸附于带负电的细胞表面，再通过与细胞膜融合或细胞内吞作用而进入细胞内，脂质体基因复合物在细胞质中可能进一步传递到细胞核内释放基因，并在细胞内获得表达。脂质体介导的基因转移包括两个步骤，首先是脂质体与 DNA 形成复合物，然后复合物与细胞作用将 DNA 释放到细胞中(图 9-28)。

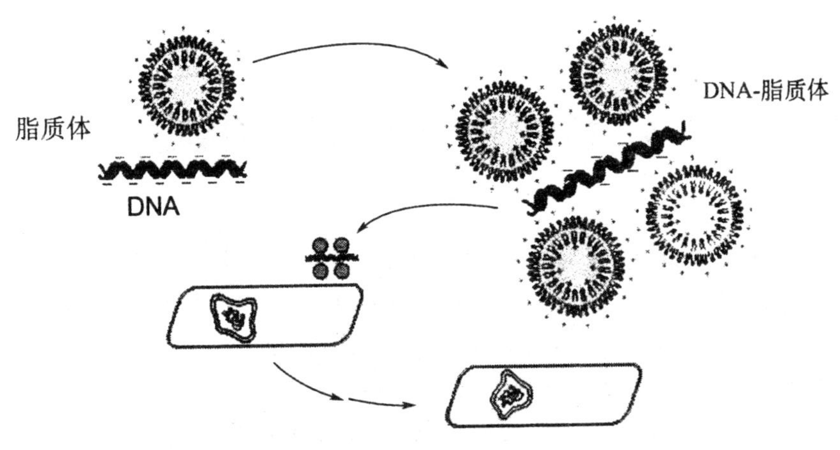

图 9-28　脂质体转染法

脂质体作为基因转移载体具有以下优点：易于制备，使用方便，不需要特殊的仪器设备；无毒，与生物膜有较大的相似性和相容性，可生物降解；目的基因容量大，可将 DNA 特异性地传递到靶细胞中，使外源基因在体外细胞中有效表达。但也存在不足，如表达量较低、持续时间较短、稳定性欠佳等。脂质体转染所需的 DNA 用量与磷酸钙法相比大为减少，而转染效率却高 5～100 倍，具有广谱、高效、快速转染的特点，已成为一种常用的转染方法。

9.3.3.3　重组 DNA 导入酵母细胞

酵母细胞的 DNA 转化有以下几种方法。

(1)原生质球法。最早用于酵母载体 DNA 转化的方法。常利用蜗牛酶除去酵母细胞壁，再用 $CaCl_2$ 和 PEG 处理，重组 DNA 以转化方式导入原生质体中，通过再生培养基培养形成完整的酵母细胞。该法的一个显著特点是，一个受体细胞可同时接纳多个质粒分子，而且这种共转化的原生质体占转化子总数的 25%～33%。其缺点是控制酵母细胞原生质体化的程度比较困难，转化效率不稳定；且细胞原生质体转化时间长、成本较高。

(2)LiCl 直接转化法。这种方法不需要消化酵母的细胞壁产生原生质球，而是将整个细胞暴露在 Li^+ 盐(如 0.1 mol/L LiCl)中一段时间，再与 DNA 混合，经过一定处理后，加 40% PEG4000，然后经热激等步骤，即可获得转化体。其优点是操作简便、容易掌握，所以很快被广泛采用。这种方法的主要缺点是效率低，为原生质球的 1/100～1/10。

(3)一步法。它是在离子溶液法的基础上建立的，每微克 DNA 可得到 10^4 个转化子，特别适用于处于静止期的酵母细胞的转化，使酵母转化的方法变得越来越简单。

(4)PEG1000 法。PEG 为细胞融合剂，它可使细胞膜间或 DNA 与膜之间形成分子桥，从而有利于 DNA 分子的进入。通过 PEG 处理酵母细胞获得类感受态再转化，每微克 DNA 至

少可得到 10^3 个转化子。

(5)电穿孔法和粒子轰击法(particle bombardment 或 biolistics)。最早用于植物细胞的DNA 转化,后来证明也能用于酵母细胞的转化。其优点是转化效率极高,每微克 DNA 能产生 10^5 个转化子。常用于一些新的酵母宿主细胞的 DNA 转化。缺点是需要特殊的设备、成本较高,所以不是常规的转化方法。

9.4 重组体克隆的筛选与鉴定

在重组 DNA 分子的转化、转染或转导过程中,并非所有的受体细胞都能被重组 DNA 分子导入。相对数量极大的受体细胞而言,仅有少数外源 DNA 分子能够进入,同时也只有极少数的受体细胞在吸纳外源 DNA 分子之后能稳定增殖为转化子。因此,如何将含有目的基因的重组子克隆从大量混合克隆中筛选出来,并进一步对重组子克隆进行鉴定确认,将直接关系到基因克隆和表达的效果,也是基因工程操作中极为重要的环节之一。

9.4.1 重组体克隆的筛选方法

9.4.1.1 抗药性标记及其插入失活选择法

基因工程中使用的很多载体,都带有一个或多个抗生素的抗性基因,而受体细胞对该抗生素是敏感的,即受体细胞在含有该抗生素的培养基中不能生长,当载体转化进入受体细胞后,就使该受体细胞具有载体抗生素抗性,从而达到筛选的目的。在用此方法筛选的过程中,除阳性重组子以外,自身环化的载体、未酶解完全的载体以及非目的基因插入载体形成的重组子均能转化细胞而生长,因此本方法常用于转化子的筛选,如要获得最终的阳性重组子,还需通过其他方法进行筛选。

常用的抗生素筛选剂有氨苄青霉素(ampicillin,Ap 或 Amp)、氯霉素(chloramphenicol,Cm 或 Cmp)、卡那霉素(kanamycin,Kn 或 Kan)、四环素(tetracymic,Tc 或 Tet)、链霉素(strentomycin,Sm 或 Str)。

抗药性插入失活法的原理:外源 DNA 片段插入到载体抗药性基因内的位点后,使该基因不能表达,从而丧失了该抗生素抗性。例如,质粒 pBR322 含氨苄青霉素抗性和四环素抗性标记,表型为 $Amp^r Tet^r$,当把外源基因插入位于四环素(Tet)抗性基因中的 *Bam*H Ⅰ位点后(图 9-29),四环素基因就不能正常表达,重组载体转入宿主细胞后,重组菌落的抗药表型变为 $Amp^r Tet^s$,能够在含氨苄青霉素的琼脂平板上繁殖,但不能在含四环素的琼脂平板上繁殖,据此将 Amp^r 的转化子影印至含抗生素 Tet 的平板上,比较两种平板上对应转化子的生长状况,在两种平板上都能生长的是非重组子,只能在 Amp 板上形成菌落而不能在 Tet 板上生长的为重组子(图 9-30)。

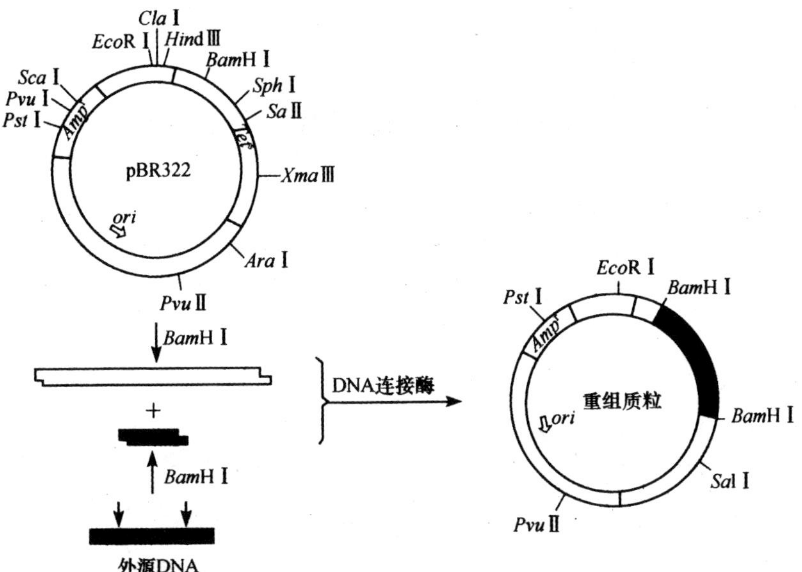

图 9-29 抗性插入失活法筛选重组子质粒构建

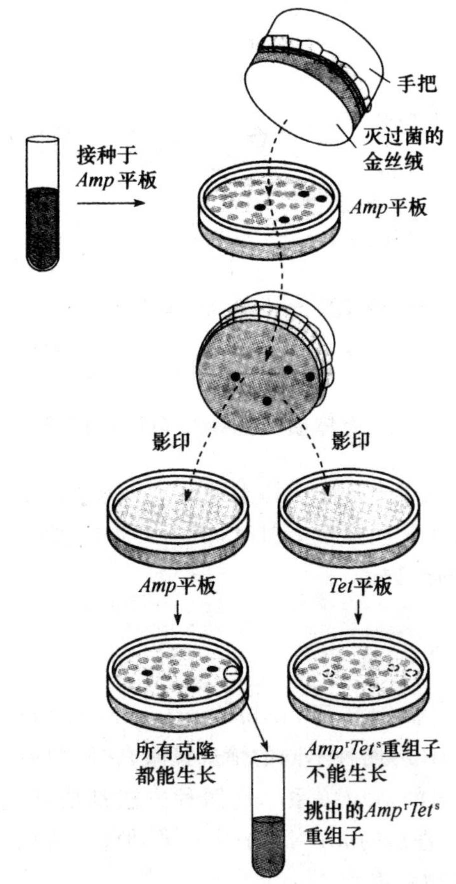

图 9-30 重组子抗性插入失活法筛选过程

9.4.1.2 显色筛选法

蓝白斑筛选法是常用的一种显色筛选法，利用的是 *lacZ* 基因的 α-互补原理，由 α-互补而产生的 $LacZ^+$ 细菌在诱导剂 IPTG 的作用下，在生色底物 X-gal 存在时产生蓝色菌落。然而，当外源 DNA 插入到质粒的多克隆位点后，破坏了 *lacZ* 的 N 端片段，α-互补遭到破坏，因此使得带有重组质粒的细菌形成白色菌落。用蓝白斑筛选时，连接产物转化的细菌平板于 37 ℃温箱倒置过夜培养后，有重组质粒的细菌会形成白色菌落（图 9-31）。

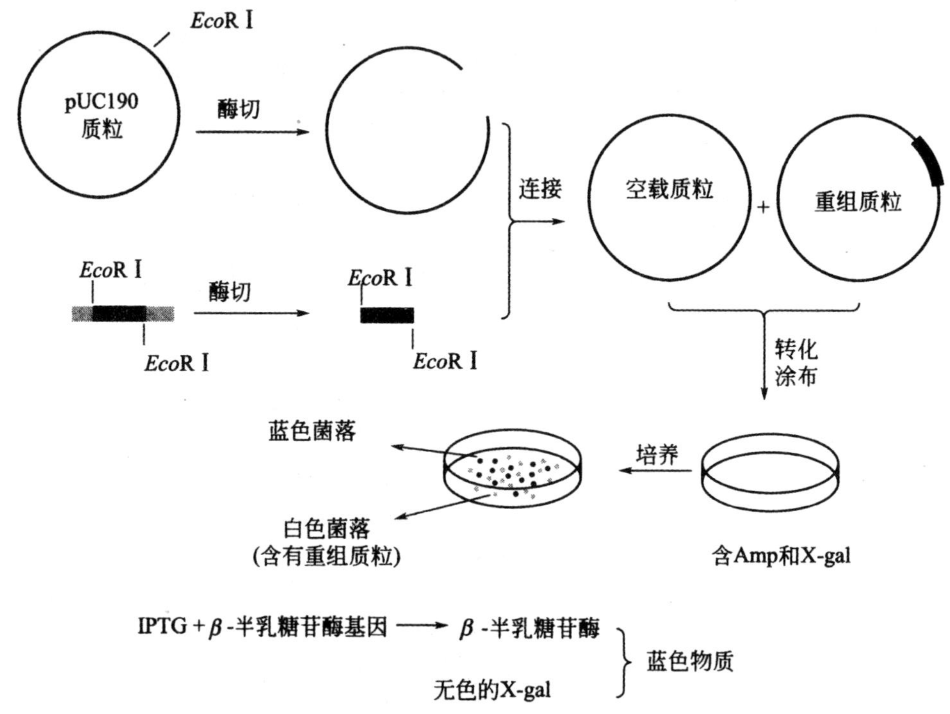

图 9-31　重组体质粒的构建与蓝白斑筛选图例

有的目的基因在受体细胞中表达后产物本身就具有某种颜色，利用这种性质可以直接进行重组子的筛选。只是在表达某些真核蛋白时，由于大肠杆菌中不具备真核基因的转录后加工机制，很难得到具有活性的产物。

9.4.1.3 转译筛选法

转译筛选可以分为杂交抑制转译（hybrid-arrest translation，HART）和杂交释放转译（hybrid-release translation，HRT）两种不同的筛选策略，它们的突出优点是能够弄清楚克隆的 DNA 同其编码的蛋白质之间的对应关系。这两种方法都要通过无细胞翻译系统（cell free translation system）检测经处理后的 mRNA 的生物学功能。常用的无细胞翻译系统有麦胚提取物系统和网织红细胞提取物系统。

在无细胞翻译系统中，若是由加入的 mRNA 指导转译的新蛋白质多肽，将会掺入弱 S-甲硫氨酸而具有放射性。经凝胶电泳分离成区带，进行放射自显影，在 X 光胶片的曝光区带即间接说明 mRNA 的种类和活性(图 9-32)。

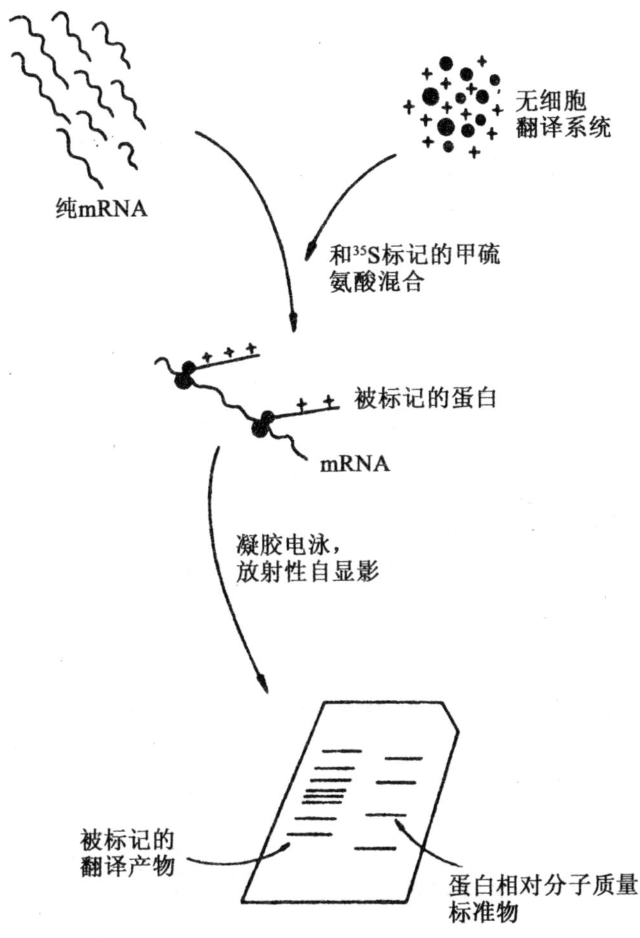

图 9-32　无细胞翻译系统的作用

(1)杂交抑制转译法。在体外无细胞转译系统中，mRNA 一旦同 DNA 分子杂交，就不能够再指导蛋白质多肽的合成，即 mRNA 的转译被抑制了。杂交抑制转译法就是利用了这一原理。杂交抑制的转译筛选法是一种很有效的手段，它能够从总 mRNA 逆转录生成的 cDNA 群体中检出所需的目的 cDNA，因而特别适用于筛选那些高丰度的 mRNA。

杂交抑制转译法(图 9-33)的具体操作如下：在高浓度甲酰胺溶液的条件下(这种溶液既有利于 DNA-RNA 的杂交，同时又能抑制质粒 DMA 的再联合)，将从转化的大肠杆菌菌落群体或噬菌体群体中制备来的带有目的基因的重组质粒 DNA 变性后，同未分离的总 mRNA 进行杂交。把从杂交混合物中回收的核酸，加入无细胞转译系统(如麦胚提取物或网织红细胞提取物等)进行体外转译。由于其中加有^{35}S 标记的甲硫氨酸，转译合成的多肽蛋白质可以通过聚丙烯酰胺凝胶电泳和放射自显影进行分析，并把其结果同未经杂交的 mRNA 的转译产物做比较，从中便可以找到一种其转录合成被抑制了的 mRNA，这就是同目的基因变性 DNA 互补而彼此杂交的 mRNA。根据这种目的基因编码的蛋白质转译抑制作用，就可以筛选出含有目的基因的重组体质粒的大肠杆菌菌落群体(或噬菌斑群体)。然后将这个群体分成若干较小的群体，并重复上述实验程序，直至最后鉴定出含有目的基因的特定克隆为止。

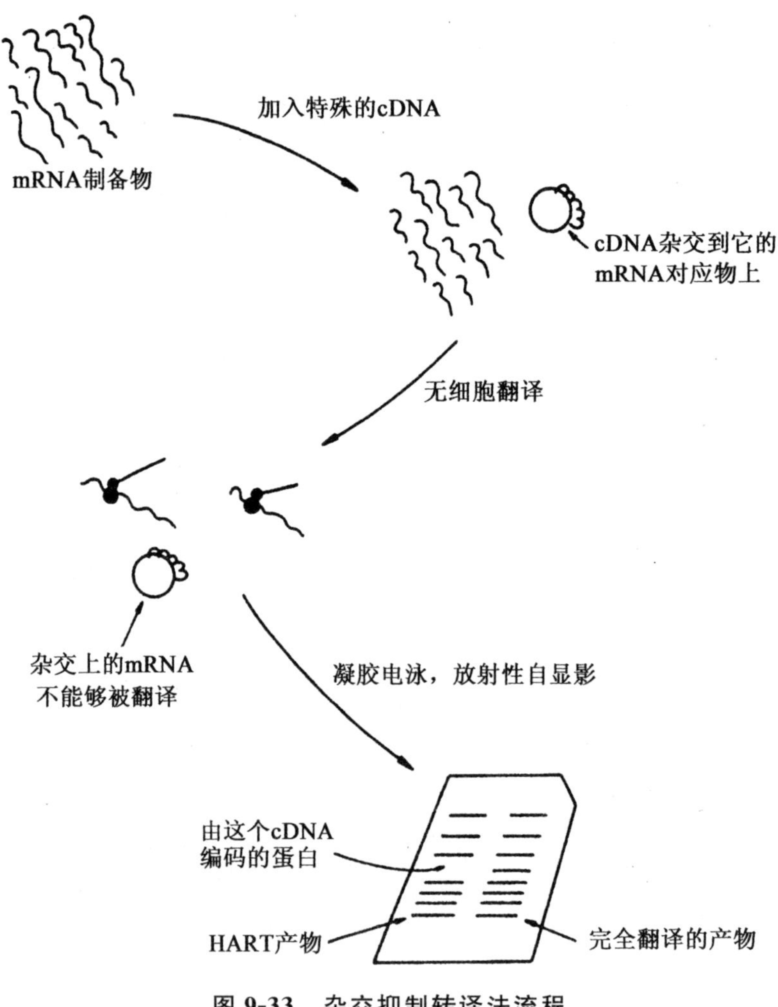

图 9-33　杂交抑制转译法流程

(2)杂交释放转译法。有时也称杂交选择的转译，是一种直接的选择法。它比杂交抑制转译法要灵敏得多，而且还可用于低丰度 mRNA(只占总 mRNA 的 0.1%左右)的 cDNA 重组分子的检测。它所依据的原理同杂交抑制转译筛选法。但通过转译分析已经观察到，在这种杂交选择的转译中，存在着一种特殊活跃的 mRNA。将重组体库中分离出来的克隆 DNA 结合并固定在硝化纤维素的滤膜上，然后用同一菌落或噬菌体群体的 mRNA(甚至是总的细胞 RNA)进行杂交。通过洗脱效应，从结合的 DNA 上分离出杂交的 mRNA。如果用于杂交的克隆 DNA 不是固定在固相支持物上，而是处于溶液状态，则需通过柱层析从总 mRNA 中分离出杂种分子。回收杂交的 mRNA，加到无细胞体系中进行体外转译，并最终获得单个阳性重组子，如图 9-34 所示。

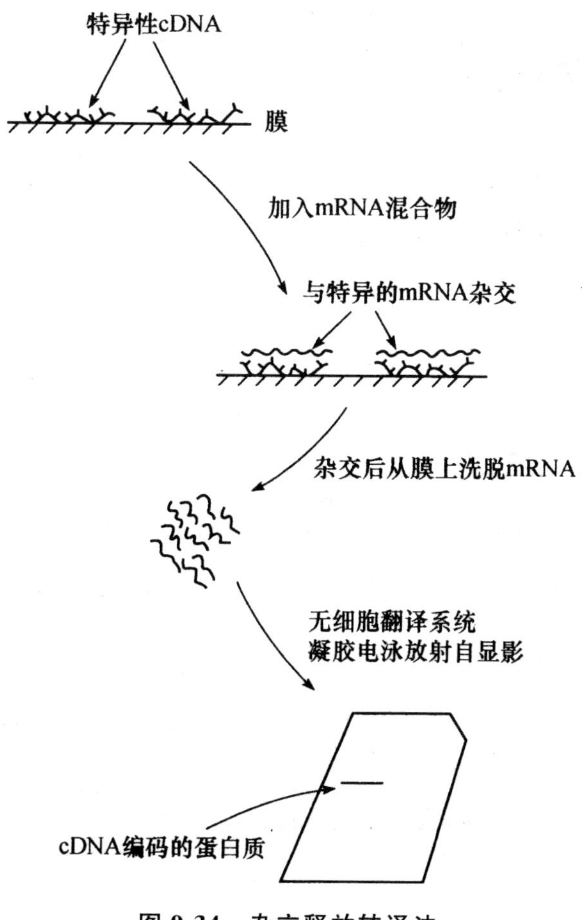

图 9-34　杂交释放转译法

9.4.1.4　酶切电泳筛选法

由于目的片段的插入会使载体 DNA 限制性酶切图谱(restriction map)发生变化,因此通过限制性酶切鉴定法,在外源 DNA 片段大小及限制性酶切图谱已知的情况下,能够区分重组子和非重组子,并且有时可用于期望重组子和非期望重组子的初步确定。其基本步骤为挑取转化子克隆,摇菌进行质粒扩增,碱裂或煮沸法快速提取质粒,然后用限制性内切核酸酶酶切质粒。酶切方式主要有部分酶解法和全酶解法两种。

(1)部分酶切法。通过限制酶量或限制反应的时间使部分酶切位点发生切割反应,产生相应的部分限制性片段,显然这些片段大于全酶解片段,因此能确定同种酶多个切点的准确位置以及各个片段正确的排列方式,从而将重组子筛选出来。

(2)全酶解法。用一种或两种限制性内切核酸酶切开质粒 DNA 上所有相应的酶切位点,形成全酶切图谱。例如,将增强型绿色荧光蛋白(*Egfp*)基因序列与载体 pET28a(+)通过 *Bam*H Ⅰ和 *Hind*Ⅲ双酶切连接,得到重组质粒 pET28a-*Egfp*(图 9-35)。由于此法操作简便、可靠性高,在实验室中使用较为普遍。

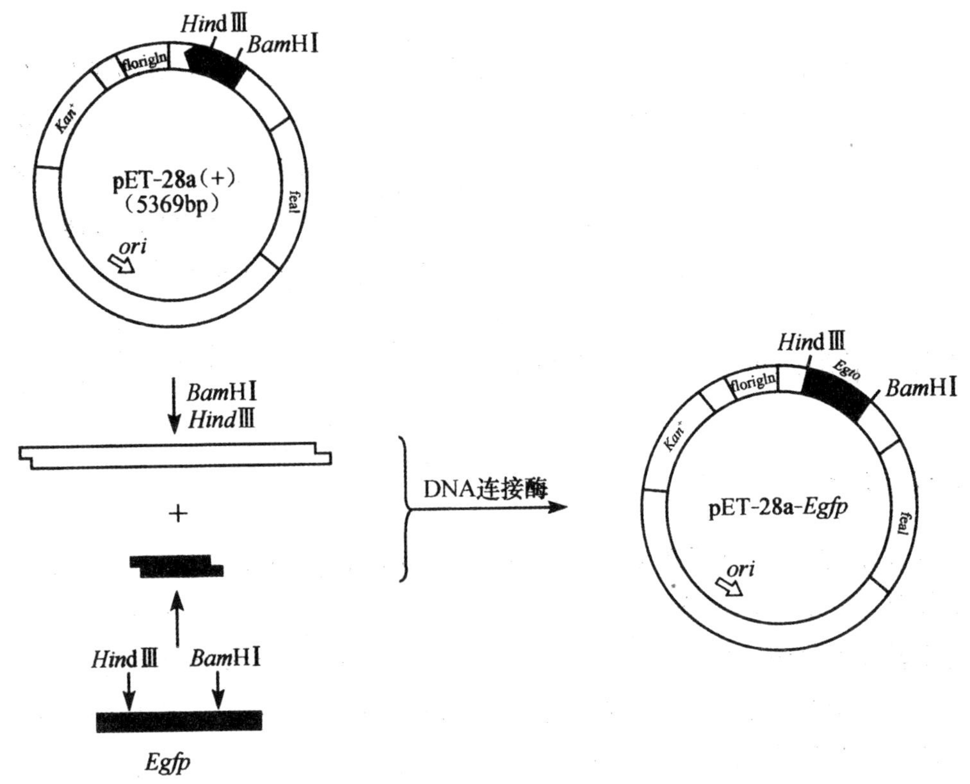

图 9-35　pET-28a-*Egfp* 质粒构建

9.4.1.5　探针重组筛选法

许多细菌在体内可发生同源序列之间的高频重组整合，探针重组筛选模型正是根据大肠杆菌 DNA 的同源整合原理设计的，它能在大量的 λ 噬菌体重组子中直接分离出含有目的基因的目的重组子，其战略如图 9-36 所示。首先将含有目的基因内某段序列的 DNA 片段(探针)重组入 πVX 质粒上，构建探针重组质粒。πVX 是由 ColE1 复制子衍生出的 902 bp 小质粒，携带有 tRNA 校正基因 *supF*。探针重组质粒转化易于发生同源重组的大肠杆菌受体细胞，外源 DNA 片段则与头部包装蛋白基因存有一个无义突变的 πDNA 载体重组，经体外包装后转染上述含有 πVX 重组质粒的大肠杆菌。只有携带目的基因 DNA 片段的 λDNA 重组分子才能在受体菌中与 πVX 重组质粒上的探针序列发生同源整合，并获得完整的 πVX 质粒拷贝，包括 *supF* 基因。在上述大肠杆菌中繁殖的噬菌体经分离后感染另一种无校正功能(sup^0)的大肠杆菌，由于这种大肠杆菌不含 πVX 质粒，因此只有整合了 πVX 重组质粒的目的重组子才能繁殖，并形成噬菌斑。

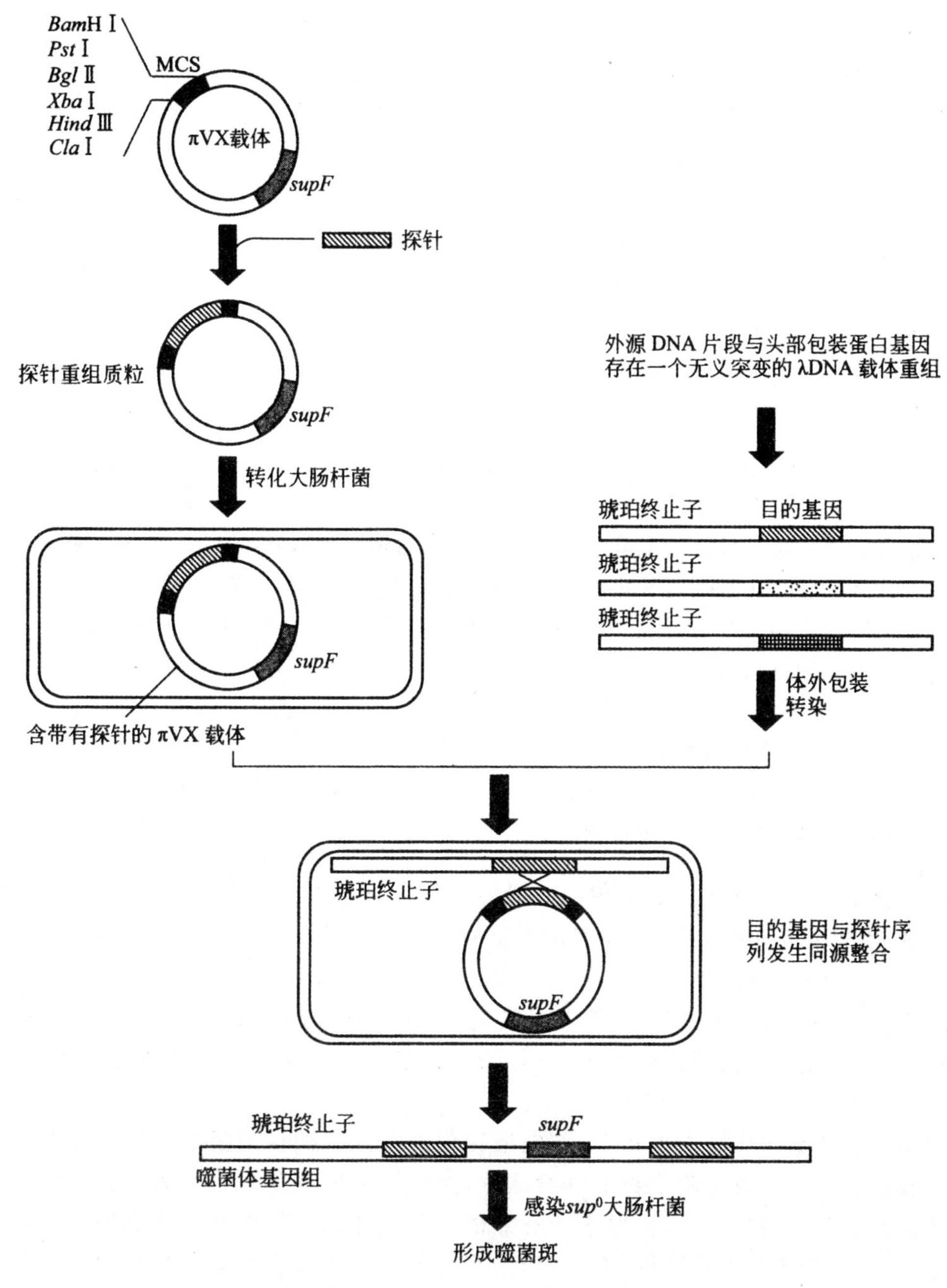

图 9-36　探针重组筛选战略

9.4.2　表达产物的检测方法

9.4.2.1　酶联免疫吸附法

酶联免疫吸附法(enzyme linked immuno sorbent assay，ELISA)需要制备表达产物的抗

体作为第一抗体，或在目标蛋白基因的上游或下游插入一个肽段的编码序列，该肽段的特异性抗体可以在市场购买得到。检测时先将待测样品加到微孔酶标板上，使其与第一抗体反应后，再加入可以同第一抗体特异性结合的第二抗体。第二抗体与辣根过氧化物酶或碱性磷酸酶共价结合，可以催化某些底物发生颜色反应。因此，ELISA 的下一步是在酶标板上加入合适的底物，完成颜色反应后，用酶标仪测定吸光度，即可测出表达产物的含量。

ELISA 具备酶促反应的高灵敏度和抗原抗体反应的特异性，具有简便、快速、费用低等优点，在临床检验等方面有广泛的应用。缺点是一种酶标抗体只能检测一种蛋白，且容易出现本底过高的问题。

9.4.2.2 免疫印迹法

免疫印迹法因其实验过程与 Southern 早先建立的 Southern blot 相类似，亦被称为 Western blot。免疫印迹法分三个阶段进行，首先用 SDS-PAGE 分离样品中的蛋白质，然后将在凝胶中已经分离的蛋白质条带转移至合适的膜上。常用的膜有硝酸纤维素膜、聚偏二氟乙烯膜，或尼龙膜，选用低电压(100 V)和大电流(1～2 A)进行电转移。最后将印有蛋白质条带的膜(相当于包被了抗原的固相载体)依次与特异性抗体和酶标第二抗体作用后，加入能形成不溶性显色物的酶反应底物，使条带显色。本法综合了 SDS-PAGE 的高分辨力，和 ELISA 法的高特异性和灵敏性，是一种有效的分析手段，不仅可以检测目标蛋白，还可根据 SDS-PAGE 时加入的标准蛋白，确定目标蛋白的相对分子质量。

9.4.2.3 放射性抗体检测法

现在已被许多实验室广泛采用的放射性抗体测定法所依据的原理为：一种抗原产生的免疫血清含有几种 IgG 抗体，分别识别抗原分子上的不同定子(决定簇)，并可以同各自识别的抗原定子相结合；抗体分子或抗体的 $F(ab)_2'$ 部分能够十分牢固地吸附在固体基质(如聚乙烯等塑料制品)上，而不会轻易被洗脱掉；通过体外碘化作用，IgG 抗体可以被放射性同位素 ^{125}I 标记上。根据这些原理，布鲁姆和吉尔伯特设计了抗原抗体复合物的模式图(图 9-37)。

放射性抗体测定法操作步骤为：首先把转化的菌体涂种在琼脂平板培养基上，长出菌落以后再影印到另一块琼脂平板上继续培养，保留原来的琼脂平板作为母板；待影印琼脂平板上的菌落长到清晰可见后，置于含有氯仿饱和气体的容器中使菌落裂解，阳性菌落便释放出抗原；将吸附了 IgG 抗体(未标记)的聚乙烯薄膜覆盖在琼脂平板表面，如果菌落表达蛋白与抗体具有对应关系则在薄膜上形成抗原-抗体复合物；取下聚乙烯薄膜，再用 ^{125}I 标记的 IgG 处理，^{125}I-IgG 便会与结合在聚乙烯薄膜上的抗原决定簇结合；然后，漂洗聚乙烯薄膜除去过剩的 ^{125}I-IgG，置于空气中干燥后作放射自显影判断结果；这样，从母板上就获得了所需的重组克隆。这种方法十分敏感，抗原含量低至 5 pg 仍然可以检测出来。图 9-38 简示了放射性抗体筛选的基本过程。

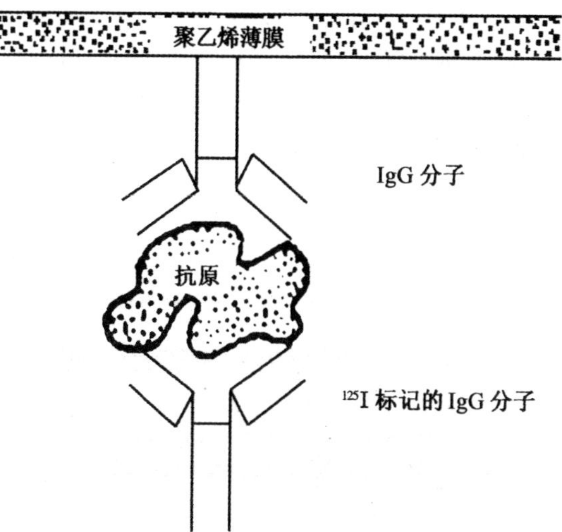

图 9-37　抗原抗体复合物的模式图

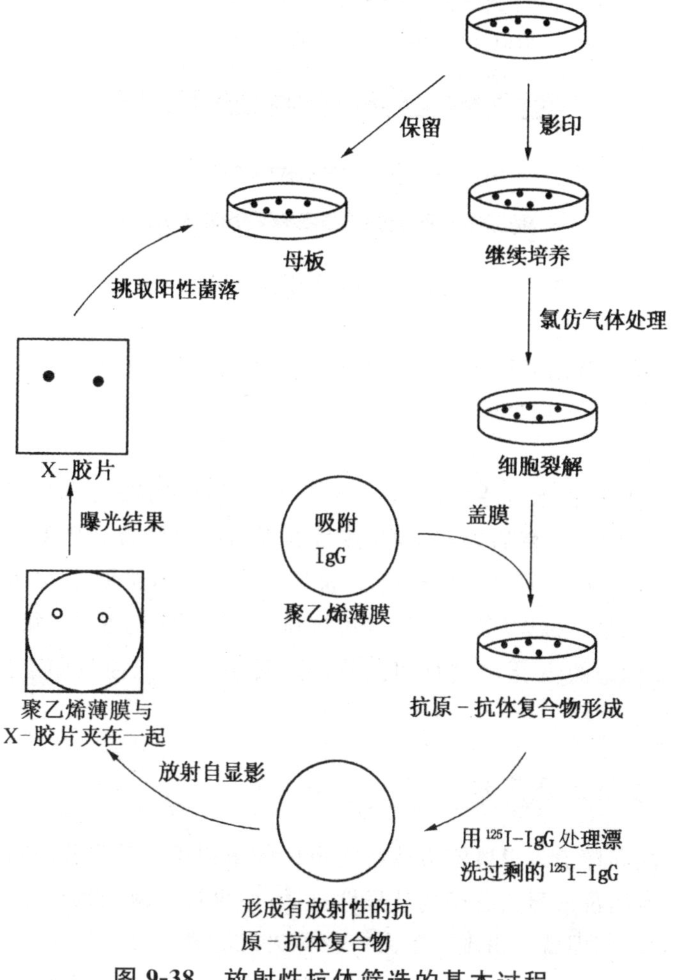

图 9-38　放射性抗体筛选的基本过程

对于能够分泌表达产物的重组体克隆,可以省去影印平板裂解菌落等程序,操作更为简化。图 9-39 为分泌胰岛素重组体克隆的筛选,图中 a、b 为涂有抗胰岛素抗体的塑料盘,同培养皿中的菌落作表面接触,c 分泌胰岛素的菌落所含的抗原分子(胰岛素)同抗体结合,d 塑料盘随后移放在放射性标记的抗胰岛素抗体的溶液中,e 放射性抗体结合到塑料盘中相应于分泌胰岛素的菌落印迹位置上。

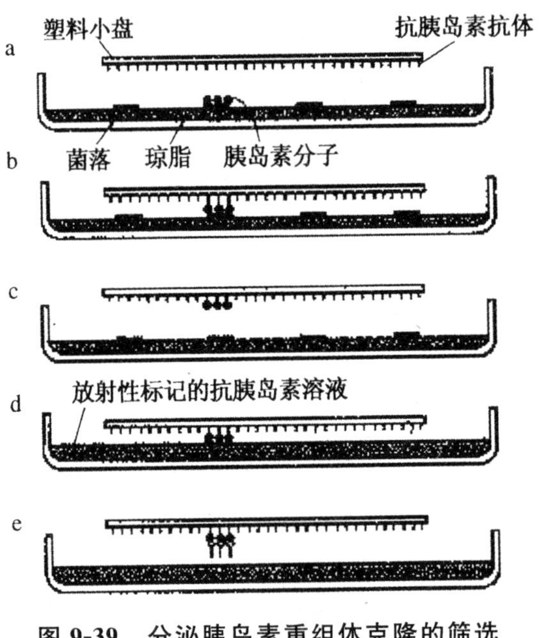

图 9-39 分泌胰岛素重组体克隆的筛选

在上述方法中,首先吸附到固体支持物上的是抗体,相应的抗原与之反应后在固体支持物表面形成抗原-抗体复合物,再用同位素标记的抗体检测该复合物,并通过放射自显影鉴定重组克隆子。

目前所采用的免疫学检测方法中,更多的是先将待检测的菌落或噬菌斑按原位印迹到硝酸纤维素膜等固相支持物上,然后裂解细胞,使目的蛋白抗原结合到硝酸纤维素膜上,再进一步与相应的抗体(即第一抗体)反应,形成抗原-抗体复合物。对抗原-抗体复合物的检测,既可采用放射性^{125}I 标记的第二抗体(若一抗来自兔抗血清,则羊抗兔血清为第二抗体)直接检测,也可采用放射性^{125}I 标记的 A 蛋白进行间接分析。图 9-40 示意原位印迹法转移到硝酸纤维素膜后的检测过程。

9.4.2.4 免疫沉淀测定法

免疫沉淀测定法同样也可以鉴定表达特定蛋白的重组子。其操作过程为:在生长菌落的琼脂培养基中加入专门抗该蛋白分子的特异性抗体,如果被检测菌落的细菌能够分泌出特定的蛋白质,那么在它的周围就会出现一条由一种称为沉淀素(preciptin)的抗原-抗体沉淀物所形成的白色的圆圈(图 9-41)。该方法操作简便,但灵敏度不高,实用性较差。

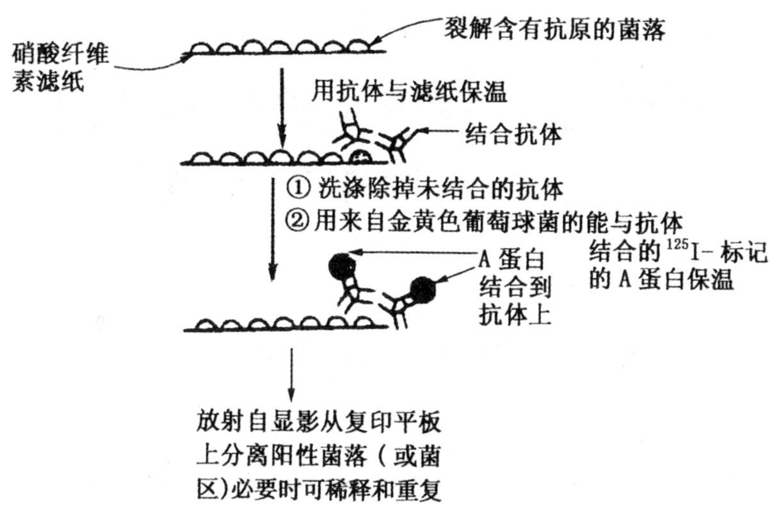

图 9-40　原位印迹法检测过程

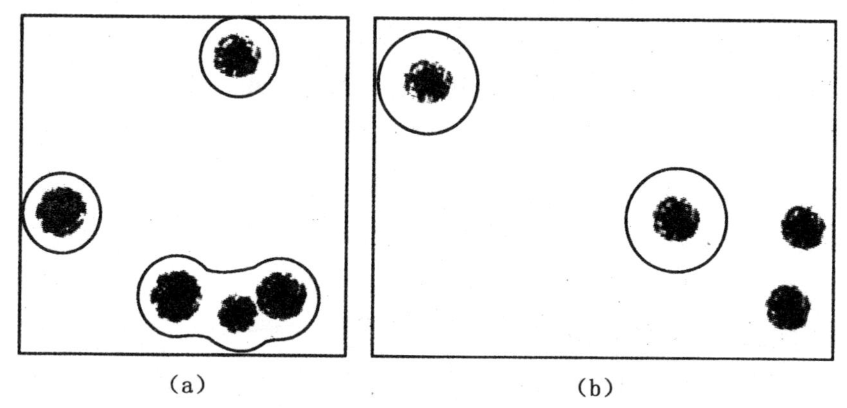

图 9-41　免疫沉淀测定法

重组子菌落周围出现抗原-抗体沉淀物所形成的白色的圆圈，而非重组子不产生白色沉淀圈（吴乃虎，1998）

第 10 章　分子生物学与基因工程中的典型技术

10.1　核酸的提取和纯化技术

核酸是生命有机体的重要组成部分，分为脱氧核糖核酸(DNA)和核糖核酸(RNA)两大类，各自起着重要的作用。核酸的提取和纯化是基因工程实验经常性的工作，也是开展基因克隆、结构与功能分析的前提。核酸的分离提取一般包括细胞破碎，去除与核酸结合的蛋白质以及多糖、脂类等生物大分子以及去除其他不需要的核酸分子三个主要步骤，每个步骤又可由多种不同的方法单独或联合实现。具体流程如图 10-1 所示。核酸分离纯化一般应维持在 0～4 ℃的低温条件下，以防止核酸的变性和降解。可以通过加入十二烷基硫酸钠(SDS)、乙二胺四乙酸(EDTA)、8-羟基喹啉、柠檬酸钠等来抑制核酸酶的活性，从而防止核酸酶引起的水解作用。

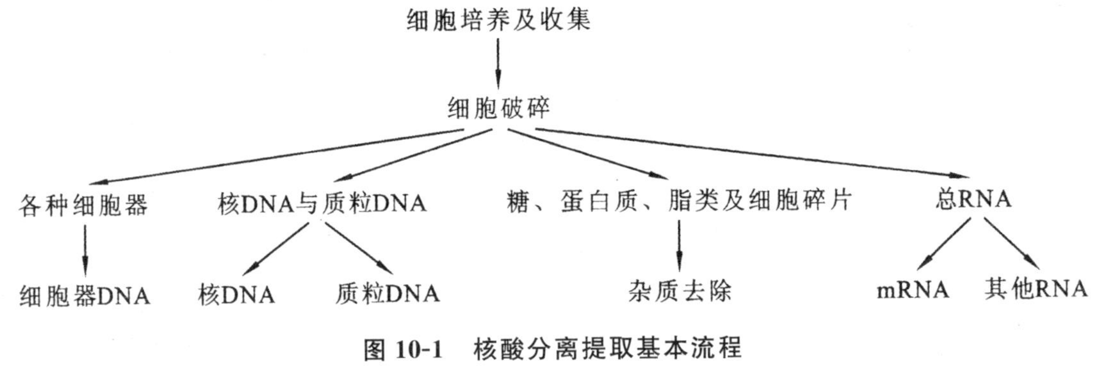

图 10-1　核酸分离提取基本流程

10.1.1　DNA 的提取和纯化

10.1.1.1　DNA 提取的基本原理

从细胞中提取 DNA，首先应裂解细胞，使细胞内含物释放到溶液中，然后用 1 mol/L 的氯化钠溶液提取 DNP，再把其中的蛋白质、多糖、RNA 及无机离子等除去。主要步骤如下：

(1)细胞裂解和 DNA 的溶解。由于材料不同，裂解细胞所采用的方法也不相同。裂解细菌细胞可使用溶菌酶，或者用 NaOH 和 SDS 一同处理细胞。除化学方法外，还可使用物理方法，如煮沸、冷冻及超声波等方法使细菌细胞裂解。对于动、植物材料，通常使用物理的方法，如加入液氮研磨，首先将其粉碎，然后利用去垢剂裂解细胞。制备细胞提取物的最后一步是通过离心的方法去除如部分消化的细胞壁碎片等不溶性成分。在离心的过程中，这些不溶性细胞残余物沉降到离心管的底部，与细胞内含物分离。

(2)与核酸结合的蛋白质及 RNA 等杂质的去除。在细胞提取物中，除 DNA 外，还存在大量的 RNA 和蛋白质。标准的除去细胞提取物中蛋白质的方法为苯酚抽提。苯酚能够使提取物中的蛋白质变性沉淀，离心后沉淀出的蛋白质会聚集在水相和有机相的分界面上，形成白色的凝集物，而 DNA 和 RNA 保留在水相。对于蛋白质含量高的材料来说，可先用蛋白酶处理细胞提取物，将蛋白质降解成小的肽段，从而有利于进行苯酚抽提。

DNA 中的 RNA 杂质极易降解，必要时可加入不含 DNA 酶的 RNA 酶以去除 RNA 污染。核糖核酸酶能够迅速地将 RNA 降解为短的寡核苷酸，然而不会作用于 DNA 分子。

(3)DNA 的沉淀和纯化。将上述溶解在上清液中的 DNA 加入 2 倍体积的无水乙醇可使其沉淀。但在多糖、蛋白含量高时，用异丙醇沉淀效果较好，可以有效除去残余的蛋白质和多糖。用 75%的乙醇清洗去除各种离子，沉淀 DNA 溶于 TE 溶液中；或将沉淀缓冲液透析除去去垢剂和有机溶剂，也可采用 CsCl 密度梯度离心加以纯化，即得总 DNA 溶液(图 10-2 表明通过不连续或预先形成的 CsCl 梯度离心分离纯化质粒 DNA 的程序)。

10.1.1.2　DNA 提取的方法

根据细胞破碎后，分离 DNA 与蛋白质所采用的技术策略和试剂的差异，可有多种提取方法。不同生物(植物、动物、微生物等)提取 DNA 的细胞或组织器官的物理机械性质、DNA 酶、蛋白质、多糖以及各种次生代谢物等均有所不同。因此，其基因组 DNA 的提取方法也有所不同。不同种类或同一种类的不同组织，因其细胞结构及所含的成分不同，分离方法也有差异。在提取某种特殊组织的 DNA 时，应注意选择相应的提取方法，以获得可用的 DNA 大分子。

(1)浓盐法。核酸和蛋白质在生物体中常以核蛋白(DNP/RNP)形式存在，其中 DNP 能溶于水及高浓度盐溶液(在 1.0 mol/L 的 NaCl 溶液中溶解度比在纯水中高 2 倍)，但在 0.14 mol/L 的 NaCl 溶液中溶解度很低，而 RNP 则可溶于低盐溶液，因此可利用不同浓度的 NaCl 溶液将其从样品中分别抽提出来。将抽提得到的 DNP 用 SDS 处理可将 DNA 和蛋白质分离，用氯仿-异戊醇将蛋白质沉淀除去可得 DNA 上清液，加入冷乙醇或异戊醇即可使 DNA 沉淀析出。

(2)CTAB 法。一种快速简便的提取植物等生物总 DNA 的方法。在细胞破碎后，即可加入 CTAB 分离缓冲液，将 DNA 溶解出来，再经氯仿-异戊醇抽提除去蛋白质，最后得到 DNA。该方法常用于含有多糖、酚类化合物的植物基因组 DNA 的提取。在该法中可使用聚乙烯吡咯烷酮(PVP)与多酚结合形成复合物，从而有效避免多酚类化合物介导的 DNA 降解。

(3)SDS 法。将生物细胞破碎后，加入 SDS 使细胞膜裂解，并同时使蛋白质变性，将蛋白质和多糖等杂质与 DNA 分开，加入乙酸钾可使 SDS-蛋白质复合物转变成溶解度更小的钾盐形式，使沉淀更加完全。该提取法主要应用于植物 DNA 的提取和质粒提取。

(4)苯酚抽提法。苯酚作为蛋白变性剂，同时有抑制 DNase 降解 DNA 的作用，用苯酚处理匀浆液时，由于蛋白质与 DNA 连接键已断，蛋白质分子表面又含有很多极性基团，与苯酚相似相溶而溶于酚相，而 DNA 则溶于水相。离心分层后取出水层，多次重复操作，再合并含 DNA 的水相，利用核酸不溶于醇的性质，用乙醇沉淀 DNA。

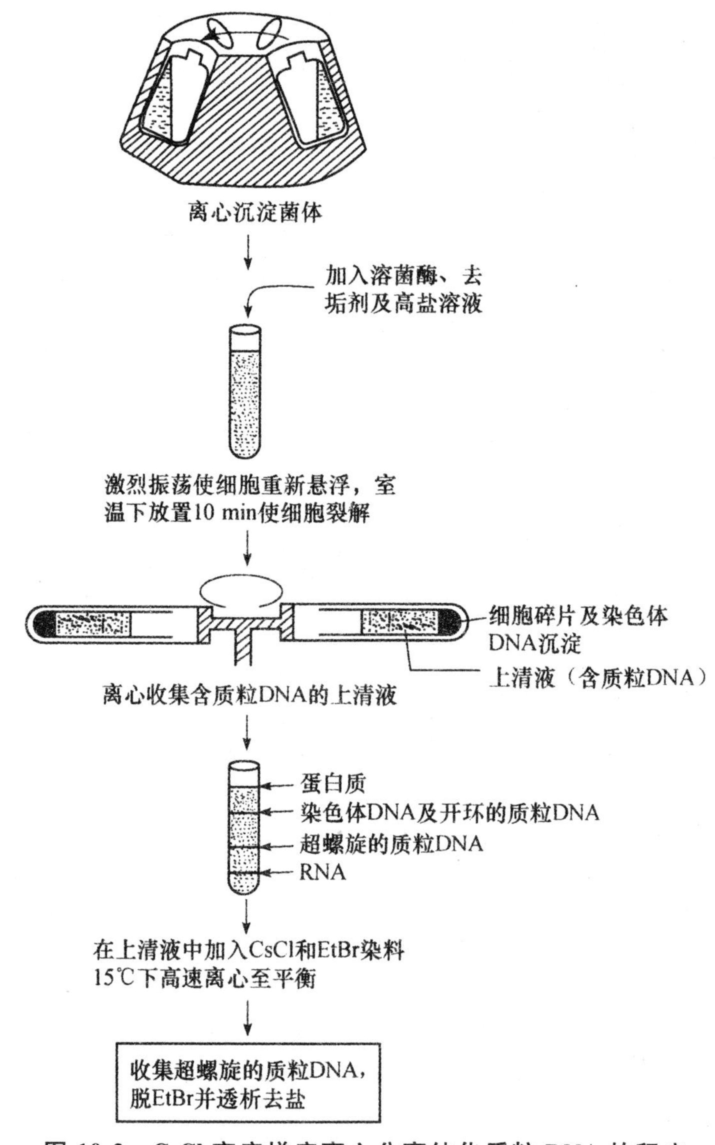

图 10-2　CsCl 密度梯度离心分离纯化质粒 DNA 的程序

(5)水抽提法。利用核酸溶解于水的性质，将组织细胞破碎后，用低盐溶液除去 RNA，然后将沉淀溶，使 DNA 充分溶解，离心后收集上清液。在上清液中加入固体 NaCl 调节至 2.6 mol/L。加入 2 倍体积 95%乙醇，立即用搅拌法搅出。然后，分别用 66%、80%和 95%乙醇以及丙酮洗涤。最后，在空气中干燥，即得 DNA 样品。此法提取的 DNA 中蛋白质含量较高，故一般不用。为除去蛋白质可将此法加以改良，在提取过程中加入 SDS。

10.1.1.3　通过试剂盒分离纯化 *E. coli* 质粒 DNA

有些公司开发了纯化质粒 DNA 的试剂盒，如 Qiagen 公司的 QIAprep Spin Miniprep Kit。其核心技术是使用一种特制的微型离心纯化柱(QIAprep Spin Column)，在柱中有一种特殊的硅胶膜。在高浓度盐条件下该膜可以结合多至 20 μg 的 DNA，最后用小体积的水或低离子强度的缓冲液可将 DNA 洗脱出来。分离纯化过程是通过一个简单的"结合—洗涤—洗脱"程序来完成的。首先用碱裂解法获得质粒 DNA 粗制品，之后将样本通过纯化柱的硅胶膜，使之吸附质粒 DNA。然后用 50%乙醇洗涤滤膜，洗去杂质，最后用少量洗脱缓冲液或水洗脱出纯 DNA。

纯化的质粒 DNA 适合大多数酶学反应，包括限制性酶切和 DNA 测序等。除了从大肠杆菌纯化质粒外，从酿酒酵母、枯草芽孢杆菌和根瘤农杆菌中纯化质粒 DNA 亦可用试剂盒。这种方法操作简便，回收率高，洗脱出来后的 DNA 可立即使用，无须沉淀、浓缩或脱盐。因此，该产品越来越受到研究工作者的青睐，但同时也有忘却质粒 DNA 分离纯化原理的倾向。

10.1.2　RNA 的提取和纯化

由于 RNA 容易受到攻击，因此要求整个抽提过程必须保证 RNA 的完整性。即在 RNA 的提取中，所得 RNA 的完整性和均一性是判断提取成功与否的主要指标。为此，在抽提的第一阶段应尽可能灭活 RNA 酶，才能在后续抽提和纯化过程中保证 RNA 稳定存在。

10.1.2.1　总 RNA 的提取

RNA 中 rRNA 的数量最多，而 mRNA 仅占 1%～5%，从基因克隆、表达与基因诊断的目的出发，目前对 RNA 的分离与纯化主要集中在总 RNA 与 mRNA 上。总 RNA 的分离提取一般有两条途径：一是先提取总核酸，然后用 LiCl 将 RNA 沉淀出来；二是直接在酸性条件下用酚-氯仿混合液抽提，低 pH 值的酚将使 RNA 进入水相，使其与留在有机相中的蛋白质和 DNA 分开。水相中的 RNA 分子用异丙醇沉淀浓缩，然后复溶于异硫氰酸胍溶液中，再用异丙醇进行二次沉淀，随后用乙醇洗涤沉淀，即可去除残留的蛋白质与无机盐。常用的方法如下：

(1)酚-异硫氰酸胍抽提法。TRIZOL 试剂是使用最广泛的抽提总 RNA 的专用试剂，由 Gibco 公司根据酚-异硫氰酸胍抽提法设计，主要由苯酚和异硫氰酸胍组成，适用于绝大多数生物材料，但对于次生代谢产物较多的植物材料提取 RNA 效果较差。

对任何生物材料的 RNA 提取，首先研磨组织或细胞，使之裂解；加入 TRIZOL 试剂，进一步破碎细胞并溶解细胞成分，还可以保持 RNA 的完整；加入氯仿抽提、离心，水相和有机相分离；收集含 RNA 的水相；通过异丙醇沉淀，可获得 RNA 样品。该法所提 RNA 纯度高，完整性好，较适合于纯化 mRNA、逆转录及构建 cDNA 文库。

提取的 RNA 样品几乎不含蛋白质和 DNA，故可直接用于 Northern 杂交、斑点杂交、mRNA 纯化、体外翻译、RNase 保护分析和分子克隆等。

(2)硅胶膜纯化法。RNeasy 试剂盒由 Qiagen 公司设计，其设计思路与 DNA 的分离纯化思路相似，也就是含有目的 RNA 的细胞破碎液通过硅胶膜时，RNA 吸附在硅胶膜上，从而与其他细胞组成分开，然后在低盐浓度下 RNA 可从硅胶膜上洗脱出来。其技术在于将异硫氰酸胍裂解的严格性与硅胶膜纯化的速度和纯度相结合，简化了总 RNA 的分离程序。相当于将异硫氰酸胍裂解法制备的 RNA 的水相，通过硅胶膜来纯化。该试剂盒分离纯化的 RNA 纯度高，含有极少量的共纯化 DNA。

(3)其他方法。胍盐-β-巯基乙醇法适用于各种不同动物材料和次生代谢物少的植物材料。在这种方法中，胍盐使细胞充分裂解，β-巯基乙醇作为蛋白质的变性剂在实验全过程中可以抑制 RNase 的活性，保护 RNA 不被降解。

此外，有些植物材料多糖多酚含量较高，如植物果实、番茄的叶子等；有些植物木质化程度较高，如根、茎等组织。针对这类材料推出了一种全新的植物总 RNA 提取试剂，该试剂特别适合于从富含多糖、多酚、淀粉的材料中提取纯度高、完整性好的总 RNA。

10.1.2.2　mRNA 的分离与纯化

真核生物的 mRNA 在细胞中含量少、种类多、相对分子质量大小不一。除血红蛋白及某些组蛋白外，绝大多数 mRNA 在其 3′末端带有一个长短不一的 poiy(A)尾巴。以总 RNA 为材料，利用碱基配对原理，通过 Oligo(dT)-纤维素或 poly(U)-琼脂糖凝胶亲和层析法，理论上可以分离出可编码细胞内所有的蛋白质与多肽分子的 mRNA 的分子群体。另外还有一种磁珠分离法(图 10-3)，它建立于三类强有力的相互作用上，即 A 与 T 碱基间的强配对性，生物素(biotin)与链亲和素(streptavidin)间的强免疫作用以及稀土元素磁铁与顺磁性物质间的强磁性作用。

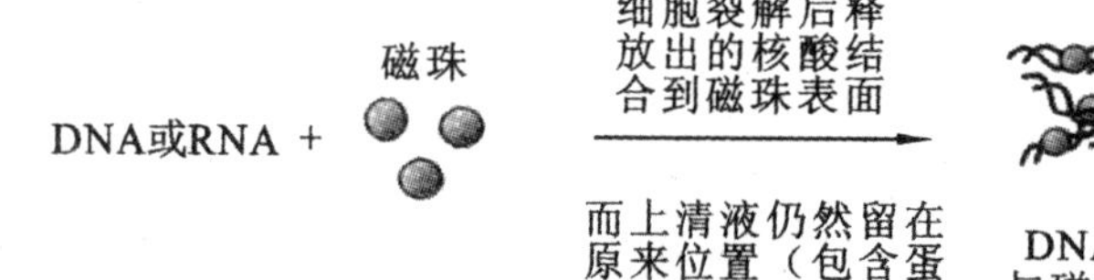

(a) 磁珠分离法原理

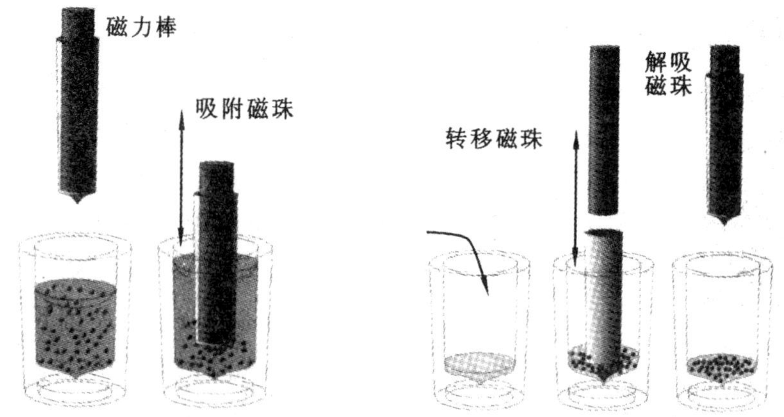

(b) 磁珠分离法过程

图 10-3　磁珠分离法原理和过程

10.2 核酸分子杂交技术

在细胞中，两条DNA分子上的碱基根据A∶T和C∶G配对的原则结合为螺旋状双链结构，这种双链结构相对于单链结构要更稳定。核酸杂交的原理就是根据以上碱基配对的原则，使得单链的DNA分子之间、单链RNA分子之间、或者单链DNA和单链RNA分子之间形成相对稳定的双链核酸结构。核酸分子杂交（hybridization）是分子生物学最常用的技术之一。

10.2.1 核酸杂交的原理

20世纪60年代核酸杂交技术开始兴起。最初探针与靶序列的杂交在溶液中进行，然后通过密度梯度离心方法分离和检测杂交体。这种方法费时费力，精确度差。随后，核酸杂交由液相杂交改良为固相杂交。接下来随着固定滤膜不断的改进，固定效果得到了不断提高。硝酸纤维素（NC）膜上和早期的核酸探针也多为非特异性的，往往用于比较不同基因组之间的复杂度和相似性；探针标记多采用放射性标记，因此在操作上多有不便。20世纪末，基因克隆技术取得了突飞猛进的发展。大量基因被克隆，特异性探针的合成成为一种普通方法。固相化学技术和核酸自动合成仪的诞生使得制备寡核苷酸探针变得快捷和廉价。加上限制内切酶的大量使用使得制备各种大小和特异性探针成为可能，杂交的重复性和定量分析的可信度大大提高。

目前，核酸探针的放射性标记物已经由非放射性的荧光素或酶等标记物所取代。杂交信号的检测技术也越来越精确和便于定量。

10.2.2 核酸探针与标记

10.2.2.1 核酸探针的种类

核酸探针（probe）是指用来检测某一特定核苷酸序列或基因序列的已知的DNA片段或RNA片段。根据探针的核酸性质可分为DNA探针、RNA探针、cDNA探针、cRNA探针及寡核苷酸探针等，DNA探针还有单链和双链之分。

（1）DNA探针。最常用的核酸探针，多为某一基因的全部或部分序列，或某一非编码序列。DNA探针[包括互补DNA（cDNA）探针]的主要优点有：多克隆在质粒载体中可无限繁殖，制备方法简便；不易降解；标记方法较成熟，能用同位素或非同位素进行标记。

（2）cDNA探针。以mRNA为模板反转录而成。由于cDNA中不存在内含子，因此其较适用于分析内源基因缺陷、外源基因和基因表达的检测。

（3）RNA探针。通过分离细胞mRNA、rRNA、病毒RNA或体外转录的正义和反义RNA得到，除可用于检测DNA和mRNA外，还可检测基因的转录状况。由于RNA探针是单链分子，所以它与靶序列的杂交反应效率较高，特异性强，但RNA探针存在易降解和标记方法复杂等缺点。

(4)寡核苷酸探针。用化学合成技术在体外合成的单链DNA，长度一般为15～50 bp。合成的寡核苷酸探针优点有：链短分子量小，序列复杂度低，与等量靶位点完全杂交的时间比克隆探针短；探针可识别靶序列内1个碱基的变化；一次可大量合成，价格低廉，能用酶学或化学方法修饰以进行非放射性标记物的标记。寡核苷酸探针较适用于点突变和小段碱基的缺失或插入的检测。

10.2.2.2 核酸探针标记物

核酸探针按其标记物可分为放射性探针和非放射性探针两大类。

标记核酸最常用的放射性同位素是^{32}P和^{35}S，这两种放射性原子在衰变中都释放β射线。^{32}P半寿期为14.3天；^{35}S半寿期为87.4天。用于标记反应的化合物一般是α-^{32}P-dNTP或γ-^{32}P-dNTP。同位素标记虽然非常灵敏，但对人体健康有一定危害，要求有防护条件且废物处理较麻烦，同时使用时间受半寿期的影响，应用受到一定限制。

非放射性标记虽然杂交反应后的检测较为烦琐，但相对安全可靠，探针可以反复使用而且不受时间限制，灵敏度也接近放射性标记，因而很受欢迎。常用的标记物有半抗原类的生物素、地高辛等，半抗原标记可以通过抗原抗体反应，利用抗体偶联的碱性磷酸酶催化不同的底物进行显色反应或产生可发出荧光的物质。

生物素是一种小分子水溶性维生素(图10-4)，核苷酸的生物素衍生物(如在尿嘧啶环的C-5位置上通过11-16碳臂共价，连接一个生物素分子就形成生物素-UTP或生物素-dUTP)可以作为标记物前体掺入核苷酸，掺入方法与同位素标记反应相同，且掺入后不影响核酸合成及杂交时的碱基配对特性。杂交后，杂合分子中杂交链上的生物素可以用抗生物素蛋白即亲和素(avidin)或链亲和素(streptavidin)来检出。二者都有4个分别独立的生物素结合位点，具有极高的结合能力，比一般的抗原-抗体间亲和力大10^6倍。抗生物素蛋白与可催化颜色反应的碱性磷酸酶偶联，在杂交完成后，就可以通过磷酸酶催化的显色反应直接看到实验结果或者经酶促发光底物降解，产生荧光，再经X光片曝光观察结果，如图10-5所示。使用发光底物，检测的灵敏度与放射性同位素接近，所需要的时间比放射性自显影更短，同时操作安全，稳定性和重复性好，杂交后产生的背景比同位素低，已被越来越多的实验室采纳和应用。

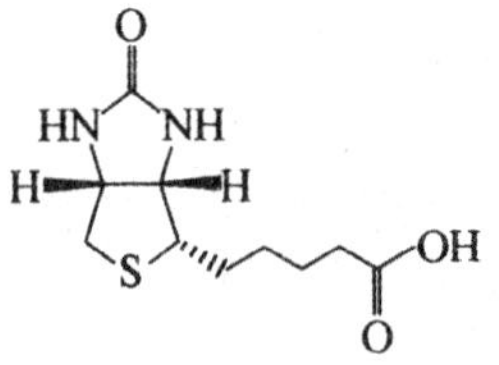

O
HN NH
H H
S OH
O

图10-4 生物素分子结构

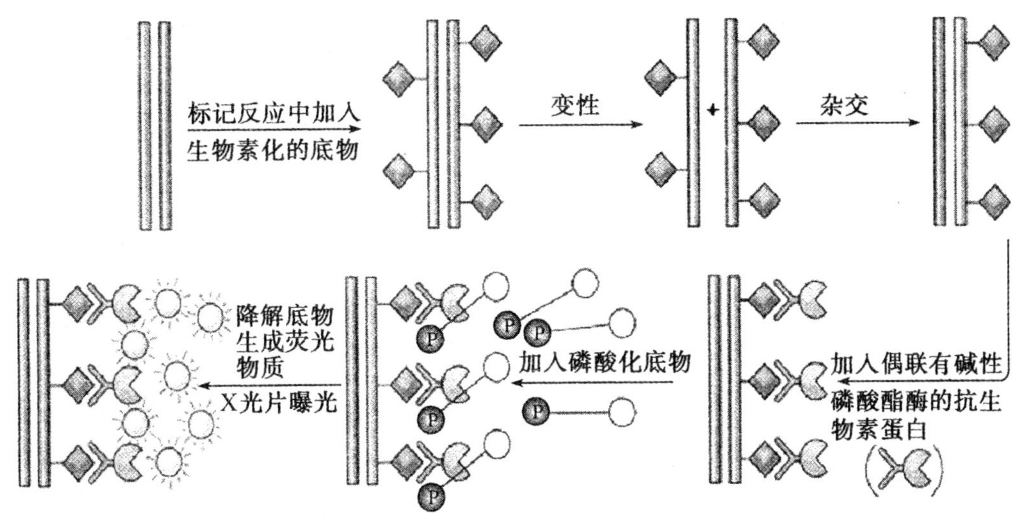

图 10-5　生物素标记探针检测核酸过程示意图

地高辛是一种类固醇半抗原，是应用比较广泛的非放射性标记物。自然界中仅在毛地黄植物中发现，其抗体与其他任何固醇类似物无交叉反应，避免了某些组织中内源性物质引起的假阳性问题，且其标记的核酸探针安全稳定，检测灵敏度高。地高辛精可以用一段连接臂与核苷酸交联，例如地高辛精-11-dUTP，可以取代 dTTP 掺入 DNA 探针(图 10-6)。

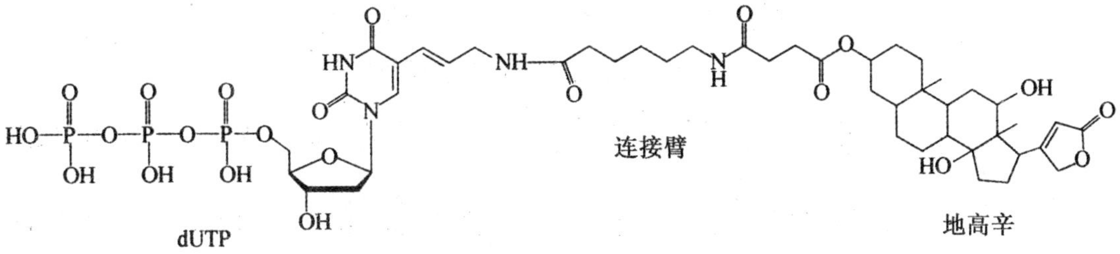

dUTP　连接臂　地高辛

图 10-6　地高辛精-11-dUTP 分子结构

荧光素是具有光致荧光特性的染料。荧光染料种类很多，常用的荧光素有异硫氰酸荧光素(FITC)、羧基荧光素(FAM)、四氯荧光素(TET)和六氯荧光素(HEX)等。荧光素标记的核酸探针适用于原位杂交分析。

10.2.2.3　核酸探针标记法

用分子杂交方法对特定核酸序列检测时，须将杂交链中的一条用某种可检测的分子标记。标记包括放射性标记和非放射性标记两大类。

(1)核酸探针的放射性标记。

①缺口平移标记法。它是利用大肠杆菌 DNA 聚合酶Ⅰ全酶的多种酶活性(同时具有 $5'\to3'$的 DNA 聚合酶活性和 $5'\to3'$核酸外切酶活性)，将标记的 dNTP 掺入到新合成的 DNA 探针中。缺口平移(nick translation)标记法基本过程(图 10-7)：首先用极微量脱氧核糖核酸酶(DNase)Ⅰ在双链 DNA 探针的一条链上随机制造一些缺口，缺口处形成 3′-OH(羟基)

末端；再按碱基配对的原则，在大肠杆菌 DNA 聚合酶 Ⅰ 的 5′→3′DNA 聚合酶活性催化下将新核苷酸加在 3′-OH 上，同时 DNA 聚合酶 Ⅰ 的 5′→3′核酸外切酶活性可将缺口 5′端核苷酸依次切除，3′端核苷酸的加入和 5′端核苷酸切除同时进行，结果是缺口进行了平移。

如在反应体系中含一种或多种（一般是一种）放射性标记核苷酸（通常为[α-^{32}P]-dCTP）和其他几种非标记的普通 dNTP 作底物，则新合成的核苷酸链中原来不带放射性标记的 dCMP 均被[α-^{32}P]-dCMP 所替代，也就是放射性标记核苷酸使这一 DNA 片段具有放射性。通过本法通常可制备放射比活性达 10^8 cpm/μg 的^{32}P 标记 DNA。

②随机引物标记法。随机引物（random primer）是一定长度（6～10 nt）寡核苷酸部分随机序列或全部随机序列的集合，可以为各种 DNA 序列的合成提供引物。如果合成时应用的是标记 dNTP，则合成的就是标记产物，可以作为 DNA 探针，这就是 DNA 探针的随机引物标记法（random priming）。基本过程：首先将 DNA 探针模板变性，与随机引物退火；然后加 Klenow 片段，以一种标记 dNTP 和三种普通 dNTP 为原料，合成标记 DNA；最后变性解链，获得 DNA 探针（图 10-7）。

随机引物标记法可以合成各种长度的标记 DNA 探针，适用于一般的杂交分析。与切口平移标记法相比，随机引物标记法标记效率高，且只需要一种酶——Klenow 片段，合成的标记 DNA 探针长度更均匀，在杂交分析中重复性更好，因而成为 DNA 探针标记的首选方法。

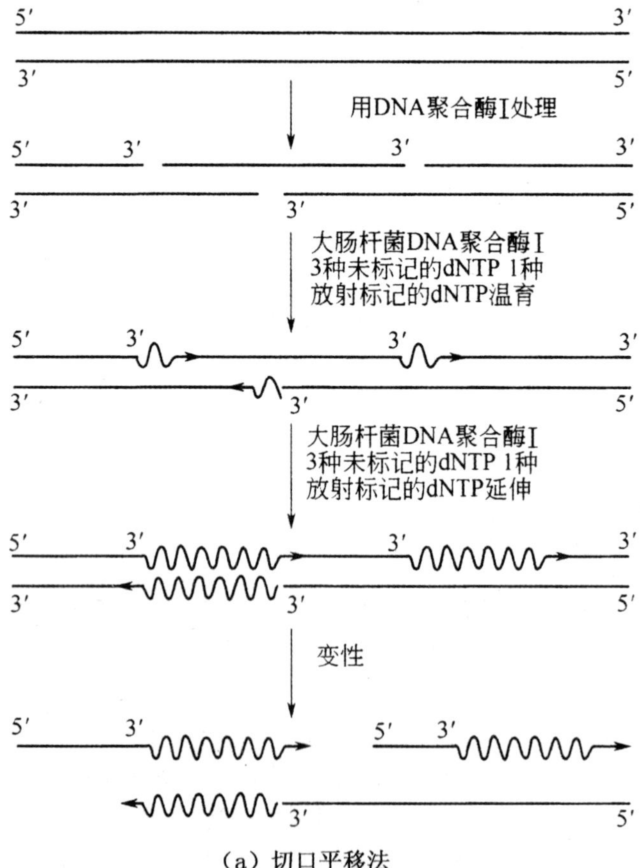

(a) 切口平移法

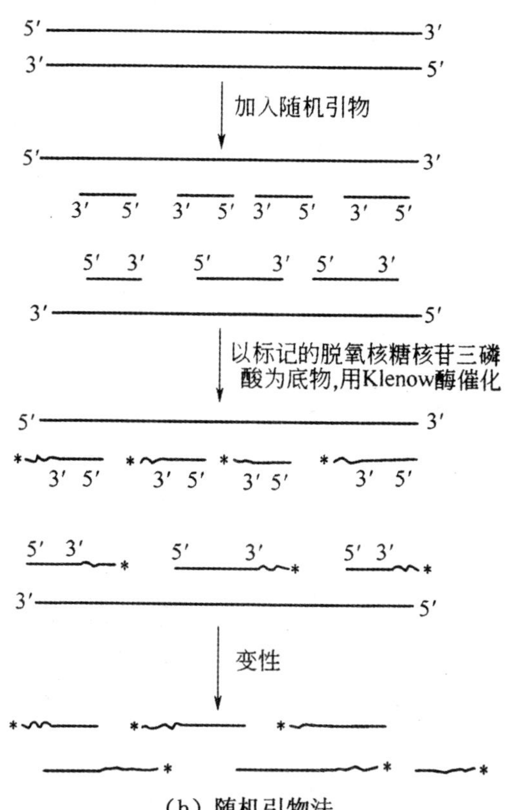

(b) 随机引物法

图 10-7　探针分子的切口平移法和随机引物法标记

③聚合酶链式反应(PCR)标记法。在底物中加入[α-^{32}P]-dCTP 及其他非标记的 dNTP,则探针 DNA 在 PCR 反应过程中即可得到很好的放射性标记,同时还可进行大量扩增,尤其适合于探针 DNA 浓度很低的情况。PCR 标记技术特别适用于大规模检测和放射性标记。该法缺点是要合成一对特异性 PCR 引物,如是放射性标记则需注意防止放射性同位素污染仪器和环境。此法标记的 DNA 探针比活性较高。

④末端标记。直接将探针分子的某个原子替换为放射性同位素原子,或直接在探针分子上加上标记的原子或复合物,这种直接标记一般是在探针分子的末端进行,也称为末端标记(图 10-8)。经过末端标记的核酸分子除作为杂交探针外,更多的用于 RNA S1 作图以及用作引物延伸反应中的标记引物。

DNA 片段的末端标记主要通过酶促反应来完成。其方式有很多种,如 Klenow DNA 聚合酶和 T4 或 T7 DNA 聚合酶在对 DNA 片段进行末端补平反应,或末端的置换反应时,可引入标记的核苷酸。T4 多核苷酸激酶可在 DNA 的 5′末端引入标记的磷酸基团,或将 5′的磷酸基团用标记的磷酸基团来置换,末端转移酶可在 DNA 的 3′末端连接标记的核苷酸。

合成的寡核苷酸主要通过 T4 多核苷酸激酶在 5′末端引入标记的磷酸基团,或利用末端转移酶在 3′末端连接标记的核苷酸,或用 Klenow DNA 聚合酶作引物延伸反应,用合成的更短的寡核苷酸作引物,或合成两个部分互补的寡核苷酸使之互为引物互为模板,在 DNA 合成的过程中引入标记的核苷酸。

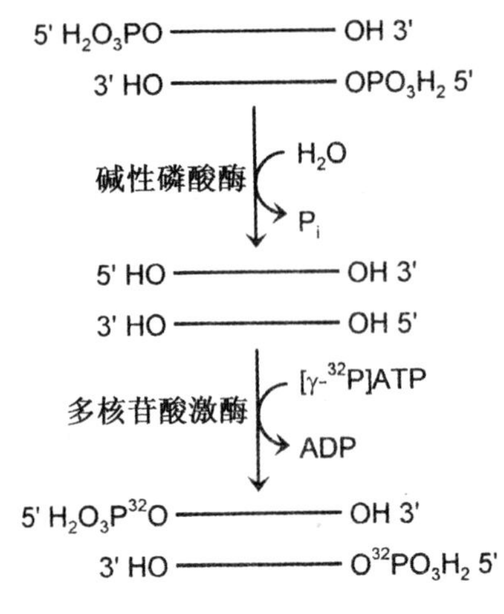

图 10-8　末端标记法

(2)生物素探针的化学标记方法。

①用光敏生物素来标记核酸探针。该方法是先将一光敏基团连接到生物素分子上，制备出光敏生物素，然后将光敏生物素与待标记的核酸混合，在一定条件下用强可见光照射约 15 min，此时光敏生物素与核酸之间形成一种牢固的连接(可能是共价连接)，获得生物素标记的核酸探针。

这种标记方法有如下优点：不需要酶系统，可以在水溶液中直接光照标记单链、双链 DNA 及 RNA 分子，简便易行可大量标记，且获得的标记探针呈橘红色，便于观察；探针稳定性好，－20 ℃保存 12 个月不发生变化；可标记 100 bp 以上的核酸探针，标记物的检测灵敏度可达 0.5～5 pgDNA。

②过氧化物酶、碱性磷酸酶的化学法直接标记。其原理是：聚亚乙基亚胺是一个带有许多伯胺基的多聚体，利用聚苯醌使聚亚乙基亚胺与酶分子交联，这样酶分子上就多了一个带正电荷的部分，该部分能与单链 DNA(带负电荷)发生静电结合，最后经过戊二醛的交联作用使酶与 DNA 之间共价结合，由此得到酶直接标记的探针。

10.2.3　核酸分子杂交类型

10.2.3.1　Southern 印迹杂交

Southern 印迹法是研究 DNA 的基本技术，在遗传诊断、DNA 图谱分析及 PCR 产物分析等方面有重要价值。Southern 印迹杂交的基本方法是将 DNA 样品用限制性核酸内切酶消化后，经琼脂糖凝胶电泳分离片段，然后经碱变性，Tris 缓冲液中和，通过毛细作用将 DNA 从凝胶中转印至硝酸纤维素滤膜上，烘干固定后即利用 DNA 探针进行杂交。附着在滤膜上的 DNA 与 ^{32}P 标记的 DNA 探针杂交，利用放射自显影术确定探针互补的每条 DNA 带的位置，从而可以确定在众多酶解产物中含某一特定序列的 DNA 片段的位置和大小。被检对象为 DNA，探针为 DNA 或 RNA。

Southern 印迹法操作步骤：待测 DNA 样品的制备、酶切；待测 DNA 样品的琼脂糖凝胶电泳分离；利用变性法将凝胶中 DNA 变性；Southern 转膜，利用硝酸纤维素（NC）膜或尼龙膜来转膜，使用方法有毛细管虹吸印迹法、电转印法、真空转移法；探针的制备；Southern 杂交及杂交结果的检测（图 10-9）。

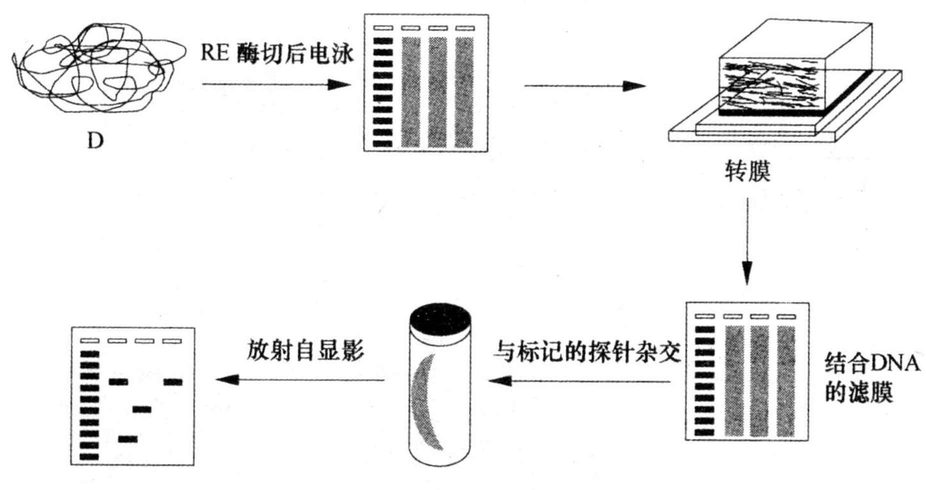

图 10-9 Southern 印迹法操作步骤

10.2.3.2 Northern 印迹杂交

Northern 印迹杂交是在 Southern 印迹杂交基础上发展起来的，相对于 Southern 而称之为 Northern 印迹，其基本原理与 Southern 印迹杂交类似，区别在于检测的对象是 RNA。RNA 变性方法与 DNA 不同，不能用碱变性，否则易引起 RNA 水解。由于 RNA 直接与硝酸纤维素膜结合力差，且具有茎环结构，必须将 RNA 先经变性剂（甲醛、羟甲基汞或戊二醛等）处理。处理后，一方面可使 RNA 变性，另一方面可促进 RNA 与滤膜有效结合。Northern 杂交对于检测细胞或组织中的基因表达水平是非常有效的方法。

Northern 印迹杂交流程如图 10-10 所示，将 Northern 印迹膜与标记的 cDNA 探针杂交，印迹膜上与探针互补的 mRNA 杂交，所产生的带标记的条带可用 X-光胶片检测。如果未知 RNA 旁边的泳道上有已知大小的标准 RNA，就可以知道与探针杂交发亮的 RNA 条带的大小。Northern 印迹还可以告诉我们基因转录物的丰度，条带所含 RNA 越多，与之结合的探针就越多，曝光后胶片上的条带就越黑，可以通过密度计测量条带的吸光度来定量条带的黑度，或用磷屏成像法直接定量条带上标记的量。

10.2.3.3 荧光原位杂交

荧光原位杂交（fluorescent in situ hybridization，FISH）是以荧光标记的 DNA 分子为探针，与完整染色体杂交的一种方法，染色体上的杂交信号直接给出了探针序列在染色体上的位置。进行原位杂交时，需要打开染色体 DNA 的双螺旋结构使其成为单链分子，只有这样染色体 DNA 才能与探针互补配对，如图 10-11 所示。使染色体 DNA 变性而又不破坏其形态特征的标准方法是将染色体干燥在玻璃片上，再用甲酰胺处理。FISH 最初用于中期染色体。中期染色体高度凝缩，每条染色体都具有可识别的形态特征，因此对于探针在染色体上的大概位置非常容易确定。使用中期染色体的缺点是，由于它的高度凝缩的性质，只能进行低分辨率作图，两个标记至少相距 1 Mb 以上才能形成独立的杂交信号而被分辨出来。

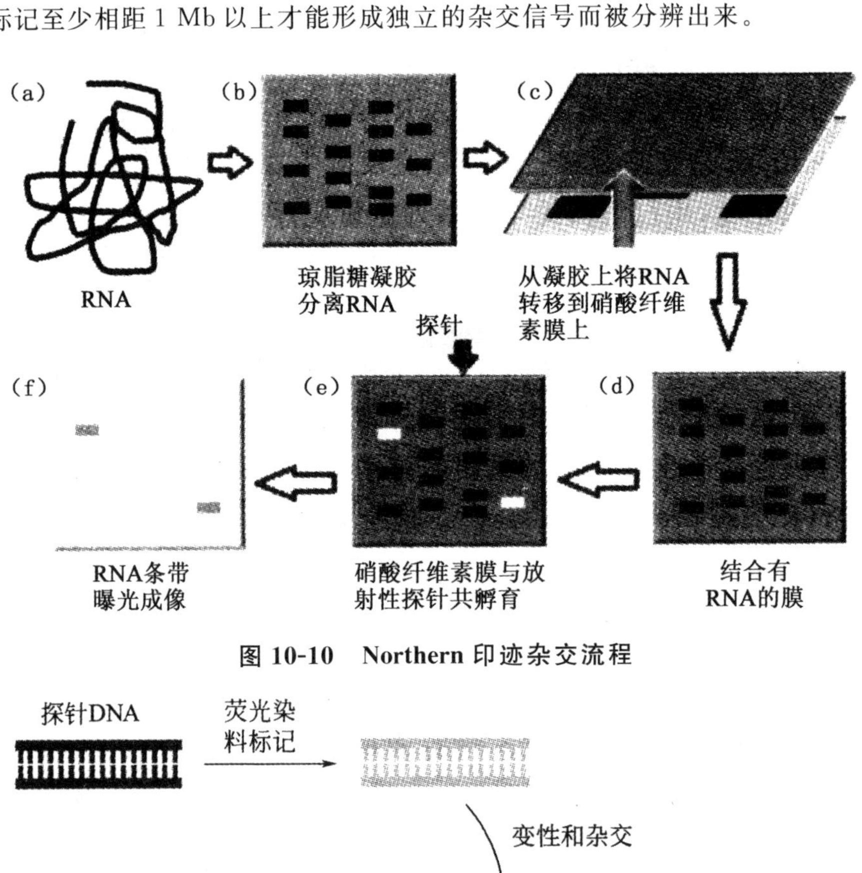

图 10-10　Northern 印迹杂交流程

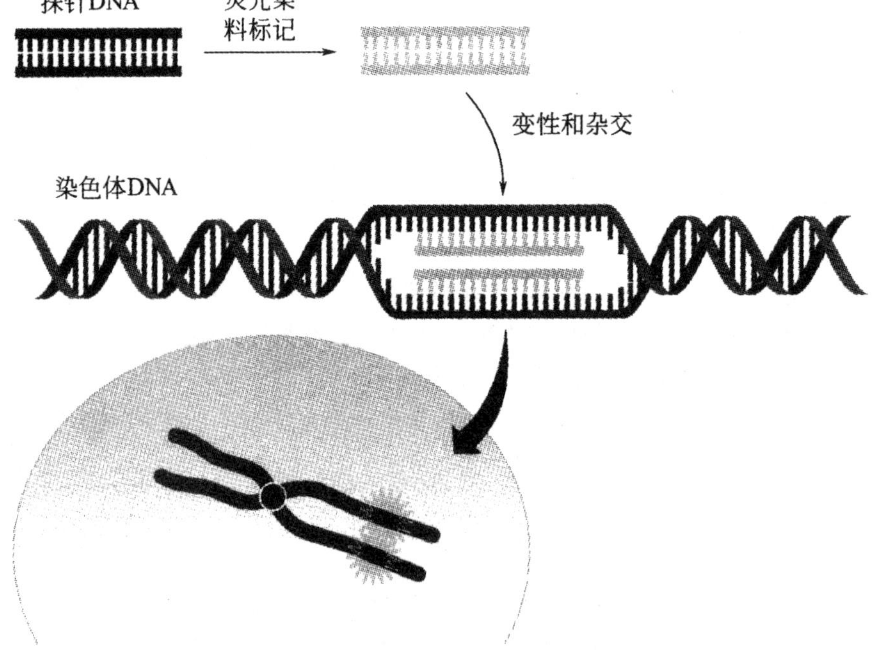

图 10-11　荧光原位杂交的原理

最新发展起来的纤维荧光原位杂交(fiber fluorescent in situ hybridization,Fiber-FISH)将探针直接与拉直的 DNA 纤维杂交。Fiber-FISH 技术需要用碱或者其他的化学手段破坏染色体结构,使 DNA 分子与蛋白质分离,再将游离的 DNA 纤维拉直并固定在载玻片上用作 FISH 的模板。与使用染色体作为模板进行荧光原位杂交的普通 FISH 技术相比,Fiber-FISH 的优势非常明显,主要体现在以下几点:分辨率大大提高,为 1～2 kb;线性 DNA 分子在 FISH 中展示的长度(μm)可直接转换为序列的长度(kb),为高精度物理图谱的构建提供了一种新的手段;可以直接确定探针在不同 DNA 序列之间的排列关系,并且具有快速、直接、准确的优点,为利用 FISH 技术开展比较基因组研究提供了便利。

10.2.3.4 斑点印迹杂交和狭线印迹杂交

斑点印迹杂交(dot blotting)和狭线印迹杂交(slot blotting),是在 Southern 印迹杂交的基础上发展而来的两种类似的快速检测特异核酸(DNA 或 RNA)分子的杂交技术。两种方法的原理和操作步骤基本相同,即通过特殊的加样装置将变性的 DNA 或 RNA 样品,直接转移到适当的杂交滤膜上,然后与核酸探针分子进行杂交以检测核酸样品中是否存在特定的 DNA 或 RNA。两者区别主要是点样点形状不同。斑点印迹杂交和狭线印迹杂交较 Southern blot 或 Northern blot 减少了琼脂糖凝胶电泳和印迹过程。因此这种方法操作简便,耗时短,可做半定量分析,且一张膜可同时检测多个样品,对于核酸粗提样品的检测效果较好。缺点是不能鉴定所检测基因或 mRNA 的分子大小。

10.3 PCR 技术

PCR 技术即聚合酶链反应技术,它是一种通过无细胞化学反应体系选择性扩增 DNA 的技术,可以将微量 DNA 样品在短时间内扩增几百万倍。

PCR 体系由 DNA 聚合酶、DNA 引物、dNTP、目的 DNA(待扩增 DNA 及其扩增产物)和含有 Mg^{2+} 的缓冲溶液等组成。PCR 与细胞内 DNA 半保留复制的化学本质一致,但更简便,只包括变性、退火、延伸三个基本步骤,这三个基本步骤构成 PCR 循环,每一循环合成的 DNA 都是下一循环的模板,因而每一循环都使目的 DNA 拷贝数翻番。若经过 30 次循环后理论上可以使目的 DNA 扩增 2^{30} 倍,约为 10^9 倍,实际上可以扩增 10^6～10^7 倍。

10.3.1 PCR 技术的基本原理

在 1985 年美国 Cetus 公司人类遗传研究室的科学家 *K. B. Mulis* 发明了 PCR 技术,其为一种在体外快速扩增特定基因或 DNA 序列的方法,又称为基因的体外扩增法。它是根据生物体内 DNA 复制的某些特点而设计的在体外对特定 DNA 序列进行快速扩增的一项新技术。随着热稳定 DNA 聚合酶和自动化热循环仪的研制成功,PCR 技术的操作程序在很大程度上得到了简化,并迅速被世界各国科技工作者广泛地应用于基因研究的各个领域。

通常 PCR 反应的具体原理见示意图 10-12。

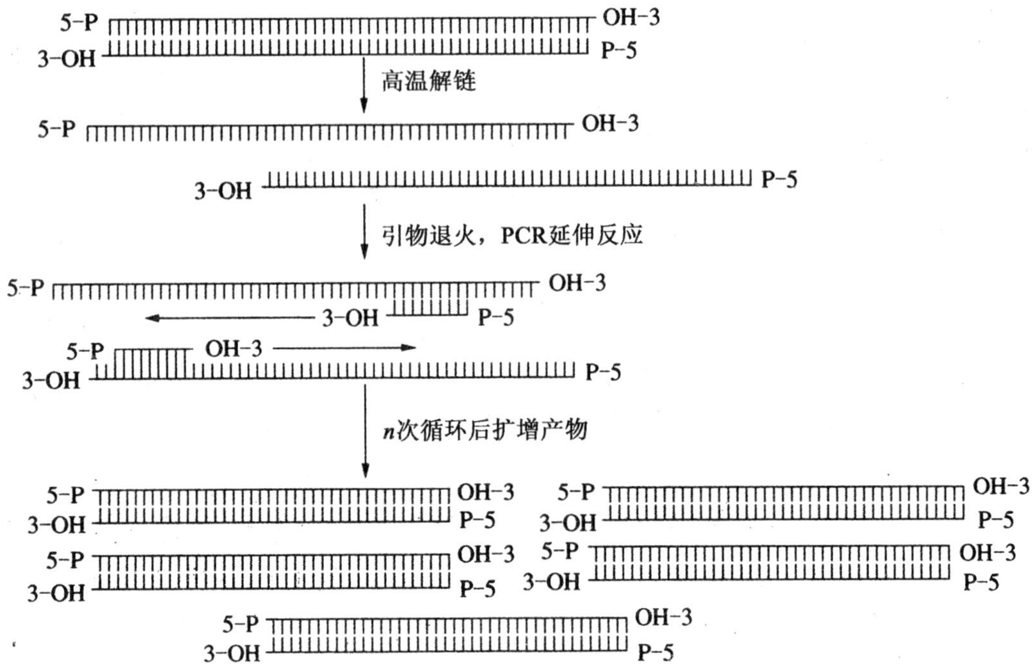

图 10-12　PCR 反应原理示意图

PCR 由变性、退火和延伸三个基本反应步骤构成：

(1)模板 DNA 的变性：模板 DNA 经加热至 95 ℃左右一定时间后，模板 DNA 双链或经 PCR 扩增形成的双链 DNA 解离，使之成为单链，以便它与引物结合。

(2)模板 DNA 与引物的退火(复性)：模板 DNA 经加热变性成单链后，将温度降至合适的温度，使引物与模板 DNA 单链互补序列配对结合。

(3)引物的延伸：将温度升至 72 ℃，DNA 模板-引物结合物在 *Taq* DNA 聚合酶的作用下，以 dNTP 为反应原料，靶序列为模板，按碱基配对和半保留复制原理，合成新的 DNA 分子。

以上变性、退火、延伸三个基本步骤构成 PCR 循环，每一循环的产物都是下一循环的模板，这样每循环一次目的 DNA 的拷贝数就增加 1 倍。整个 PCR 过程一般需要循环 30 次，理论上能将目的 DNA 扩增 2^{30}($\approx 10^9$)倍，但 PCR 的扩增效率平均约为 75%，循环 n 次之后的扩增倍数约为$(1+75\%)^n$。PCR 循环一次需要 2～3 min，不到 2 h 将目的 DNA 扩增几百万倍的工作即可完成。

图 10-13 是 PCR 产物示意图，从图中可以看出：如果考虑一个初始 DNA 分子的 PCR 产物，在第一循环得到两条长链 DNA，其两股新生链的 5′-端是确定的，3′-端是不确定的；在第二循环得到四条长链 DNA，有两股新生短链 DNA 就是要扩增的目的 DNA 序列，另外两股新生链 3′-端依然是不确定的；在第三循环得到八条 DNA，有两条短链 DNA 是最终要得到的目的 DNA 双链。

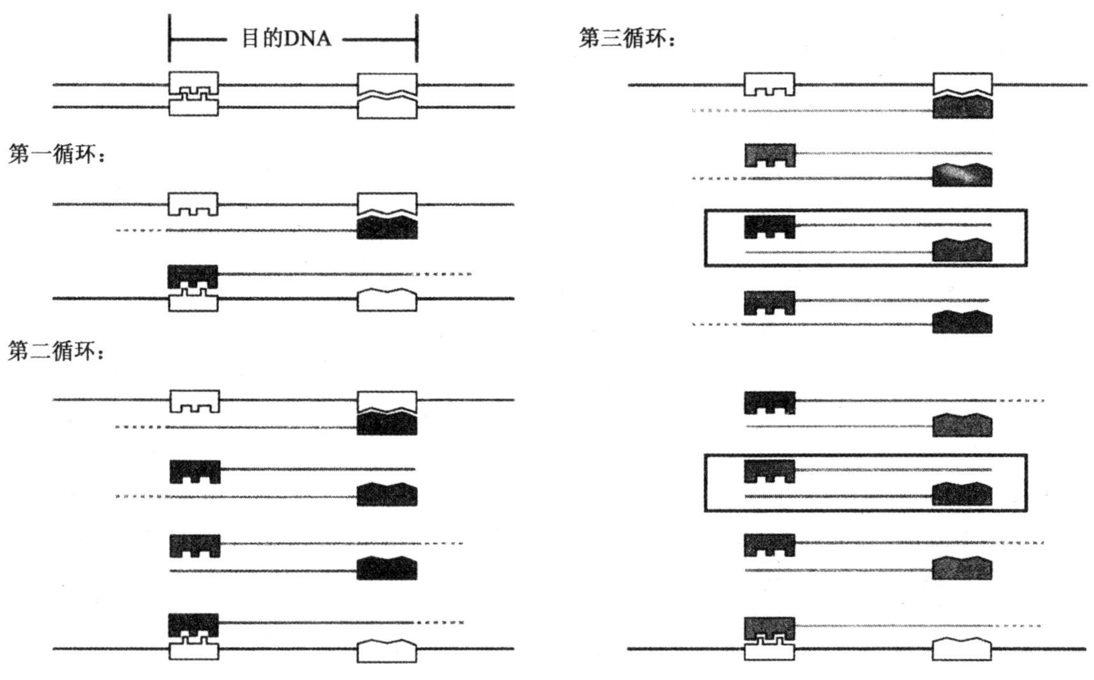

图 10-13 PCR 产物

从理论上讲，随着循环次数的增加，长链 DNA 双链以 $2n$ 倍数扩增，而短链目的 DNA 双链以 (2^n-2n) 倍数扩增。因此，循环 30 次之后得到的几乎都是短链目的 DNA，而长链 DNA 只有 60 条，这样的结构用电泳法分析 PCR 产物时根本不会检出。

10.3.2 PCR 技术的应用

PCR 技术应用领域广泛，它发展的新技术和用途主要体现在以下几个方面：合成特异的探针；DNA 测序；逆转录 PCR 用于克隆基因、构建 cDNA 文库等；产生和分析基因突变；基因组序列比较，进行多态性分析；原位杂交 PCR 检测基因表达。

10.4 DNA 测序技术

现代分子生物学和基因工程中的一项十分重要的技术为 DNA 测序。DNA 测序可十分精确地确定一条 DNA 链上的核苷酸顺序。在 20 世纪 70 年代中期建立了链终止法测序和化学降解法测序两种快速有效的测序方法。后来随着科学技术的发展相继发展了其他技术。

10.4.1 Sanger 双脱氧链终止法

1977 年 Sanger 发明了利用 DNA 聚合酶和双脱氧链终止物测定 DNA 核苷酸序列的方法——Sanger 双脱氧链终止法。链终止法测序的原理：均一的单链 DNA 分子为链终止法测序的起始材料，测序反应要求在 DNA 聚合酶的作用下，合成与单链模板互补、长度不同的 DNA 片段。测序引物与模板分子退火是测序反应的第一步，然后 DNA 聚合酶以 4 种脱氧核糖核苷三磷酸(dATP、dGTP、dTTP 和 dCTP)作为底物，合成与模板互补的 DNA 链。在链终止测序反应中，除了 4 种 dNTP 外，反应体系中还加入了一小部分双脱氧核苷三磷酸作为链终止剂(2′,3′-ddNTP)。2′,3′-ddNTP 与普通的 dNTP 相比，其不同之处在于它们在脱氧核糖的 3′位置上缺少一个羟基，如图 10-14 所示。

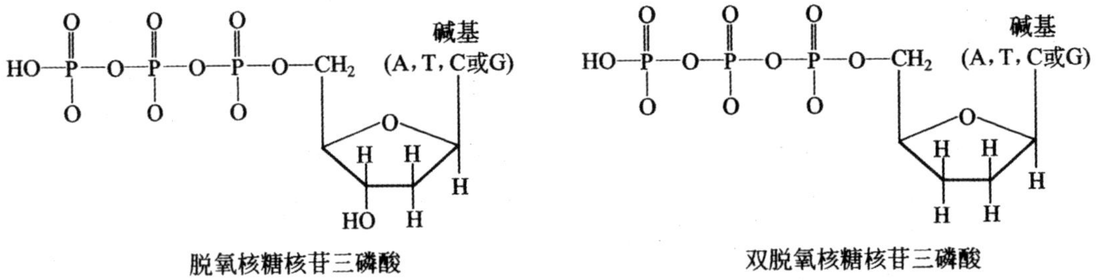

碱基 (A,T,C或G)

脱氧核糖核苷三磷酸

碱基 (A,T,C或G)

双脱氧核糖核苷三磷酸

图 10-14 脱氧核糖核苷酸与双脱氧核糖核苷酸

DNA 聚合酶不能区分 dNTP 和 ddNTP，因此 ddNTP 也能掺入到延伸链中，但由于没有 3′-羟基，它们不能同后续的 dNTP 形成磷酸二酯键，正在生长的 DNA 链不能继续延伸。这样，在 DNA 合成反应中，链的延伸将与偶然发生但却十分特异的链的终止展开竞争，反应产物是一系列长度不同的核苷酸链，其长度取决于链终止的位置到引物的距离。例如，若在测序反应混合物中存在 ddATP，链的终止就会发生在与模板 DNA 上的 T 相对的位置上。因为有 dATP 存在，链的合成随机终止于模板链的每一个 T，结果是形成一系列长度不同的新链，然而它们都终止于 A。测序时，要进行 4 组独立的酶促反应，分别采用 4 种不同的 ddNTP，结果产生 4 组寡核苷酸，它们分别终止于模板的每一个 A、每一个 T、每一个 C 和每一个 G 的位置上。反应结束后，对反应产物进行聚丙烯酰胺凝胶电泳。因为凝胶中的每一条带只含有少量的 DNA，所以电泳结果就必须使用放射自显影技术显示。向反应体系中加入一种放射性标记的脱氧核糖核苷酸，或者使用放射性标记的引物，可使放射性标记掺入到新合成的 DNA 片段中。DNA 序列可按照凝胶上条带的位置读出，如图 10-15 所示。

任何 DNA 聚合酶都能延伸与作为单链 DNA 模板退火的引物。但是，用于测序反应的 DNA 聚合酶必须满足如下要求：聚合酶必须有较强的延伸能力，能够合成较长的 DNA 片段；聚合酶应缺少外切酶活性，不管是 3′→5′还是 5′→3′外切酶活性对测序反应均存在干扰作用，其原因在于它们可能会截短已合成的 DNA 链。

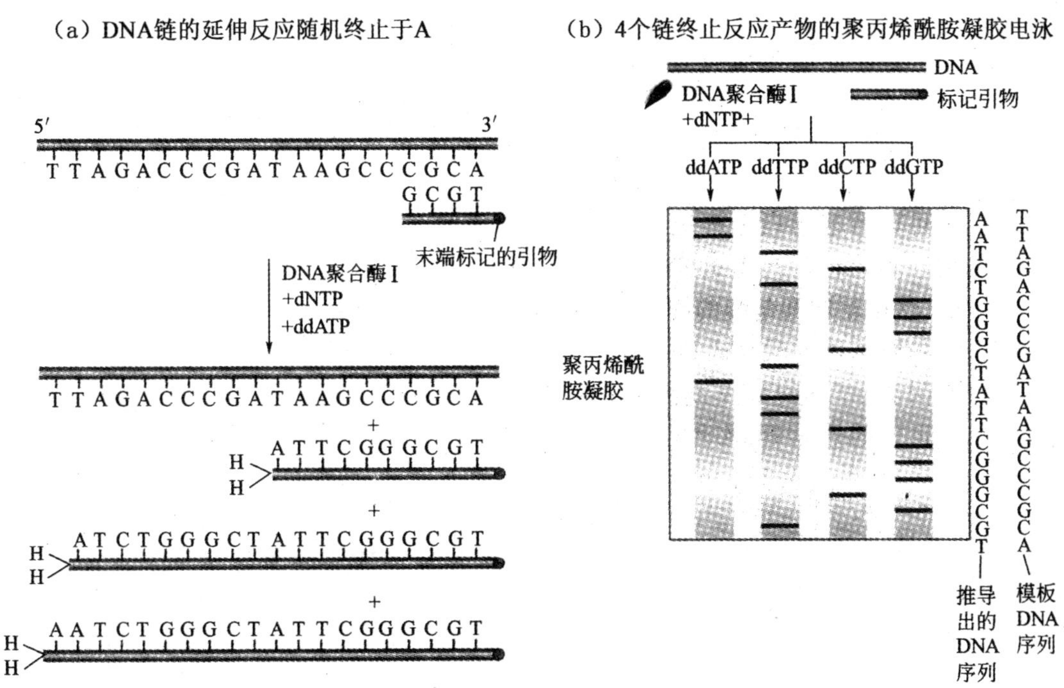

图 10-15　链终止法测序的原理

最早用于测序的一种 DNA 聚合酶为 Klenow 聚合酶。这种酶来自于大肠杆菌 DNA 聚合酶Ⅰ,然而缺乏其 5′→3′外切酶结构域。最早,Klenow 聚合酶通过用蛋白酶处理 DNA 聚合酶Ⅰ来制备,后来通过表达遗传修饰的基因来制备。Klenow 聚合酶催化链延伸反应的能力较差,一般一个反应只能读出大约 250 bp 长的核苷酸序列,且易受模板链质量的影响。经过改造的 T7 DNA 聚合酶是到目前为止使用的测序酶,这种酶的活性非常稳定,具有较强的链延伸能力、较高的聚合反应速度和非常低的外切酶活性,还能够利用多种经过修饰的核苷酸作为底物,非常适用于 DNA 测序反应。

10.4.2　Maxam-Gilbert 化学降解法

Maxam-Gilbert 化学降解法测序原理(图 10-16):一个末端标记的 DNA 片段在几组互相独立的化学反应中分别得到部分降解,其中每一组降解反应特异地针对某一种或某一类碱基。因此生成一系列长度不等的放射性标记分子,从共同起点(放射性标记末端)延续到发生化学降解的位点。每组混合物中均含有长短不一的 DNA 分子,其长度取决于该组反应所针对的碱基在原 DNA 全片段上的位置。此后,各组均通过聚丙烯酰胺凝胶电泳进行分离,再通过放射自显影来检测末端标记的分子。该方法测定 DNA 序列长度一般不超过 250 bp。

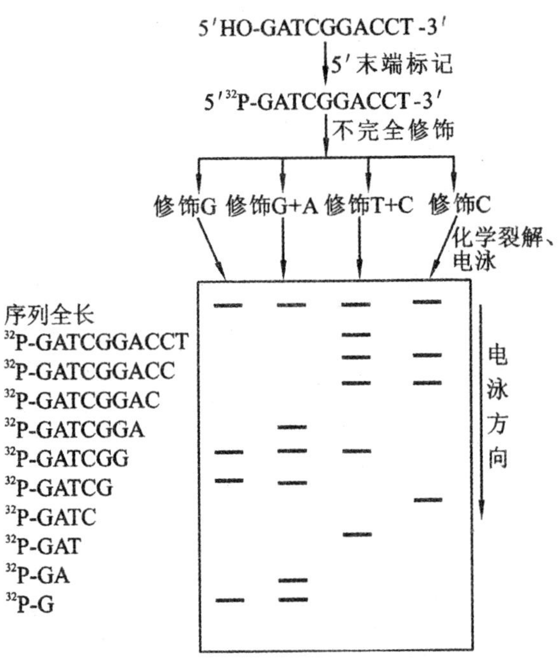

图 10-16　Maxam-Gilbert 化学降解法测序原理

在化学降解法中，专门用来对核苷酸做化学修饰并打开碱基环的化学试剂主要有硫酸二甲酯、哌啶和肼。硫酸二甲酯可使 DNA 分子中鸟嘌呤(G)上的 N-7 原子甲基化；肼可使 DNA 分子中胸腺嘧啶(T)和胞嘧啶(C)的嘧啶环断裂，但在高盐条件下，只有 C 断裂，而不与 T 反应；哌啶可从修饰甲基处断裂核苷酸链。在不同的酸、碱、高盐和低盐条件下，三种化学试剂按不同组合可以特异地切割核苷酸序列中特定的碱基。

(1)G 反应(在 G 残基上的裂解)：用硫酸二甲酯处理 DNA，能使 DNA 碱基环中的氮原子发生甲基化反应，甲基化位点是 G 的 N-7 原子和 A 的 N-3 原子。在中性 pH 条件下，这两种碱基的甲基化作用，都可使与戊糖结合的糖苷键变弱，留下失去碱基的糖-磷酸骨架。再通过碱催化的 β-消除反应水解无碱基糖环两端的磷酸二酯键，造成 DNA 在此位点发生断裂。G 反应过程如图 10-17 所示。

(2)G+A 反应(嘌呤残基上的裂解)：在酸性条件(如甲酸)使 A 和 G 嘌呤环上的 N 原子质子化，利用哌啶使 A、G 脱落。

(3)C+T 反应(嘧啶残基上的裂解)：在碱性条件下，用肼(NH_2—NH_2)处理 DNA 时，可作用于胞嘧啶(C)和胸腺嘧啶 T 的 C-4 和(或)C-6 原子位置，并同 C4-C5-C6 环化形成一种新的五元环，肼进一步作用释放出吡唑啉酮环；在六氢吡啶的作用下，通过 β-消除反应，该碱基两端的磷酸基团以磷酸分子形式从糖环上释放出来，导致 3′,5′-磷酸二酯键断裂，完成 C+T 反应。

(4)C 反应(在 C 残基上的裂解)：如果用肼(高盐)处理 DNA 时，可抑制肼同胸腺嘧啶 T 的反应，肼的作用点只发生在胞嘧啶(C)上，在进行哌啶处理时可发生 C 特异的化学切割反应。根据这一特点可区别 C 和 C+T 这两种化学切割反应。

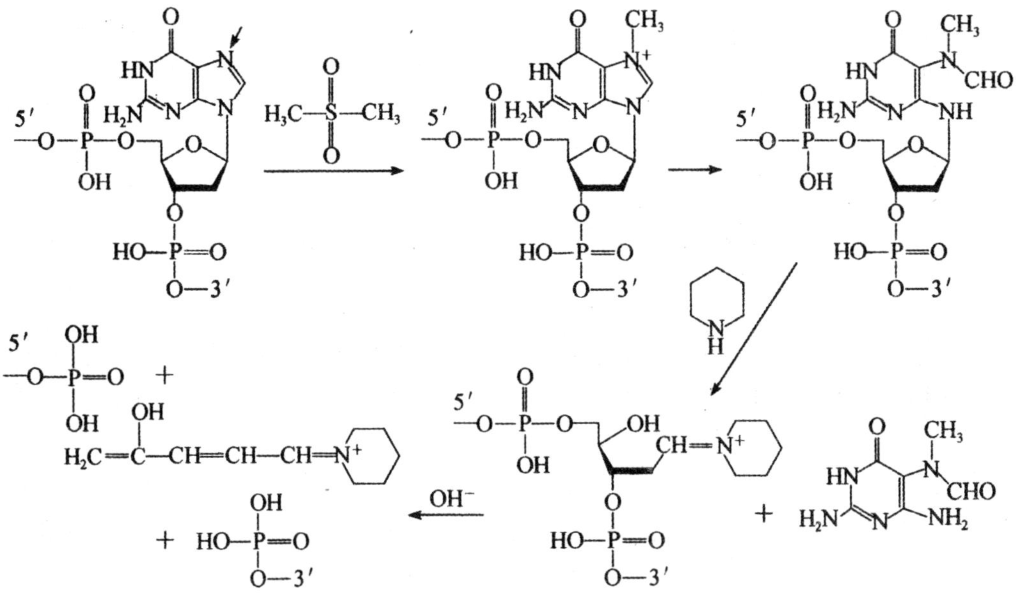

图 10-17　化学降解 G 反应过程

对于测序电泳图谱的识读，化学降解法测序要比末端终止法较为复杂，因为化学裂解反应并非是完全绝对碱基特异的。每组测序图谱为 5 条或 4 条（A>C 反应可以不做）泳道。需要通过从 C+T 泳道出现的条带中扣除 C 泳道的条带而推断 T 残基的存在。类似地，A 残基的位置也要通过从 G+A 泳道中扣除 G 泳道的条带推断出来。同时，如果 A>C 泳道中出现较强的条带，则可确证 A 残基的存在。

实际读片时从胶片底部一个个地向顶部读取。从下至上，一个一个地从 G+A 泳道和 C+T 泳道两个列中确定只相差一个碱基的条带。如果在 G+A 泳道中出现一个条带，就看 G 泳道中是否有相同大小的条带，如果有即为 G 碱基，如果没有则为 A 碱基。同样，在 C+T 泳道中出现条带，就检查 C 泳道中有无同样大小的条带，如果有即为 C，无则为 T。如果做了 A>C 反应，在该列中出现较强的条带时，可帮助 A 的确定。

10.4.3　DNA 的自动化测序

20 世纪 80 年代末，Probe 等将双脱氧链终止法与计算机自动化技术相结合，DNA 序列测定逐渐由手工测序发展为自动测序。DNA 自动测序也是通过 4 个酶学反应利用 ddNTPs 产生一系列一端固定、另一端终止于不同 A、T、G、C 碱基位点的 DNA 片段。能够进行自动测序的关键是采用荧光素标记代替了放射性同位素标记显示高压电泳分离结果。

根据所用的荧光素种类不同，可将目前所用的自动测序方法大致分为两类：第一类使用 4 种荧光素分别标记 4 种双脱氧核苷三磷酸终止的 DNA 片段，这可比喻为赋予这 4 组 DNA 片段以不同的颜色。在电泳时将 4 组反应混合物加入同一样品孔中进行电泳；第二类使用单荧光素标记所有的 DNA 片段，电泳时将 4 种反应产物加在 4 个样品孔中进行电泳分离。这两种方法都在电泳过程中完成 DNA 序列的识读，即当带有某种荧光素标记的单链 DNA 片段电泳到激光探头的检测范围时，激光所激发的荧光信号被探测器接收，经计算机分析数据，于记录纸上以红、黑、蓝和绿四种颜色打印出带有不同荧光标记终止物的 ddNTPs 所标示的 DNA 片段峰谱，继而自动排出 DNA 序列（图 10-18）。分析结果能以凝胶电泳图谱、荧光吸收峰图或碱基排列顺序等多种形式输出。

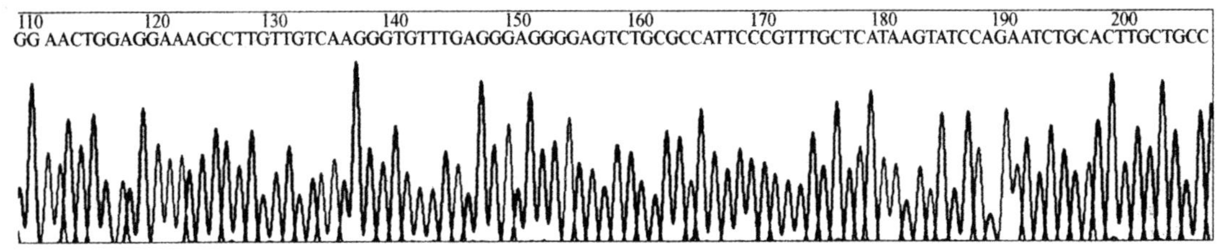

图 10-18 荧光标记的 DNA 自动测序结果

DNA 自动测序中所采用的仪器为 DNA 测序仪，该仪器主要包括电泳系统、激光器和荧光检测系统，大致可分为自动进样器区、凝胶块区和检测区等结构功能区，实现了灌胶、进样、数据收集分析的自动化。因此，大大缩短了测定时间，而且结果准确可靠，是目前较好的测序方法。

10.4.4 新一代测序技术

新一代测序技术（next generation sequencing）是对传统测序技术的革命性变革，可以一次完成数十万到数百万条 DNA 分子的序列测定，使得在极短时间内对人类转录组和基因组进行细致研究成为可能。自 2005 年以来，大规模平行测序平台已经发展为主流的测序技术，并出现了一批具有代表性 DNA 测序仪。所有这些新型测序仪都使用了一种新的测序策略——循环芯片测序法（cyclic-array sequencing），即对布满 DNA 样品的芯片重复进行基于 DNA 的聚合酶反应（模板变性、引物退火杂交及延伸）以及荧光序列读取反应。在新一代测序技术中，片段化的基因组 DNA 两侧连上接头，随后运用不同的步骤来产生几百万个空间固定的 PCR 克隆阵列（polony）。每个克隆由单个文库片段的多个拷贝组成，之后进行引物杂交和酶延伸反应。由于所有的克隆都是在同一平面上，这些反应就能够大规模平行进行。与传统测序法相比（图 10-19 是 Sanger 测序与新一代测序的流程比较），循环芯片测序法具有操作更简易、费用更低廉的优势，于是很快就获得了广泛的应用。

目前具有代表性的新一代 DNA 测序仪包括 Roche Applied Science 公司的 454 基因组测序仪、Illumina 公司、Applied Biosystems 公司的 SOLiD 测序仪、Solexa Technology 公司合作开发的 Illumina 测序仪等。

10.4.4.1 454 测序技术

454 测序是一种基于焦磷酸测序原理而建立起来的边合成边测序（Sequencing-By-Synthesis，SBS）技术。在 DNA 聚合酶（催化 DNA 聚合反应合成 DNA 双链）、ATP 硫酸化酶（在腺苷酰硫酸存在时，催化焦磷酸生成 ATP)、荧光素酶(在 ATP 驱动下，介导荧光素的氧化并发出与 ATP 量成正比的光信号)和双磷酸酶(降解 ATP 和未掺入的 dNTP)的协同作用下，将引物上每一个 dNTP 的延伸与一次荧光信号的释放偶联起来，通过检测荧光信号的有无和强度，达到实时测定 DNA 序列的目的。在 454 测序过程中，A、T、C、G 四种碱基分别存储在不同的试剂瓶中的，每次延伸四种碱基依次加入反应池，每次只进入一个碱基，如果碱基互补配对，就会释放出一个焦磷酸(PPi)，而这个焦磷酸在酶的作用下，经过一个合成反应和一个化学发光反应，将荧光素氧化成氧化荧光素，同时释放光信号，从而读取出这一位置的碱基信息(图 10-20)。

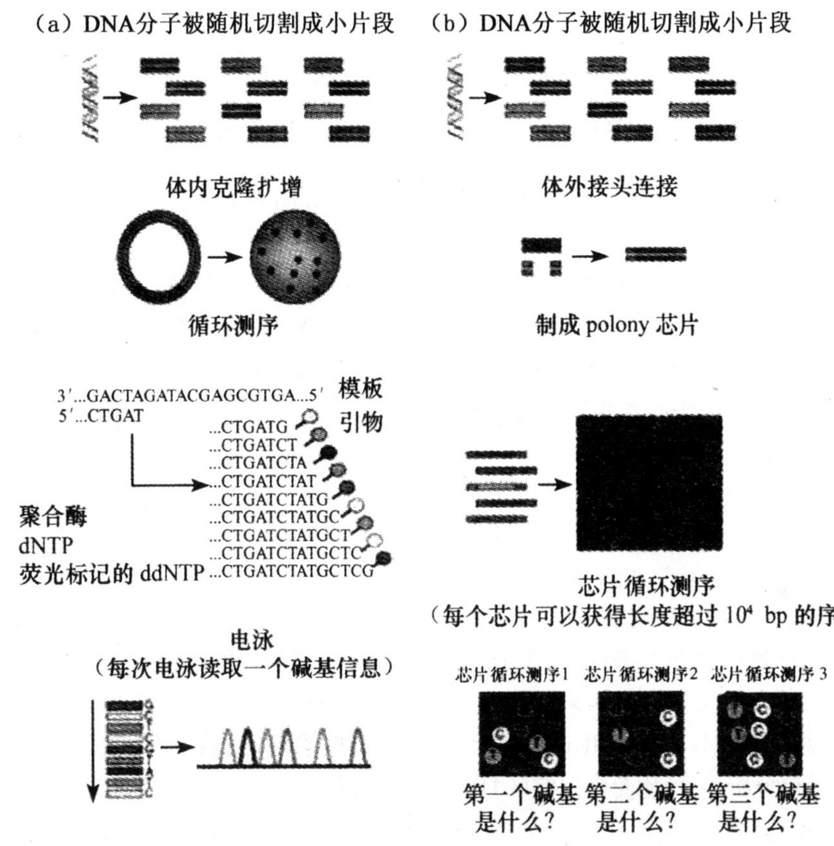

图 10-19　Sanger 测序与新一代测序的流程比较(Shendure et al. ,2008)

(a)高通量鸟枪法 Sanger 测序法，首先基因组 DNA 被随机切割成小片段分子，接着众多小片段 DNA 被克隆入质粒载体，随后转化到大肠杆菌中，最后培养大肠杆菌提取质粒，进行测序，每一个测序反应都在只有几微升的反应体系中完成，测序后获得一系列长短不一的、末端标记有荧光的片段，最后，通过对每一个延伸反应产物末端荧光颜色进行识别来读取 DNA 序列；(b)鸟枪循环芯片测序法，首先基因组 DNA 被随机切割成小片段分子，然后在这些小片段 DNA 分子末端连接上普通接头，最后用这些小片段的 DNA 分子制成 polony 芯片，每一个 polony 中都有一个小片段分子的许多拷贝。许多这样的 polony 集合在一起就形成了 polony 芯片。这样一次测序反应就可以同时对众多的 polony 进行测序，然后与 Sanger 法中一样，通过对每一个延伸反应产物末端荧光颜色进行识别来读取 DNA 序列，重复上述步骤就能获得完整的序列。

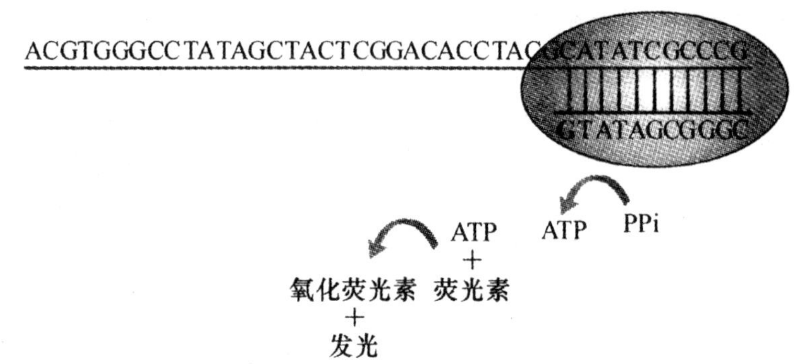

图 10-20 焦磷酸测序反应原理

10.4.4.2 SOLiD 测序技术

SOLiD 测序仪是使用微乳液 PCR 法扩增模板片段，吸附有大量扩增片段直径为 1 μm 的磁珠制成高密度测序芯片，然后用连接酶测序法完成测序。每次反应都会在引物末端加上一个荧光标记的探针，在探针中央的两个碱基上标记有荧光基团，探针连接后发出荧光，随后荧光基团切除，进行下一轮反应。经过几轮这样的测序反应后，可得一段不连续的碱基序列，变性去掉已被延伸的引物，重新结合新的引物进行新一轮的测序反应。

SOLiD 测序仪的特点可概括为：第一，可以对由任何方法制成的 DNA 文库进行测序，能够将富集模板片段的微珠在芯片上进行高度可控的任意排列。第二，反应在 SOLiD 玻片表面进行。含有 DNA 模板的磁珠（磁珠是 SOLiD 测序的最小单元）共价结合在 SOLiD 玻片表面，每个磁珠 SOLiD 测序后形成一条序列。第三，使用了双碱基编码技术（two-base encoding），通过两个碱基来对应一个荧光信号而不是传统的一个碱基对应一个荧光信号，这样每一个位点都会被检测两次，具有误差校正功能，将真正的单碱基突变或单核苷酸多态性与随机或系统错误区分开来，降低出错率。第四，SOLiD 系统包含测序组件、化学组件、计算集群和数据存储组件，通过寡核苷酸连接和检测来进行测序，与聚合酶测序方法不同的是利用专利的逐步连接技术来产生高质量的数据。可用于全基因组测序和定向重测序、转录本分析、小分子 RNA 发现、基因表达图谱分析、染色质免疫沉淀（CHIP）、微生物和真核重测序、医学测序、基因分型等。

10.4.4.3 Solexa 测序技术

Solexa 测序仪通常也被称为 Illumina 测序仪。与 454 相同，Solexa 测序平台所采用的也是边合成边测序方式，通过分析荧光信号检测测序信息。不同的是，Solexa 并不是采用焦磷酸氧化荧光素的形式激发光信号，而是直接在 dNTP 上连接荧光基团和阻断基团，通过“去阻断-延伸-激发荧光-切割荧光基团-去阻断”这一循环方法来依次读取目的 DNA 上的碱基顺序（图 10-21）。由于采用了可逆阻断技术，即在 dNTP 上连接可剪切的阻断基团，Solexa 测序的每一步只延伸一个碱基，延伸后通过清除未反应的碱基和试剂，激发延伸碱基上的荧光基团并收集荧光信号获得该碱基的序列信息。最后切除荧光基团和阻断基团，活化 3′端羟基，为下一个碱基延伸做准备。Solexa 由于采用单碱基延伸检测方式，因此检测准确性较高，但随着读长的增加，荧光信号会有所衰弱，所以越“靠后”的碱基准确性越低，这也是 Solexa 测序读长受限的一个主要因素。

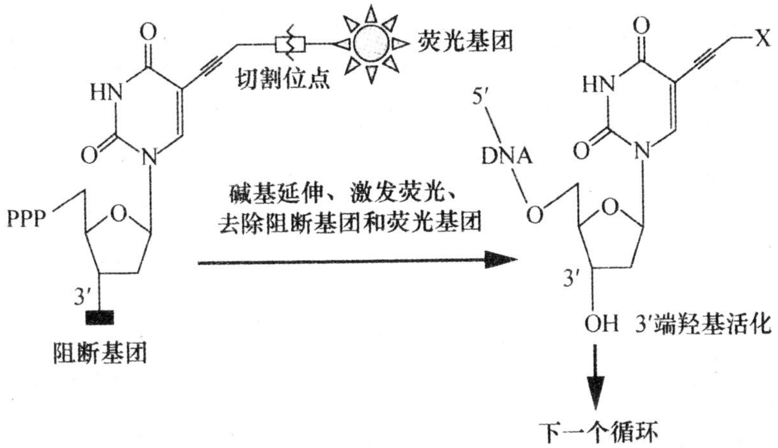
O
HN
O
N
PPP
O
3′
阻断基团
切割位点
荧光基团
碱基延伸、激发荧光、
去除阻断基团和荧光基团
O
X
HN
5′
DNA
O
N
O
O
3′
OH 3′端羟基活化
下一个循环

图 10-21　Solexa 测序原理

10.4.4.4　新型纳米孔测序技术

新型纳米孔测序法(nanopore sequencing)是采用电泳技术,借助电泳驱动单个分子逐一通过纳米孔来实现测序的。由于纳米孔的直径非常细小,直径在纳米尺度的小孔(1～2 nm),通常是利用固态物质或者生物分子制成的小孔,仅允许单个核酸聚合物通过,因而可以在此基础上使用多种方法来进行高通量检测。目前全球有许多公司都在进行纳米孔测序的开发,只不过它们采取的可能是不同的方法。

纳米孔测序技术需要解决两大问题。第一,区分 4 种核苷酸的速度要与 DNA 运动的速度相称;第二,控制 DNA 通过纳米孔的速度。纳米级别的孔径保证了检测具有良好的持续性,所以测序的准确度非常高。纳米孔通道长度通常为 5 nm,可以容纳十多个碱基,非常容易辨别单链与双链 DNA,但关键是外切酶的固定方式,以确保切除下来的核苷酸能严格单一地运送并通过纳米孔。

纳米孔测序法无须进行扩增或标记,使经济快速地进行 DNA 测序成为可能。如果对现有纳米孔测序法进行进一步发展和改进,那么它将有望成为第三代测序技术,从而帮助人们实现 24 h 内只花费 1000 美元完成二倍体哺乳动物基因组测序的目标。

10.5　芯片技术

10.5.1　基因芯片

基因芯片(gene chip)又称为 DNA 芯片,它是最早开发的生物芯片。基因芯片还可称为 DNA 微阵列(DNA microarray)、寡核苷酸微阵列(oligonucleotide array)等,是专门用于检测核酸的生物芯片，也是目前运用最为广泛的微阵列芯片。

基因芯片技术是近年发展和普及起来的一种以斑点杂交为基础建立的高通量基因检测技术。基因芯片技术基本原理是核酸分子杂交，即依据 DNA 双链碱基互补配对、变性和复性的原理，以大量已知序列的寡核苷酸、cDNA 或基因片段作探针，检测样品中互补的核酸序列，然后通过定性、定量分析得出待测样品的基因序列及表达的信息。

10.5.1.1 基因芯片技术的基本操作

基因芯片技术的基本操作主要分为四个基本环节：芯片制作、样品制备和标记、分子杂交、信号检测和数据分析(图 10-22)。

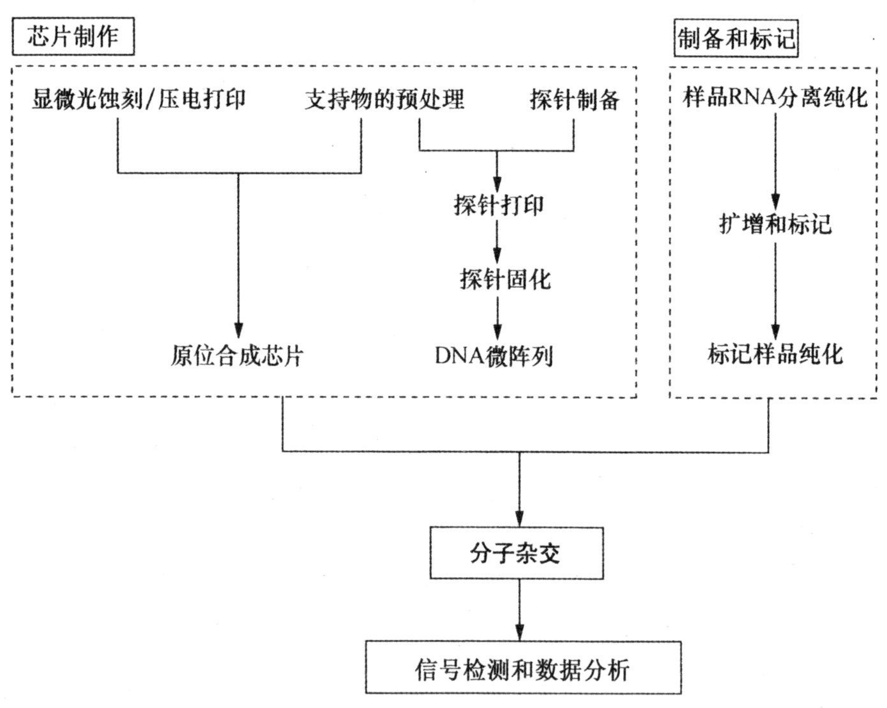

图 10-22　基因芯片技术流程图

(1)芯片制作。这是该项技术的关键，它是一个复杂而精密的过程，需要专门的仪器。根据制作原理和工艺的不同，制作芯片目前主要有两类方法。

第一种为原位合成法，它是指直接在基片上合成寡核苷酸。这类方法中最常用的一种是光引导原位合成法，所用基片上带有由光敏保护基团保护的活性基团。制作过程：首先，用掩模(mask)遮盖基片，只暴露特定阵列位点，再用光照除去暴露位点的光敏保护基团，使活性基团游离；其次，加入一种被光敏保护基团保护的核苷酸，并化学连接到游离的活性基团上；然后，重复上述步骤，即根据设计程序更换掩模，用光照使特定阵列位点(包括已经连接的核苷酸)的活性基团游离。加入被保护的核苷酸，并化学连接到游离的活性基团上，就能在不同位点合成不同序列的寡核苷酸探针(20～60 nt)，最终制成基因芯片(图 10-23)。原位合成法适用于寡核苷酸,但是产率不高。

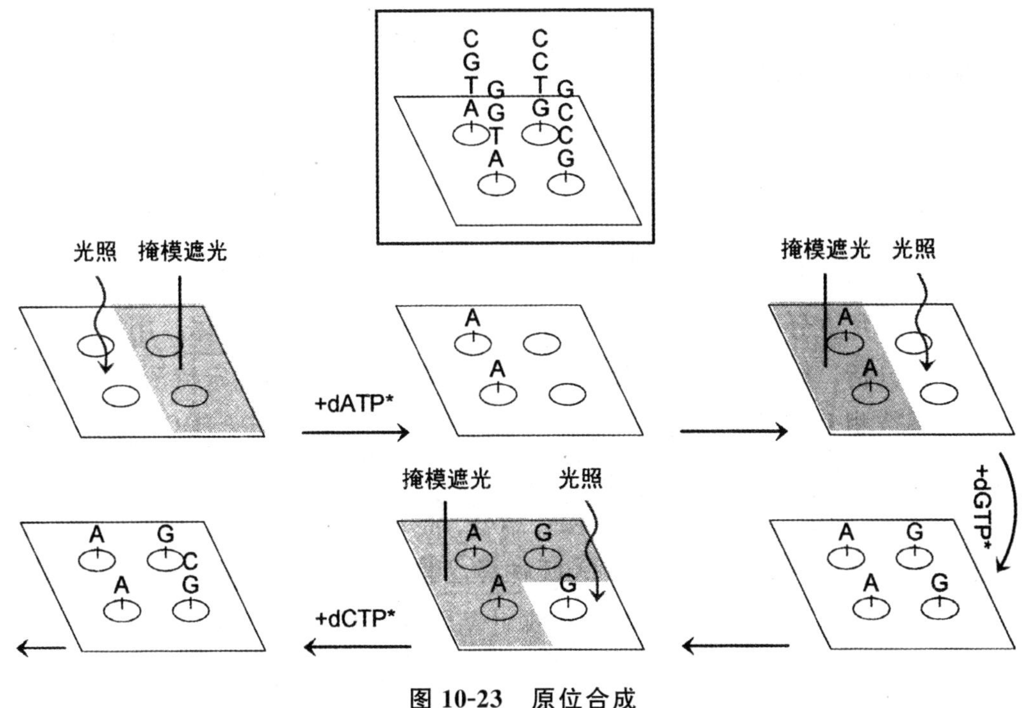

图 10-23　原位合成

第二种为微量点样法,一般为先制备探针,再用专门的全自动点样仪按一定顺序点印到基片表面,使探针通过共价交联或静电吸附作用固定于基片上,形成微阵列。微量点样法点样量很少,适合于大规模制备 eDNA 芯片。使用这种方法制备的芯片,其探针分子的大小和种类不受限制,并且成本较低。

(2)样品制备和标记。指从组织细胞内分离纯化 RNA 和基因组 DNA 等样品,对样品进行扩增和标记。样品的标记方法有放射性核素标记法及荧光色素法,其中以荧光素最为常用。扩增和标记可以采用逆转录反应和聚合酶链反应等。

在目前的基因芯片技术中,一般将待测样品和对照样品分别用 Cy3($\lambda_{ex}=554$ nm,$\lambda_{em}=568$ nm)和 Cy5($\lambda_{ex}=649$ nm,$\lambda_{em}=666$ nm)进行标记,这样与芯片杂交之后可以清楚地分析两种样品基因表达谱的异同。

HO_3S　SO_3H　N^+　N　HOOC

Cy3

HO_3S　SO_3H　N^+　N　HOOC

Cy5

(3)分子杂交。杂交过程与常规的分子杂交过程出入不大,先封闭、预杂交,再在含靶基因的杂交液中杂交 3～24 h 或以上,洗脱、干燥,进行信号检测。芯片的杂交属于固相-液相杂交，类似于常规的膜杂交。标记的靶基因序列与固定在芯片上的探针，在经过实验确定的严谨的实验条件下，进行分子杂交，形成互补双链而被检出。

杂交条件包括杂交液的离子强度、杂交温度和杂交时间等，会因为不同实验而有所不同，它决定着杂交结果的准确性。在实际应用中，应考虑探针的长度、类型、G/C 含量、芯片类型和研究目的等因素，对杂交条件进行优化。

(4)信号检测和数据分析。对完成杂交和漂洗之后的芯片进行信号检测和数据分析是基因芯片技术的最后一步，也是生物芯片应用时的一个重要环节。芯片上杂交信号的检测方法很多，常用的是荧光显影法，其中激光共聚焦荧光检测系统是近年来广泛应用的芯片杂交检测手段。其原理如图 10-24 所示。

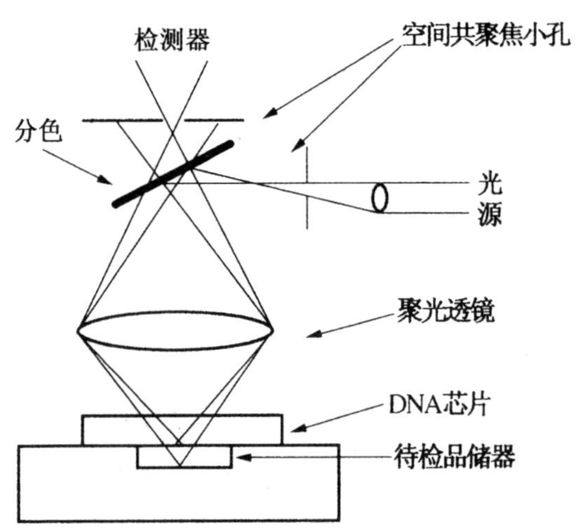

图 10-24 激光共聚焦荧光检测系统工作原理

10.5.1.2 基因芯片的应用

基因芯片技术自诞生以来，在生物学和医学领域的应用日益广泛，已经成为一项现代化检测技术。该技术已在 DNA 测序、基因表达分析、基因组研究(包括杂交测序、基因组文库作图、基因表达谱测定、突变体和多态性的检测等)、基因诊断、药物筛选、卫生监督、法医学鉴定、食品与环境检测等方面得到广泛应用。

基因芯片的测序原理是 DNA 分子杂交测序方法，即基因芯片技术通过大量固化的探针与生物样品的靶序列进行分子杂交，产生杂交图谱，排列出靶 DNA 的序列，这种测序方法称为杂交测序(sequencing by hybridization，SBH)。其原理(图 10-25)是在基因芯片上固定了已知序列的八核苷酸探针，一个 12 nt 的靶序列 AGTACGCCTTGA 与芯片探针杂交后，通过确定荧光强度最强的探针位置，获得一组序列完全互补的探针序列。据此可重组出靶核酸的序列。

人类基因组编码大约 35 000 个不同的功能基因，如果想要了解每个基因的功能，仅仅知道基因序列信息资料是远远不够的，这样，具有检测大量 mRNA 的实验工具就显得尤为重要。基因芯片能够依靠其高度密集的核苷酸探针将一种生物所有基因对应的 mRNA 或 cDNA 或者该生物的全部 ORF(Open Reading Frame)都编排在一张芯片上,从而简便地检测每个基因在不同环境下的转录水平。整体分析多个基因的表达则能够全面、准确地揭示基因产物和其转录模式之间的关系。同时,细胞的基因表达产物决定着细胞的生化组成、细胞的构造、调控系统及功能范围,基因芯片可以根据已知的基因表达产物的特性,全面、动态地了解活细胞在分子水平的活动。

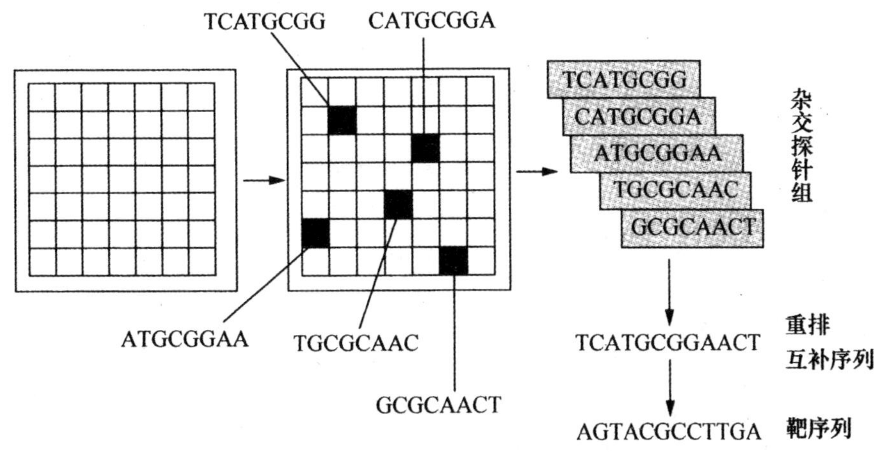

图 10-25　基因芯片测序原理示意图

基因芯片技术可以成规模地检测和分析 DNA 的变异及多态性。通过利用结合在玻璃支持物上的等位基因特异性寡核苷酸(ASO)微阵列能够建立简单快速的基因多态性分析方法。随着遗传病与癌症等相关基因发现数量的增加,变异与多态性的测定也更显重要了。DNA 芯片技术可以快速、准确地对大量患者样品中特定基因所有可能的杂合变异进行研究。

基因芯片使用范围不断增加,在疾病的早期诊断、分类、指导预后和寻找致病基因上都有着广泛的应用价值。如,它可以用于产前遗传病的检查、癌症的诊断、病原微生物感染的诊断等,可以用于有高血压、糖尿病等疾病家族史的高危人群的普查、接触毒化物质者的恶性肿瘤普查等,还可以应用于新的病原菌的鉴定、流行病学调查、微生物的衍化进程研究等方面。基因芯片诊断技术具有高通量、快速、自动化等优点。

基因芯片技术在药物研究与开发中可应用于药物靶标筛选、新药发现、合理用药、中医药研究等方面。药物靶标的筛选是新药研发的重要环节,也是药物筛选的关键因素之一。药物筛选一般包括新化合物的筛选和药理机理的分析。利用传统的新药研发方式,需要对大量的候选化合物进行一一的药理学和动物学试验,这导致新药研发成本居高不下。而基因芯片技术的出现使得直接在基因水平上筛选新药和进行药理分析成为可能。基因芯片技术适合于复杂的疾病相关基因和药靶基因的分析,利用该技术可以实现一种药物对成千上万种基因的表达效应的综合分析,从而获取大量有用信息,大大缩短新药研发中的筛选试验,降低成本。它不但是化学药筛选的一个重要技术平台,还可以应用于中药筛选。国际上很多跨国公司普遍采用基因芯片技术来筛选新药。

在传统中医药研究领域,利用基因芯片技术,有利于中草药鉴定与中医征候机制研究。在芯片介质表面点样固定中草药来源的基因片段,可制备相关中草药的 DNA 芯片。此类芯片可用于中草药质量检测与控制、药效确定、毒理分析等多方面提供新的客观检测标准。

在环境保护上，基因芯片也有广泛的用途。一方面，可以快速检测污染微生物或有机化合物对环境、人体、动植物的污染和危害；另一方面，也能够通过大规模的筛选寻找保护基因，制备防治危害的基因工程药品或能够治理污染源的基因产品。

基因芯片还可用于司法，现阶段可以通过DNA指纹对比来鉴定罪犯，未来可以建立全国甚至全世界的DNA指纹库，到那时可以直接在犯罪现场对可能是疑犯留下来的头发、唾液、血液、精液等进行分析，并立刻与DNA罪犯指纹库系统存储的DNA“指纹”进行比较，以尽快、准确破案。目前，科学家正着手将生物芯片技术应用于亲子鉴定中，应用生物芯片后，鉴定精度将获得很大程度的提高。

目前，基因芯片技术还处于发展阶段，其发展中存在着很多亟待解决的问题。相信随着这些问题的解决，基因芯片技术会日趋成熟，并必将为21世纪的疾病诊断和治疗、新药开发、分子生物学、食品卫生、环境保护等领域带来一场巨大的革命。

10.5.2 蛋白质芯片

蛋白质芯片(protein microarray)是一种新型的生物芯片，它是在基因芯片的基础上开发的，其基本原理是采用原位合成、机械点样或共价结合的方法将多肽、蛋白质、酶、抗原、抗体固定于固相介质表面而制成的微阵列。对于不依赖于基因表达水平变化，而是依赖蛋白质翻译后修饰，如磷酸化等方式调节功能，蛋白质芯片比基因芯片具有更大的优势。同时，由于蛋白质比核酸难合成，更难在基片表面合成，此外，蛋白质固定于基片表面会改变构象而失去生物活性，所以蛋白质芯片技术要比DNA芯片技术复杂。

10.5.2.1 蛋白质芯片技术的基本操作

(1)蛋白质芯片制作。蛋白质的构象决定其功能，因此在基片上固定蛋白质探针时必须维持其天然构象。

①基片选择和处理。包括各种滤膜、玻片、硅片等。滤膜是理想材料，常用聚偏氟乙烯膜(PVDF)，使用时用80%～100%的甲醇或乙醇浸泡处理。玻片被广泛使用，常用含乙醛的硅烷试剂处理其表面，或将亲和素吸附于硅烷化的玻片表面，以增大蛋白质探针的结合量，提高其结合的牢固程度。

②蛋白质探针预处理。根据不同的研究目的，可选用抗体、抗原、受体、酶等不同蛋白质作为探针，用含40%甘油的磷酸盐缓冲溶液等溶解，防止水分蒸发及蛋白质变性。

③微量点样。用全自动点样仪将探针蛋白点印到基片表面，形成微阵列。

④基片封闭。用Tris、Cys等小分子将芯片上未与探针蛋白结合的区域进行封闭。

(2)样品制备。蛋白质芯片的检测对象包括蛋白质、酶的底物或其他小分子，检测前要先标记。

(3)检测分析。将待分析的蛋白样品用荧光素(Cy3、Cy5)标记、化学发光物(如吖啶酯)或采用酶(如辣根过氧化物酶、碱性磷酸酶)标记法，然后与芯片上蛋白分子相互作用。最后通过扫描仪或酶联免疫吸附测定(ELISA)等检测结果。

10.5.2.2　蛋白质芯片技术的应用

蛋白质芯片技术是近年来出现的一种蛋白质的表达、结构和功能分析的技术，它比基因芯片更进一步接近生命活动的物质层面，有着比基因芯片更加直接的应用前景。

蛋白质芯片可以研究生物分子相互作用，例如，蛋白质—蛋白质相互作用、蛋白质—核酸相互作用、蛋白质—脂类相互作用、蛋白质—小分子相互作用、蛋白质—蛋白激酶相互作用、抗原—抗体相互作用、底物—酶相互作用、受体—配体相互作用等。

蛋白质芯片还广泛用于基础研究、临床诊断、靶点确证、新药开发，特别是检测基因表达。例如：可以用抗体芯片(antibody microarray)在蛋白质水平检测基因表达；可以用不同的荧光素标记实验组和对照组蛋白质样品，然后与抗体芯片杂交，检测荧光信号，分析哪些基因表达的蛋白质存在组织差异。检测基因表达可以用于研究功能基因组，寻找和识别疾病相关蛋白，从而发现新的药物靶点，建立新的诊断、评价和预后指标。

随着科学的不断发展，蛋白质芯片技术不仅能更加清晰地认识到基因组与人类健康错综复杂的关系，从而对疾病的早期诊断和疗效监测等起到强有力的推动作用，而且还会在环境保护、食品卫生、生物工程、工业制药等其他相关领域有更为广阔的应用前景。相信在不久的将来，这项技术的发展与广泛应用会对生物学领域和人们的健康生活生产产生重大影响。

10.5.3　组织芯片

组织芯片(tissue rnicroarray)又称组织微阵列，是近年来发展起来的以形态学为基础的分子生物学新技术。它是将数十到上千种微小组织切片整齐排列在一张基片上制成的高通量微阵列，可以进行荧光原位杂交(FISH)或免疫组化(immunohistochemistry)分析。传统的核酸原位杂交或免疫组化分析一次只能检测一种基因在一种组织中的表达，而组织芯片一次可以检测一种基因在多种组织中的表达。因此，组织芯片是传统的核酸原位杂交或免疫组化分析的集成。

10.5.3.1　组织芯片技术的基本操作

组织芯片与基因芯片、蛋白质芯片在芯片制备、样本处理及检测等方面有很多不同。

(1)组织芯片制作。要用组织芯片制备仪。组织芯片制备仪通常由样本架、打孔采样装置、定位装置等组成：制备供体蜡块(donor block)(组织蜡块)，标记采样点；用打孔采样装置的微细穿刺针在受体蜡块(recipient block)(空白蜡块)上有序打孔；用微细穿刺针钻取供体蜡块上标记的采样点组织(圆柱形小组织芯，tissue core)，整齐安插入受体蜡块的相应孔位；按常规方法制作组织芯片蜡块切片，转移到玻片上制成组织芯片(图10-26)。

(2)样品选择。组织芯片上的组织点能否反映标本的真实情况是组织芯片技术成败的关键，并不是每张芯片所含组织点数量越多越好。在制作肿瘤分化程度差异大或异质性明显的组织芯片时更得注意，采样时要考虑代表性，可在供体蜡块上进行多点采样。

(3)检测分析。常用组织芯片检测方法有HE染色、免疫组织化学、原位杂交等。

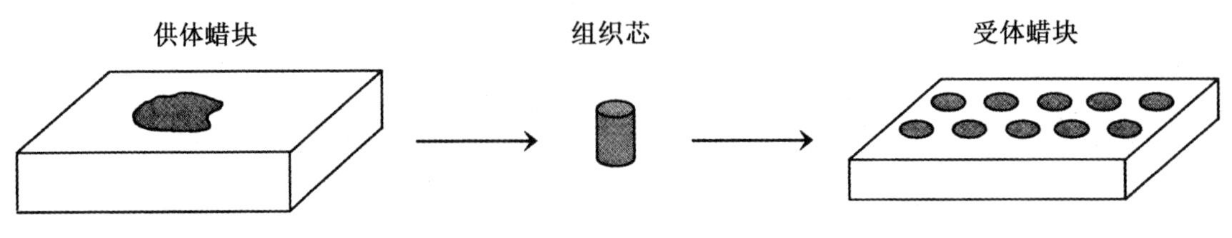

图 10-26　组织芯片制备

10.5.3.2　组织芯片技术的应用

组织芯片技术是以形态学为基础的分子生物学新技术，可与其他很多常规技术如免疫组织化学、核酸原位杂交(ISH)、荧光原位杂交(FISH)、原位 PCR 等结合应用，在生命科学研究领域具有广阔的应用前景。

例如，科技工作者利用组织芯片技术有可能同时对数十到上千种正常组织样品、疾病组织样品以及不同发展阶段的疾病组织样品进行一种或多种特定基因及相关表达产物的研究。作为生物芯片的新秀，组织芯片的发展很快，应用领域不断扩展，有望应用于常规的临床病理检验，特别是肿瘤诊断。

第11章 分子生物学与基因工程技术的应用

11.1 基因诊断

基因是携带生物遗传信息的基本功能单位，是位于染色体上的一段特定DNA序列。基因的改变会导致各种表型的改变，进而引起疾病的发生。将基因或其组成部分发生异常的疾病统称为基因病。对此，基因诊断和基因治疗的研究具有重要意义。

基因诊断是利用现代分子生物学和分子遗传学的技术方法，直接检测患者体内基因结构及其表达水平是否正常，从而对疾病做出诊断或辅助诊断。基因诊断的前提是已明确疾病表型与基因的关系。基因诊断的基本步骤为：获得待检样品、分离纯化DNA或RNA、选择合适的技术手段、基因检测分析。

11.1.1 基因诊断的特点

基因诊断是在DNA/RNA水平检测分析基因的存在、结构变异和表达状态，与传统诊断方法比较有其特点：

(1)针对性强。直接瞄准病理基因，不仅对表型出现的疾病做出诊断，还可能发现潜在的致病因素，如确定有遗传家族史的人携带致病基因。

(2)特异性强、灵敏度高。选用特定基因序列作为探针，单拷贝基因采用高度扩增PCR技术。可实现单分子诊断。

(3)稳定性高。目的基因是否处于活化状态均可。样品可长期保存。

(4)诊断范围广。适应性强，可检测正在生长的病原体或潜在病原体。

11.1.2 基因诊断的基本策略

(1)检测已知的能产生某种特定功能蛋白的基因。这些基因根据其特定功能已被克隆，并被定位在染色体上，基因序列亦被测定，致病时的基因改变亦较清楚。如已被克隆的病毒、细菌、霉菌和寄生虫的基因、与致病有关的癌基因、抗癌基因、地中海贫血、苯丙酮尿症等遗传病基因。

(2)检测与某种遗传标志连锁的致病基因。许多基因病，基因结构未阐明，但已定位在染色体的特定位置上，通过检测与特定染色体位点连锁的遗传标记来诊断。所谓遗传连锁，是指同一染色体相邻的两个或两个以上的基因或限制性酶切位点，由于位置十分靠近，在遗传时分离概率很低，常一起遗传。

染色体遗传连锁图是用限制性内切酶酶切位点作遗传标志，定位与之相连锁的正常基因与致病基因，建立相应的遗传连锁图谱。根据遗传连锁图进行定位性克隆，从而比较正常和异常基因的差别，可找出导致遗传病的分子缺陷。

该方法的优点是无须更多了解致病基因结构及其分子机制；缺点为间接诊断，没有直接检测基因突变。

(3)检测表型克隆基因。表型克隆技术是将有关表型与基因结构结合，直接分离该表型的相关基因，并对疾病相关的一组基因进行克隆，然后用作多种探针，来诊断多基因遗传病。该策略可针对多基因病，如重度肥胖、哮喘、高血压、癫痫、精神病、多种自身免疫性疾病等。

可以采用两种方法。一是采用 DD-RT-PCR 技术，分析正常和异常基因组，寻找两者之间的差异序列；二是采用基因组错配筛选技术，寻找两者的全同序列，分离、鉴定与疾病相关的基因，确定导致疾病的分子缺陷。

11.2 基因治疗

用基因治病就叫基因治疗。基因治疗就是用正常或野生型基因校正或置换致病基因的一种治疗方法。基因治疗最早的临床研究是 1990 年 Blaese 等进行的对腺苷脱氨酶(ADA)缺乏症的治疗，随后在对遗传病、病毒侵染、肿瘤等疾病的治疗中得到广泛的应用。

基因治疗的主要策略如下：

(1)向体内导入外源基因取代体内的有缺陷的基因发挥作用。中国也是开展基因治疗比较早的国家，1991 年薛京伦等开展了血友病 B 基因治疗的临床实验，并取得了比较理想的效果。Blaese 等的研究策略也属于这一种。

(2)对致病基因进行抑制：该方法是用反义核酸或核酶通过干涉致病基因的转录或翻译而清除其表达产物，例如，利用 mRNA 的反义核酸阻止目标基因的表达、表达有害基因的强阻遏物、竞争性 RNA 的超量转录等。

通过对核酶/脱氧核酶进行多种的人为化学修饰可以大大增强它们在体内的稳定性，甚至可以与传统药物的稳定性相比。然而核酸类药物在体内以及细胞内的有效扩散问题仍然是这类化合物应用的关键性障碍。

11.2.1 基因治疗的类型

目前基因治疗大概有以下几种类型。

(1)基因补偿。把正常基因导入体细胞，对缺陷基因进行补偿或增强原有基因的功能，但致病基因本身并未除去。

(2)基因矫正或基因置换。通过纠正致病基因中异常碱基或整个基因来达到治疗目的。

(3)基因失活。将特定的反义核酸或核酶导入细胞,在转录和翻译水平阻断某些基因的异常表达,而达到治疗的目的。例如,利用 mRNA 的反义核酸阻止目标基因的表达、表达有害基因的强阻遏物、竞争性 RNA 的超量转录等。

利用 RNA 切割型核酶或者脱氧核酶通过识别特定位点而抑制目标基因表达的基因治疗方案在抑制效率和专一性上有独特的优势。反义核酸与 mRNA 杂交,杂交分子可以被活性 RNase H 切割清除。可以看出反义核酸或者通过杂交部分抑制靶 mRNA 的表达,或者在 RNase H 的参与下彻底破坏靶 mRNA,无论哪种情况,一个反义核酸分子只作用于一个靶 mRNA 分子,而核酶则可以在切割一个靶 mRNA 之后从杂交体上解脱下来,对下一个靶分子进行杂交切割,具有更高的作用效率。

自从发现能够自身切割和连接的组Ⅰ内含子以来,对催化型核酸的深入研究极大地拓宽了这种非蛋白质类催化分子在医疗上的应用。虽然目前通过体外选择方法已经获得了可以催化不同类型反应的核酶,但对医疗应用来说最主要的还是那些具有切割特定 RNA 顺序,从而可以在体内抑制某些有害基因的核酶,原理见图 11-1。利用具有切割 RNA 活性的核酶来进行基因治疗,阻止有害基因的表达主要得益于锤头型核酶和发夹型核酶,因为这两种类型的核酶的催化结构域很小,既可以作为转基因表达产物,也可以直接以人工合成的寡核苷酸形式在体内转运。近年来通过体外选择方法得到的具有切割 RNA 活性的脱氧核酶更具有很好的应用前景,因为脱氧核酶不但催化结构域小,而且性质比核酶稳定,在体内的半衰期比较长。除了以上这种基于消除不利基因活性的基因治疗外,具有切割和连接活性的组Ⅰ内含子还可以对发生有害突变的基因进行基因矫正。体外选择得到的 RNA/DNA 适体也可以通过干涉细胞内某些因子的功能而对一些疾病进行治疗。药用 RNA/DNA 一个很明显的优势是几乎不会引发免疫反应,仅在自身免疫疾病中观察到很少的几例对 RNA/DNA 有免疫反应。

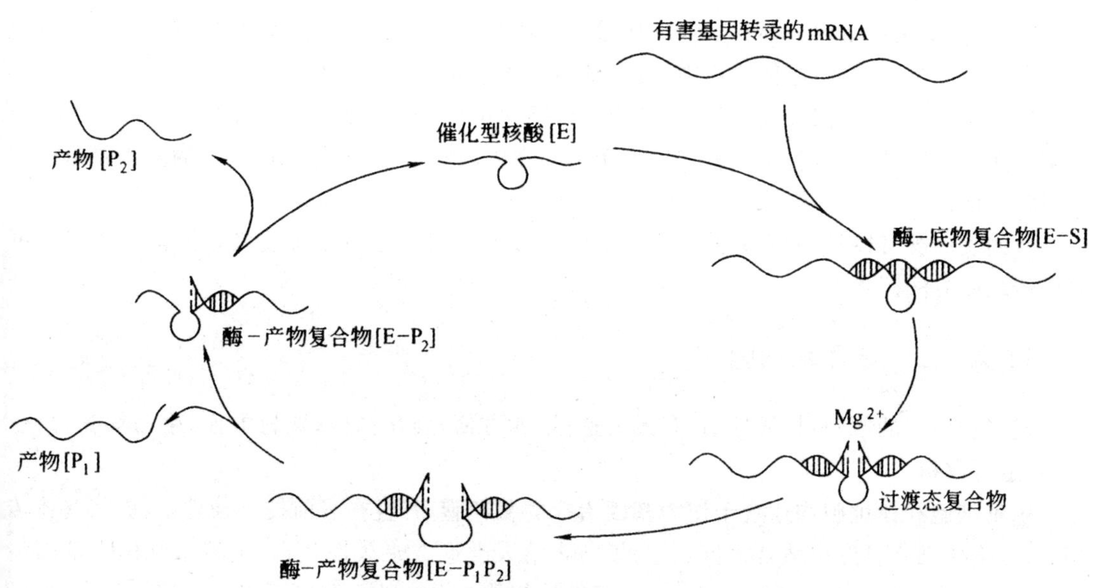

图 11-1 利用核酶/脱氧核酶抑制有害基因的基本原理

通过对核酶/脱氧核酶进行的多种人为化学修饰可以大大增强它们在体内的稳定性，甚至可以与传统药物的稳定性相比。然而核酸类药物在体内以及细胞内的有效扩散问题仍然是这类化合物应用的关键性障碍。

(4)耐药基因治疗。在肿瘤治疗时，为提高机体耐受化疗药物的能力，把产生抗药物毒性的基因导入人体细胞，以使机体耐受更大剂量的化疗，如向骨髓干细胞导入药物抗性基因 *mdr*-1。

(5)免疫基因治疗。把产生抗病毒或肿瘤免疫力的抗原决定簇基因导入机体细胞，提高机体免疫力，以增强疗效，如细胞因子基因的导入和表达等。

(6)应用“自杀基因”。将“自杀”基因导入宿主细胞中，这种基因编码的酶能使无毒性的药物前体转化为细胞毒性代谢物，诱导靶细胞产生“自杀”效应，从而达到清除肿瘤细胞的目的。这是恶性肿瘤基因治疗的主要方法之一。

11.2.2 基因治疗的基本程序

11.2.2.1 选择和制备目的基因

进行基因治疗的第一步就是目的基因的选择，只要已经确定某种遗传病是单基因病，就可以考虑其相应正常基因用于该遗传病的基因治疗。例如：LDL 受体缺乏症所致的高脂蛋白血症可以用 LDL 受体基因 LDLR 治疗，腺苷脱氨酶缺乏症可以用腺苷脱氨酶基因 ADA 治疗。

进行基因治疗的目的基因需要满足的基本条件：基因序列和功能已经阐明，并且其基因序列能够制备；基因在体内只要有少量表达对于症状的改善就非常有帮助，并且过量表达也不会对机体造成危害；在抗病原体治疗中，目的基因应该是特异的，并且作用于病原体生命周期的关键环节；分泌蛋白的信号肽序列必须完整，以确保可以分泌到细胞外；目的基因必须置于合适调控元件的控制之下；为了了解和检测靶细胞在体内的位置、功能、寿命，目的基因要与标记基因联合使用。

目的基因既可以是 cDNA，也可以是基因组 DNA 片段，还可以是反义核酸。目的基因可以用传统的方法制备。

11.2.2.2 选择靶细胞

选择靶细胞的原则：特异性高，有效表达；培养方便，转化高效；取材方便，生命期长；耐受处理，适合移植。

生殖细胞和体细胞均适合于作为基因治疗的靶细胞，并且在当前技术条件下，就某些遗传病而言，生殖细胞显然更适合。但是，为了防止给人类造成永久性危害，生殖细胞作为基因治疗的靶细胞在国际上是明令禁止的，所以只能使用体细胞。体细胞既可以选用病变细胞，也可以选用正常细胞。根据疾病的性质和基因治疗的策略，目前，皮肤成纤维细胞、血管内皮细胞、神经胶质细胞、造血干细胞、淋巴细胞、肌肉细胞、肝细胞、神经元和肿瘤细胞等以上这些都可以作为靶细胞。

11.2.2.3 将目的基因导入靶细胞

将目的基因导入靶细胞是基因治疗的关键,因为目的基因必须进入细胞才能表达并发挥作用。

(1)导入方法。需要借助载体才能完成基因导入。基因治疗载体需要具备以下基本条件:易于转染靶细胞;能使目的基因在靶细胞内持续有效地表达;能使目的基因随靶细胞 DNA 一起复制;对人体安全有效并带有能被识别、便于鉴定的标志;易于大量生产。

导入方法分为病毒载体法和非病毒载体法。

病毒载体法导入效率较高,是目前在基础研究和临床治疗中应用的主要导入方法。逆转录病毒载体、腺病毒载体、腺相关病毒载体、慢病毒载体、单纯疱疹病毒载体、痘苗病毒载体和杆状病毒载体等都是已经开发出的病毒载体。

非病毒载体法是用化学介质或物理方法将目的基因导入靶细胞,包括磷酸钙共沉淀法、脂质体介导法、受体介导法、直接注射法、显微注射法、电穿孔法和基因枪法等。非病毒载体法导入的基因很难整合到靶细胞基因组中,反而会被靶细胞降解清除,因此转化效率较低,但操作相对简便和安全。

(2)导入途径。

ex vivo 途径:即从患者体内取出适当的靶细胞进行体外培养,然后将具有治疗功能的基因导入进去,筛选阳性转染细胞回输到患者体内。这种方法易于操作,安全性好(但不易形成规模,且必须有固定的临床基地),是目前应用较多的方法。

in vivo 途径:即将基因直接导入体内使其表达之后发挥作用,是最简便的导入方法。已经在腹腔、静脉、动脉、肝脏和肌肉等多种组织器官获得成功。这种方法易于规模操作,但安全条件苛刻,技术要求更高,导入效率低和表达效率低等问题是无法从根本上解决的。

(3)RNA 药物导入。反义 RNA、小干扰 RNA、核酶等 RNA 药物是利用基因干预策略进行基因治疗,其导入方法具有的特殊性体现在两点:第一,可以和其他基因一样,将相应基因与表达载体重组,导入靶细胞内甚至整合到靶细胞基因组中,通过转录合成 RNA 药物,但存在如何有效控制其表达水平的问题;第二,也可以先在体外合成,通过脂质体介导法等导入靶细胞,导入效率较高,但存在如何提高导入特异性和抗 RNase 降解问题。不过,这一问题有望通过受体介导法等解决。

受体介导法——以去唾液酸糖蛋白受体(ASGR)为例:制备去唾液酸糖蛋白(ASGP),与带大量正电荷的多聚赖氨酸共价偶联成复合物,从而可以与带负电荷的反义 RNA(也可以是其他 RNA/DNA)以离子键结合,通过与肝脏细胞膜表面的去唾液酸糖蛋白受体特异结合,与所携带反义 RNA 一起被细胞内吞,之后逐步释放,一边发挥作用,一边被降解。该方法在细胞水平(Hep G2 细胞系)可以特异性阻遏乙型肝炎病毒基因表达,其优势可通过以下两点来体现:一是受体介导法既特异又高效;二是导入的反义 RNA 受到多聚赖氨酸保护,因而抗 RNase 降解。因此,受体介导法可以满足 RNA 药物用于基因治疗的特异性和抗降解要求。

此外，用硫代核苷酸替代常规核苷酸合成 RNA 药物，也可以使其抗降解。

11.2.2.4 转染细胞筛选和目的基因鉴定

通常情况下，基因导入的效率都不是特别高，即使用病毒作载体其上限仍然是 30%。所以在导入之后一般需要对转染细胞进行筛选。由于转染细胞与非转染细胞在形态上难以区分，因此可以利用标志基因、基因缺陷型受体细胞的选择性、基因共转染技术(将目的基因和标记基因一同转染宿主细胞)进行筛选。而利用标志基因进行筛选是最常用的筛选法，可以判断目的基因是否成功导入。多数哺乳动物表达载体中都有标志基因 neo^R，可以用 neo^R-G418 系统筛选。

在转染细胞筛出之后，目的基因的表达状况还需要对其进行鉴定。常用方法有 PCR-RFLP、Q-PCR、印迹杂交、基因芯片、蛋白质芯片、免疫组化染色和免疫沉淀等。另外，大多数还要进行动物实验，弄清转染细胞和目的蛋白的整体效应。

11.2.3 基因治疗中的 RNA 修饰技术

RNA 修饰技术是指降低 mRNA 表达水平，或对 mRNA 的功能进行修正、添加的技术，反义技术、RNAi、反式剪接(trans-splicing)和核酶(ribozyme)技术这些技术都属于 RNA 修饰技术。基因治疗中常用的反义技术是反义寡核苷酸(antisense oligonucleotide，ASO)策略，该策略设计与靶 mRNA 同源的 18～30 nt 的反义 ssDNA，与靶 mRNA 结合形成 RNA-DNA 复合物，RNA 酶识别该复合物并切开靶 mRNA，释放的反义 DNA 又可与新的靶 mRNA 结合，重复该降解过程，具体如图 11-2 所示。ASO 策略可用于降低细胞中突变蛋白的含量，但目前还没有应用于临床的报道。

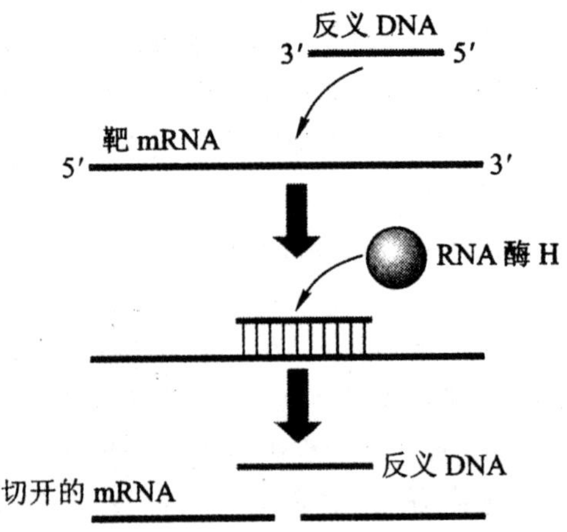

图 11-2 反义寡核苷酸技术的原理

解决运送问题是 RNAi 技术应用于基因治疗的关键所在，即需要有足够多的 RNAi 分子进入细胞质。另一个潜在问题是 dsRNA 可能会诱发干扰素基因的表达，这与 dsRNA 的浓度和序列特征有关，因此实际操作中可以通过对 RNAi 分子的改造来避免干扰素基因的表达。RNAi 分子不易透过人细胞膜，在血液中降解的速度也很快，但是如果向人体中大量导入 RNAi 分子，又会存在难以迅速稀释的问题。目前的技术是利用一些脂质或传送蛋白帮助 RNAi 穿过细胞膜，还可以利用病毒载体实现 RNAi 分子在细胞中持续和稳定的表达。利用 RNAi 进行基因治疗已经在两个小鼠模型中获得了成功。

反式剪接技术可在前体 mRNA(pre-mRNA)水平对突变基因进行纠正。由于目标基因的外显子 C 发生突变，于是导入含有正常外显子 C，与外显子 B 和 C 之间的区域配对的杂交区，以及剪接受体(acceptor)位点的前体 mRNA，通过与外显子 B 下游的剪接供体(donor)位点的作用以及杂交区的配对，发生反式剪接，正常的 mRNA 也就可以拼合而成，如图 11-3(a)所示。反式剪接技术已在治疗 A 型血友病的动物模型中获得成功，其主要缺陷是需要有足够起始浓度的前体 mRNA 参与杂交。片段反式剪接(segmental trans-splicing)技术可用于在细胞中表达超过病毒载体容量的大分子 mRNA，其原理是分别表达基因 5′-和 3′-端的外显子片段，再通过杂交和反式剪接拼合成完整的 mRNA，如图 11-3(b)所示。

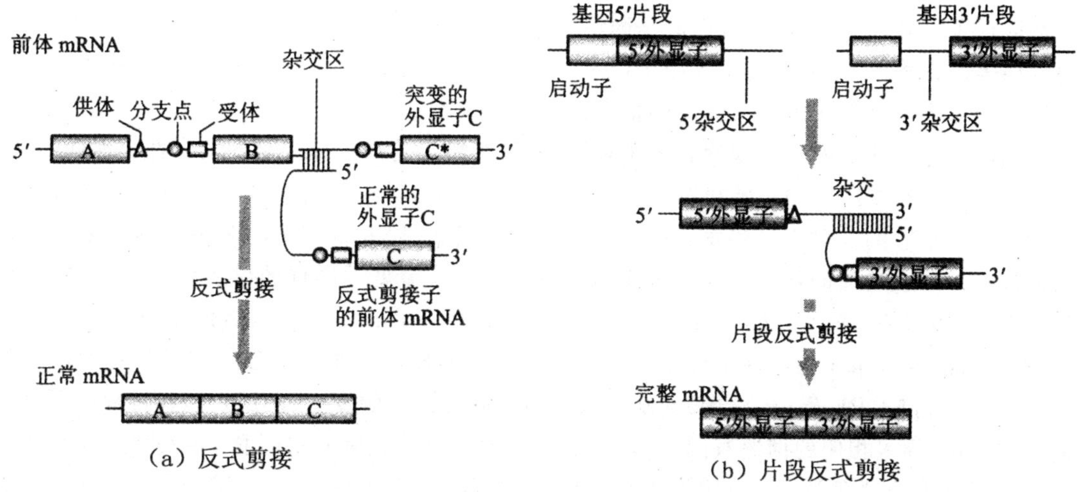

(a) 反式剪接　　(b) 片段反式剪接

图 11-3　反式剪接技术的原理

核酶是具有酶活性的 RNA 分子，它可以识别特异性的 RNA 序列并在特定位点切开磷酸二酯键。核酶由中央的核酸降解域(nucleolytic motif)和侧翼的互补杂交区组成，在基因治疗中，可用于置换突变序列(图 11-4)或降低突变 mRNA 的水平。锤头(hammerhead)型核酶在基因治疗中应用最多。事先合成好的核酶能够直接导入细胞，但是细胞吸收效率很低，核酶在细胞中降解的速度也很快。通过对核酶进行结构修饰能够提高其稳定性，但同时会严重抑制其催化活性。另一种途径则是在细胞内表达生成核酶。

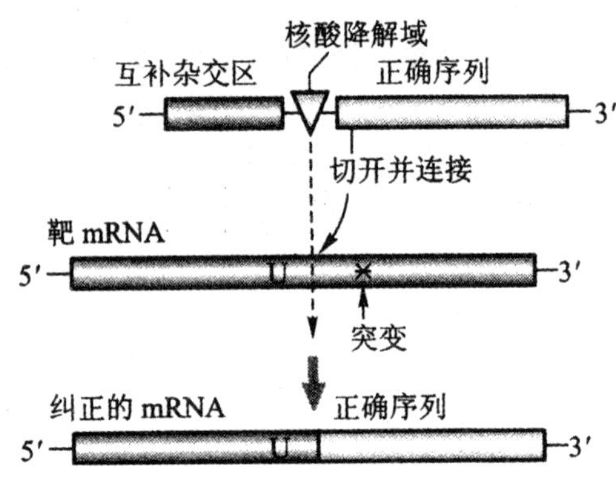

图 11-4　利用核酶技术置换突变序列的原理

11.2.4　基因治疗的应用与展望

基因治疗作为一门新兴的学科，在很短的时间内就从实验室过渡到临床。它为临床医学开辟了崭新的领域，在遗传性疾病、心血管疾病、肿瘤、感染性疾病和神经系统疾病等多种病种中都取得了突破性进展，已被批准的基因治疗方案有百例以上，包括肿瘤、艾滋病、遗传病和其他疾病等。在我国，血管内皮生长因子(VEGF)、血友病Ⅸ因子及抑癌基因 p53 等基因治疗的临床实施方案也已获我国有关部门的批准进入临床试验。

基因治疗目前都处于初期的临床试验阶段，没有稳定的疗效和完全的安全性。因此，在没有完全解释人类基因组的运转机制，充分了解基因调控机制和疾病的分子机理之前进行基因治疗是相当危险的。对于一些发病机制较为复杂的疾病，研究者们采用多种不同的策略进行基因治疗。如在肿瘤的基因治疗中常用的策略包括基于免疫学原理的导入细胞因子基因(如 IL-2、γ-IFN 及 TNF 等)以产生抗瘤效应；导入共刺激分子 B7 基因，以增强体内 T 细胞介导的抗瘤功能；导入组织相容性复合物(MHC)基因，以增强肿瘤细胞的免疫原性等；针对不同的抑癌基因(如 p53、Rb 及 nm23 等)的缺失或失活在肿瘤细胞的发生、发展及转移过程中所发挥的不同作用，导入相应的抑癌基因，治疗已发生的肿瘤或防止肿瘤的转移；导入特定反义核酸抑制原癌基因的过度表达也可用作肿瘤的治疗；将自杀基因(如 TK 及 CD 基因等)导入肿瘤细胞，利用药物特异杀伤肿瘤细胞。而在心血管疾病的基因治疗中，研究者利用 tPA(组织型纤溶酶原激活剂)或 pro-UK(尿激酶原)基因来防止血栓形成，用 LDL 受体基因、apoA Ⅰ基因来治疗高脂血症，用 C-mye、N-ras、p53、IGF-1R 的反义寡核苷酸抑制血管平滑肌细胞的增殖，用血管紧张素亚型Ⅰ(AT Ⅰ)受体 mRNA 反义寡核苷酸及心钠素(ANP)基因治疗高血压等，均在实验室或临床试验中初步获得成功。

由于基因治疗是一种不同于以往任何治疗手段的新方法，将其作为疾病的常规疗法还有待时日。因为它还有许多理论和技术性问题有待进一步深入研究，对于其潜在的风险也需要充分的认识。首先，基因治疗要获得成功，必须具备切实有效的基因。目前用于肿瘤基因治疗的基因很多，但难以获得预期的结果，和上述原因不无关系。因此彻底阐明疾病发生的分子机制，寻找出有真正治疗作用的基因无疑会将基因治疗向前推动一大步。其次，就是外源基因在人体内的表达调控问题。很多蛋白质在体内的表达需进行精密的调控(如酶等)。哺乳类动物细胞中基因表达调控的机制尚未完全阐明,如何使外源基因的表达随体内生理信号的变化而得以精细调控,在目前尚无良策。另外,尽管目前已有多种基因载体可供选择,但如何扬长避短,构建安全、高效、靶向、可控的载体是一个亟待解决的课题。还有,目前基因治疗的方案多数是采用间接体内疗法,但受体细胞经体外长期培养和增殖后,细胞生物学特性是否改变也是值得研究的问题。如体外试验已证实 TIL 能特异杀伤肿瘤细胞,回输体内后,除少部分分布在肿瘤组织外,更多的是集结在肝和肾中,而且基因表达效率也降低了。因此研究体细胞移植和重建的生物学也是今后研究的一个方向。最后要充分估计导入外源基因对机体的不利影响。尽管随机整合可能造成的插入突变概率极低,但潜在的危险还是存在的。当然外源基因产物对宿主的危害性也不容忽视。若体内出现大量原来不存在的蛋白质,可能会导致严重的免疫反应。尽管人类基因治疗存在上述问题,但可以预期基因治疗的最后成功,将成为生物医学工程史上的一个新里程碑。

11.3　转基因技术的应用

11.3.1　动物转基因技术及其应用

转基因动物(transgenic animal)是指携带外源基因并能将其表达和遗传的动物。动物转基因技术是培育携带转基因的动物所采用的技术。从 1961 年 Tarkowski 将不同品系小鼠卵裂期的胚胎细胞聚集培育出嵌合体小鼠开始到目前为止,各国生命科学工作者已经培育成功鼠、牛、兔、羊、鸡、猪、鱼、昆虫等多种转基因动物,所表达的转基因产物既有生长因子、激素、疫苗,也有酶、血浆蛋白等。基因工程的不断发展使得动物转基因技术不断得以完善,目前,该项技术已经被广泛应用于生物学基础、畜牧学、医学、生物工程学等各种领域的研究。

11.3.1.1　生物学基础研究

培育带有目的基因的转基因动物,通过对其表型改变进行分析,可以研究基因型与表型的关系,阐明目的基因的功能;通过对其在生长发育过程中的表达进行检测,可以阐明目的基因在表达时间、空间和条件等方面的特异性。培育带有调控元件——报告基因重组体的转基因动物,通过对其报告基因的表达进行检测,还可以阐明调控元件在基因表达调控中的作用。可见,转基因动物为基因功能、基因表达及表达调控的研究提供了有效工具。

动物转基因技术有效地实现了分子水平、细胞水平和整体水平研究上的统一,以及时间上动态研究和空间上整体研究的统一,使研究结果从理论上和应用上而言都更具有意义。

11.3.1.2　医药研究

转基因动物在医药研究领域的应用最为广泛、发展也最为迅速,前景令人振奋。

(1)新开发药物的筛选。通常,新开发的药物总是在进行过动物试验之后才能用于人体。虽然说传统的动物模型具有与人类某种疾病相似的症状,但由于各种疾病的病因、病机不尽相同,所以它还是不能完全适合人们的需要。而转基因动物模型可以代替传统的动物模型进行药物筛选,具有筛选工艺经济,实验次数少,实验更加高效,筛选结果准确等优点。目前,转基因动物在筛选抗艾滋病病毒药物、抗肝炎病毒药物、抗肿瘤药物、肾脏疾病药物等应用方面均已取得突破性进展。但是转基因动物模型未能得到广泛采用,这主要是因为人类多数疾病的遗传因素尚未阐明,相应的转基因动物模型很难培育起来。

(2)作为生物反应器生产药物。生物反应器(bioreactor)本意是指可以实现某一特定生物过程(bioprocess)的设备,例如发酵罐、酶反应器。饲养简便、生产高效、取材方便、易规模化等是动物转基因技术生产药用蛋白所具备的优点,已经成为生物制药产业大规模生产药用蛋白的新工艺。转基因动物的乳腺因为具有以下优点而成为特殊的生物反应器:乳腺是一个外分泌器官,乳汁不进入体循环,其所含的转基因蛋白不会影响转基因动物本身的生理过程;乳汁产量特别高,乳汁中蛋白质含量也高(1只绵羊1年可以生产20~40 kg蛋白质),从乳汁中提取蛋白质也比较容易;乳汁中的蛋白质已经过充分的翻译后修饰,具有稳定的生物活性,和天然产品比较接近;乳汁生产成本低,用转基因奶牛生产人乳铁蛋白(lactoferrin)的成本仅为用真核细胞培养生产的1/1000。

转基因动物作为生物反应器可以生产营养蛋白、单克隆抗体、疫苗、激素、细胞因子、生长因子。

(3)人类疾病动物模型的建立。人类疾病动物模型为现代生物医学研究提供了重要的实验手段和方法。由于用转基因技术培育的转基因动物模型与人类某种疾病具有相似的表型,它可以模拟人体生命过程,用于从整体、器官、组织、细胞和分子水平对疾病的病因、病机和治疗方法等进行分析研究,研究结果具有较高的适用性。例如,转有癌基因的转基因动物模型对化学致癌物更敏感,适用于对化学致癌物的致癌机制,以及致癌物与癌基因、抑癌基因的相互作用进行研究;在心血管领域中,转基因动物可应用于血脂代谢与动脉粥样硬化关系的研究,以及在分子水平上认识心血管功能;在皮肤病领域中,转基因动物可用于银屑病的病因和发病机制的研究。

中国首例转基因猕猴在云南昆明培育成功,为未来人类重大疾病的非人灵长类动物模型的深入研究奠定了坚实基础。两只转基因猕猴在外观上与普通猕猴无异,但在特殊光源下,通体会呈现绿色。此前,国际上有美国和日本科学家成功获得转基因猴模型。

(4)异体器官的移植。在目前来说,器官移植已经被作为治疗器官功能衰竭等疾病的首选方法。但是,在很多国家都存在供体器官严重匮乏的问题。异种器官移植可以解决来源不足问题,这使得人们不得不对其重新引起重视。通过培育转基因动物、改造器官基因状态等,使之适用于人体器官或组织移植是解决移植源短缺的有效途径。目前,这类研究主要集中在攻破以下难题:将人体的补体调节因子基因利用转基因技术转入器官移植供体动物,使移植器官获得抵抗补体反应的能力,以降低或消除补体反应;通过基因敲除减少或改变供体器官的表面抗原;使供体器官表达人体的免疫抑制因子。该研究具有重要的实用价值,相信以后会有更多更加完善的改造器官用于人类疾病的治疗。

对器官供体动物研究较多的是猪。国外相关机构利用猪胎儿神经细胞、胰腺细胞等作为供体,治疗人类帕金森病和糖尿病等疾病(表11-1)。

表 11-1　利用猪组织器官作为异种移植的现状

组织/器官	用途	研发阶段
胎儿神经细胞	帕金森和亨廷氏病	临床Ⅰ期
	帕金森综合征	临床Ⅰ期
胰腺细胞	糖尿病	完成动物(猴)试验
	糖尿病	临床Ⅰ期
肝细胞	肝坏死	临床Ⅰ期
肾脏、心脏、肝脏	肝衰竭(肝脏)	临床Ⅰ期
	器官衰竭	临床前期

在生物学、医学的发展上，转基因动物做出了巨大的贡献，特别是在孤儿药的研发和生产方面。与传统的制药方法相比，利用乳腺生物反应器生产药物蛋白的成本更低，效率更高，质量更好。因此，随着全世界对药用蛋白和疫苗的不断需求，利用转基因动物作为药物生产工厂是未来的趋势。

11.3.1.3　动物品种的改良和培育

利用动物转基因技术改良动物基因成为可能，可以达到提高养殖动物肉、蛋、奶的品质和产量，提高饲料利用率，加快动物生长速度的目的；还可以通过基因转移，增强牛、羊等动物的抗病、抗寒等能力。此外，动物转基因技术联合体细胞克隆技术能加快优良种畜的繁殖速度，从而缩短新品种培育周期。并且，转基因动物对于动物遗传资源保护具有重要意义，有望应用于挽救濒危物种。

11.3.1.4　观赏动物

美国得克萨斯州的约克镇技术公司将海洋珊瑚虫的发光基因转移到鱼体内获得转基因斑马鱼，这种转基因斑马鱼的发光呈现两种光泽：一种是在普通光线下呈现红色；另一种是在黑暗环境中如果接受紫外线照射则发出荧光。转基因斑马鱼在 2004 年 1 月就公开在市场上出售，而公开销售的价格为每条鱼 5 美元。

科学家将绿色荧光蛋白基因(GFP)、红色荧光蛋白基因(RFP)和黄色荧光蛋白基因分别导入斑马鱼体内，从而得到各种荧光闪闪、异彩纷呈的转基因斑马鱼。

综上所述，动物转基因技术诞生至今，已经取得了很大的进展，并创造了巨大的经济效益和社会效益。从目前的发展趋势看，有希望成为 21 世纪生物工程领域的核心技术，并给医药卫生领域(特别是药物生产和器官移植等)带来革命性变化。但是其中涉及一系列的问题，如转基因动物产品的安全问题、动物转基因技术的伦理问题等，并且动物转基因技术本身并不完善，还存在许多亟待解决的问题，这些都在一定程度上限制了其应用。相信随着研究的不断深入，转基因动物相关产品最终将实现产业化、市场化，从而为人类带来更大的利益。

11.3.2 转基因植物及其应用

转基因植物(transgenic plant)是指携带外源基因并能将其表达和遗传的植物。其转基因可以来自动物、植物或微生物。植物转基因技术是培育携带转基因的植物所采用的技术,该项技术是植物分子生物学研究的强有力手段,更是功能基因组研究必不可少的实验工具。

植物转基因技术可以用于生产疫苗、抗体、药用蛋白等医疗药品,也可以用于培育转基因农作物,还可以用于生物除污。我国已经获准种植的转基因植物有抗虫棉、改色牵牛花、延熟番茄和抗病毒甜椒等。我国转基因植物的研究和开发取得了显著成果,已经在基因药物、农作物基因图与新品种等方面形成优势,并且有些研究已经达到国际先进水平。

11.3.2.1 医药领域

随着现代生物技术的发展,转基因技术也获得飞速发展,如今植物转基因技术已经在医药领域得到应用。转基因植物同样可以作为一种新型的生物反应器,可以用于生产疫苗、抗体、药用蛋白等。

(1)转基因植物抗体。转基因植物抗体是用抗体或抗体片段的编码基因培育转基因植物表达的具有免疫活性的抗体或抗体片段。人类既可以用植物作为生物反应器生产具有药用价值的抗体,特别是单克隆抗体,又可以直接利用抗体在植物体内进行免疫调节,来研究植物的代谢机制,或增强植物的抗病虫害能力。

(2)转基因植物疫苗。用抗原基因转化植物,利用植物基因表达系统表达,生产相应的抗原蛋白,即转基因植物疫苗(transgenic plant vaccine),适合于作为口服疫苗。1992年,Mason等首次用乙型肝炎病毒表面抗原基因转化烟草,使其成功表达乙肝疫苗。我国科学工作者也已经用乙型肝炎病毒表面抗原基因培育转基因番茄、胡萝卜和花生。

目前有两种转基因植物疫苗系统:一是稳定表达系统,是将抗原基因整合人植物基因组,获得稳定表达的转基因植株;二是瞬时表达系统,是将抗原基因整合入植物病毒基因组,然后将重组病毒接种到植物叶片上,任其蔓延,抗原基因随着病毒的复制而高效表达。严格地说瞬时表达系统这一方法并没有培育出转基因植物。

(3)其他药用转基因植物蛋白。1986年,人生长激素第一个在转基因烟草中得到表达。此后,人白蛋白(马铃薯)、人促红细胞生成素(番茄)、白细胞介素2(烟草)、粒细胞巨噬细胞集落刺激因子(水稻)、蛋白酶抑制剂(水稻)、亲和素(玉米)、牛胰蛋白酶(玉米)等许多生物活性蛋白在不同植物中相继得到表达。这为高需求量的药用蛋白提供了新资源。此外,一些用于保健的蛋白质也在植物中得到表达,例如能增进婴幼儿健康的人乳铁蛋白和p酪蛋白(马铃薯)。

与其他生物制药相比,转基因植物制药存着诸多优点,如生产成本低、成活率高、风险较低、方便储存、可进行蛋白质产物的靶向生产等。但由于各种因素的影响还存着各种缺陷,如规模种植受季节和区域限制、工业化后加工技术不成熟导致成本升高、成熟的转基因植物生产系统较少等。

11.3.2.2　植物选育

1986年，世界上第一例转基因植物——抗烟草花叶病毒(TMV)烟草在美国成功培植，开创了抗病毒育种的新途径。自从第一株转基因烟草培育成功以来，植物转基因技术在许多领域取得了令人瞩目的成就。1994年，第一种转基因食物——延熟番茄(商标名称 FLAVR SAVR)获准上市。截至2004年，全球转基因植物种植面积已经达到8100万公顷，其中大豆占61%，玉米占23%，棉花占11%，油菜占5%。植物转基因研究是改进农作物性状的一条新途径，自1986年以来取得了迅速发展，尤其是采用转基因技术在选育抗除草剂植物、抗病毒植物。

(1)抗病毒植物。植物病毒会降低农作物的产量和品质，用植物病毒衣壳蛋白基因、植物病毒复制酶基因、植物病毒复制抑制因子基因、核糖体失活蛋白基因、干扰素基因等转化农作物，可以培育抗病毒转基因农作物，从而使病毒的传播和发展得到有效控制。

目前被应用的抗病基因有抗烟草花叶病毒基因，抗白叶枯病基因，抗棉花枯萎病基因，抗黄瓜花叶病毒基因，抗小麦赤霉病、纹枯病和根腐病基因等，已经培育的抗病农作物有棉花、水稻、小麦、大麦、番茄、马铃薯、燕麦草、烟草等。我国培育的抗黄瓜花叶病毒甜椒和番茄已经开始推广种植。

(2)抗虫植物。目前防治农作物病虫害主要依赖于喷施农药，但农药一方面会污染环境，另一方面还造成了病虫的耐受性。将抗虫基因导入农作物不但能够减轻喷施农药所带来的负面影响，还能够增加农作物产量。

1987年，Vaeck等最早用 *Bt* 基因转化培育出能抗烟草天蛾幼虫的转基因烟草，至今已经用 *Bt* 基因转化培育出50多种转基因农作物，统称 *Bt* 作物(*Bt* crop)。目前应用的抗虫基因有几十个，其中应用最广泛的为蛋白酶抑制剂基因和外源凝集素基因等，已经培育的抗虫农作物和其他经济作物有大豆、水稻、玉米、豇豆、慈姑、番茄、马铃薯、甘薯、甘蔗、胡桃、油菜、向日葵、苹果、葡萄、棉花、烟草、杨树、落叶松等。目前抗虫作物已占全球转基因作物的22%。

(3)抗除草剂植物。目前各国普遍应用除草剂除草以提高农作物产量，但是由于大多数除草剂无法很好地区分杂草与农作物，经常会对农作物造成不必要的伤害，这对于除草剂的广泛应用是很不利的。为此可以将除草剂作用的酶或蛋白质的编码基因转入农作物，增加拷贝数，使这些酶或蛋白质的表达量明显增加，从而提高对除草剂的抗性。

目前已经培育的抗除草剂农作物有棉花、大豆、水稻、小麦、玉米、甜菜、油菜、向日葵、烟草等，可以抗草丁膦(glufosinate，抑制谷氨酰胺合成，欧洲议会禁用)、草甘膦(glyphosate，抑制芳香族氨基酸合成)、磺酰脲类(sulfonylureas，抑制支链氨基酸合成)、咪唑啉酮类(imidazolinones，抑制支链氨基酸合成)、溴苯腈(bromoxynil，抑制光合作用)、阿特拉津(atrazine，抑制电子传递，欧盟禁用)等除草剂。

(4)抗逆植物。为了提高农作物对干旱、低温、盐碱等逆境的抗性，近年来各国都在进行以转基因技术提高农作物抗逆能力的研究。目前已经分离的抗逆基因包括与耐寒有关的脯氨酸合成酶基因、鱼抗冻蛋白基因、拟南芥叶绿体-3-磷酸甘油酰基转移酶基因，与抗旱有关的肌醇甲基转移酶基因、海藻糖合酶基因等。目前已经培育出耐盐的小麦、玉米、草莓、番茄、烟草、苜蓿，耐寒的草莓、苜蓿，抗旱、抗瘠的小麦、大豆，耐盐、耐寒、抗旱的水稻。

(5)改良品质植物。随着生活水平的不断提高,人们更加重视食物的口味、营养价值。通过转基因技术能够改变农作物代谢活动,从而改变食物营养组成,包括蛋白质的含量、氨基酸的组成、淀粉和其他糖类化合物、脂类化合物的组成等。

已经培育有富含蛋氨酸烟草,低淀粉水稻,富含月桂酸油菜,延熟番茄,改变花色玫瑰,富含铁、锌和胡萝卜素的“金水稻”。

当然,转基因植物制药还存在一些技术、安全(包括食品安全、环境安全等问题)等方面的问题。希望随着研究的不断深入,技术能够得以发展,从而寻找到解决这些问题的对策。转基因植物在医药、农业、生态、环保领域所具有的巨大的潜在价值必定会给人类带来极大的效益。

11.4 在环保领域的应用

遗传修饰病毒也被用在环境保护中。例如,研发对环境无害的锂离子电池。2009 年,美国麻省理工学院的 A. Belcher 的研究团队首次利用基因工程改造病毒(噬菌体 M13)制作出锂离子电池的正负极。2009 年,李利等构建了黄色荧光砷抗性细胞传感器 WCB-11。

油轮的海上事故常常使海面和海岸产生严重的石油污染,造成生态问题。早在 1979 年美国 GEC(Global Equity Corporation)公司构建成具有较大分解烃基能力的工程菌。在石油污染时,人们把“吃油”工程菌和培养基喷洒到污染区,收到良好效果。其他的一些应用涉及工程菌解决环境中的农药、表面活性剂、重金属及其他的有毒废弃物的污染问题。

转基因植物可以用于生物除污(例如清除水体和土壤中的有机物和重金属污染等),改善环境。北京大学生命科学院培育的转基因烟草和转基因蓝藻可以分别用于吸附并排除土壤、污水中的重金属镉、汞、铅、镍污染,并且种植转基因烟草的土地重金属含量明显下降,可以种植出优质农作物;英国科学家用能降解 TNT 细菌的相关基因转化烟草,培育出能在被 TNT 细菌污染的地区茁壮成长、大量吸收并降解 TNT 细菌的转基因烟草;美国科学家用转基因技术改良白杨树,使其能够更多地吸收地下水中的毒素,实验结果显示:转基因白杨树可以将实验所用液体中的三氯乙烯毒素吸收 91%,而普通植物只能吸收 3%。

参考文献

[1] 常重杰. 基因工程[M]. 北京:科学出版社,2018.
[2] 陈启民. 分子生物学[M]. 天津:南开大学出版社,2001.
[3] 郭江峰,于威. 基因工程[M]. 北京:科学出版社,2018.
[4] 何水林. 基因工程[M]. 3 版. 北京:科学出版社,2016.
[5] 贾弘禔,冯作化. 生物化学与分子生物学[M]. 2 版. 北京:人民卫生出版社,2011.
[6] 蒋继志,王金胜. 分子生物学[M]. 北京:科学出版社,2017.
[7] 金红星. 基因工程[M]. 北京:化学工业出版社,2016.
[8] 静国忠. 基因工程及其分子生物学基础——分子生物学基础分册[M]. 2 版. 北京:北京大学出版社,2009.
[9] 李海英,杨峰山,邵淑丽. 现代分子生物学与基因工程[M]. 北京:化学工业出版社,2008.
[10] 李立家,肖庚富. 基因工程[M]. 2 版. 北京:科学出版社,2016.
[11] 李钰,马正海,李宏. 分子生物学[M]. 武汉:华中科技大学出版社,2014.
[12] 刘进元,刘文颖. 分子生物学[M]. 北京:科学出版社,2011.
[13] 刘祥林,聂刘旺. 基因工程[M]. 北京:科学出版社,2018.
[14] 刘志国. 基因工程原理与技术[M]. 3 版. 北京:化学工业出版社,2016.
[15] 龙敏南,楼士林,杨盛昌,等. 基因工程[M]. 3 版. 北京:科学出版社,2014.
[16] 卢向阳. 分子生物学[M]. 2 版. 北京:中国农业出版社,2011.
[17] 马建岗. 基因工程学原理[M]. 3 版. 西安:西安交通大学出版社,2013.
[18] 聂理. 分子生物学导论[M]. 北京:高等教育出版社,2016.
[19] 乔中东. 分子生物学[M]. 北京:军事医学科学出版社,2011.
[20] 孙明. 基因工程[M]. 2 版. 北京:高等教育出版社,2013.
[21] 唐炳华,郑晓珂. 分子生物学[M]. 北京:中国中医药出版社,2017.
[22] 陶杰,田锦. 分子生物学基础及应用技术[M]. 北京:化学工业出版社,2013.
[23] 王林嵩. 普通分子生物学[M]. 北京:科学出版社,2018.
[24] 文铁桥. 基因工程原理[M]. 北京:科学出版社,2017.
[25] 邢万金. 基因工程——从基础研究到技术原理[M]. 北京:高等教育出版社,2018.
[26] 徐晋麟,陈淳,徐沁. 基因工程原理[M]. 2 版. 北京:科学出版社,2018.
[27] 杨建雄. 分子生物学[M]. 2 版. 北京:科学出版社,2018.
[28] 杨岐生. 分子生物学[M]. 杭州:浙江大学出版社,2004.
[29] 杨荣武. 分子生物学[M]. 2 版. 南京:南京大学出版社,2017.
[30] 余多慰,龚祝南,刘平. 分子生物学[M]. 南京:南京师范大学出版社,2007.

[31] 袁红雨.分子生物学[M].北京:化学工业出版社,2012.
[32] 臧晋,蔡庄红.分子生物学基础[M].2版.北京:化学工业出版社,2012.
[33] 张惠展.基因工程[M].4版.上海:华东理工大学出版社,2016.
[34] 赵武玲.分子生物学[M].北京:中国农业大学出版社,2010.
[35] 赵亚华.分子生物学精要[M].北京:科学出版社,2018.
[36] 郑用琏.基础分子生物学[M].3版.北京:高等教育出版社,2018.
[37] 郑振宇,王秀利.基因工程[M].武汉:华中科技大学出版社,2015.
[38] 朱旭芬,吴敏,向太和.基因工程[M].北京:高等教育出版社,2014.
[39] 朱玉贤,李毅,郑晓峰,等.现代分子生物学[M].4版.北京:高等教育出版社,2013.